经典战史回眸 空战系列

# 霍克"双风"

## 二战英国"台风"/"暴风"战斗机全史

子夯 著

武汉大学出版社

图书在版编目(CIP)数据

霍克"双风":二战英国"台风"/"暴风"战斗机全史/子爯著.—武汉:武汉大学出版社,2019.5
经典战史回眸.空战系列
ISBN 978-7-307-20763-9

Ⅰ.霍… Ⅱ.子… Ⅲ.第二次世界大战—歼击机—史料—英国 Ⅳ.E926.31

中国版本图书馆 CIP 数据核字(2019)第 035178 号

责任编辑:王军风　　责任校对:汪欣怡　　版式设计:马　佳

出版发行:武汉大学出版社　　(430072　武昌　珞珈山)
(电子邮箱:cbs22@whu.edu.cn　网址:www.wdp.com.cn)
印刷:武汉中科兴业印务有限公司
开本:787×1092　1/16　印张:24　字数:594 千字
版次:2019 年 5 月第 1 版　　2019 年 5 月第 1 次印刷
ISBN 978-7-307-20763-9　　定价:62.00 元

版权所有,不得翻印;凡购我社的图书,如有质量问题,请与当地图书销售部门联系调换。

# 目　录

| | |
|---|---|
| 第一章　霍克工程公司简史 | 001 |
| 第二章　"双风"的发展 | 025 |
| 第三章　"双风"的构造 | 056 |
| 第四章　如何驾驭"双风" | 076 |
| 第五章　"双风"的潜力挖掘 | 090 |
| 第六章　初露锋芒 | 103 |
| 第七章　反攻 | 124 |
| 第八章　迟到的好学生 | 154 |
| 第九章　诺曼底 | 166 |
| 第十章　"暴风"VS"高射炮" | 200 |
| 第十一章　横扫欧陆 | 217 |
| 第十二章　走向胜利 | 270 |
| 第十三章　头号王牌 | 342 |
| 第十四章　"双风"谢幕 | 356 |
| 主要参考书目 | 380 |

# 第一章　霍克工程公司简史

## 霍克工程公司的成立和早期作品

从双翼机时代到早期喷气式战斗机,霍克的产品可以说一直都是英国皇家空军、海军航空兵和陆军航空兵的代名词之一。实际上,霍克跟英国军方的关系早在1914-1918年间就已建立,不过当时是其前身——索普维斯飞机公司。

1918年11月,一战结束之后,英国迅速缩减了自己的空中力量。皇家空军的参战中队都在逐步被解散,直到大不列颠的本土防空部队只剩下一个装备索普维斯"沙锥鸟"战斗机的中队为止。至于前线飞机消耗的补充,幸存的几家生产商都选择从战争期间海量库存里选择飞机进行改进来满足需求。至于新飞机的订货量,自然也是大幅度下滑。

这样一来,英国所有的飞机生产商都遭到了冲击,甚至造成了大规模破产现象,侥幸活下来了也陷入困顿之中。索普维斯也是当时在苦苦挣扎的求生存飞机公司之一,甚至都已经通过转产摩托车和汽车车身来维持。即便如此,公司老板T.O.M.索普维斯(T.O.M.Sopwith)还在继续提倡发展民用航空,认为这是未来的发展趋势,公司还为这个新兴市场开发了最后几款产品。然而随后英国财政部通过了战时过分得利税收法案,对所有战时拿到过政府订货的飞机公司征收"过分得利税"。这个税法的通过导致公司要缴纳一大笔税款,成了压垮索普维斯的最后一根稻草,他已无力将公司经营下去,只能选择卖掉。

1920年11月15日,H.G.霍克(H.G.Hawker)在没有十足把握的情况下涉足航空工业,投资20000英镑购买了索普维斯飞机公司1英镑实收股权。交易本身并无新意,波澜不惊。参与这场交易的人有F.I.班尼特(F.I.Bennett),霍克,索普维斯,F.西格里斯特(F.Sigrist)和V.W.艾尔(V.W.Eyre),他们全部都是机械工程业或者航空业的从业者,有的人甚至两个行业都有所涉足。

霍克成立霍克工程公司时,账面上的业务是摩托车的原始设计,但霍克选择跟航空从业者班尼特搭档,这一举动实际上就暗示了他以后要进军飞机制造业的野心。不过,霍克的野心跟皇家空军快速收缩的大背景背道而驰。霍克飞机公司的创立,可以说是大英帝国民间航空从业者在一战后奋力进行经济重建的一个缩影,让当时世界上很多人都为之侧目。然而与此同时,英国政府的表现却差强人意,对任何与航空有关的事物,以及跟皇家空军有关的新生军事航空事物,都表现得有点漠不关心。

原索普维斯飞机公司因为业绩不断下滑导致负债累累,

索普维斯飞机公司在一战期间生产的主力战斗机"沙锥鸟"。

公司的新接收者霍克不可避免地要保护公司债权人的利益。公司随后通过谨慎的经济政策让所有的债务都得到了满意的解决，也让索普维斯本人参加到霍克飞机公司的创立之中去。作为交易的一部分，霍克接收了索普维斯公司位于金斯顿大部分的土地和金伯利公园的办公室，这个办公室一直沿用到了1959年。

虽然当时霍克工程公司的主业是生产摩托车部件，但很快就进入了航空行业的生意，拿到了为皇家空军翻新索普维斯"沙锥鸟"和几种哈维兰公司飞机的合同，这些飞机都是战争剩余物资。1921年7月12日，霍克公司遭遇了史上最大的损失，霍克本人在亨登为参加10天后的一个航空竞赛做准备，在试飞纽波特生产的"苍鹰"飞机时坠机身亡。后来，调查显示霍克是死于脊柱结节性疾病，原因是在高过载转弯中脊柱出血；因此结论是霍克是在飞机坠地之前实际上就已经死亡了，并非死于飞机故障，而是身体原因。

霍克的死并没有对公司的声誉造成破坏，因为公司当时已经通过努力获取足够的飞机翻新合同，拥有了稳固的经济基础。1922年，公司的管理层基本达到稳定，人员包括西格里斯特、索普维斯、艾尔、班尼特和L.F.皮蒂上校（Capt L.F.Peaty），而首席设计师则是B.托马森上校（Cpat B.Thomson）。

托马森和他的制图员团队显得有一点不能人尽其才，因为英国航空部提供给制造商的部分规格单在参数上含糊不清，导致翻新大量的飞机完全不适合用于空战，而托马森和他的团队就要为此背锅。此外，空军还受到了陆军和H.特伦查德爵士（Sir H.Trenchard）顽固态度的束缚，他认为空军应该是一支轰炸机部队，主要用途是支援陆军作战，而战斗机应该从优先权列表中删除。

霍克工程公司真正自主设计的第一种飞机是"山鹬"战斗机，这种飞机本质上是对原索普维斯"沙锥鸟"战

霍克工程公司首款自主设计生产的战斗机"山鹬"Ⅱ，已经脱离了"沙锥鸟"的影子。

斗机进行重新设计。后来托马森决定离开霍克，W.G.卡特（W.G.Carter）接替了他首席设计师的位置，他曾是索普维斯公司的首席绘图员。卡特上任后的第一个任务就是将原"山鹬"方案枪毙，然后重头再来。他花了6个星期设计了一种新型单座双翼战斗机，使用一台布里斯托尔公司"木星"发动机。原型机在M.希斯（M.Heath）驾驶下进行试飞，随后霍克工程公司就得到了一个小合同，订购数量为10架，这种新飞机被命名为"山鹬"Ⅱ，并顺利投产。

1923年，卡特的设计组加入了一名年轻的天才设计师，叫S.卡姆（S.Camm）。就像命中注定一样，卡姆将要引导霍克飞机的设计走向很多年。他对公司的第一个贡献是"小天鹅"民用轻型飞机，很快就替代了卡特的位置。随后他又设计了一系列军用飞机，包括"丹鸡"、"霍斯利"、"刺猬"、"苍鹭"和"犀鸟"等。

西德尼在成为首席设计师后，主持的第一个项目就是"丹鸡"战斗机，实际上就是换了发动机的"山鹬"Ⅱ，为丹麦空军设计。"丹鸡"跟英国空军版本的不同之处就是采用了阿姆斯壮-西德利的"美洲虎"发动机。这种飞机霍克工程公司只生产了3架原型机；其他都是丹麦空军在丹麦海军工厂按照许可证生产的。

卡姆对霍克工程公司的其他飞机的设计也有影响，比如"霍斯利"。这种飞机是皇家空军和海军航空兵的合资项目，但由英国航空部负责采购。"霍斯利"的技术要求是在空军充当中型轰炸机，而在海航则是鱼雷轰炸机。该型飞机的原始设计是木制结构，但是发现如果使用这种结构制造，在航母上使用就会太过笨重，而对空军而言也自重过大，带不了多少燃油。卡姆给出的解决方案是使用金属框架作为机身结构，代替原来的木质结构，减小了机身尺寸的同时还可以让飞机携带更多的燃油。这个改进让霍克公司在

英国海军装备的"霍斯利"鱼雷轰炸机,在这种飞机上卡姆首次验证了金属框架机身结构。

1926年拿到了给空军供货的合同,"霍斯利"轰炸机1927年开始交付空军,而海航型号则是在1928年开始交付。

在"霍斯利"上的创新取得成功后,卡姆进一步提出了全金属机身结构的飞机制造方案,使用铆钉来固定构件而非焊接。这个方案虽然体现了结构上的优势,但当时皇家空军缺乏经验丰富的钣金工人,来用铆接工艺维护飞机,所以优势并没有体现出来。1925年卡姆和西格里斯特对这种全金属制造工艺进行了完善,发展为钢或者硬铝合金管架结构,此后至1943年霍克公司生产的所有飞机都是使用这种工艺生产,其最大的优点就是飞机维护性能极佳,正如西格里斯特的那句名言所述:"给我一个扳手,我们就能把飞机修好。"

在这种管架结构中,管材的末端被锻造成正方形,铆接一块钢板在管子尾端,然后再把另外一根管子铆接在这块钢板上,以此类推,就能做成框架结构。用这种方式装配起来的机身结构,用旋转套筒松紧管子里的支撑钢丝就可以调节结构张力和支撑力。最早使用这种结构的两种知名飞机就是"牡鹿"和"狂怒","牡鹿"是一种昼间轰炸机,而"狂怒"则是一种截击战斗机。这两种飞机都在1929年7月的伦敦奥运会上首次向公众进行了展示。

这两种具有重大意义的飞机设计都始于1925年,除了采用新型金属框架结构的机身外,其他方面的创新还有罗尔斯-罗伊斯(简称罗-罗,下同)公司专门为"狂怒"XI开发了"猎鹰"直列发动机,这种发动机最终进化成为著名的"灰背隼"发动机。此外,这种发动机的供油系统是泵动喷射式,而非在早期航空发动机上常用的重力化油器。主起落架设计上也有创新,使用了维克斯公司的油压减震器并采用剪刀式支撑系统加强了结构强度。

"牡鹿"轰炸机1930年开始交付皇家空军,接收部队是驻伊斯特切奇皇家空军的第33中队。霍克公司用当时世界领先的设计让这种轰炸机的速度比各国现役战斗机的最大速度快了50公里/小时。"牡鹿"大获成功,以至于英国的所有昼间轰炸机中队,甚至是海外驻军都装备了这种飞机。最后1架"牡鹿"1939年才从前线中队退役,此后还充当教练机发挥了很长一段时间的余热。霍克公司还在"牡鹿"的基础上开发一款叫"恶魔"的战斗机,因为使用"茶隼"发动机导致重量增加,其飞行速度略低于"牡鹿"轰炸机。"牡鹿"还有一种深度改进型轰炸机,叫"奥达克斯"。这种轰炸机同样让英国空军和其他国家空军的战斗机部队陷入了尴尬之中,作为昼间轰炸机,它的速度再次超过了当时的战斗机。

霍克公司为皇家空军研发飞机的同时,也为皇家海军供货:海军的船只是在海军部的控制之下,而飞机的采购却是航空部负责,因此不可避免受到了标准化思想的误导。航空部为海军劳动的第一个成果出现在1932年,为"狂怒"号、"光荣"号和"勇敢"号航母舰上的战斗机中队装备了"鱼鹰"战斗机。这种飞机实际上就是经过特殊改装的"牡鹿",改装内容包括可折叠机翼,加强机身机构和起落架,使其可以在航母甲板上运作和起降。航空部对"鱼鹰"战斗机的进一步尝试还包括将其改造为水上飞机,供航母以外的其他舰船使用。"鱼鹰"在1939年二战爆发时才从海军退役。

"牡鹿"轰炸机后来还有两种改进型进入皇家空军服役,分别是"雌鹿"和"赫克特"。"雌鹿"也是轰炸机,1935年服役,生产了527架。"赫克特"则被设计为一种陆军支援飞机,用于替换"牡鹿"的早期改进型"奥达克斯";一直服役到1940年,最终被韦斯特兰的"吕山德"轰炸机取代。总的来说,"牡鹿"与其众多子型号为霍克公司争取到了大量订单,从竞争对手那里抢来了机遇,令公司有资本在1939—1945年的航空业竞争中扮演重要的角色。

虽然霍克公司在"牡鹿"刚开始生产的时候规模还不是很大,但卡姆坚信战斗机的研发是航空技术发展的催化剂。基于这个信念,从1927年开始,卡姆和他的团队开始研究航空部的N.21/26和F.20/27标书。这两个标书看起来毫不相关,因为"N"代表要求飞机使用星型发动机,而"F"则代表要求飞机使用直列发动机。因此霍克公司开发了两架

"奥达克斯"是风格和典雅航空的代表,这张照片展示了其优美的身姿。在其蒙皮下,这种双座轻型轰炸机的内部具有独特的钢管结构,是在卡姆的主导下研发的。

原型机，分别是"戴胜鸟"和F.20/27截击机，经过对比后，霍克公司决定以F.20/27截击机为基础开发出能让海军和空军都能满意的单座战斗机。

霍克公司为这种新型战斗机配备了一台罗-罗公司的"埃克西斯"直列发动机，一开始命名为"大黄蜂"，后来又改名为"狂怒"。这种新型战斗机在满油满弹的情况下最大的速度可以达到320公里/小时。能够达到这个速度，不光是因为它的发动机动力强劲，精心的空气动力学优化也使其受益颇多。"狂怒"在飞机·武器实验中心进行了全面的试飞，但是服役时间却因为罗-罗公司未能提供足够的发动机而不得不推迟，尤其是生产型上采用的"茶隼"II发动机推迟交付，导致"狂怒"在1931年才进入空军服役。

1932年，"狂怒"开始稳步进入空军服役后，就成了现役精英战斗机中队的装备。卓越的性能使其蜚声海外，订单也随之而来。不过很多"狂怒"使用的是星型发动机，比如挪威购买的"狂怒"使用的就是阿姆斯壮-西德利的"美洲豹"发动机，而伊朗版的则使用的是普·惠"大黄蜂"发

在制造出速度超过战斗机的轰炸机后，霍克公司又制造了一种能够追得上自己轰炸机的战斗机，那就是"狂怒"系列，图为皇家空军第25中队的"狂怒"战斗机在军事演习中紧急起飞。

"狂怒"II战斗机，K3586号机，按照航空部F.14/32标书要求制造，可以说是当时各国现役中速度最快的双翼战斗机。在进行了初步试飞后，该机成了罗-罗公司"灰背隼"系列发动机的测试平台，这种发动机后来装备了"飓风"战斗机。

霍克的"恶魔"也广泛装备了皇家空军轻型轰炸机中队,虽然这种双翼机的速度也很不错,但因为单翼机时代的来临这种飞机很快就退出了现役。

动机。此外,伊朗购买的"狂怒"另外一个子型号则使用了布里斯托尔公司"水星"发动机,这个型号也是"狂怒"系列中性能最好的。

"狂怒"的第一种改进型是"狂怒"Ⅱ,装备了"茶隼"Ⅳ型发动机,1936年进入皇家空军服役并装备了5个中队。它们的服役时间并不长,因为霍克生产的另外一种产品"飓风"很快就进入了现役。海军的"猎人"战斗机实际上也是在"狂怒"的陆基型基础上发展而来的,但是进行了大量的改进,包括可折叠的机翼,降低飞机的整体高度,使之可以在航母机库内进行作业;加强了机身结构,并且加装了着舰钩使其能够在航母甲板上起降。"猎人"从1932年开始交付,装备了"勇敢"和"光荣"这两艘主力舰队航母上的航空兵中队。霍克公司还在其基础上开发了"猎人"Ⅱ型,机翼改为略微后掠;1934年服役并装备了3个中队。虽然"猎人"是当时速度最快的舰载战斗机,但是最大速度还是比陆基型号要慢一些,因为加强了结构和加装海军设备导致重量有所增加。霍克在双翼机时代开创了多种新飞机制造技术,"狂怒"及其改进型可以说是一系列创新性设计的实验平台,其影响一直持续到不列颠之战。

这些设计思想和技术的具体体现,就是霍克公司的"飓风"战斗机,这种飞机为了满足航空部在1930年提出的F.7/30标书而设计。根据标书的要求,这种高性能战斗机要装备4挺机枪,而非当时常见的2挺;而且最大速度要求达到至少400公里/小时。霍克公司在经过研究后认为"狂怒"的双翼布局已经不能满足要求,因此应以此为基础设计单翼机。因此,霍克公司首先对下悬臂、锥度前/后缘、圆形翼尖机翼的气动布局进行了评估。动力一开始打算采用罗-罗公司的"苍鹰"气冷发动机，但是由于这种发动机可靠性极差，差点导致整个项目被放弃。主起落架采用了带整流罩设计，而座舱则采用了滑动式座舱盖。武器为4挺机枪，两挺在翼根，两挺安装在机身上。机身结构是标准的霍克式结构，后机身使用织物蒙皮，而前机身则使用金属蒙皮。

这个设计一开始因为发动机拖了后腿导致没有大的进展，但是随着罗-罗公司PV.12发动机的出现，让卡姆可以使用新型发动机对这种单翼战斗机进行重新设计。1934年，霍克公司实验绘图办公室开始对"飓风"的原始设计进行改进，然后制作了一个1/10比例模型，送到国家物理实验室的风洞进行实验。实验证明这个设计是非常成功的，航空部因此提出了F.5/34标书，来推动这个项目进一步发展。当年8月，霍克公司提交的设计方案被航空部接受，然后就提出了F.36/34标书要求霍克公司制造一种高速单翼战斗机。

但卡姆和英国航空部之间就新型战斗机的武器配置存在很大的争议，卡姆想使用美国生产的柯尔特机枪而非英国机枪。还有一个争议就是卡姆认为应该把武器都安装在机翼上，让飞机武器可以获得在螺旋桨转动范围外射击的能力，这样就不需要射击协调装置，降低了设计难度；而且由于飞机的翼展比较小，所以需要安装更为紧凑的武器。

在"飓风"原型机开始生产的时候，罗-罗公司这次终于赶上了进度，在1934年9月送来了"灰背隼"发动机，让原型机得以顺利投产。10月23日新飞机对公众进行了展示，然后在11月6日进行了首飞。这种命途多舛的战斗机，随后被正式命名为"飓风"，沿用了早期在双翼机上验证过的钢

霍克公司打造的单翼机"飓风"，从其早期开发的双翼机上继承了钢管骨架结构和腹部散热器。

"飓风"的后期型号都用来执行对地攻击任务，因此用机炮替换了原来的机枪，并且在机翼下挂维克斯公司机炮吊舱来增强火力。

管骨架结构,前机身使用金属蒙皮,座舱后面的蒙皮还是帆布。这种结构意味着"飓风"非常容易维修,这个好处在不列颠之战中得到了很好的体现。机翼也采用了类似的钢管结构,带纵梁的双主横梁结构兼顾了强度和机翼外形。跟后机身一样,机翼也使用帆布蒙皮,并且跟后机身连成一片。

"飓风"的早期型号使用的是8挺7.62毫米勃朗宁机枪,不过后来换成了4门西斯帕诺20毫米机炮,这个改进型号主要装备对地攻击中队。还有一项重大革新就是采用了可收放式起落架,并采用了靠机翼外侧安装的方式。这种方式极大地增加了飞机对恶劣场地的适应性。

虽然"飓风"的最大飞行速度比竞争对手超级马林公司的"喷火"战斗机要低,但是"飓风"在驻"光荣"号航空母舰的海航第46中队手上表现稳定,该中队参加了1940年5月保卫挪威的战斗。"海飓风"在航母上的起飞和降落都毫无困难。随后"海飓风"被部署到了装有弹射器的商船上,用于驱逐德国轰炸机和潜艇。但这种任务对飞行员而言是极度危险的,因为飞机是一次性使用,飞行员在完成任务后要跳伞弃机然后再由商船营救上来。这对于飞机和飞行员而言都是极大的浪费,为了解决这个问题,英国人把部分商船改装成了护航航母,让"飓风"可以独立地起飞、作战并降落在母舰上。宽间距起落架的好处在这些任务中得到了充分的体现,因此霍克公司后来在开发"海狂怒"的时候也充分吸取了这一经验。此外,"海飓风"的弹射装置和着舰尾勾的经验也运用在了"海狂怒"的设计上。

## 霍克工程公司创始人物简介

**托马斯·奥克塔夫·默多克·索普维斯(Thomas Octave Murdoch Sopwith)**

索普维斯1888年1月18日出生在伦敦,英国航空史上最突出贡献者之一。索普维斯对航空的兴趣始于1906年,当时他18岁,迷上了在波克兰举行的赛车比赛,而那个赛车场很快因为飞行运动的兴起成为英国第一个飞机场,索普维斯也因此对航空产生了浓厚的兴趣。他人生中第一架飞机是40匹马力的霍华德-怀特单翼机,他想使用这架飞机考取飞行员执照,但1910年10月22日,他的首飞以飞机坠毁而结束。这点挫折并没有让他却步,他又购买了第二架飞机,一架现在已经不可考是哪家公司生产的双翼机。11月30日,索普维斯拿到了飞行员执照,当天他就驾驶飞机载上了第一名合法乘客。4天后,他就创造

带有索普维斯亲笔签名的照片,这是他在参加一次航空竞赛时拍摄的。

了英国持续飞行记录，用3小时12分钟飞了174公里。1910年12月18日，他又获得了更大的成功，赢得了从英格兰到欧洲大陆最远飞行距离比赛的胜利，因此获得了福利斯特男爵4000里尔的奖金。这次飞行比赛起点是伊斯特切奇，终点是比利时的蒂嫩，时间为3个小时，距离259公里。

1911年索普维斯去美国旅行，然后在美国赢得了数次飞行竞赛的冠军。回到英国后，索普维斯在1913年创建了索普维斯航空公司及飞行训练学校。同年，索普维斯赢得了第一届英国航空德比冠军。公司在飞机上的创新性设计得到了英国战争办公室的垂青，并下了12架飞机的订单给他。12月份，1架索普维斯生产的飞机又赢得了蒙特卡罗施耐德杯。

1914年第一次世界大战爆发，索普维斯设计的好几种飞机都获得了大量的订单，包括著名的"幼犬"、"三翼机"、"骆驼"、"鹬"、"海豚"和"火蜥蜴"等，交付数量都非常巨大。在4年的战争中索普维斯一共向英国皇家航空团和皇家空军交付了近18000架飞机。但是，随着战后空军订单的大幅度削减，索普维斯航空公司陷入了严重的财政危机，最终破产被霍克公司收购。

作为公司的创始人之一，索普维斯在1920年成为了霍克公司的全职董事。接着他又在1925—1927年间当上了英国飞机（航空）生产商协会的主席。在霍克公司扩大为霍克-西德利公司之后，自1936年起，他又凭借自己的声望当上了公司董事会主席。1953年，他由于对英国航空事业做出的突出贡献，获得了爵士封号。1979年，索普维斯进入位于圣迭戈的国际航空名人堂。作为英国航空史上最被人尊敬的人物之一，索普维斯爵士于1989年1月27日在自己家中与世长辞。

## 哈罗德·乔治·霍克（Harold George Hawker）

虽然霍克没能活着看到自己公司在航空业的成功，但是他取得的成就足以让自己引以为傲。霍克1889年2月22日出生于澳大利亚维多利亚的穆拉宾。他仅受到过基础教育，然后1901年进入霍尔·瓦尔登自行车厂墨尔本分厂当机械学徒。他在墨尔本待了三年，然后跳槽到塔兰特发动机工程公司，成为了一名发动机工程师。为塔拉特工作了2年后，霍克在1907年辞职，到西澳大利亚的卡拉穆特建立了自己的工厂。除了开工厂，霍克还丰富了自己的业余生活，1908年加入了当地圣基尔达军乐团。

1911年霍克打算开始旅行和冒险，他卖掉了工厂然后来到了英国，先后为克罗默汽车公司、梅赛德斯和奥地利戴勒姆公司工作了1年。也就是在这期间霍克对航空产生了热情，凭借这份热情和自己的技术，他在1912年进入了索普维斯公司，然后参与了索普维斯-怀特双翼机开发工作。霍克用自己高超的技术和对飞行强烈的渴望打动了索普维斯，很快被任命为公司的首席试飞员，同时也是首席设计师。1913年，他因为首次完成1600公里开放式航线飞行赢得了1000英镑奖金。在此期间霍克还在自己的家乡掀起了一波索普维斯飞机的小高潮，他在1914年把飞机装船运到了澳大利亚进行了展示，并展示了飞机在运输和交通上的作用。这些飞行秀引起了很多澳大利亚人的注意，并体会到了飞机的潜能。

第一次世界大战结束后，霍克成为了战后岁月里为数不多几个受到报纸热捧的人物之一。1919年他多次参加快艇和摩托车比赛,并成为了第一个在水面上飞行1600公里不降落的飞行员,从每日邮报那里赢得了5000英镑奖金。随后,他又成为了第二个驾机飞越大西洋的飞行员,然后又在这场伟大的竞赛中成为第一名从美国飞回欧洲的飞行员。由霍克和肯尼斯·格里夫驾驶的那架参赛飞机名为"索普维斯大西洋"号,是一种陆基双翼机,发动机功率达到了350匹马力。这架飞机的机腹部分设计成了船的样子,以便于万一遇到事故时可以漂浮在海上。他们驾机于1919年5月18日从芒特珀尔出发,然后抛弃了起落架以减轻重量,降低阻力。他们抛弃的起落架和轮子后来被当地的渔民捡去了,现在陈列在纽芬兰的圣约翰博物馆。

在几个小时的飞行后,飞机的无线电出现了问题,然后发动机也出现了过热现象,他们不得不在经过14.5个小时的飞行后迫降在大西洋上。他们放弃了飞机然后被一艘丹麦轮船救起。因为船上没有装无线电,他们安全获救的消息没能传达出去,而搜救人员也没能找到飞机残骸,于是认定他们失踪了。一直到5月25日两名飞行员才抵达英国,然后又过了几天皇家海军才得到两人还活着的消息。

在老东家索普维斯遭遇经济困难的1920年,霍克正好创建了H.G.霍克工程公司。虽然面临着困难,霍克还是尽自己最大的努力帮助索普维斯,其间霍克又成了第一名驾车时速超过160公里/小时的人。然而,1921年7月12日,霍克在亨顿英年早逝,他在飞行中进行了过载过大的机动,导致脊柱形成血瘤并破裂,使其失去了对飞机的控制并坠毁。虽然他为英国航空领域做出过卓越贡献,但对自己的家乡澳大利亚并没有什么作为。不过霍克仍然被穆拉宾的市民所铭记,为了纪念他,用霍克命名了当地的一个机场。

霍克在一架索普维斯飞机上拍摄的照片,如果他不是英年早逝,可能会在航空领域取得更大的成就。

# 西德尼·卡姆爵士(Sir Sydney Camm)

卡姆1893年出生于温莎。卡姆在航空设计上的第一次冒险始于1912年,当时他和一群温莎模范飞机俱乐部的飞行狂热爱好者设计并生产了一种载人滑翔机,不过这种飞机并没有留下什么记录。在这个项目之后,卡姆进入了马丁西德公司,学习了宝贵的基本工厂生产技术经验。后来他因为工作出色,被提拔到了设计部门,然后一直待到1921年跳槽去了另外一家飞机生产商汉戴西德。1922年,卡姆和一名同事弗雷德·雷纳姆,翻新了1架马丁西德F.3飞机,然后在第一届国王杯飞行大赛中获得了第二名的好成绩。除了在有动力飞行上取得的成功外,卡姆还设计并大量制造了一种滑翔机，这种滑翔机在艾特福德山举行的滑翔机大会上的表现令人侧目。

在证明了自己的天分之后，卡姆于1921年被邀请到霍克公司设计部门供职，然后参与了霍克"小天鹅"飞机的开发，1924年完全接手这个项目。1925年卡姆取代了卡特成为了霍克的首席设计师，第一架完全由他主导设计的飞机是"丹鸡"，也就是"山鹑"战斗机的换发出口丹麦版本。

在卡姆的领导下，公司在单翼的"飓风"战斗机尚未出现在绘图板上之前，开发了例如"牡鹿"、"猎人"、"恶魔"、"奥达克斯"、"雌鹿"和"狂怒"这些著名的双翼机。在"飓风"成功交付皇家空军服役后，很快就成了不列颠之战中的"无名英雄"，风头都被"喷火"战斗机抢走了，而卡姆的设计团队早就把注意力转移到创造另外一种新式战斗机上了。经过"龙卷风"战斗机的实验性开发后，卡姆带领其团队马不停蹄，加速研发了"台风"。卡姆不但是一个完美主义者和对错误零容忍主义者，也是一个工作狂，他的工作时间比他的团队要长得多，并且花了大量的时间听取团队内其他成员的意见。虽然有些人在工作上与他意见不太一致，但是团队中所有人都被他作为一名设计师和工程师的才华所折服。

在"台风"进入皇家空军服役后，存在的问题让卡姆头痛不已。他花了大量的时间来解决纳皮尔公司"军刀"发动机的问题，后机身的强度问题也因为找不到明显的原因而必须严肃认真地对待。最终发动机问题用更好的金属处理控制得以解决，后机身问题则是通过增加补强片和更保险的副翼操纵的方式解决了。然后"台风"一路发展下去，产生了"暴风"以及皇家海军的"海狂怒"战斗机。

1935年卡姆成了霍克公司的股东，战后1949年获得了英国航空金奖。在1951-1953年间，卡姆担任SBAC（英国飞机制造商协会）技术部主席，1953年他因为在英国航空事业上的突出贡献获得了爵士头衔。此后2年里卡姆爵士被任命为皇家航空协会主席，1959年又被任命为霍克飞机集团的首席工程师。卡姆有英帝国二等爵士勋位，又是皇家航空协会成员，为了英国的航空事业忙得根本没机会退休，以至于他1966年3月12日逝世在"任上"。对卡姆工作最佳的描述可能就是他自己的一句话："如果它看起来是对的，那么它就是对的。"

卡姆在被授予爵士封号时的照片。他一手打造了霍克王朝，但在二战的关键竞争中却输给了超级马林公司，不过这并不妨碍他对英国航空业做出的伟大贡献。

## 纳皮尔公司发动机

当时英国绝大多数飞机生产商倾向于让专业供应商为他们最新式飞机提供发动机，只有个别公司是例外，比如哈维兰公司或布里斯托尔公司，这两家公司可以自己生产发动机。在发动机这个领域，各个飞机制造商喜欢的供应商也不尽相同。罗-罗公司在当时就已经是最顶级的发动机制造商之一，当然阿姆斯壮-西德利和纳皮尔公司也占有相当重要的地位，为很多种飞机提供过发动机，包括霍克工程公司的产品。

纳皮尔公司于1917年进入航空发动机领域，之前该公司是生产民用和军用车辆的。他们的第一款航空发动机产品是"狮"式发动机，功率450匹马力，并且在此基础上很快把发动机功率提升到了1400匹马力。但是这种发动机生不逢时，没多久一战就结束了，不过还是得到了皇家空军和民航客机的一些订单。"狮"式发动机装备过的最有名的飞机就是费尔雷ⅢF系列，还有一些专门用来参加施耐德杯竞赛的飞机，比如超级马林公司S.4和S.5竞赛机，以及格洛斯特公司的Ⅳ和Ⅵ型。1927年，"狮"式发动机迎来了生涯巅峰，当年空军使用"狮"式发动机的S.5型竞速机是唯一完成施耐德杯竞速赛程的参赛者。

此间纳皮尔公司继续研发新型发动机，开发出了"长剑"发动机，功率395匹马力，是第一种成功采用双机轴、多缸设计的航空发动机。基于其原始设计，这个系列及其后继型号就是著名的H型发动机。第一种采用"长剑"发动机的飞机是费尔雷"海狐"舰队观测机。虽然纳皮尔公司看起来在开发液冷发动机上有优势，但罗-罗公司却突然爆发，拿下了为空军装备数量最大的两种战斗机——"喷火"和"飓风"提供"灰背隼"发动机的合同，而这种发动机则是在"茶隼"Ⅴ型经由PV.12发展而来的。

纳皮尔公司的首席设计师F.哈尔福德（F.Halford）认识到"长剑"发动机有进一步开发的潜力，因此1000匹马力的"匕首"发动机就诞生了。"匕首"比"长剑"要更大一些，但是结构跟它类似，"匕

费尔雷ⅢF系列Ⅱ双翼机使用的是纳皮尔公司的"狮"发动机，该型发动机是纳皮尔公司进军航空动力领域的早期作品。

为了赢得施耐德杯,超级马林公司制造了3架S.5飞机,编号N219到N221,采用纳皮尔公司6/26标书规格的"狮"发动机。S.5飞机在施耐德杯上的成功,让纳皮尔公司赢得了航空发动机上的声誉。

首"被霍克公司的"赫克托尔"和汉德利-佩奇公司的"赫里福德"飞机采用,虽然这算不上是一次完全的胜利,但也不至于被罗-罗公司打得一败涂地。而且纳皮尔公司的设计团队认识到H型发动机的设计构架还有很大的潜力可以发掘。于是新型发动机设计在1935年出现在了绘图板上,这是一种功率高达2000匹马力的套筒阀发动机。这种发动机最终在1938年成为了现实,拥有24个气缸,双轴结构,液冷并带有套筒阀,此外还带有两级增压装置。发动机的气缸分列两侧,中间是组合式曲轴箱;气缸一共有24个,分为4列,每列6个气缸,发动机整体截面呈H状。双曲轴同向转动,一个在

上一个在下,每根曲轴由上下两排水平对置气缸分别驱动。

活塞采用传统的平片式和叉状连杆,每个活塞有3个塞环,最下面是闭气环,中间是闭气/刮油环,最上面是楔状刮油环,位于活塞顶端。整个发动机共有四根独立的感应式进气歧管,每根歧管包含两个冷却导管以提供冷却气流,螺接在气缸侧面。排气系统采用喷射式排气技术,嵌入式安装在每个气缸缸体的外侧。套筒阀采用铬钼钢制作,并且进行了渗氮处理,这是一种金属硬化处理方式,在装配之前还进行了锻打强化。驱动曲轴的是铜制螺旋齿轮,用法兰螺栓安装,由蜗杆轴交替驱动。这个部位是用两个零件组装起来

的,然后用一个外部套筒把它们组合在一起。两根扭转轴在空心套筒驱动轴里运行,把动力从减速器传递到增压器上。增压器的背面是一个液压离合器,把输入的动力传递到叶轮上,叶轮可以设置两种转动速度,也就是两级增压。

发动机的系统润滑油的供油压力为4.2-6.3公斤力/平方厘米,由安装在机油箱上的一个单级泵来提供。主供油系统在最大系统压力下运行,而低压系统则在两个降压阀门的控制下,润滑着发动机周围的其他零件。那些零件并不直接在润滑油内运转,而是通过润滑油泼溅和喷雾的方式来润滑。润滑油流回到发动机底部再由两个回油泵收集起来,一个位

于发动机前部把油送回到主机油箱，剩下的则由主集油泵收集送回机油箱。另外还有一个重要系统是发动机的增压液冷系统，直接螺接在发动机上，可以让发动机在任何高度和速度下的战斗中在高温条件下运转。发动机的辅助部件都位于曲轴箱的顶部和底部：上面有永磁发电机驱动轴、配电、点火伺服控制单元；而下面则是润滑油系统的驱动轴和传动齿轮，燃油泵和冷却泵。

发动机的各个子系统之间都用机械联动装置连接在一起，这就意味着发动机的控制只需要一个手柄即可完成；但这样的系统存在一个缺点，就是发动机在某些情况下会不好控制，特别是有零部件磨损的时候。纳皮尔公司之所以要设

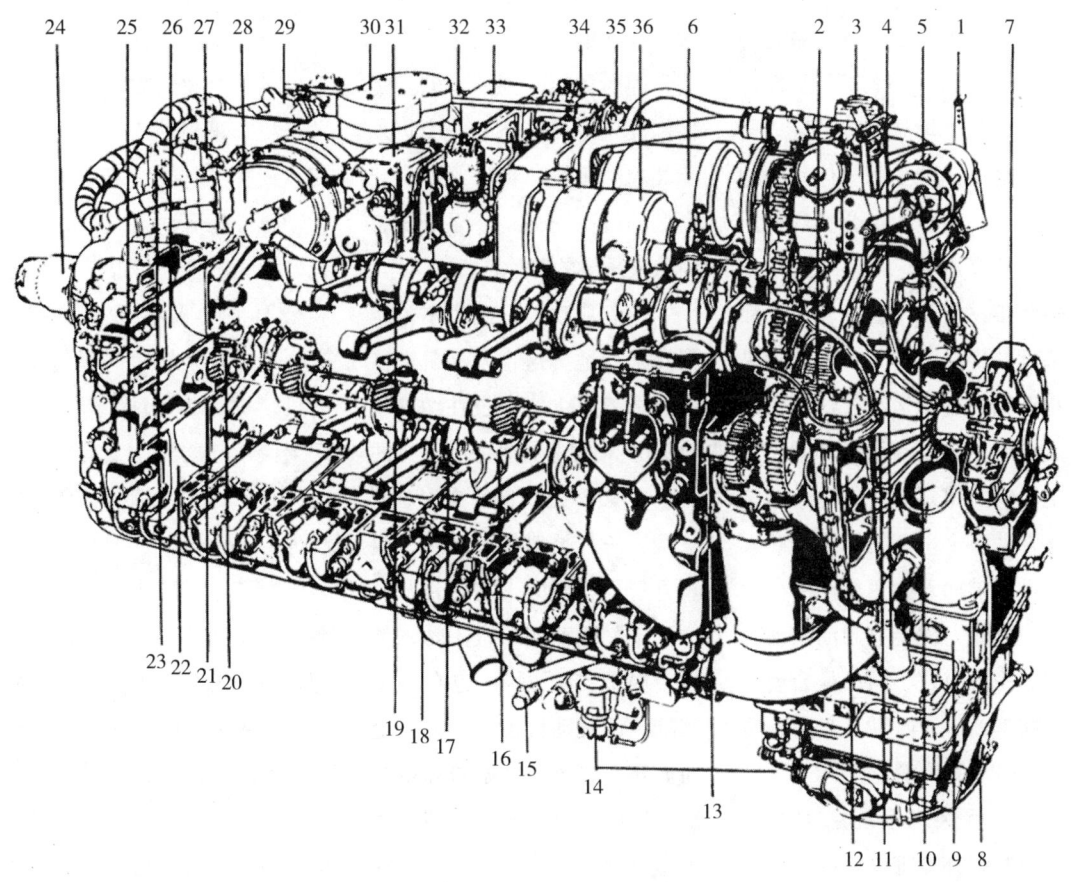

1. 药筒装填手柄
2. 2级增压传动装置
3. 手动齿轮组
4. 回油泵管
5. 药筒膛
6. 发动机启动器
7. 增压器离合器
8. 主进气道
9. 气门化油器
10. 药筒点火单元
11. 增压器双进气口叶轮
12. 增压器双进气口
13. 增压器驱动扭力杆
14. 燃油泵
15. 润滑油和冷却泵
16. 套筒曲柄
17. 下曲柄轴
18. 气缸头双火花塞
19. 上曲柄轴
20. 套筒驱动单元
21. 套筒滑阀
22. 下曲柄轴及下气缸组
23. 真空泵
24. 螺旋桨轴
25. 排气管
26. 上曲柄轴及上气缸组
27. 点火伺服单元
28. 分电器
29. 恒速单元
30. 通气管
31. 磁发电机
32. 分电器
33. 磁发电机
34. 液压泵
35. 增压器油泵
36. 发电机

"军刀"发动机基本结构图，后来所有改进型号均未脱离这种基本构造。

计一套这么复杂的联动系统，就是为了降低飞行员的工作负担，虽然在实际使用中飞行员们反而渴望使用非联动发动机系统。

发动机通过柯夫曼底火系统来启动，这个系统包括一个启动器单元，底火膛，泄压阀和连接管组成。启动单元是一个气缸和一个大直径活塞，顶部有一个燃烧室。在底火被点燃之后，产生的气体就会冲进气缸。这股力量会在气缸里推动活塞运动，而活塞通过曲轴连接在发动机驱动轴上，活塞运动最终被转化成为发动机驱动轴的旋转运动。这样依次点燃底火驱动活塞运动就会产生足够的扭矩来提供足够的转速发动整个发动机，虽然底火提供的启动动力只能使用很短一段时间，但足够启动发动机了。平均而言，柯夫曼启动单元在其0.75秒内可以产生25匹马力的峰值功率。

在用这套系统启动发动机的时候有点难以琢磨，底火膛有5个底火装在5个单独的管子里，在启动时无论选哪一个，其他底火就会依次进入点火位置，并在进入点火位置之前密封自己的出口。一旦底火就位，就可以用座舱里的一个选择按键启动发动机。为了防止外界东西进入底火膛而导致死火，启动单元上安装了一个自动断流安全装置，可以停止撞针的运动。底火产生的气体对活塞产生的压力可达20吨，所以这个启动单元里要有一个安全机械机制。首先是在底火膛和点火器之间安装了一个特异的安全阀门，它可以让无烟火药释放的气体压力不至于太高，同时如果其他所有安全部件都停止运转，还有一个可以碎裂的防爆盘，可以卸掉火药产生的过高压力，不至于伤害到点火系统的其他部件。

研制成功后，纳皮尔公司兴高采烈地把这台发动机命名为"军刀"I。不过在纳皮尔公司为高性能发动机而努力的时候，罗-罗公司也针锋相对地开发了一款类似的发动机，叫"秃鹫"，实际上它就是两台"茶隼"驱动同一根主轴，整体布局呈"X"状，也有24个气缸。该发动机由两个铝合金曲柄箱、整体式气缸盖和钢制缸套构成。每个气缸安装了两个排气阀门，通过顶置凸轮轴来驱动。该发动机的实验性开发和随后的测试始于1937年，试飞是在一架霍克-西德利公司的"亨利"飞机上进行的。

## "龙卷风"原型机

在发动机制造商们进行技术竞赛的同时，1937年英国航空部就比"喷火"和"飓风"性能更好、火力更强的新型战斗机开始招标。标书里面要求新飞机的速度要能达到640公里/小时，同时装备12挺7.62毫米口径勃朗宁机枪，而且必须是一个稳定的射击平台。霍克-西德利公司按照英国航空部F.18/37标书开发了一种单座截击机，采用纳皮尔公司"军刀"或罗伊斯-罗尔斯"秃鹫"发动机。为了对比这两种发动机的性能，航空部跟霍克-西德利公司签订了4架原型机的生产合同，两架使用"军刀"发动机，称之为"N"型，另外两架使用"秃鹫"发动机，称之为"R"型；最终前者发展成为了"台风"，而后者则发展成为了"龙卷风"。霍克-西德利公司把这些方案在1937年1月给航空部进行了展示，到1938年4月22日得到了航空部的认可。当时霍克-西德利公司正在全力为皇家空军生产"飓风"战斗机，航空部要求另外一家集团公司阿芙罗来生产"龙卷风"，当然使用的还是霍克-西德利公司的设计。

1938年8月30日航空部确定了4架原型机的订单；通过装有两种不同型号发动机原型机的方案对比，航空部更倾向于采用"秃鹫"发动机的"R"型，也就是"龙卷风"，因为纳皮尔公司的"军刀"发动机遇到了一些问题。"龙卷风"的第一架原型机于1938年3月在金士顿的卡百利公园路的霍克-西德利公司工厂开始制造；采用的发动机是第12台生产型"秃鹫"，1938年12月运抵工厂装机。在完成发动机装配之后，第一架完全由手工生产的"龙卷风"原型机P5219，于1938年12月在金士顿诞生。1939年7月31日这架飞机通过陆运从金士顿送到了兰利，进行最后的组装和试飞。10月1日"龙卷风"在兰利的草地机场上开始进行滑行实验；这些短距离滑行是用来试验飞机的刹车性能和记录发动机的温度的。试飞团队对飞机的刹车性能很满意，而且发动机的工作温度也很正常，于是从10月3日开始进行一系列的远距离滑行实验。

"龙卷风"原型机的首飞是由霍克-西德利公司的试飞员P.G.卢卡斯（P.G.Lucas）在1939年10月6日完成的，这实际上算是一种"意外"。让"龙卷风"升空是卢卡斯的一些"创新性努力"，是他从施耐德杯海上飞机飞行员那里得到的灵感。当时"龙卷风"在起飞滑行的时候出现了缺乏方向稳定性和发动机扭矩过大的问题，起飞滑行的时候很容易偏航，往往还没达到起飞速度，飞机就偏到跑道外面去了。为了解决这个问题，卢卡斯启动发动机和发电机，达到全功率运转后，让飞机停在跑道边上，机头指向跟跑道中轴线呈一定的夹角。完成这些动作后，他就保持发动机满功率运转然后在跑道上以一个弧形滑行轨迹起飞。当"龙卷风"经过在跑道上的弧形滑行运

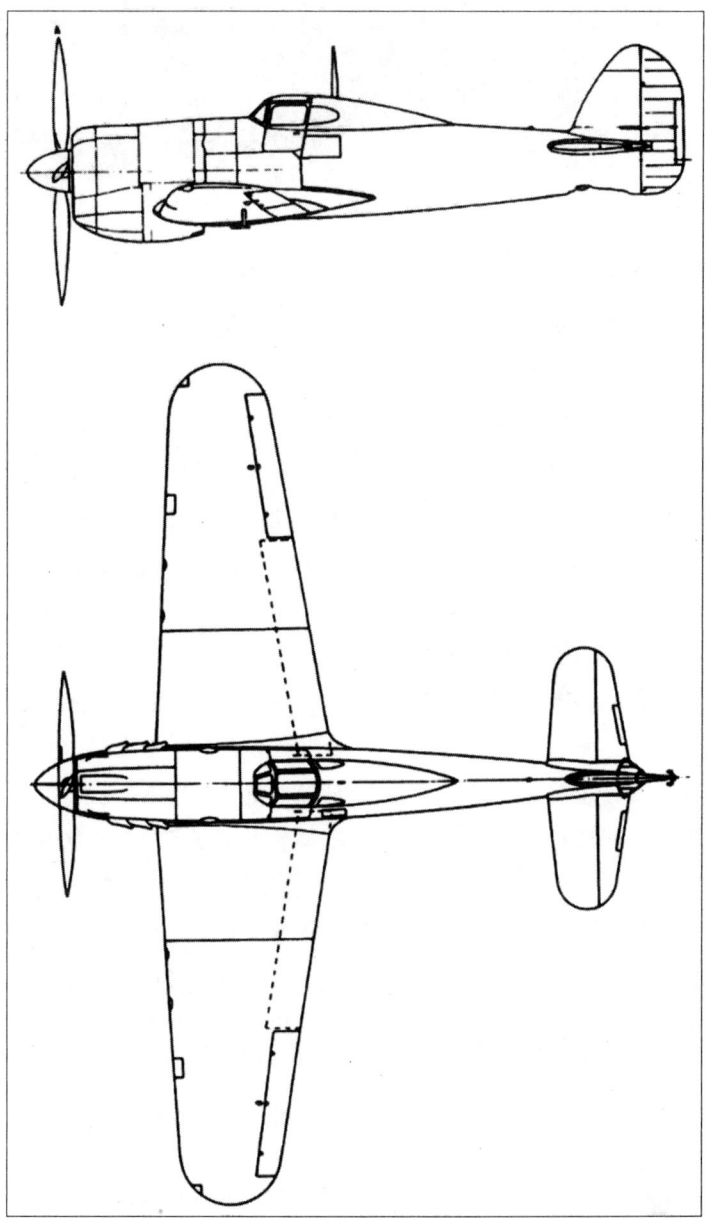

上面的侧视图是"龙卷风"R型，下面的俯视图则是"龙卷风"N型，可以看到两个型号的机头形状截然不同。

哪怕是对飞行再有热情的飞行员,都会抱怨"龙卷风"和早期"台风"的座舱盖,粗壮的座舱框架和后面包覆式整流罩,都严重地阻碍了飞行员的视野。

动,机头对准跑道中轴线时,飞机也接近起飞速度了。但第一次升空时,这架战斗机居然需要达到240公里/小时的速度才能让方向舵达到高效状态。当然了,这种技术对于卢卡斯这样的试飞员是小意思,因为他飞过装有"秃鹫"发动机的"亨利"飞机,有过类似的经验;但是,这种飞行品质对于现役飞行员而言可不友好,会增加起飞难度,尤其是在混凝土跑道的机场,由于地面阻力过小,飞行滑行的弧形轨迹会比在草地上要短得多,往往会造成飞机还没达到起飞速度,就已经滑出跑道的现象。

罗-罗公司的工程师非常关心"秃鹫"发动机的状况,他们在发动机的6个气缸上装了温差电偶,分布在四列气缸之中,目的是监控整个发动机在飞行中的工作温度范围。在实际使用中,气缸的温度会很快上升到最高可允许温度,然后又略微下降一点。之后这个温度可以一直保持到飞机降落,飞机降落后温度又会再次上升。在随后的试飞中,卢卡斯试着把"龙卷风"在4500米的高度上飞到了595公里/小时的最高速度,但是在此之后发动机的运转就开始不那么顺畅了。地面检查发现在润滑油滤清器里有金属颗粒的痕迹;分析表示这些金属颗粒是来自于滚珠座圈高速旋转造成的磨损。

"龙卷风"在空中表现不错,但地面滑跑就完全是另外一种状况了,发动机最大输出功率时间都被限制在5分钟之内,不然的话整个飞机就会被油性云烟所包裹。霍克-西德利公司和罗-罗公司的工程师们调查发现是因为活塞和刮油环之间的工程公差,导致机油混进了气缸,需要让它们之间的结合更加紧密一些,才能避免烧机油。但改进活塞环密封性后,烧机油的情况还是会发生,因为机油并不仅仅是通过刮油环泄漏的,其他地方也有泄漏现象:机油的损耗巨大,甚至不到30分钟就会烧掉全机50%机油。因此,基于首飞和随后试飞得出的经验,霍克-西德利公司和罗-罗公司制定了一套发动机操作规程,以适用于霍克-西德利公司计划中生产的500架"龙卷风"和另外250架使用"秃鹫"发动机的飞机

在这个视角下的"龙卷风",主座舱盖后面的窗户清晰可见,飞机的着陆灯和灯罩放在了左翼前缘。

上,当然后来这套操作规程并无用武之地。

在"秃鹫"被选定为"龙卷风"战斗机和"曼彻斯特"轰炸机的发动机后,又被著名的"兰开斯特"轰炸机采用,霍克-西德利公司花费了一些精力改装"亨利"K5115原型机,将其作为"秃鹫"发动机测试平台使用。因为"秃鹫"对散热要求很高,霍克-西德利公司的工程师在"亨利"的机身下方安装了一个星形散热器,在整流罩上又装了一个进气道,以满足散热需求。

"龙卷风"沿用霍克-西德利公司之前的成熟技术,使用金属支撑管状结构机身,不过原来机翼和后机身的帆布蒙皮被铆接在机身上的光滑薄铝板蒙皮取代。蒙皮板材公差非常小,可以有效降低机身表面湍流。座舱盖是前后滑动式的,后部有一个造型十分独特的整流罩,轮廓类似"飓风"的座舱后整流罩。"龙卷风"原型机上装的发动机是罗-罗公司的"秃鹫"Ⅱ型,功率1760匹马力,这种发动机可以让"旋风"在7000米的高度上最大速度达到680公里/小时。

飞机的机翼是单独生产然后组装在机身上的,机翼有2根主翼梁,每根主翼梁用两个螺栓跟机身连接在一起。机翼纵向截面呈弯曲状,内截面有一个1度的下反角,同时外截面则有一个5.5度的上反角。内截面里面有主起落架舱,用于收放粗壮的主起落架,燃油则放在这个截面的前缘的自封闭油箱里,油箱外侧是武器舱,两者之间设有隔板,武器舱前缘是着陆灯。在飞行控制面中,只有垂尾是帆布蒙皮,用纤维涂料进行了加强,其他的飞行控制面,包括分裂式襟翼在内,都使用金属蒙皮。"龙卷风"的机翼安装位置要比"台风"低8厘米,因为"秃鹫"不像"军刀"发动机那样要适应飞机机身主梁。

由于霍克-西德利公司自己的生产线产能不足,所以"龙卷风"原型机大部分是由位于曼彻斯特的阿芙罗公司生产的,只有头2架是在霍克-西德利公司位于兰利工厂生产的。

在"龙卷风"的早期原型机试飞阶段,机身下的星型散热器位于机身中轴线上,类似"飓风";但是在高速飞行,空气压缩系数开始增大时,就发现在整流罩周围有乱流出现,会导致发动机温度不稳定。而且飞机在速度接近640公里/小时时,散热器的阻力会急剧增大,使飞机产生猛烈的抖震。霍克-西德利公司的工程

P5224 是按照 P.18/37 标书制造的第二架"龙卷风"原型机。因为腹部燃热器发生了气流干扰现象,所以把散热器前移,变成了人们熟知的下颌散热器造型。

这张侧视图清楚地显示了补充冷却进气道是安装在机头整流罩上面的,以及"秃鹫"发动机的两排排气管。

师们使用高速连拍照相机对这个现象进行了确认,发现他们贴在机身上指示气流流向的毛绒簇在乱流的作用下居然朝前飘。为了解决这个问题,散热器被前移到了发动机正下方。改动后赋予了这架原型机一个新编号P5219,然后1939年12月6日首飞,此后这个设计就再没变过。散热器位于机头下方这项改动导致了一些拆卸和重装工作,不过在一个星期之内就完成了。

试飞发现虽然滑油散热器周围的散热性能有所改进,但是飞机的方向稳定性变差了。为了了解恶化程度,霍克-西德利公司用一个缩比模型做了风洞实验,发现是散热器后面的乱流造成的不稳定,然后这股乱流又跟旁边主起落架轮舱没有被机身蒙皮覆盖到的地方造成的乱流互动,进一步增加了飞机方向稳定性的影响。在飞行中这股乱流会以低频周期一直影响到远在飞机身后的垂尾,造成垂尾效率下降。为了

P5224着重显示了"龙卷风"和"台风"沿用了多少"飓风"上的技术,包括容纳武器的厚机翼及其外形。

降低这股乱流造成的影响,工程师们在主起落架舱门上又装了一个弹簧舱门,在起落架收起之后可以盖上主起落架轮,降低气流之间的互相影响。这个方法改进了"龙卷风"的低速操纵性能,但在飞行中,随着飞机速度的加快,这两股气流还是会互相干扰。这种弹簧门在"亨利"、"飓风"和"龙卷风"原型机上都装过,因为主起落架舱门就在起落架上,弹簧舱门的位置在最下方,飞机起飞和降落带起的泥巴和碎屑很容易卡住弹簧,导致舱门无法正常关上,乱流现象反而更加猛烈。最终主起落架轮舱门都被移除,解决方案是在每个起落架舱的内侧边缘,也就是在飞机中轴线两边的机腹上装上了一种"D"形门,这样舱门离地面很高,降低了被泥巴和杂草影响的可能性。

改进起落架舱门之后,P5219在1940年1月进行了试飞,然后在2月份进行了基础操控性能试飞,3月份卢卡斯驾驶飞机进行了飞行包线极限拓展试飞;内容包括在7000米高度上发动机以最大功率运行的飞机极限飞行性能。虽然P5219在试飞中达到了620公里/小时的速度,方向控制上的不稳定趋势还是很明显;霍克-西德利公司的工程师把散热器整流罩的直径扩大了7.5厘米,让不稳定乱流表现平滑了很多。到了5月9日,P5219是唯一按照F.18/37标书制造,可以进行试飞的原型机,因为当时"台风"的原型机遭遇了灾难性的结构性问题。在"台风"进行重新制造的时候,"龙卷风"在试飞改进过的垂尾;新垂尾装上之后,5月16日进行了首飞,效果立竿见影,飞机方向稳定性有了很大的提升。6月12日,霍克-西德利公司为飞机增加了一个尾轮舱门,然后进行了一系列性能评估试飞,结果证明这两个改进都是非常成功的。

在经过了飞行包线拓展试飞后,霍克-西德利公司就开始进行"秃鹫"发动机极限性能试飞。为此P5219被送到了位于哈克诺的罗-罗公司,围绕12号发动机的滑油冷却系统进行了一系列的改进,然后装机试飞看看"秃鹫"的表现是否能够更上一层楼。在罗-罗公司完成了发动机改进之后,"龙卷风"原型机在7月中旬回到了兰利，装上了直径4.03米的罗托尔公司型螺旋桨，希望能够提升发动机的动力输出表现。7月27日，"龙卷风"P5219进行了最大重量首飞，全重4638公斤：包括飞机空重，满油，12挺勃朗宁机枪和弹药。在这个条件下，飞机的最大速度可以在6340米高度达到638公里/小时，从海平面爬升到6000米只需要6分钟——这个成绩对于这种重量和动力的战斗机而言是相当不错的。然而骄傲是短暂的，因为"秃鹫"发动机在7月31日发生了一起灾难性的故障，至少有两根曲柄连杆断裂。在随后的迫降中，飞机的结构也遭到了损坏，虽然很快就被修复了，但也耽误了不少进度。

"龙卷风"的第二架原型机P5224在1940年12月5日首飞，也使用"秃鹫"II发动机，并且采用了罗托尔公司恒速螺旋桨，最大空中重量增加到了4355公斤，其他的改进包括新的座舱盖窗口和经过进一步改进的垂尾。相比第一架原型机，P5224使用了4门西斯帕诺机炮代替了原来的12挺机枪。在随后全重试飞中，P5224满载燃油和炮弹后重量达到了4800公斤。1941年3月，两架原型机上的"秃鹫"II发动机被生产型"秃鹫"V取代，功率上升到了1980匹马力。1941年年底"龙卷风"原型机在飞机·武器实验中心进行了试飞，经过改进的"龙卷风"在7100米高度轻松达到640公里/小时的最高速度。相比"台风"，"旋风"有更好的方向稳定性，失速速度更低，而且机头视野也稍好。

虽然"秃鹫"发动机在"龙卷风"上的表现不错，而且在1939年就成功地通过了定型测试，但是在"亨利"和"曼彻斯特"轰炸机上却出现了一些问题，主要是曲轴连杆的固定螺栓经常有断裂现象，会导致发动机熄火，甚至有时候会起火。此外冷却系统效率不足，滑油润滑系统也因为连杆的曲柄头失效而无法正常运转，进一步增加了发动机起火

1941年10月，P5224的官方照片显示了带有上反角的机翼，以及在机腹里面的起落架轮舱门，这个舱门"龙卷风"和"台风"都采用了。

的风险。当时正值不列颠之战期间,大量的"喷火"急需"灰背隼"发动机,罗-罗公司的生产压力很大,因此决定暂停"秃鹫"发动机的发展,等于是完全放弃了这个项目。作为"秃鹫"的备胎,霍克-西德利公司可以给飞机装上怀特-蒂普莱公司生产的"旋风"C型发动机,或者是费尔雷公司的"君主"发动机。"龙卷风"的设计改动工作1941年1月在金士顿开始,一直持续到7月份,因为航空部的生产订单压力太大,因此霍克-西德利公司暂停了有关"龙卷风"的开发工作。

但这并不代表"龙卷风"项目就此下马,阿芙罗公司在伍德福德的工厂已经开始生产"龙卷风",第一架飞机编号R7936已经完工,1941年8月29日进行了首飞。还有4架在生产线上即将完工,此外已经有足够生产100架飞机的零部件储备在了阿芙罗公司位于伊登的工厂仓库里。跟霍克-西德利公司自己生产的"龙卷风"原型机不同之处是,阿芙罗公司生产的飞机一开始就使用的是下颌式散热器。阿芙罗版的"龙卷风"在完成了厂家试飞之后就飞到了兰利。在霍克-西德利公司呆了一小段时间后,它又被送到了位于斯泰弗顿的罗托尔公司螺旋桨公司,然后又从斯泰弗顿送到了位于哈特菲尔的德哈维兰公司螺旋桨公司。在18个月的时间里,这架飞机作为实验平台试飞了两家螺旋桨制造商的六叶对转螺旋桨和其他几种螺旋桨。还有另外两架"龙卷风",编号为R7936和R7938,1943年间一直在皇家航空研究中使用,到1944年才退役。

至止,"龙卷风"战斗机很明显已经夭折了,卡姆建议至少要保留1架"龙卷风"来作为布里斯托尔公司18缸新型发动机"半人马座"的开发实验平台,然后在菲尔顿进行试飞。因为让航空部下单的工作优先权更高,一直到1940年4月霍克-西德利公司才进一步地推动这个方案的发展,然后订购了1架"龙卷风"原型机。结果,这架新飞机只有一个机身中段是新造的,其他部位都是从兰利的仓库库存里拿来的部件拼凑而成。这架飞机编号HG641,采用1台"半人马座"CE.45型发动机,功率2210匹马力,1941年10月23日由卢卡斯驾驶首飞。遗憾的是这架飞机在试飞中发现了严重的发动机冷却问题,因为排气集合器环设置在了发动机前部,而最后废气是集中

"龙卷风"R型,其整体布局尚不如后来的"暴风"和"海狂怒"整洁。

从左翼下方排出，只有一根排气管，散热能力不足。为了解决这个问题，排气管被分为两根歧管，沿飞机中轴线安装在机腹，然后为这种改动又设计了一个发动机整流罩，降低阻力。另外一项改动是滑油散热器进气道，加宽了整流罩的下唇以增加冷却气流流量。

HG641使用罗托尔公司螺旋桨，装有一个很大的螺旋桨毂盖，几乎盖住了整个螺旋桨毂。在经过改进之后，HG641的性能有了显著的提升，因此1942年初航空部又下了6架的订单。在装上了经过改进的发动机后，"半人马座"版的"龙卷风"在1942年11月复飞，曾在5500米的高度上达到了663公里/小时的最高速度。

虽然试飞结果很成功，但是"龙卷风"并没有投入生产：6架"半人马座"版的"龙卷风"订单后来也被取消了，因为"半人马座"发动机版的"台风"Ⅱ（也就是"暴风"战斗机）在试飞中证明了是一种性能远超"龙卷风"的飞机。HG641后来继续被作为试飞平台一直用到1944年，之后被废弃。

霍克-西德利公司的"龙卷风"战斗机项目虽然被取消了，但是对"台风"、"暴风"和"海狂怒"的开发项目做出了不少贡献，因此在双风的发展史上也算是功勋卓著。

## "龙卷风"战斗机参数

| | |
|---|---|
| 类型： | 单座验证战斗机 |
| 发动机： | P5219：1760匹马力"秃鹫"Ⅱ；R7936：1980匹马力"灰背隼"Ⅴ；HG641：2210匹马力"半人马座"CE4S |
| 重量： | 空重：3800公斤，全重：4840公斤 |
| 尺寸： | 翼展：12.78米，长：10米，高：4.47米，翼展：26.29平方米 |
| 性能： | 最大速度：640公里/小时（"秃鹫"Ⅴ发动机），647公里/小时（"半人马座"发动机）；爬升率：7.2分钟爬升到6000米（"秃鹫"发动机），8.4分钟爬升到6000米（"半人马座"发动机）。 |
| 武器/副油箱： | 无 |

# 第二章 "双风"的发展

## "台风"原型机

在霍克-西德利公司忙于"龙卷风"战斗机开发的同时,也在同步进行另外一种型号的开发,就是前面提到使用纳皮尔公司发动机的"N"型,不过这个型号很快就被赋予了"台风"的正式名称;航空部给霍克-西德利公司下了编号为815124/38的合同,订购2架"台风"原型机,1938年3月3日航空部给霍克-西德利公司下达了第5332号工作指令,要求霍克-西德利公司开始生产"台风"原型机。第一家原型机也是由霍克-西德利公司位于金士顿坎伯利公园路实验团队用手工打造的。这架"台风"原型机编号P5212,使用功率为2200匹马力的"军刀"发动机,然后在卢卡斯驾驶下于1940年2月24日进行了首飞。

为了能把飞机造出来,卡姆领导的设计团队付出了极大的努力;他们极尽各种手段把"军刀"发动机塞进了机身里。装进去之后又发现要将发动机朝后移18厘米来保证飞机的设计重心不变。要完成这一改动需要修改发动机的支撑结构,也就是机身的第二段框架,此外还有连接点和所有的机头外壳,相当于整个机头都重新设计了。虽然这听起来很

"台风"第一架原型机P5212。

复杂，但是比起卡姆团队把纳皮尔公司"军刀"发动机塞进飞机里所做出的努力而言要轻松得多了，因为要去掉很多为装备罗-罗公司"秃鹰"发动机而使用的结构来简化安装方法。机头设计经过修改后，飞机比以前轻了55公斤，而且总长还短了一小截。在机身下部，发动机直接安装在飞机的主梁上，不过这加重了发动机震动对飞机的影响，并且导致二次谐波沿着内侧机翼结构和后梁传播到机身中后部，对飞机的结构强度会造成不利影响。

"台风"在1940年2月23日进行了首次地面滑行实验，在滑跑中出现了短暂的跳跃升空现象，这可以确定一点，那就是"台风"的原型机跟"龙卷风"的原型机一样，方向稳定性不足。卢卡斯试飞报告中说，"台风"在地面上滑行时，即便速度达到112公里/小时，飞机方向舵的效率还是不高，而且飞机会持续朝左偏，即便是右满舵也无法抵消这种趋势。此外，卢卡斯对纳皮尔公司发动机造成的震动和噪声意见非常大，虽然纳皮尔公司的工程师一直都在否认这一事实。后来卢卡斯将这些牢骚写成了一份正式报告，报告中不但提到了纳皮尔公司的发动机的两大缺陷，还强调了当发动机的转速很高时，产生的震动甚至都能让飞机座舱仪表看不清楚，此外还伴随着整个座舱持续的、剧烈的低频震动。为了降低这些不利影响，霍克-西德利公司只好把仪表板安装得更紧一些，然后给飞行员座椅装了橡皮垫，压装法兰则略微截短一点。此外，卢卡斯的报告还建议对发动机排气系统进行改进，因为现有的排气系统在试飞中的表现不太适合"台风"，对润滑油系统也不好。他怀疑当时使用的排气系统甚至在飞机正常飞行时都会让发动机的温度上升到危险高度。

因为发动机，P5212经历了相当多的危险，3月1日进行的第二次试飞中发生了机头下部零件脱落的事故。具体原因到最后也没有发现，但这算是给霍克-西德利公司要更换蒙皮紧固件提了个醒儿。在接下的几个月里"台风"原型机又进行了8次试飞，卢卡斯的报告表明，改进后的"台风"少了几个问题，让飞机达到了勉强堪用的水平。在这些试飞中，卢卡斯驾驶"台风"在6220米的高度上飞到了605公里/小时的最大速度。但是在这次试飞结束后发动机漏油了，调查表明发动机上的化油器泄压阀坏掉了；而且发动机油耗也远高于设计值，特别是在发动机转速稳定的时候。

P5212后来装上了第95005号"军刀"I发动机，并恢复了试飞。到4月4日，又给飞机装上了新型燃油泵，并简化了齿轮组和管道，然后进行了试飞，飞机的性能有了进一步的提升。这台"军刀"I随后被拆下来进行24小时持续运转实验，然后又给飞机装上了一台新发动机，新发动机不像以前那样跟飞机是刚性连接，而是使用了橡胶减震垫。此外按照皇家航空研究中心的命令在飞机的仪表板上增加了一个振动仪。

换了新发动机的P5212在5月7日恢复试飞，卢卡斯报告说发动机和机身的震动减小了。但是就在2天后，5月9日，P5212在进行振动仪项目试飞的时候，在高度3100米、速度434公里/小时的状态下，飞机后机身部分结构损坏。在知道飞机已经受伤，但不知道飞机受伤原因的情况下，试飞员卢卡斯把原型机飞到了兰利，然后来了一个漂亮的降落，一直到接地的最后一刻才放下起落架和襟翼。卢卡斯当时感觉飞机控制感松散而且方向稳定性有些问题，有明显的左偏趋势。调查发现座舱后面

"台风"第二架原型机P5216，此时尚未安装武器。注意它的驾驶舱整流罩上的小窗户已经取消，主起落架整流罩最下方增加了2片弹簧片机轮舱门。

的两根主结构梁断裂，这反过来给硬壳式结构的后机身造成了很大的张力，导致机身开始解体。由于卢卡斯拯救原型机将其带回地面的勇敢行为，他被授予了乔治勋章。事故的主要原因后来推断为发动机传递过来的震动，逐渐地把机身结构震松散了。

飞机随后被修复，并且重新设计了发动机的安装方式；然后开始用它测试不同型号的"军刀"发动机，包括5月份给它装上了"军刀"Ⅱ S.322号发动机进行试飞。但是在7月7日，P5212再次遭遇了发动机故障，迫使飞行员匆忙把飞机降落在兰利。P5212只好再次回到工厂进行修复，在此期间给飞机装上了一个面积更大的垂尾，期望能改善飞机的方向稳定性和操控性。在武器选择上，P5212装备的还是12挺勃朗宁机枪。当时的英国飞机制造部的部长比弗布鲁克勋爵观摩了P5212修复后的首次试飞，并在观摩结束后许诺会安排购买大批纳皮尔公司的发动机，因此"军刀"可以开始大批生产。然而，虽然发动机避免了雪崩，装发动机的机体却还不存在，"台风"截至当时只有两架原型机。

"台风"第二架原型机P5216在1941年4月27日出厂时安装了4门西斯帕诺机炮，随后在1941年5月3日首飞，也是由卢卡斯驾驶，相比第一架原型机它安装了加长的翼尖，安装的发动机是第95018号"军刀"Ⅰ发动机，但是几个月后又换成了生产型第S.322号"军刀"Ⅱ。此时"台风"排在"龙卷风"后面成为了即将要生产服役的飞机，不过"龙卷风"很快就要被取消了。航空部为"台风"选择的生产商是格洛斯特飞机公司，位于胡克勒寇特市。

航空部原本的计划是"台风"和"龙卷风"都投产，所以格洛斯特公司的生产线是按照两种发动机和机身的生产来搭建的，但是"台风"原型机陷入了麻烦之中，而"龙卷风"则被取消，导致两条生产线空置了一段时间。"台风"的主要问题还是关于"军刀"发动机的：首先是温度问题，特别是在高度高于6000米时，发动机温度就会上升到不可接受的地步。而且，飞机的飞行性能表现低于预期，它的机动性，尤其是滚转率非常一般。因此1941年霍克-西德利公司的主要工作就是提升飞机的性能，而工作的核心就是围绕加长和切短翼尖来进行。两种方式都被证明是可行的，但是都没有采用，因为带来的其他性能损失都是不可接受的。进一步提升飞机性能的措施包括安装6门机炮，不过这个计划在实物模型阶段就被放弃了，还有一个发动机废气增压装置也进行过试验，结果也被放弃。

"台风"的第二架原型机P5216的4门长管西斯帕诺机炮，是航空部推荐的武器，每侧机翼上两门。这种机炮使用弹链供弹，每门炮备弹140发。P5216跟第一架原型机P5212不同之处还有取消了座舱盖整流罩上的小窗户，因为这个东西在试飞中被证明没什么大用处。主起落架的整流罩也进行了改进。原计划使用铰接在主舱门上的一个小舱门，但是在非硬化机场使用时很容易因为卷入泥巴和草而损坏；后来跟"龙卷风"原型机一样，也在翼身结合处装上了一个"D"形舱门。

虽然"台风"原型机的性能还有待检验，而且还遇到了一些麻烦，不过通过一系列的

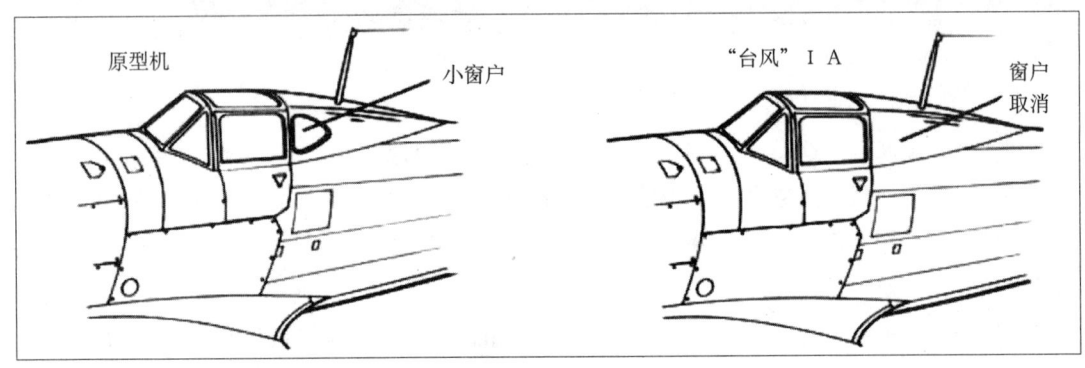

"台风"第一架原型机和"台风"ⅠA在座舱上的变化。

"台风"ⅠA R7579的侧视图，这是"台风"的第一批生产型，跟后来的生产型还是有很大的区别的。"台风"ⅠB换上了机炮，加强了后机身，改进了升降舵控制平衡，外形跟ⅠA有了明显区别，其中最大的区别就是整体式透明座舱盖。

斜下方视角的"台风"ⅠA，可以看到襟翼的设计，还有机头散热器的形状。飞机在起飞和降落的时候会放下襟翼改善气流。

改进，其进步足以让格洛斯特公司将其投产。就在第二架原型机首飞3个星期后，第一架生产型"台风"R7576于1941年5月27日首飞。这架飞机跟P5216几乎一样，但它装备了机枪而非机炮，因为当时机炮的生产商沙泰勒罗产能严重不足，前线供应尚不能满足，更遑论新生产的飞机了。在进行生产商试飞后，第一架生产型"台风"被送到了皇家空军研究中心进行进一步的试飞，有时候也会送到第56中队进行前线评估。为了区分不同武器的版本，装备机枪的飞机被称之为"台风"ⅠA，而装备机炮的则是"台风"ⅠB。因为勃朗宁机枪较容易获得，因此

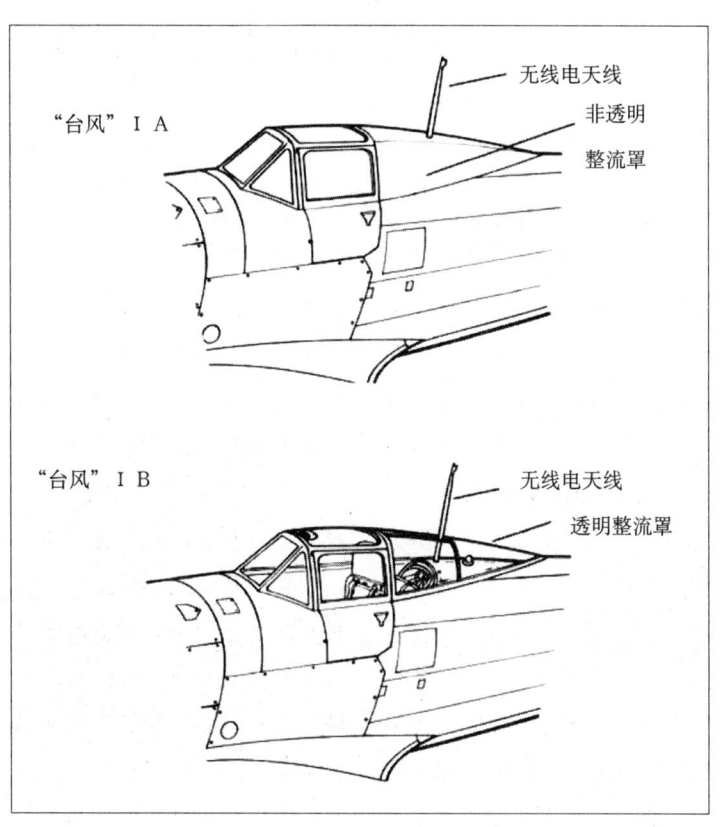

"台风"ⅠA和"台风"ⅠB在座舱上的区别。

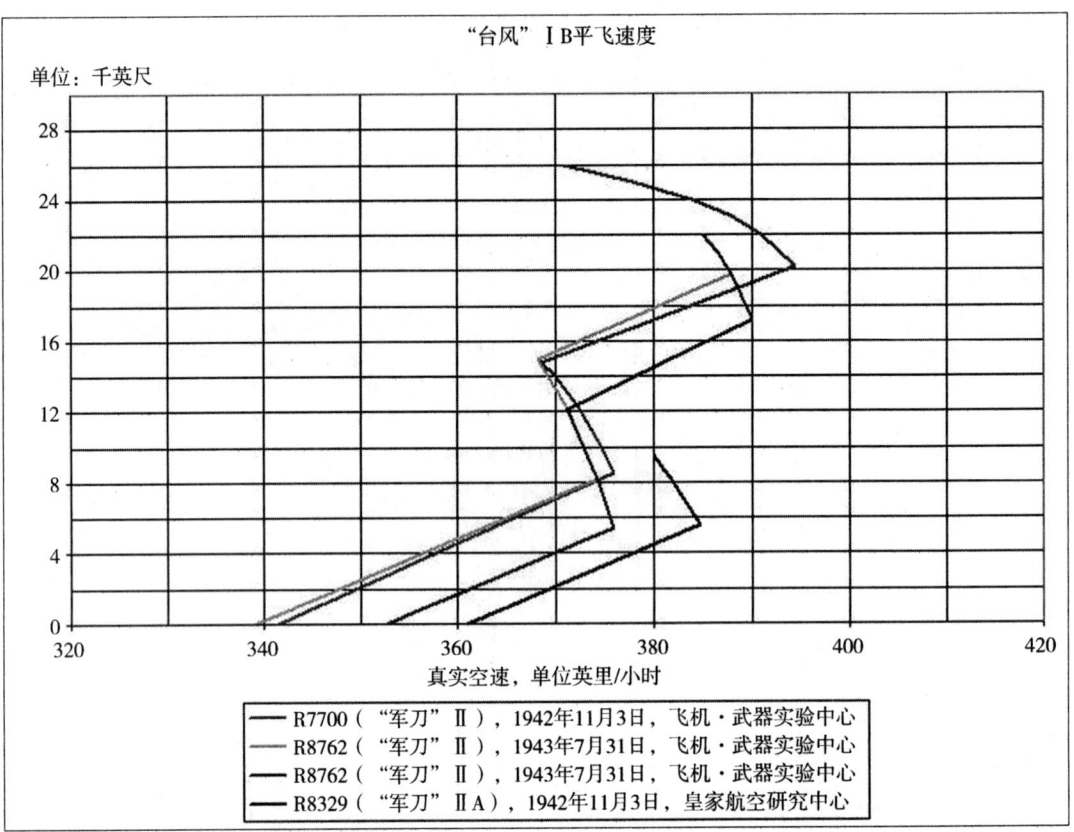

"台风"ⅠB在试飞中的平飞性能表现。可以看到"台风"的曲线变化是在6000英尺（约1800米）会达到低空最大速度；而高度上升到12000-16000英尺（3657-4878米）速度会下降；而到了高空20000英尺（约6096米）会达到最大真实空速，但到这一高度时，飞机的机动性能已经很低了，而且再高于这个高度飞机的真实空速会急剧下降，因此从这里可以看出"台风"是一款低空性能比较突出的飞机。

早期生产并交付的"台风"都是ⅠA型。当机炮的产量上来之后，ⅠB型才在生产线上取代了ⅠA。"台风"ⅠA型一共生产了110架，后来又有一部分送回工厂改成了ⅠB型标准。

在"台风"的开发阶段，德国空军已经开始部署性能比梅塞斯密特Bf 109性能更好的战斗机。那就是福克-沃尔夫的Fw 190,这种飞机的速度比皇家空军的前线战斗机"喷火"V速度更快，而且机动性更好。为了对抗这种新的威胁，第5和第6架"台风"被派遣到驻达克斯福德的空战开发部队，然后跟"喷火"V进行了对抗。空战开发部队不得不使用这两架全新的战斗机去执行各种对抗任务，因为其他的飞机都还在生产商、飞机·武器实验中心和皇家空军研究中心进行实验工作。在"喷火"V和"台风"的对抗中，"台风"的速度比"喷火"快了65公里/小时，尤其是高度4200米以下，速度优势更加明显。跟其他机构得出的结论一样，空战开发部队认为"台风"的机动性没有"喷火"好，不过其高速性能在低空战斗中还是非常有用的。

虽然空战开发部队报告还算是鼓舞人心，但是从总体上讲皇家空军还没有正视这样一种重型战斗机的作用，这非常不幸，因为格洛斯特公司的胡克勒寇特工厂的产量正在上

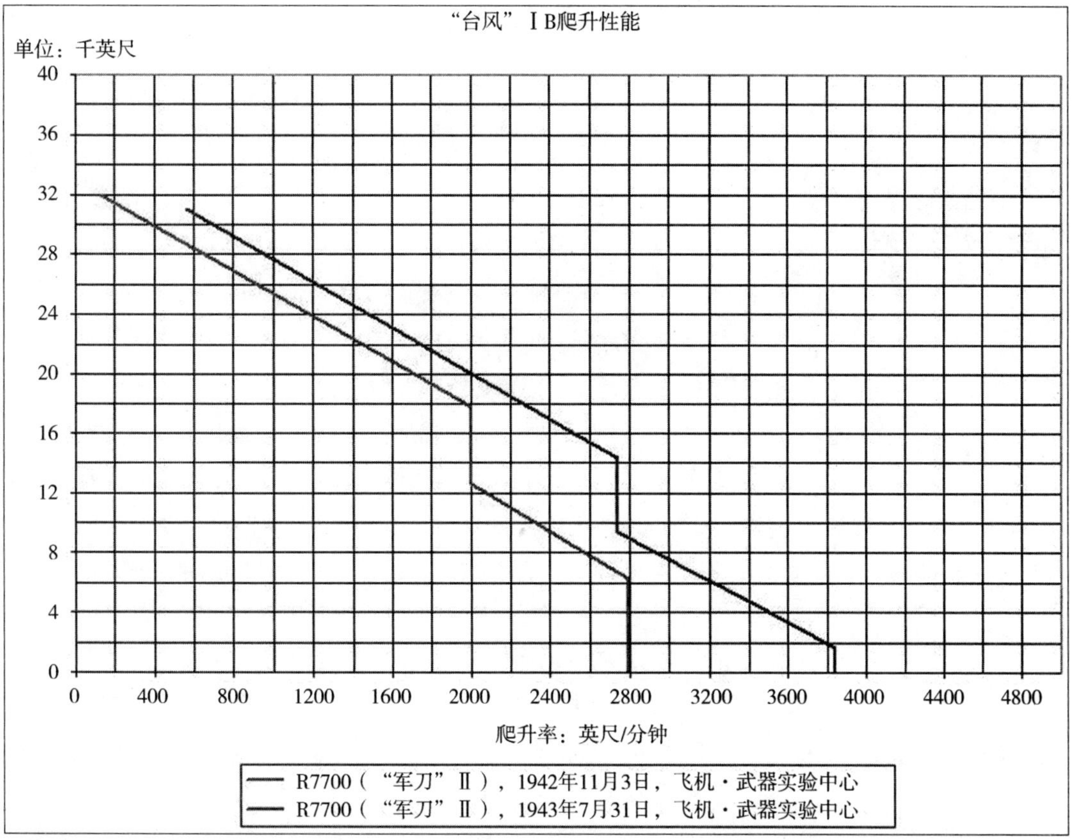

## "台风"ⅠB爬升性能

单位：千英尺

爬升率：英尺/分钟

—— R7700（"军刀"Ⅱ），1942年11月3日，飞机·武器实验中心
—— R7700（"军刀"Ⅱ），1943年7月31日，飞机·武器实验中心

爬升性能试飞也验证了这一点，从3657-4878米，"台风"保持了非常高的爬升率，这跟上图中的最大真实空速结合起来，就说明飞机在这个高度具备很强的机动性。

升。已经生产出来的飞机积压着等待被空军接收，如果空军不要，那损失可就大了。因此霍克-西德利和纳皮尔公司的设计组，以及格洛斯特公司的设计组都在努力，试图提升发动机和飞机的可靠性。"台风"战斗机在实际使用中第一个被发现的重大缺陷是一氧化碳气体会从前隔板渗透进座舱。工程师们对隔板进行了仔细的调查和补漏，改善了这个情况，但飞行手册还是建议飞行员在任何有可能的情况下都要戴上氧气面罩。

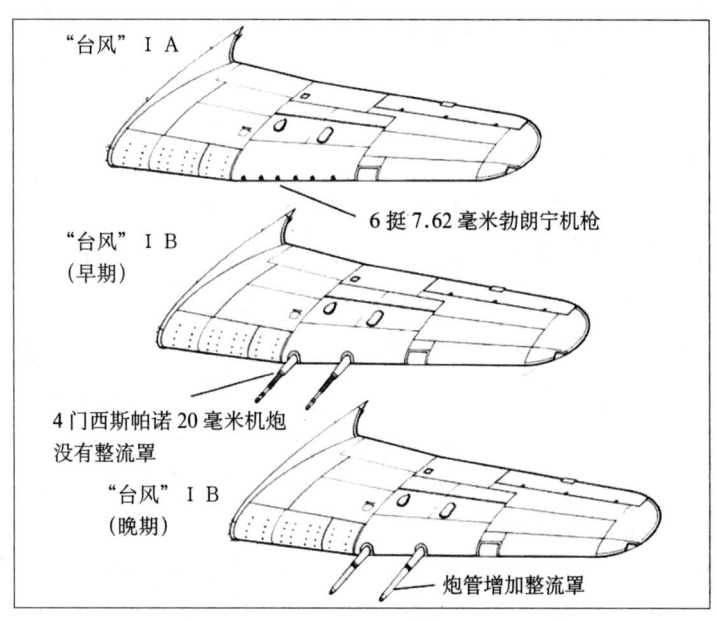

"台风"ⅠA和"台风"ⅠB武器上的区别，从12挺7.62毫米机枪换成了4门20毫米机炮，后期还给机炮炮管增加了整流罩。

"台风"ⅠB R7700 的后下方视角,当时正在飞机·武器实验中心进行一氧化碳泄漏、无线电、敌我识别、发动机冷却、油耗以及爬升和速度等项目的试飞。这张照片拍摄于机身后部结构加强之后的首次飞行。在编号R7700后面有个钢箍带,后来又换成了鱼尾连接板。此时飞机已经换成了4门西斯帕诺机炮,座舱后盖也换成了透明的,以改善飞行员的视野。

## "台风"的改进

虽然经过一系列改进之后,"台风"的性能表现在稳步提升,但随后出现的故障非常严重而且花了很长时间才得到满意的解决。1942年7月29日,第257中队的一名飞行员在进行换装训练的时候遇难,他当时正驾驶座机"台风"R8633在试飞部队执行试飞任务,飞机在进行小角度俯冲转弯的机动时解体了,高度急剧下降而且失去控制,最终坠毁在高埃尔考西南。一个多星期后,悲剧又发生在一名霍克-西德利公司的试飞员身上,K.赛斯-史密斯(K.Seth-Smith),在编号为R7692的"台风"ⅠB 上遇难,飞机残骸坠落在斯坦斯附近。当时史密斯正驾驶R7692进行尾旋试飞,结果飞机突然解体坠毁。R7692坠毁后一个星期,第56中队的一架"台风"突然从中空飞行的编队中脱离并坠毁,飞行员遇难。

一系列事故之后,"台风"机队马上停飞。然后由两名勇敢的试飞员冒着生命来调查原因,他们是霍克-西德利公司的卢卡斯和格洛斯特公司的首席试飞员J.塞耶(J.Sayer)。

经过对试飞结果缜密的分析,发现造成这个事故的原因是飞行员诱导震荡——到当时为止还没有任何科学家和空气动力学工程师听说过的一个概念,属于航空学上的新研究领域,而"台风"上产生的问题可以说是打开了这一领域研究的大门。由于气动设计等原因,比如飞机机翼的形状,会导致飞机在飞行时有不同的表现。比如在"台风"上,它在飞行中会有机头下沉的趋势。这实际上是正常表现,飞行员不能随便去修正,除非飞机正因此降低速度。调查显示,很多飞行员在遇到机头下沉的情况时,会朝后收油门,同时用尾翼来调整飞机的姿态,让机头上翘;因此,当飞机速度降低到正常控制水平以下,出现机头下沉现象时,如果用很大的幅度调整机头上仰,机头剧烈抬升,会施加一个破坏性拉力给尾翼,造成尾翼损坏。此外试飞还发现飞机在高速状态下,升降舵的抖动经常会导致飞机的组装连接处承受了过多的压力,尤其是后机身和尾部的结合部,造成尾翼构件与后机身连接处断裂。

在等待正式解决方案出台的同时,霍克-西德利公司采取了一个临时补强方案,用钢制对接衬板把整个机身和机尾的连接处都包住。但是,这是一种沉重、麻烦而且会产生一些负面问题的方案,所以又采取了另外一种轻量化的增强结构的方案,也就是所谓的内部代号为286的改进方案。这个方案是使用20个高张力钢片,等距离铆接在机身和机尾的连接点周围,这样在不增加很多重量的同时,加强了后机身的强度。飞机生产商的平民工作组被安排执行这个改装任务,主要改装工作由驻亨洛的第13维护部队承担;该部队从1942年12月开始到1943年3月修复了至少300架"台风"。而在生产线上的飞机则从第820号飞机从下线开始就使用这个结构加强方案。

虽然霍克-西德利公司和皇家空军研究中心经过大量的分析确信机尾脱落问题已经解决,但是还是进行了进一步的调查工作。在对回收的飞机残骸进行了详尽的调查后,认为机身连接点可能并不是事故的罪魁祸首。为了验证这个论点,1架"台风"被装上了压力和拉力计并进行了一系列的升空试飞;主要试飞科目包括俯冲到最大速度800公里/小时,然后模仿躲避敌方的防空炮火进行了一连串的剧烈机动;俯冲到很高的速度然后又飞了剧烈的盘旋滚转等机动,这些试飞员都是在拿生命去验证一个并不明确的结论。

接着霍克-西德利公司和皇家空军研究中心又把注意力转移到了已经装备"台风"的行动中队上来,尤其是第181和182中队,这两个中队把"台风"作为俯冲轰炸机使用。在对这两个中队的飞机进行详细的调查后,发现他们的飞机后机身的连接处有细小的裂痕。但是在地面试验中这些飞机又表现出了承受能力远超理论上能够使其解体的压力和拉力。"台风"机身上另外一处被详细调查的地方就是升降舵的质量平衡,这个部位也是机身的核心部位之一。最后调查发现在巨大的压力下,质量平衡的安装支架崩溃了,因此导致升降舵抖动、飞机失控。

就在调查正在进行的时候,又有"台风"因为结构问题而损失:1943年因为结构问

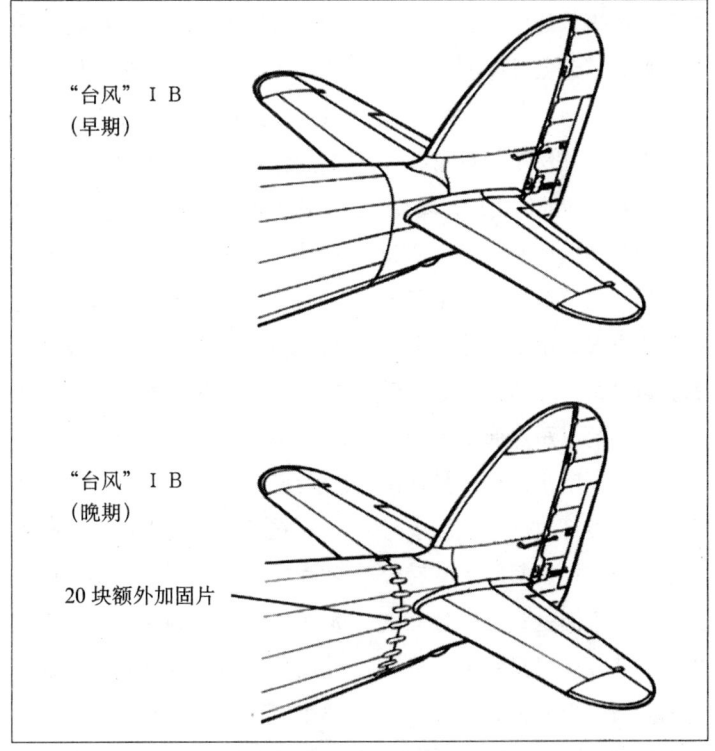

霍克-西德利公司解决机尾强度问题的方案,在尾翼总成和机身连接处增加了20块高张力加强钢片,但治标不治本。

题损失的"台风"总数达到了13架,只有1名飞行员幸存,就是第192中队的基尔帕特里克(Kilpatrick)少尉,他自己都不知道是怎么控制住已经失控的飞机并成功跳伞的。令人费解的是虽然很多飞机进行了结构加强处理,事故率却上升了。因此调查者们改变了他们的方法,去寻找其他原因。重点调查部位就是飞机的升降舵和垂尾,因为这些地方是结构连接点损坏之前被频繁使用的气动控制面板,承受过很大的压力,而且调查中发现升降舵的质量平衡安装支架崩溃的现象。此外抖震和谐振现在被怀疑是造成事故的主因,因此调查集中到了连接升降舵的质量平衡上。

在经过几次不同重量和尺寸的质量平衡的试飞后,霍克-西德利公司给所有已经生产和正在生产的"台风"拿出了一个解决方案,给飞机装上了新的质量平衡。总体而言这个改装是成功的,虽然偶尔有个别飞行员在飞回基地后会报告说在俯冲速度超过800公里/小时升降舵会有控制问题。事后检查发现,原因是穿过机身上减重孔的升降舵梁扭曲了,甚至有的因为改出俯冲时偏向负载过大导致升降舵控制梁断裂,不过这些问题都不至于造成机毁人亡事故。

很明显这种情况不能再继续出现,因为会影响到飞行员士气,因此霍克-西德利公司决定给正在生产中的"台风"装上"暴风"的平尾,增大了水平尾翼面积,霍克-西德利公司自信地表示这一措施可以彻底地终结后机身机构断裂问题。这种改装在1944年开始实施,当年年末又进行了一次改进,改变了升降舵质量平衡的形状。总体而言,采取这些措施之后,台风的事故率降低到了理想的水平,虽然1945年又发生了3起事故,不过看起来跟之前的原因关系不大。事故报告表明有1架或者2架是因为主起落架在飞行中未能锁定,从起落架舱中自动降下而进入高速气流之中,导致机身受到了超出预期的载荷,造成飞机解体。不过,从这以后,直到"台风"1945年从皇家空军退役,霍克-西德利公司也没有采取进一步措施去解决解体问题了,因为越来越多的"暴风"服役了。

在后机身造成相当大麻烦的同时,"台风"的发动机整流罩也遇到了麻烦。"军刀"发动机虽然动力充沛,但也是整个"台风"研发和生产过程中最让人担心的问题。不仅因为它容易温度过高,还因为纳皮尔公司的产能不足,跟不上飞机的产量。因此格洛斯特公司不得不面对大批没有发动机的飞机积压在胡克勒寇特工厂的情况,或者是把它们交付给维护部队等待老飞机换下来的发动机。这虽然不是什么好办法,但也没有更好的选择了,不过这样意味着永恒不断的发动机循环更换,对发动机寿命损伤很大。当部队正在使用的"台风"降落在维护部队进行维护时,就把发动机拿掉,直接给下一架新生产的飞机装上使用,而被卸掉发动机的这架飞机就在维护部队进行维修,等待那架装了发动机的飞机回来维护,再把发动机装回去,如此循环。发动机的短缺还耽误了试飞计划的完成,因为飞机上的任何改进项目都要以最快的速度进行试飞和检验,以便提升行动中队的战斗力。

在前线也一样,"军刀"的运行状况令人烦恼不已。问题主要集中在套筒阀上,它在一小段飞行时间之后就会磨损。为了解决这个问题,需要对发动机进行一系列严密的检查维护,每隔25个飞行小时就要把发动机从飞机上拆下来一次,进行全面的检查和维护,这无形中降低了前线中队的可用飞机数量。直到1943年5月情况才有了改善,检查周期增

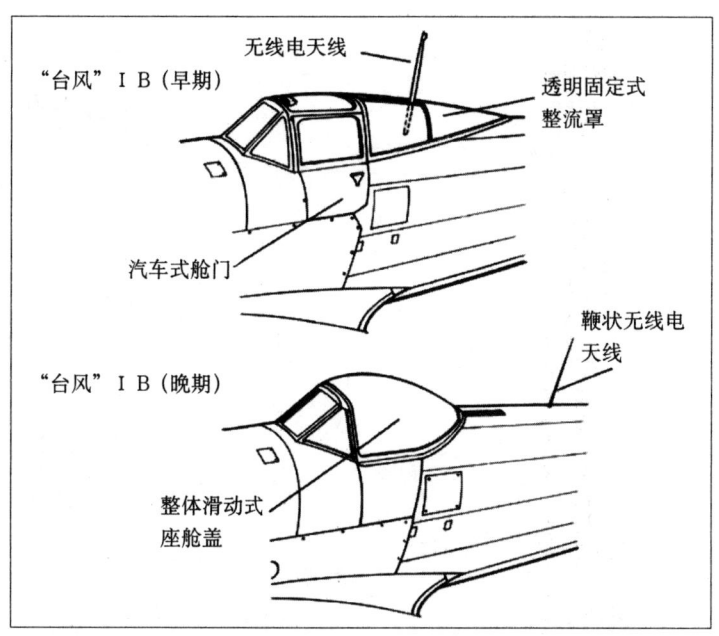

"台风"ⅠB的座舱盖变化,极大地改善了飞行员的全向视野。

加到了30个飞行小时;然而这只能在精打细算的情况下才有用,包括使用专门的空气加热风扇来保持发动机恒温等手段。

很明显这种情况是不能再继续下去,纳皮尔公司因此也启动一个研究项目来解决套筒滑阀问题。结果布里斯托尔公司帮助找到了原因,因为这个公司在生产套筒阀发动机方面有着非常丰富的经验。解决方案是改变阀门密封环的材质,然后阀门在组装之前要进行渗氮和抛光处理。纳皮尔公司使用多种合金材料进行了实验并选了效果最好的,然后启动一个大规模改进项目来安装新阀门。此举暂时降低了"台风"的可用数量,装备"台风"的战斗机部队飞行时间降低到了300小时/月,而把"台风"当做俯冲轰炸机使用的部队则降到了200小时/月。但是这个短暂的退步长远来看是非常值得的,改进过套筒滑阀的"军刀"发动机可靠性得到了极大的提升,远超原来的设计目标——当然跟其他活塞发动机比起来它仍是一头难以驯服的野兽。

纳皮尔公司并没有满足于现状,而是一直在致力于提升"军刀"发动机和"台风"战斗机的性能,1943年纳皮尔公司把"军刀"Ⅳ型装到了"台风"R8694上进行验证。这种发动机的主要改进是安装了一个环流散热器,取代了原来标志性的下颌散热器。纳皮尔公司的试飞结果显示R8694的最大速度达到了727公里/小时,但是当时"暴风"项目进度良好,"台风"采用新型发动机进行改进的方案都被打入冷宫了。

除了制造商和几个试飞部门都强烈建议对"台风"身上比较明显的缺点进行改进外,前线部队也满腹牢骚——最主要的一点就是飞机的视野。解

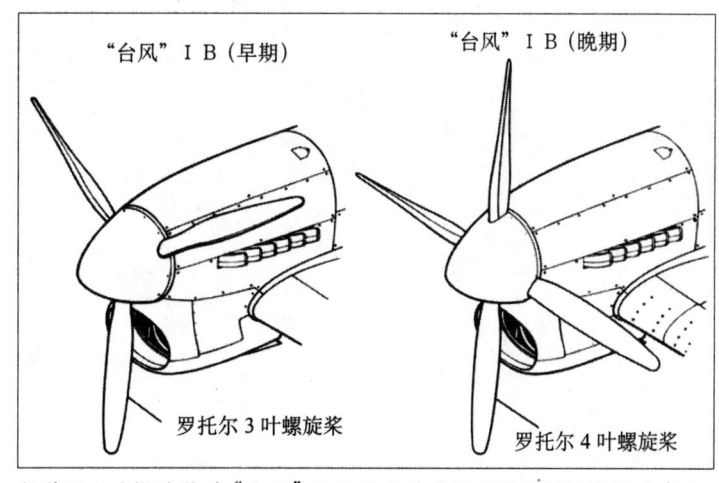

换装了4叶螺旋桨的"台风"ⅠB最大的贡献不是飞行性能提升多少,而是震动消除了不少。

决这个问题的第一步是用一块整体式有机玻璃座舱盖代替早期型号上的金属座舱盖后整流罩。在具体处理了一片区域来改善飞行员的视野之后,霍克-西德利公司把注意力集中在座舱盖其他部分的问题上,比如粗壮的座舱框架也影响视野。霍克-西德利公司原本计划是开发一种轻量化的挡风玻璃,跟更细的框架组合在一起,而且这个方案只需要在原来的座舱风挡基础上翻修就行了。这种新型组合式风挡,结合霍克-西德利公司新开发的整体式前后滑动气泡座舱盖,取代了原来的车门式座舱开启方式和多片式挡风玻璃。这种新型座舱盖1943年1月装在"台风"R8809上进行了试飞。

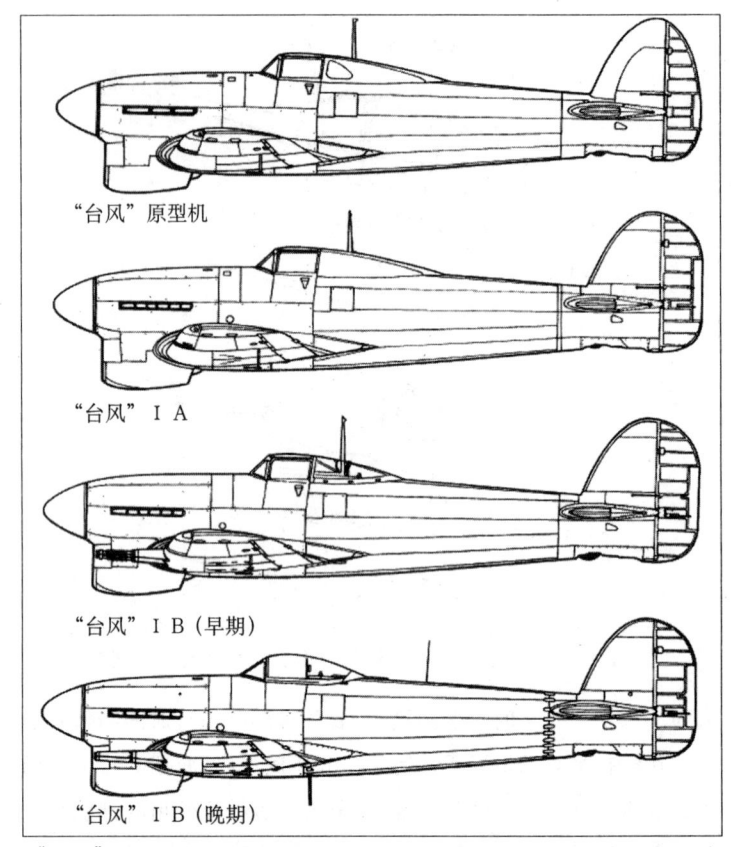

"台风"各个型号在发展过程中的细节变化,霍克-西德利公司一直在为提升其性能而努力。

## "台风"战斗机基本参数:

| | |
|---|---|
| 类型: | 单座战斗机/战斗轰炸机 |
| 发动机: | 2100马力"军刀"I;2180马力"军刀"ⅡA;2200马力"军刀"ⅡB;2260马力"军刀"ⅡC |
| 重量: | 空重4000公斤;满载6000公斤 |
| 尺寸: | 翼展:12.67米;机长:9.7米("台风"ⅠA),9.74米("台风"ⅠB);高:4.67米;机翼面积:25.92平方米 |
| 性能: | "军刀"ⅡB发动机最大速度为663公里/小时;爬升率5分50秒爬升到5800米;带2枚227公斤炸弹航程820公里,带2个200升副油箱航程1580公里;升限10730米 |
| 固定武器: | "台风"ⅠA:12挺7.62毫米勃朗宁机枪,每挺机枪备弹500发 |
| | "台风"ⅠB:4门20毫米西斯帕诺机炮 |
| 挂载武器: | "台风"ⅠB:8枚火箭弹或2枚454公斤炸弹 |
| 副油箱: | 2×205升 |

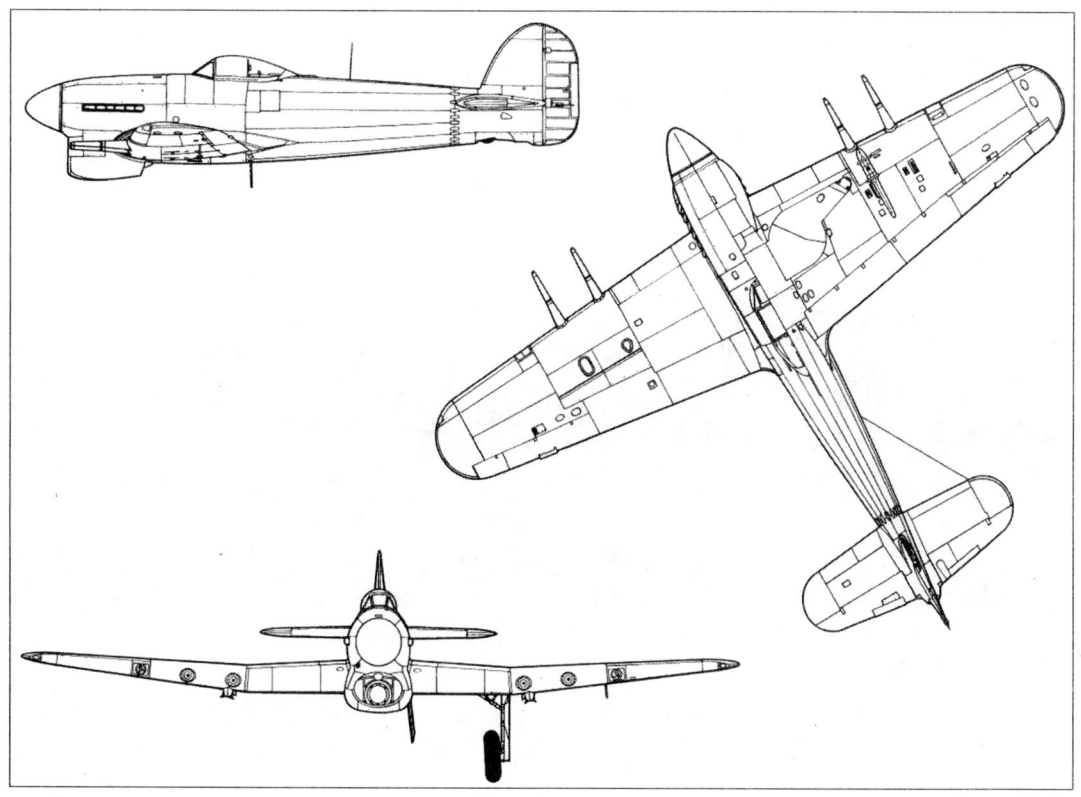

"台风"ⅠB三视图。

新座舱盖的视野在试飞中获得了包括试飞员、生产商、皇家航空研究中心和空战开发部队在内的交口称赞。2月份这种座舱盖在诺斯霍特由现役飞行员驾驶进行了进一步试飞检验，他们也对新设计的座舱盖赞不绝口。改进过座舱盖的飞机得到了飞行员们的一致称赞；但换装座舱盖的项目一直到1943年9月才启动，装有新座舱盖的"台风"改进型实际上到1943年11月才下线，这意味着参加诺曼底登陆战斗的部分"台风"中队依然装备的是老式"棺材盖"座舱盖。

对于拓展飞行员视野，霍克-西德利公司还有进一步的改进计划，就是在座舱盖顶部安装一个水泡状的有机玻璃后视镜。但是在实际使用中发现由于震动和容易造成座舱盖故障而显得几乎没什么用，最终这个小改方案被放弃了。

接着，根据飞行员的建议，霍克-西德利公司把"台风"僵硬的座椅改成了弹簧座椅。这对消除发动机造成的高频震动有很大的助益。1944年"台风"采用了四叶螺旋桨，最终消除了发动机震动；但是飞行的操控性，尤其是俯仰稳定性能变得不可接受了。解决方案就是给"台风"装上了"暴风"的水平尾翼，增大了面积。

这种改进型在1944年2月进入前线部队服役。除了尾部还有轻微的飘动趋势外，这个"台风"的最终改进型跟原始型号相比有了巨大的进步。战争期间其他方面的改进还包括：机炮整流罩、排气设备整流罩、用鞭状天线取代了柱状天线。只有一项改进后来被移除了，那就是排气装置整流罩，因为发现用不用效果没什

"台风"ⅠB的翼下涂上了条纹识别条，防止盟军误击。这架飞机还使用了白色机头涂装，不过后来很快就换成了迷彩涂装。

么区别，还徒增重量。

## 夜战"台风"

虽然"台风"原本是作为一种战斗机或者是战斗轰炸机来设计的，但也被皇家空军试着改为其他用途，比如夜战。1942年"台风"R7651从第226中队退役，交付给驻福德的战斗机截击部队进行夜战试飞。相比已经试飞过的"喷火"和"飓风"，"台风"因为稳定性更高，航程更大，更适合夜间飞行，特别是仪表飞行。但是，要成为合格的夜间战斗机，一系列改进是必要的，措施包括采用整体滑动式透明座舱盖来改善全向视野，改善和重新设计了座舱灯光，并改进了飞机的刹车系统，缩减了降落距离。R7630在战斗机截击部队的试飞始于1942年8月，跟一架安装了"图宾灯"的双发"波士顿"轰炸机一起执行任务。这架"波士顿"是一种经过改装的特殊型号，机头装有雷达天线和大功率探照灯，只要它通过雷达发现了目标，然后用探照灯锁定，伴飞的战斗机理论上就能将目标击落。但是在试飞中，"波士顿"和"台风"的表现并不协调，因为"波士顿"的巡航速度仅仅略高于"台风"的失速速度，这就导致了两种飞机很难保持编队，不过速度快的战斗机意味着可以对被发现的敌机发动猛烈且快速的攻击。

为了消除这种不协调，霍克-西德利公司计划着手打造一款专业的夜战型"台风"。编号为R7881的"台风"被改装作为试飞机，霍克-西德利公司将其命名为"台风"NF.ⅠB，这里的NF就是英语夜间战斗机（Night Fighter）的首字母缩写。这个型号把普通版"台风"左翼的油箱移除了，用来安装AI MarkⅥ雷达发射和接收盒，雷达天线则装在两侧机翼前缘。虽然乍一看去掉了一个主油箱是性能上的倒退，但实际上可以用两个205升的翼下副油箱来弥补这个损失。在经过制造商试飞后，夜战型"台风"在1943年4月被移交给位于法恩伯勒的皇家航空研究中心，对飞机和雷达进行评估。

装备Mk Ⅵ雷达的R7881，在机翼前缘装备了雷达天线，右翼是发射天线，左翼是接收天线。实践证明，当时的单座战斗机装备雷达是毫无可操作性而言的。

试飞结果表明一名飞行员是无法操纵雷达设备的，因为要一边仪表飞行一边盯着雷达屏幕看，同时还要对外观察拥挤的夜空中其他的飞机。截击雷达早在1939年冬天就装在一些"布伦海姆"夜间战斗机上投入实战了，因此早就得出了需要一名技术娴熟的专业人员来操纵这个"黑盒子"（早期飞行员、导航员和空中机枪手对雷达设备的称谓）的结论。

在金钱和时间上都花费不菲的夜战型"台风"试飞被证明是荒谬可笑的，在整个实验中，皇家空军花费了18个月时间和大量的金钱，只取得了1个确认战绩。不过试飞后的报告对其评价非常积极，飞行员们对"台风"的速度也赞不绝口，认为可以用来执行快速截击任务。加上在空中截击系统的指挥下，夜战型"台风"的有效作战距离可以达到150-2750米；而且飞机的机动性可以使其在截击追踪中轻松跟踪目标。R7881虽然证明了"台风"夜战战斗机的性能，但它却只是"一次性"的，因为1943年下半年开始德国人已经无力在夜间空袭英国本土了，而且它的固有缺陷又无法解决。R7881被拆掉了雷达设备后在1944年7月交付给了驻霍尼利的第3战术训练部队。

R7881左侧机翼上安装的雷达发射机和接收机，右侧机翼下则可以挂载一个205升副油箱。

## 沙漠型"台风"

1943年4月,英国首相丘吉尔提出要调查"台风"在沙漠地区和气候条件下的适应能力。因此皇家空军把3架"台风"(R8891,DN323和EJ906)装船运往卡萨布兰卡,除了发动机外,其他机翼、尾翼、螺旋桨和整流罩都拆下来,有两名飞行员随行:米亚尔(Myall)少尉,他是第56中队的一名拥有丰富的"台风"飞行经验的飞行员,还有一名军士(名字未知)则是菜鸟,还没飞过"台风"。两名经验丰富的安装技工跟他们同行,试飞员卢卡斯和一名霍克-西德利公司的工程师J.格拉(J.Gale),则通过英国-里斯本-直布罗陀航线坐飞机过去。

到货之后,驻卡萨布兰卡的空军第145地勤部队先把飞机组装起来,然后5月7日由卢卡斯驾驶DN323首飞,另外两架"台风"也在11天之内做好了飞行准备。在此期间,米亚尔少尉从卡萨布兰卡前来试飞EJ906,而卢卡斯则被安排为另外两架飞机进行安装湿式过滤器的试飞工作。之所以要把过滤器换成湿式的,是因为从化油器排出的燃油会将普通过滤器浸润,在高温的沙漠环境下有起火的风险。

驻伊德库的皇家澳大利亚空军第41中队,当时装备的是"喷火"战斗机,负责"台风"的试飞任务,如果时机合适,就全面换装"台风"。5月22日,第41中队接到命令转移到运河地区,卢卡斯启程回国,米亚尔继续在埃及执行任务。5月24日,米亚尔和澳大利亚空军第41中队的6名飞行员带着DN323和EJ906转移到驻艾勒达巴的第106机场,距离亚历山大港约160公里。

6月3日,3架飞机奉命转移到开罗,R8891和DN323成功转场,EJ906因为发电机离合器故障不得不迫降,不过很快就修复了飞行能力,后来三架飞机又飞去了阿尔及尔。驻阿布基尔的第103地勤部队接手了这三架飞机,并且将其改装到最新标准。从6月13日开始,澳大利亚空军第41中队正

1943年,在皇家澳大利亚空军第451中队进行试飞的沙漠型"台风"。

式开始试飞工作，中队里的19名飞行员都试驾了"台风"，并对其性能表示满意。每架"台风"在该中队都飞了100多个小时。在这次试飞行动中，总飞行时间达到了312个小时。试飞行动被认为是非常成功的，皇家空军认为可以让驻埃及部分部队全面换装"台风"。盖尔10月12日才启程回国。12架沙漠改装型"台风"在1943年10月被分配给驻埃及的第451中队，但是却没有交付；因为实在匀不出船只来运送飞机，所有的船只都在为诺曼底登陆做准备。随后，MN290又被霍克-西德利公司运到埃及进行冷却系统试飞。

此外3架"台风"还验证了飞机的空气循环系统。在散热器下面安装了一个沃克斯热带空气过滤器，在飞机在地面运转、滑行、起飞和降落的时候使用；在中东地区，飞机在地面运行时会扬起大量的沙尘。飞机一旦升空，过滤器就会关闭。

在经历过一系列的探索之后，英国空军终于找到了"台风"最合适的定位，那就是作为战斗轰炸机执行对地攻击任务。此外，它的环境适应性也不错，可以在条件恶劣的沙漠地区使用。

## "暴风"原型机

在"台风"进行争取订单行动的同时，霍克-西德利公司深知"台风"战斗机这个设计本身已经没有什么潜力可挖了。机身设计仍然带着双翼机时代的痕迹，同时机翼截面已经深陷NACA22翼型的桎梏，阻力非常大。从技术上讲，"台风"的机翼的弦长为30%，厚度/弦长率在翼根为19.5%，逐渐减少到翼尖为12%；这样的设计可以获得非常好的机翼强度以及充足的空间来容纳机翼武器和油箱；但是这造成了"台风"的最大速度只有645公里/小时。不过"台风"的俯冲性能很好，如果没有震动和纵倾变化，最大可用俯冲速度可以达到800公里/小时。

霍克-西德利公司已经注意到"喷火"使用的薄截面机翼带来的优异性能，并且在1940年3月开始新机翼设计的调查。不列颠之战严重干扰了新机翼的开发，因为生产"飓风"才是最高优先级的工作，因此一直到1941年9月霍克-西德利公司才开始新机翼的设计工作。新设计把机翼的最大厚度进一步压缩，弦长37.5%，而翼根的厚度/弦长为14.5%，到翼尖缩减为10%。用数字来表示新机翼就是比"台风"的机翼整整薄了13厘米。从俯视图来看机翼的整个形状变成了半椭圆形，基本上跟"台风"的中等锥度梯形翼已经完全不一样了。

机翼整个形状变化意味着机翼结构内就没有空间安装油箱了，因此新型战斗机要在机身内增加一个油箱。基于"台风"原始的设计，把发动机前移53厘米，就可以在防火板和座舱之间插入一个容积为345升的油箱。新机翼要匹配新的起落架，新飞机跟"台风"一样也采用了宽间距设计，计划采用的发动机是纳皮尔公司的"军刀"IV型。

薄机翼版的"台风"在霍克-西德利公司的内部编号为EC.170C，航空部在看到霍克-西德利公司展示的方案之后，就在1941年8月发布了F.10/41标书。这份标书里包含了制造两架当时名为"台风"II的原型机的合同，在当年9月份签订。在新战斗机的设计进入定型阶段时，卡姆收到了飞机生产部要求改进发动机散热性能的命令。因此他使用了将散热器装在机翼前缘的设计，类似哈维兰公司的"蚊"式战斗机。取消机头下鼓出来的散热器可以让发动机整流罩更具流线型，更加整洁简单。风洞测试看起来两种冷却系统安装方式阻力差不多；但是法恩伯勒的皇家空军研究中心却提出了不同的看法，因为他们的计算显示机翼散热器的阻力会降低三分之二。因此机翼散热器的设计得以保留并继续发展。

在此期间，已经进入现役的纳皮尔公司"军刀"发动机存在的问题开始凸显，霍克-西德利公司对新战斗机采用这种发动机产生了疑虑。为了保证项目安全，公司开始把罗-罗公司的"狮鹫"发动机作为选项之一。为了验证这种发动机，霍克-西德利公司用1架"台风"I改装了罗-罗公司的"狮鹫"发动机，然后运到德比去试飞。在这架飞机试飞的同时，一架"台风"II的机体也修改设计来适应"狮鹫"发动机。布里斯托的"半人马座"发动机在当时的阶段并没有被采用，因为该发动机当时还处于初级开发阶段。

由于有两种发动机要进行对比，航空部决定两种原型机都采购，来作为一种保险措施。于是使用罗-罗公司"狮鹫"发动机的原型机航空部也订购了2架，2个月后又订购了2架"台风"II作为布里斯托尔公司"半人马座"发动机的实验平台。霍克-西德利公司

最初为"台风"II选择的发动机是"军刀"V型和VI型，由于VI型进度严重拖后，因此暂时采用"台风"的标准发动机"军刀"II型代替。

随后，霍克-西德利公司改变了飞机的命名，把"台风"II换成了"暴风"，因为发动机不可靠和神秘的后机身脱落事故已经让"台风"臭名昭著，新飞机换个新名字改变人们对它的固有认识，当然取一个新名字来区分新设计的飞机也是有必要的。然后霍克-西德利公司用一系列编号来区分"暴风"不同的版本："暴风"I用的是"军刀"IV型发动机，"暴风"II用的是"半人马座"IV发动机，"暴风"III用的是"狮鹫"IIB发动机，"暴风"IV用的是"狮鹫"61发动机，而"暴风"V安装的是"军刀"II发动机。

因为开发中的问题和交付延迟困扰着"军刀"IV和"半人马座"发动机，同时为了容纳罗-罗公司发动机而进行的机身设计修改也远远落后于计划表，这就导致了"暴风"I、II、III、IV的研发工作严重滞后。这就给人一种"暴风"V最容易开发的感觉，因为"军刀"II发动机装进新机体没有什么太大的困难。很快"暴风"V就通过试飞确认了新机

翼风洞数据是正确的。虽然航空部刚下达了原型机订单，不久之后霍克-西德利公司就被告知要增加产量，从1942年7月开始生产400架"暴风"。

1942年9月1日"暴风"V原型机HM595在兰利亮相进行滑行实验；9月2日首飞，飞行员是卢卡斯。相比"台风"，"暴风"V其他改进的地方还有使用了哈维兰公司液压自动传动四叶螺旋桨，这个技术此前只在"台风"R9198上试飞过；此外还有用摇臂式悬挂组件代替了早期的直接液压起落架组件等。当时滑动式气泡座舱盖还在制造中，新的机尾组件也处于设计阶段，所以HM595使用的还是"台风"的机尾组件和粗框架座舱盖。

"暴风"V的原型机试飞没发生什么意外，第二天卢卡斯就驾驶飞机爬升到了3000米，速度达到了480公里/小时。在此期间还进行了有限的机动性试飞，在1500米高度检查了失速性能，当时全机重量为4785公斤。试飞得出的结论为"暴风"V原型机在放下起落架和襟翼后失速速度为145公里/小时。"暴风"V原型机拉长了机头也造成了一些问题，引起飞机纵向稳定性下降，导致飞机在所有速度区间的机动性表现平平。霍克-西德

利公司只好先采用了一个临时措施来解决这个问题,给方向舵后缘打一个丑陋的补丁,把垂尾面积增大了0.25平方米,平尾的翼展也扩大了,改善了纵向稳定性。生产型飞机也在同样的位置有一个补丁,虽然这远谈不上是一种改良设计,但却简单有效。经过改良措施后,"暴风"V原型机在空中变得稳定多了,不过卢卡斯在一次试飞报告中提到升降舵的反应变沉重了。

经过增大垂尾和方向舵面积后,"暴风"V原型机变得稳定多了,9月份,HM595又进行了进一步的改进,措施包括垂尾面积又增大了0.13平方米,使其总面积达到了1.4平方米。方向舵活动范围降低了10%并且改进了调整片。改进后的HM595在10月2日首飞,

卢卡斯驾驶飞机在6200米的高度上飞到了690公里/小时的指示空速。11月份霍克-西德利公司对HM696又进行了一系列的小调整,让飞机平衡完美。尽管磨难不断,负责试飞"暴风"V原型机的飞行员还是对操控性能的改善赞不绝口。

"暴风"V原型机改进中使用的调整片是一个小合金片,很容易被地勤人员不小心弄坏。为了解决地勤人员无意中改变调整片,设计师们给飞机安装了一套飞行员可以控制的调整片系统,当然这只是个权宜之计,霍克-西德利公司为生产型飞机专门开发了一套新的弹簧调整片。

12月12日,卢卡斯驾驶HM595在兰利升空试飞飞机的可控俯冲性能,起始高度为8200米。在飞机俯冲到5700-6000米高度上时,HM595的飞行速度达到了925公里/小时,约为0.76马赫。卢卡斯报告称,在这个速度飞机机头会变得沉重,飞机机身开始抖动。这个速度应该是飞机的性能极限了,因为紧接着发动机熄火,而且右起落架放下后未能锁定,迫使卢卡斯不得不在兰利进行了一次小心翼翼的紧急迫降。HM595随后被装上了一台新的"军刀"II发动机,而原来那台被拆下来进行调查,不过并没有发现熄火的真正原因。经过地面测试后,"暴风"V原型机在12月23日恢复试飞。

随后"暴风"V原型机再次进行一系列的俯冲试飞,在相同的高度上达到了相同的速度,再也没有出现之前的问题。但此时出现了有关座舱盖

"暴风"V第一架原型机HM595,可以看出机翼厚度比"台风"薄了很多,明显带有上反角。

的小毛病：HM595安装的是"台风"早期型的座舱盖，一个无法查找原因的故障导致它的右侧玻璃窗在一次试飞中被吹飞。不过这并不是一个严重问题，因为生产型会安装滑动式整体座舱盖，并且在试飞过程中就交付了。

虽然HM595纵向稳定性略差，但新机翼的表现还是非常不错的，增加了飞机的最大飞行速度，也带来了更加干脆、平滑的操纵性能，而且那些长期困扰"台风"的振动也完全消失了。HM595仅仅被看做是一架开发原型机，并没有安装武器；但是航空部发出了好几份规格标书建议霍克-西德利公司按照生产型标准给它装上武器。霍克-西德利公司为"暴风"V原型机选择的武器配置方案有以下几种：每侧机翼装3门西斯帕诺20毫米机炮；或者使用所谓的"通用机翼"，每侧机翼装2门机炮；第三种方案则是每侧机翼装一门20毫米机炮加一挺12.7毫米机枪；第四种是两挺机枪。在经过大量讨论后，霍克-西德利公司最终选择了每侧机翼两门机炮的方案：这不仅可以保证武器的有效性，从后勤和库存的管理角度来讲，"台风"和"暴风"的弹药通用会有很大的便利。

1943年2月，是"暴风"发展的又一个阶段性成长期，因为采用"军刀"IV发动机，"暴风"I原型机在2月24日做好了试飞前准备，进行了必须的滑行实验，测试了刹车、发动机和其他系统。跟以前一样，试飞员卢卡斯让这架新原型机逐渐进入了"快车道"。他在关于"暴风"I原型机的第一份报告中就指出飞机需要增加纵向稳定性，而且升降舵在速度下降的时候效率会降低，在速度低于177公里/小时时彻底失去作用。

1943年3月，纳皮尔公司终于搞定了"军刀"IV在4.08公斤力/平方厘米增压下4000转每分钟的运转问题，虽然霍克-西德利公司表示并不需要这种性能。"暴风"I第二架原型机HM599在5月份下线，但要等待新的"军刀"IV发

"暴风"I原型机HM599，使用了纳皮尔公司"军刀"IV发动机，并把散热器改到了机翼前缘，因此外形跟"暴风"V看起来有很大的不同。

在"军刀"Ⅳ发动机确认不再发展之后,HM599就装上了罗-罗公司的"狮鹫"发动机,作为试飞平台使用,一直服役到1946年。跟之前装"军刀"Ⅳ时最大的区别就是机头下方增加了一个小散热进气口。

动机到位,所以经利用这段时间拆了机身去安装水滴形座舱盖。在这些改装工作完成并装上新发动机后,HM599做好了起飞准备。这一次的飞行员是来自航空部试飞部门的B.汉博(B.Humble);之所以让他接手是因为卢卡斯受命去中东进行"台风"的热带适应性试飞了。

HM599很快在新飞行员手上取得了成功,虽然升降舵的控制在低速状态下响应比较差,而且发动机油门也略微地增大了响应时间。飞行报告对这个型号的操纵性能还是充满赞誉。机翼上安装的散热器虽然给生产商造成了一定的麻烦,但紧致机头整流罩,让"暴风"Ⅰ原型机在7500米的高度上飞出了750公里/小时的速度。随后霍克-西德利公司又对机身进行了一些调整,并且安装了厚度/弦长11.5%的平尾,让"暴风"Ⅰ原型机在1943年9月的试飞中飞出了759公里/小时的成绩。但是航空部还是对"军刀"Ⅳ发动机的可靠性持严重怀疑态度,因此航空部停止提供资金,"暴风"Ⅰ原型机在当年12月份停止发展。

从表面上看,"军刀"Ⅳ看起来是纳皮尔公司想要达到的理想发动机,但生产标准执行并不是很好。一个明显的例子就是尽管纳皮尔公司一直在努力提升其可维护性,但发动机在转速约为3750转/分的时候会漏油,而且大修间隔时间也离50个小时的目标相去甚远。汉博对"暴风"Ⅰ原型机赞誉有加,尤其是在6000米以上高度,其性能超出盟军当时阵容中所有战斗机。

此外,飞机·武器实验中心也派出了飞行员对"暴风"两种原型机进行了试飞,用"暴风"Ⅴ原型机HM595为参考航空部编撰了一份报告。总体而言报告对"暴风"Ⅰ是有利的,但也提到了升降舵的问题。在"暴风"Ⅰ项目被取消后,已经生产出来的模具就进行改造转为生产"暴风"Ⅴ服务了。

跟"暴风"Ⅰ原型机同步,"暴风"Ⅴ原型机HM595也在1943年2月份进行了深度测试,这一次飞机进行了气动优化，因此飞机在6600米的高度上飞出了705公里/小时的指示空速。在操纵杆上增加了一个惯性阻尼器操纵手柄，可以保护"暴风"V原型机在急转弯中避免达到5g以上的过载。随后HM595被送到博斯坎普进行评估和鉴定，并装上了编号为S76的"军刀"IV发动机。在评估和鉴定期间，HM595在汉博的驾驶下，于6月17日在7200米的高度上达到了738公里/小时的速度。不过当时用的是配重来代替机炮和弹药，包裹机炮炮管的整流罩没有安装，因此指示速度估计比实际速度快了11-16公里/小时。在这些试飞中，"车门"式早期型座舱盖再次发生了侧挡风玻璃被吹飞的现象。

此时航空部决定推动"暴风"V的发展，因为下颌散热器和发动机已经在"台风"上服役，所以做这个决定就很容易理解了，成熟技术的风险低，而且能够快速形成战斗力。其他的原型机，采用"半人马座"发动机的"暴风"II得以保留，因为发动机开发进度良好，而且从初步试飞的结果看其潜力还是十分巨大的；但是"暴风"III和"暴风"IV都被砍掉了，因为罗-罗公司的"狮鹫"发动机对"喷火"尚且供不应求，根本分不出产能给霍克-西德利公司。为了推动"半人马座"发动机的发展，一架用来作为实验平台的"龙卷风"原型机上的"半人马座"发动机被拆了下来装在"暴风"II原型机上。当然"暴风"V的优先等级更高，因为它已经足够完善可以投产了，而"半人马座"动力版本还需要更长的时间来完善。虽然"狮鹫"发动机版本被取消，但也造了1架选型机，就是编号为LA610的"暴风"III，安装了一台"狮鹫"85发动机，后来它成为了霍克-西德利公司新一代"狂怒"战斗机的原型机，但后来发动机换成了"军刀"VIII，成为了霍克-西德利公司史上速度最快的活塞动力飞机，最大速度达到了777公里/小时。

在决定发动机型号后，航空部就把生产合同下给了霍克-西德利公司，授权他们开始生产"暴风"V。第一架生产型

"暴风"V JN757，系列1生产型，机炮伸出机翼前缘。这架飞机先是在第3中队服役，然后又被移交空战开发部队，一直服役到1947年10月6日。

"暴风"V于1943年6月21日下线，编号JN729，由汉博驾驶进行了首飞。航空部下的第一批合同是100架，这批飞机被称为"暴风"V系列1，它们跟后面的生产型不同之处在于采用了炮管很长的西斯帕诺Ⅱ型机炮，伸出机翼前缘超过23厘米。

由于前线需求旺盛，"暴风"V直到10月份才被送到飞机·武器实验中心进行试飞。用来执行试飞任务的是JN731，进行了包括常规操纵和极限性能在内全部科目试飞。试飞报告显示"暴风"V的性能非常棒，但是也提到飞机速度在800公里/小时以上时，因为空气动力压力副翼会变得沉重，不过还是可以进行一些机动的。报告对于"暴风"V最大的批评是滚转率不高，不过这一点很快就通过在副翼上安装弹簧调整片解决了。报告夸奖了座舱盖，这种新式整体滑动座舱盖已经在"台风"上取得了成功，有着非常良好的全向视野。总体而言，JN731的表现非常出色，海平面速度达到了605公里/小时，5570米高度上达到了695公里/小时，发动机中间转速，在1800米高度速度为661公里/小时，升限达到了10460米。

在博斯坎普给试飞员留下深刻印象后，驻威特的空战开发部队也对"暴风"V进行了试飞，不过这一次试飞的是另外一架飞机，JN737，1944年1月8日抵达他们的驻地。这架飞机的不同之处在于有带弹簧调整片的副翼，跟皇家空军现役战斗机和缴获的敌方飞机进行一系列的模拟对抗，第一个对手就是"台风"。

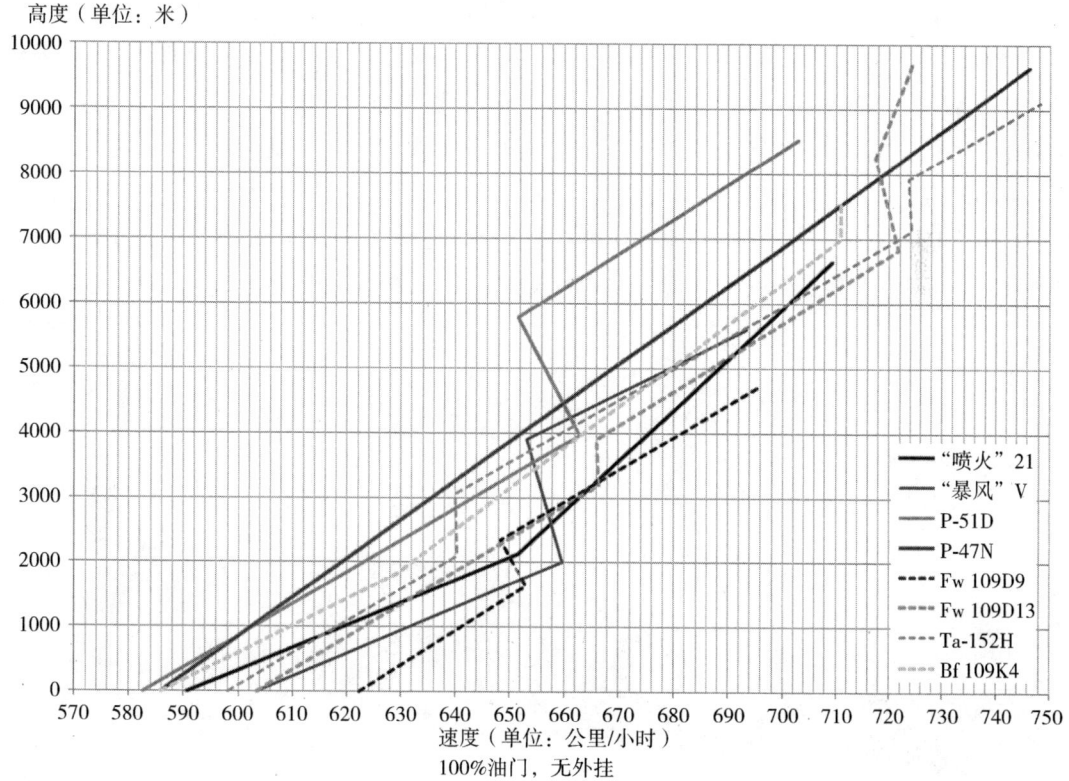

"暴风"V跟同时期其他飞机速度性能对比，可以看到在满油门无外挂的情况下，2000米以下速度仅次于Fw 190D-9，比其他所有飞机都快，而且在约1600米到2600米比Fw 190D-9还快，是名副其实的低空小霸王。

空战开发部队使用的"台风"还是早期型号,粗框架座舱盖,加上早期型号的各种缺点,这意味着"暴风"轻而易举地就击败了它的同门师兄。进步最大的就是滚转率,在250公里/小时以上指示空速有了非常明显的改善。相比"台风","暴风"V操纵平衡性更好,试飞报告认为"暴风"的三轴响应积极性和干脆性都非常不错。

"暴风"V在最大速度上也提升很大,在任何高度都比"台风"的速度快25-30公里/小时,当然公平地讲"台风"携带的燃油更多,有700升,比"暴风"多100升。但是得益于改良过的翼型,"暴风"V的阻力更小,它的航程跟"台风"是一样的,而且爬升性能更好:比使用厚截面机翼的"台风"快了90米/分钟。薄翼型带来的其他的好处还有更好的俯冲飞行品质,更稳定的机炮火力平台,以及在俯冲后更好的剧烈爬升的能力。

在完成跟"台风"的测试后,"暴风"开始跟空战开发部队手头上有的各种其他飞机进行对抗。挑选出来的实验对象有帕卡德-默林发动机版本的"野马"Ⅲ,1架使用"狮鹫"发动机的"喷火"ⅩⅣ,1架梅塞施密特Bf 109G,以及1架福克-沃尔夫Fw 190A。在跟两款盟军和两款德军战斗机的对抗中,"暴风"在高度6000米以下的性能超过了其他所有飞机。速度比"喷火"ⅩⅣ和"野马"Ⅲ快了25-30公里/小时,而德国战斗机则直接被超出了65-80公里/小时。在6000米高度以上,盟军战斗机开始胜过"暴风",而德国战斗机的性能与之接近。

在空战机动性能试飞中,"暴风"V不敌"野马"Ⅲ和"喷火"ⅩⅣ,但跟Fw 190A匹敌。Bf 109G则完全被"暴风"V压制,因为它的前缘缝翼在急转弯中会自动打开,虽然有助于提升飞机的转弯表现,但也会加快飞机速度的降低,导致飞机接近失速速度,不得不脱离战斗或者进入失控。"暴风"V的滚转率略差,比盟军的两种飞机都差,低速下甚至比Fw 190A还差,但是在563公里/小时速度以上时"暴风"V的滚转率又重新对Fw 190A获得优势,跟Bf 109G差不多;不过滚转率上的劣势可以通过快速改变倾斜角度和方向来进行一定程

"暴风"V JN802,是系列2生产型,装备了短管西斯帕诺V机炮,机翼上没有炮管突出来,进一步改善了飞机的气动性能。

度上的弥补。从这些评估的结论来看，"暴风"V性能远超"台风"，而且在中低空都完全胜过其他所有参与测试的战斗机。

空战开发部队还建议已经装备"台风"的部队最好都换装"暴风"V，但这是不可能的，当时只有3个已装备"台风"的中队进行了换装，因为任务繁重，第二战术空军压根就分不出飞行员去进行换装训练。第一支装备"暴风"战斗机的部队是第486中队，隶属于皇家新西兰空军，1944年1月在坦米尔接收了第一批几架飞机，但是他们这个"第一"的头衔很短，因为第3中队很快就取代他们成为"暴风"第一支官方认可的行动中队。

1944年，短炮管版本的西斯帕诺V型20毫米机炮达到堪用状态，而且产能足够，可以满足"暴风"生产线的需求。于是这种使用了新机炮的飞机就被称为"暴风"V系列2。跟以前一样，每门机炮都是一个完整的组件，包括弹药箱、供弹器和弹链。此时"暴风"V加入了一个标准装备，那就是205升副油箱。这个副油箱跟"台风"和早期"飓风"装备的并不一样，是流线型的，而非圆柱形的，这种副油箱得到了飞机制造部的青睐。卡姆提交的论证表明新型副油箱的阻力更小。在生产并试飞后，发现这种油箱需要气闸墙，来防止飞机在机动时燃油在里面荡漾，否则会造成飞机的不平衡。

## "暴风"的改进

在"暴风"V被皇家空军选为生产型号之后，使用"半人马座"发动机的"暴风"II就被认为是最终决定型号了。事实上这个型号的前景并不光明，因为卡姆对星型发动机并不感冒。不过随着德国空军的法贝尔上尉带着他的Fw 190A误降在法潘姆贝利，让盟军见识到了星型发动机在良好设计的前提下也能具备高性能。因此，采用星型发动机的"暴风"II第一架原型机LA602，在1943年6月28日进行了首飞，跟"暴风"I和V的原型机一样，它也使用了"台风"的机尾；发动机使用的是布里斯托尔公司"半人马座"IV，这是一种气冷星型发动机，功率达到了2520匹马力，跟发动机隔板刚性连接；螺旋桨则是罗托尔公司四叶型。

一开始，LA602的发动机的安装导致了一些重心和平衡性问题，因此进行了一系列的

"暴风"II第一架原型机LA602，使用布里斯托尔公司"半人马座"星型发动机，机头形状跟"暴风"V完全不同。

"暴风"Ⅱ MW801,这架飞机未能进入皇家空军服役,但是在飞机·武器实验中心进行了各种武器试飞。

改进,把发动机朝前移了0.3米,排气集合环尽可能地朝后移,滑油冷却器则安装在翼根上,但这种安装方式很快又产生了振动问题。为了有效解决发动机与飞机的匹配问题,第二架"暴风"Ⅱ原型机LA607就专门分配给发动机开发项目,主要目的是要找出为何发动机会造成如此之大的振动,而且更重要的是如何解决这个问题。最后解决方案是移植哈维兰公司开发的橡胶垫起落架组件技术:原来的8点刚性安装方式,换成了6点橡胶垫衬套安装。

安装点的变化意味着原计划给"暴风"使用的"半人马座"Ⅻ型发动机要被替换为"半人马座"Ⅴ型,它的功率"军刀"Ⅳ差不多。Ⅴ型的问题没有Ⅻ型那样严重,吸取了Ⅻ型的教训进行了针对性改进。此外在研发过程中还有给飞机安装五叶螺旋桨的计划,但看来会造成其他潜在振动问题,最后在生产型飞机上还是决定安装更加安定的四叶型螺旋桨。

在解决了振动问题之后,霍克-西德利公司的注意力就转移到其他经常发生的问题上;这些问题包括发动机过热,曲柄润滑问题,还有如何减小变速箱尺寸。所有这些问题协力推迟了"暴风"Ⅱ的生产和服役。由于振动过大,航空部要求"暴风"Ⅱ安装示振器,尽管如此,试飞员的操纵性试飞报告还是指出飞机和发动机表现达到预期,但再次发生了发动机座舱渗烟的问题。霍克-西德利公司的解决方案就是安装两根位置更低的排气管,而且把长度延长。1943年7月1日,卢卡斯再次驾驶LA602升空,进行第三次试飞。在达到3000米高度后,发动机转速设置到2400转每分钟然后再次开始测试。但是不到一分钟发动机就发出一声巨响,然后"半人马座"发动机开始剧烈振动。卢卡斯怀疑是发动机突然熄火了,减小油门并且马上紧急降落。事后调查发现是驱动其中一个气缸的套筒式滑阀失灵了。换了发动机之后,LA602在12月份恢复飞行,此后再也没有有关发动机问题的报告。

虽然"暴风"Ⅱ型遇到了

生产延期问题，不过霍克-西德利公司认为LA602的状态已经接近生产型了，于是把它送到飞机·武器实验中心进行评估。跟生产型有所不同的是，除了发动机安装方式，排气系统上的不同外，LA602的武器也还是西斯帕诺Ⅱ型长管机炮。这架飞机进行了全部试飞项目，发现了一些琐碎的小问题。第一个就是振动水平，在发动机转速低于2000转/分钟和高于2400转/分钟时会很严重，不过噪声水平跟"台风"比起来已经低了很多，让"暴风"飞起来没么容易令人疲惫。

LA602的常规操纵性能还是比较令人满意的，但副翼和滚转控制还相当沉重，后来在引入弹簧平衡片之后才有所改善。方向舵在小范围内移动还比较轻，随着角度增加负载也会增大。相比较而言，升降舵在全部偏转角度范围内的表现都不错；总体而言，在飞行中飞机本身只需要再进行轻微的纵向调整，而且也只是在高速时。降落和着陆时的飞行品质都很好，但如果油门减到最小，升降舵控制将会降低到临界点，无法进行有效的控制让机尾下降进行三点式着陆。

从尺寸上讲，"暴风"Ⅱ跟Ⅴ型差不多，两者翼展差不多；因为"半人马座"发动机的原因"暴风"Ⅱ要略长一点，达到了10.5米；同时它的高度却略低，为4.8米。奇怪的是"暴风"Ⅱ的总体满载重量相对于"暴风"Ⅴ只增加了9公斤，为6590公斤。最大的收益是在飞行性能上，"暴风"Ⅱ在高度为4630米时，最大速度为711公里/小时，同时爬升到这个高度的时间不超过4.5分钟，优于"暴风"Ⅴ型的5分钟不少；最大升限也增加到了11430米。

如果想让"暴风"Ⅱ进入现役，试飞报告建议降低副翼载荷需。这一点后来通过安装弹簧平衡片解决了，而前面提到的振动问题则通过采用橡胶垫片安装方式解决。

虽然霍克-西德利公司是设计方，但是它在"暴风"Ⅴ上的生产工作负担也很重，因此"暴风"Ⅱ的生产合同被分包给了格洛斯特飞机公司，也是整个霍克集团的子公司。但是这个安排也出现了问题，因为格洛斯特公司的工作负担也随着盟军开始在欧洲大陆作战而增加，尤其是补充第二战术空军"台风"损失的任务十分紧迫；此外，格洛斯特公司当时还在开发"流星"喷气式战斗机。因此300架"暴风"Ⅱ的生产合同又被进一步分包给了布里斯托尔公司；这样飞机和发动机都是由1家公司来生产了。

但是布里斯托尔公司也拖延了生产时间，因为原本的生产线已经全部被本公司的双发飞机占用了，所以要在班维尔建立一条新生产线来生产新战

布里斯托尔公司"半人马座"星型风冷发动机，它是一种星型发动机，跟纳皮尔公司的"军刀"H型发动机完全不同。虽然直径很大，但带来的好处是气动外形更加流畅，再加上马力更大，所以"暴风"Ⅱ的性能比"暴风"Ⅴ更好。

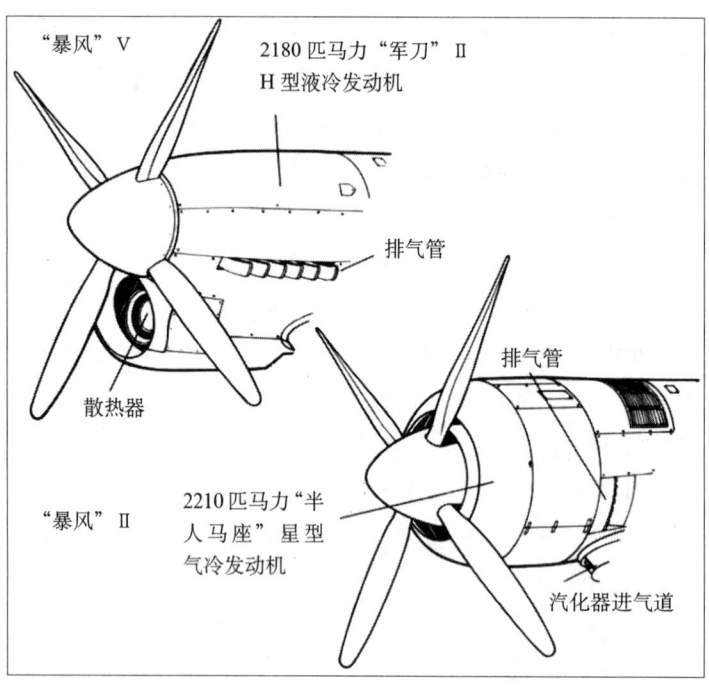

"暴风"V和"暴风"II在机头上的变化。

斗机。因此一而再,再而三的延误导致了布里斯托尔公司生产的"暴风"II一直到1945年2月才正式下线。

相比较而言,霍克-西德利公司在兰利的生产线在生产"暴风"V的同时也开始生产"暴风"II,第一架采用"半人马座"发动机的飞机在1944年10月就下线了(实际上也已经落后计划很久了)。由于"暴风"II在性能上有显而易见的优势,因此毫无意外地以最快速度进入了皇家空军现役,两架原型机和一架由"暴风"V改装成"暴风"II的JN750,以及首批6架飞机,都被用做试飞和评估工作,以加速其服役进程。

随着"台风"和"暴风"V在欧洲上空取得成功,让皇家空军高层开始思考如何更好地使用"暴风"II,除了欧洲大陆外,很明显需要高性能战斗机的另一个地区就是远东,当地的英军还在使用老旧的"飓风"和通过租借法案从美国得到的P-47"雷电"战斗机。英国空军一开始计划在远东进行"暴风"II的高温高空试飞,地点可能是印度,但是这个计划后来不得不放弃了,因为英国政府更倾向于在情况更稳定的中东来试用这种新型号。因此6架"暴风"II,编号从MW801到MW806,在1945年4月被运到喀土穆进行高强度试飞。在试飞中出现了事故,MW806在一次着陆事故中严重受伤,无法修复,原因是降落在了软地面上并且翻了个跟头。还有MW801,在8月5日转场回英国时发动机起火,未能返航,最后飞行员不得不在利比亚的大理石拱门附近弃机。最终"暴风"试飞团在中东和北非地区一共进行了740个小时的试飞。

总体而言热带地区的试飞报告对"暴风"II的性能还是非常满意的,尤其是在低空对地攻击任务中;但是报告指出改型飞机还需要一系列小的改进,一共列举了29项,这些建议都围绕着让"暴风"成为一种更有效的飞机而提出。

试飞团飞行员的反馈很快就被送到了地勤部队的手上,他们在飞机交付行动部队之前对飞机进行了改进。第一支具备行动能力的"暴风"II部队是驻哈维尔第13行动训练部队,1945年6月接收第一批样机,不久之后就转交给了其他战斗轰炸机中队。换装计划在日本投降之后匆忙完成,而很多新生产的"暴风"II变成了长期库存,等待命运的裁决。

战争的突然停止让订单也骤然减少,因此布里斯托尔公司仅仅生产了50架"暴风"II,其中最后20架是霍克-西德利公司使用布里斯托尔公

"暴风"Ⅵ战斗机,它跟"暴风"Ⅴ的区别在于辅助散热进气口改到了左侧翼根前缘。

司的零件组装的。在飞机产量上,霍克-西德利公司也一样受到了和平的影响,最终"暴风"Ⅱ的产量只有区区452架,而非原计划中的几千架。

在开发"暴风"Ⅱ的同时,霍克-西德利公司还在进行着"暴风"Ⅴ的改进工作,这个改进型被称之为"暴风"Ⅵ。该型号的开发是预见到了"半人马座"发动机的短缺,霍克-西德利公司鼓励纳皮尔公司继续对"军刀"发动机进行改进,以压榨出更多的动力。纳皮尔公司努力的结果就是"军刀"Ⅴ型发动机,其功率比"军刀"Ⅱ型提高了10%。为了实验这种新发动机,霍克-西德利公司把"暴风"Ⅱ的原型机HM595装上了"军刀"Ⅴ发动机和一个滑动式整体座舱盖,1944年5月9日进行了首飞。因为发动机的功率增加到了2340匹马力,散热

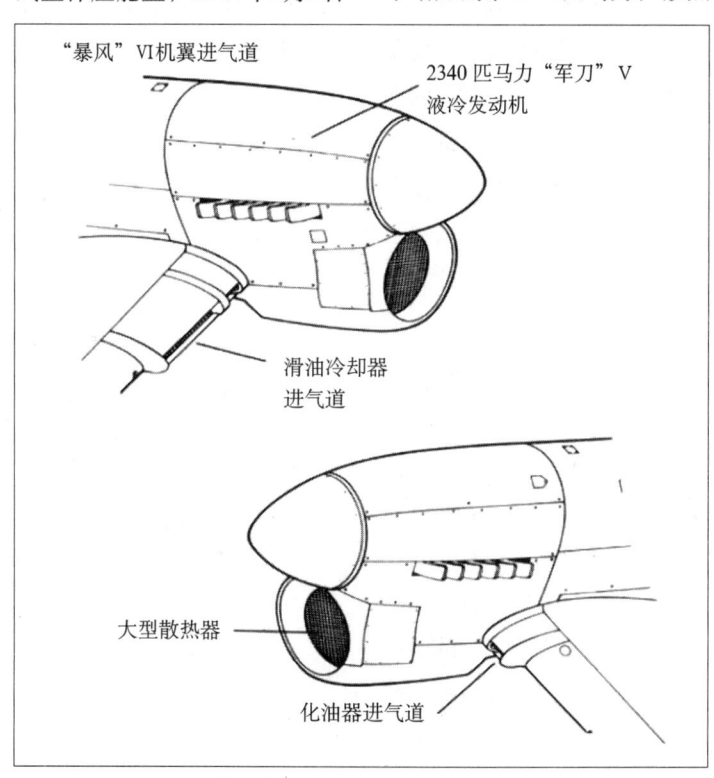

"暴风"Ⅵ在机翼前缘增加了滑油冷却器进气道和化油器进气道,进一步改善发动机的散热性能,以适应炎热的沙漠地区使用。

效率要更高；因此滑油散热器和化油器进气道都从机头下方移除找位置重新安装，化油器空气进气道被安装在了机翼前缘靠近翼根位置上，而滑油散热器则放在了散热器后面。

为了及时发现自己的新型战斗机存在的潜在问题，加上中东在最近的将来也换装新型飞机的计划，霍克-西德利公司和纳皮尔公司正好可以集中注意力解决新飞机在该地区的维护问题。为了加速这个程序，一架编号为EF841"暴风"V被改进到了VI标准，并和1架编号为VEJ759的"暴风"V一起送到了喀土穆，以便进行对比。在试飞中发现，即便是在中东地区相对"正常"的温度下行动，"暴风"VI的冷却系统每天都在跟最高的温度做斗争，因此又给飞机在右翼上加装了一个散热器，跟"暴风"II一样。

事先安装的空气净化/过滤系统是一个非常聪明的设计，这套系统是基于"台风"在尘土飞扬的诺曼底机场上使用的那套系统改进的。它被安装在机身下两翼中间的位置，可以在地面移动或者是滑行的时候使用。该系统可以让空气在被抽入化油器之前经过过滤系统，不过在正常飞行时是不工作的，起落架收起之后就关闭

了，进气任务就交给了装在机翼前缘的进气道。在起落架放下来之后，腹部进气道就会再次打开，机翼上的进气道是否关闭则取决于是否必要，飞行员可以通过一个开关来控制。

为加强飞机在沙漠地区的任务适应性，EF841还装备了沙漠救生设备，包括两个防撞水罐，放在了飞行员头部装甲后面。

"暴风"VI的首批订单250架，但是随着欧洲和远东地区的战事即将结束，皇家空军对飞机的需求量大减，最终订单削减到了142架。此外，空军已经有了超过需求量的"暴风"II和V，该型号面临着被彻底取消的风险。但是，如果"军刀"项目突然结束的话纳皮尔公司将陷入严重的财务危机之中，因为公司当时正在开发的其他项目都没有投产的可能性。霍克-西德利公司利用了自己在英国航空业的影响，"暴风"VI于1945年初顺利生产，第一批7架飞机：NV997到NV999，和NX113到NX116，分别于7月和8月下线。

在"暴风"VI正在进行生产的时候，霍克-西德利公司又派出另外1架"暴风"VI去沙漠进行高温高空试飞。这一次是编号为NX119的飞机被派到了喀土穆，1945年12月抵达。试飞一直持续到1946年2月，

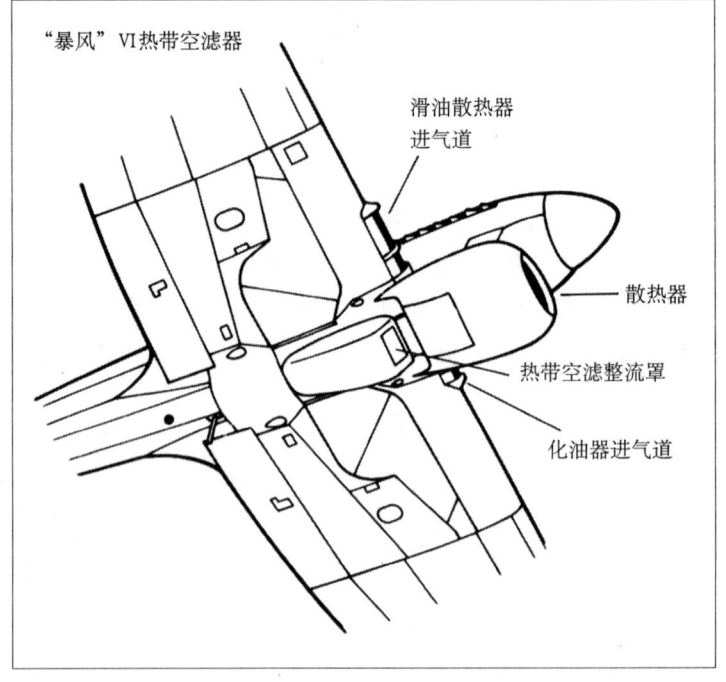

"暴风"VI装在机腹的热带空气过滤器，用来对付沙漠地区的灰尘和扬沙。

项目为整个飞机和系统的评估。在这期间,"暴风"VI在"军刀"V的驱动下,在5425米的高度上速度达到了705公里/小时,升限则达到了116000米。试飞报告指出飞机的表现超出预期,因此可以服役使用。"暴风"VI在1946年开始交付给空军,中东地区有5个中队装备。

"暴风"VI NX116对适应中东恶劣的沙漠气候进行了一系列针对性改进,作为试飞平台,一直服役到1959年3月。

# 第三章 "双风"的构造

## "台风"的结构

"台风"诞生之初,给人最深刻的第一印象就是它在世界上处于领先地位的光滑气动外形,但是在它蒙皮之下还隐藏着两次战争期间双翼机时代开发的很多成熟技术,已经在"飓风"战斗机等飞机上成功运用。可以说"台风"是一种很独特的战斗轰炸机,是当时先进气动研究成果和保守制造工艺的结合。

"台风"的机身由3个部分组成。第一部分是从发动机隔板开始,到飞行员座椅后面装甲隔板,为金属管框架结构。这部分总体为一个矩形结构,使用板件和机械冲压工艺把钢管组装在一起,外面覆以安装在弧形框架上的铝合金板。

第二部分是从座舱后面

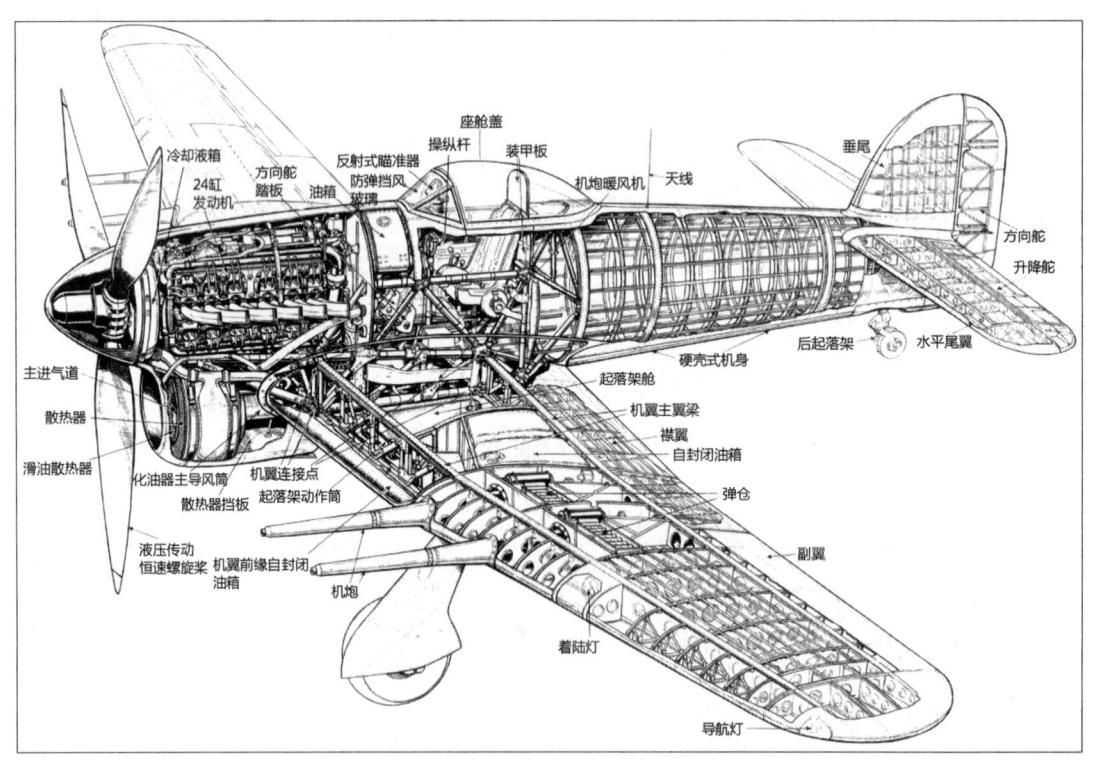

"台风"ⅠB战斗机的结构图,台风使用的制造技术,虽然在20世纪30年代初算先进,但是进入40年代实际上已经落伍了。

到机尾，这个部分是硬壳式构造，里面是铆接在机身形状框架上的直纵梁，外面是采用平面铆接技术的铝合金蒙皮，以降低飞行阻力。这个部分的尾端是一个过渡接合处，铆接在一块非常坚固的对接板上。第三部分也就是机尾部分，安装在对接板上。机尾包括垂尾和水平尾翼，垂尾有自己的水平梁，铆接在一根垂尾柱上，由机身表面伸出。垂尾和水平尾翼都覆有铝合金蒙皮，前缘由成型包络板保护。

在机身第一部分的发动机防火隔板上，安装有燃油管路和电器系统连接装置，以及发动机控制联动装置。隔板的下面则是跟主机身相连的金属管框架，用于支撑发动机的重量。这些纵向框架下方安装的是散热器，在"军刀"发动机生产的时候就跟发动机安装在一起了。覆盖发动机及其附属设备的是一系列特殊形状的板材和整流罩，整流罩是可拆卸式的以便拆装发动机。下颌散热器也有一个形状特殊的整流罩，在尾部有一个可开合的风片。由于发动机扭矩造成的扭力和空气压力，不难想象这些板材和整流罩经常会损坏，因此地勤很多时间都花费在维护和维修"台风"的发动机整流罩上了。

因为"台风"是下单翼飞机，因此机身和机翼的接合点在机身下方。"台风"的每一个机翼都是作为单独的产品来生产的，第一和第二主翼梁都从翼根一直延伸到翼尖。机翼外向顶端是可拆卸半圆形翼尖的安装点，内向顶端则是机身/机翼安装点。机翼使用精密的小公差螺栓安装在轴套上，以承受战斗飞行产生的大量空气压力。为了保证螺栓的定位，它们的尾端是槽顶螺母，装有开口销。

机翼前缘是特殊形状纵梁，铆接在前主翼横梁的正面。每根主翼横梁之间有6根高强度主横梁夹杂着轻型横梁形成了主翼的形状，并为蒙皮提供了安装点。主翼横梁的内截面是用挤压成型工艺生产的，呈"N"字形。然后在"N"字形的下表面安装一块腹板，这样翼梁总体截面看起来就是一个道"T"字形。因为机炮仓需要空出来很大一片空间，因此使用了一种"D"字形主翼纵梁来承受扭转载荷并提供结构强度。在机炮仓的旁边，前主翼横梁后面靠近翼根处就是主起落架舱，后面是机翼油箱前壁。

机翼外表面使用的是普通的应力蒙皮结构，用纵梁来加强强度并保持机翼外形。机翼前缘覆盖的是特殊形状的铝合金蒙皮，并安装有着陆灯玻

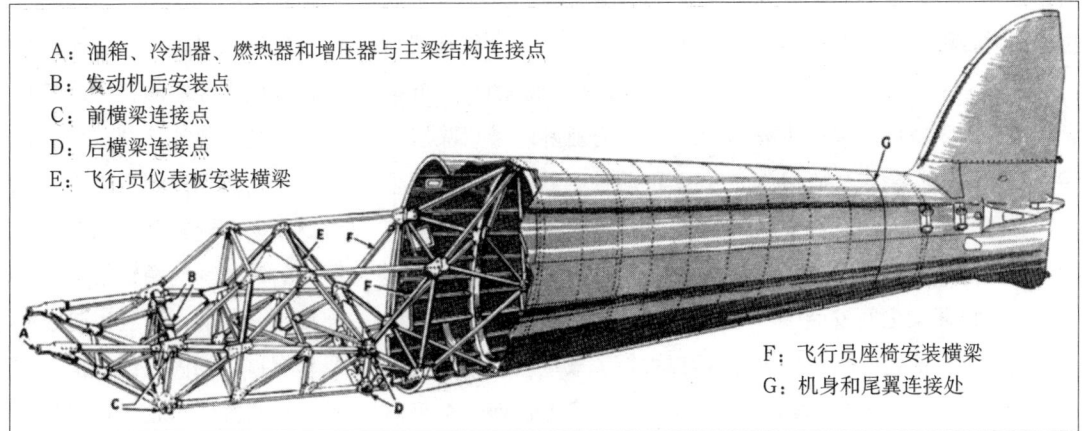

A：油箱、冷却器、燃热器和增压器与主梁结构连接点
B：发动机后安装点
C：前横梁连接点
D：后横梁连接点
E：飞行员仪表板安装横梁
F：飞行员座椅安装横梁
G：机身和尾翼连接处

"台风"的管架式结构，这种结构的好处是强度高，易修复；缺点是重量大，机尾存在强度缺陷。

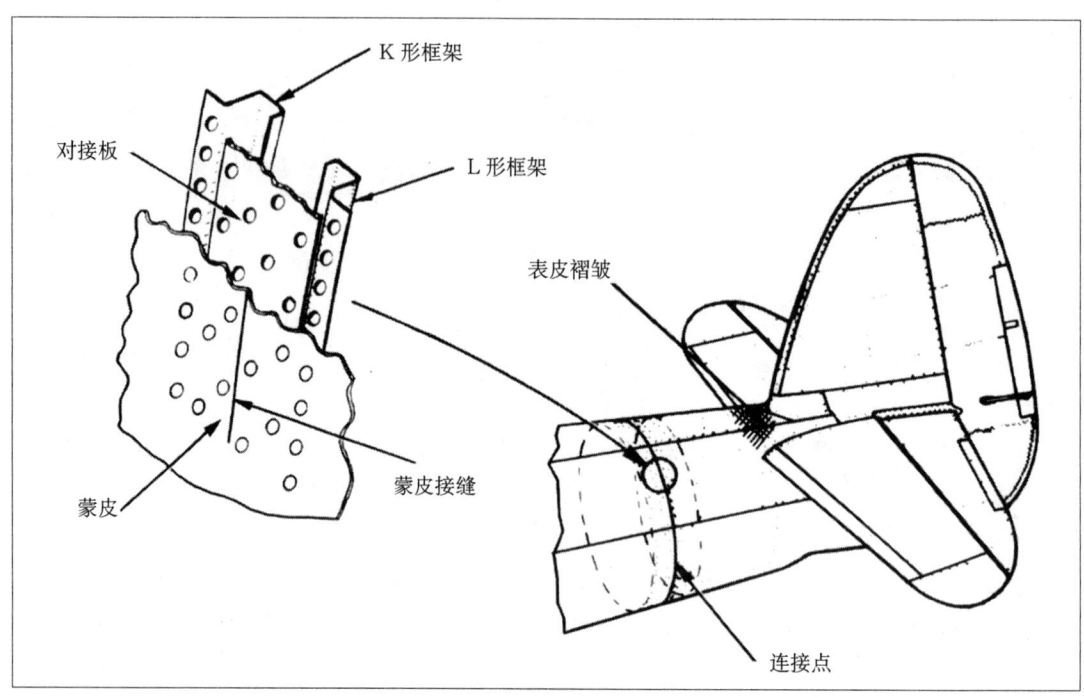

早期"台风"飞行员最害怕遇到的问题就是机尾解体,往往在毫不知情的情况下机毁人亡,只有1名飞行员侥幸逃生。后来霍克-西德利公司改进了机身和机尾总成的连接方式,并对升降舵平衡系统进行了彻底的改进以降低气动控制面的抖震,才解决了这个问题。

璃窗,机炮仓前面的蒙皮是可拆卸的。根据武器配置,"台风"ⅠB的机炮仓是2个清理舱门,而"台风"ⅠA则是6个。早期生产的"台风"在外翼段还有一个断流器面板,可以装照相枪。机翼后缘安装的是弗里兹型副翼和分裂式襟翼。

"台风"的水平尾翼是悬臂式结构,有两根横向主翼梁,一根主翼梁作为结构强度,另外一根则安装升降舵。为了维持足够的强度和尾翼的形状,两根翼梁之间安装了一系列的横梁,而特殊形状的纵梁则铆接在前主翼梁的前部。整个尾翼都覆有铝合金蒙皮,并开有飞控控制和副配平片的检修舱门。前缘用特殊形状的金属板材制成,铆接在纵梁上。跟机身接合的方式也是高精度螺栓,跟主翼类似。

"台风"的升降舵、副翼和分裂式襟翼,都是全金属结构,只有垂尾是金属框架结构,上面覆以绷紧的帆布蒙皮,并涂有亚麻纤维素涂层。每个气动控制面的主结构都采用了类似的方式:一根主梁和辅梁,主梁和辅梁从头到尾逐渐变细。为了减轻重量,每根梁都被打了减重孔,这个技术应用在了机身上任何一个可以使用这种技术的部位。每一个气动控制面都会嵌入一个补偿片。副翼和升降舵上各有2个补偿片,其中一个是只能在地面上调整,另外一个则可以由飞行员来调整。方向舵上补偿片可以由飞行员来进行平衡和修正。

气动控制面板的活动是通过线缆来控制的:升降舵和方向舵的线缆连接到双头摇臂上,然后再连接到扭力管上,可以带动升降舵和方向舵,升降舵的升和降的两根扭力管是连接在一起的,而且用防松螺母和螺钉来加固。线缆都有基准保护装置以防止任何过量的操作。方向舵的行动是通过踏板来执行的，而升降舵的上下运动则通过操纵杆的前后移动来执行，副翼则是通过操纵杆的左右移动来执行。副翼也是通过线缆来操纵，从座舱传递到气动面。线缆的末端连接到万向滑轮，然后从滑轮再由线缆连接到气动控制面本身。飞行员调整补偿片也是通过线缆来实施的，一头连接在座舱内的修正轮上，另外一头则连在相关控制面附近的机械旋转动作筒上。补偿片的旋转动作筒

分别连接在左升降舵和右副翼上。飞行控制系统还有一个部分就是机尾中的升降舵平衡配重，方向舵的动作杆就附在它的前表面上。

还有一个飞行控制面就是液压系统驱动的襟翼。由座舱里左手边倾斜面板上的一个手柄来控制，朝后拉就是放下襟翼。当手柄被拉到"阀门关闭"位置上时，襟翼放下的角度可以设定为任意角度。仪表板上有个专门的仪表来显示襟

翼放下的角度。如果发动机泵失灵了，飞行员还可以使用手动泵来放下襟翼。

每个飞行控制面的运动范围如下：副翼向上偏转最大18度，向下偏转18.5度，升降舵向上最大24度，向下24.5度。方向舵每侧27度。襟翼完全放下来可达80度。

"台风"的主起落架和后起落架都是可收放式的，可以收入翼下和机尾的起落架舱中。主起落架收起之后会有整

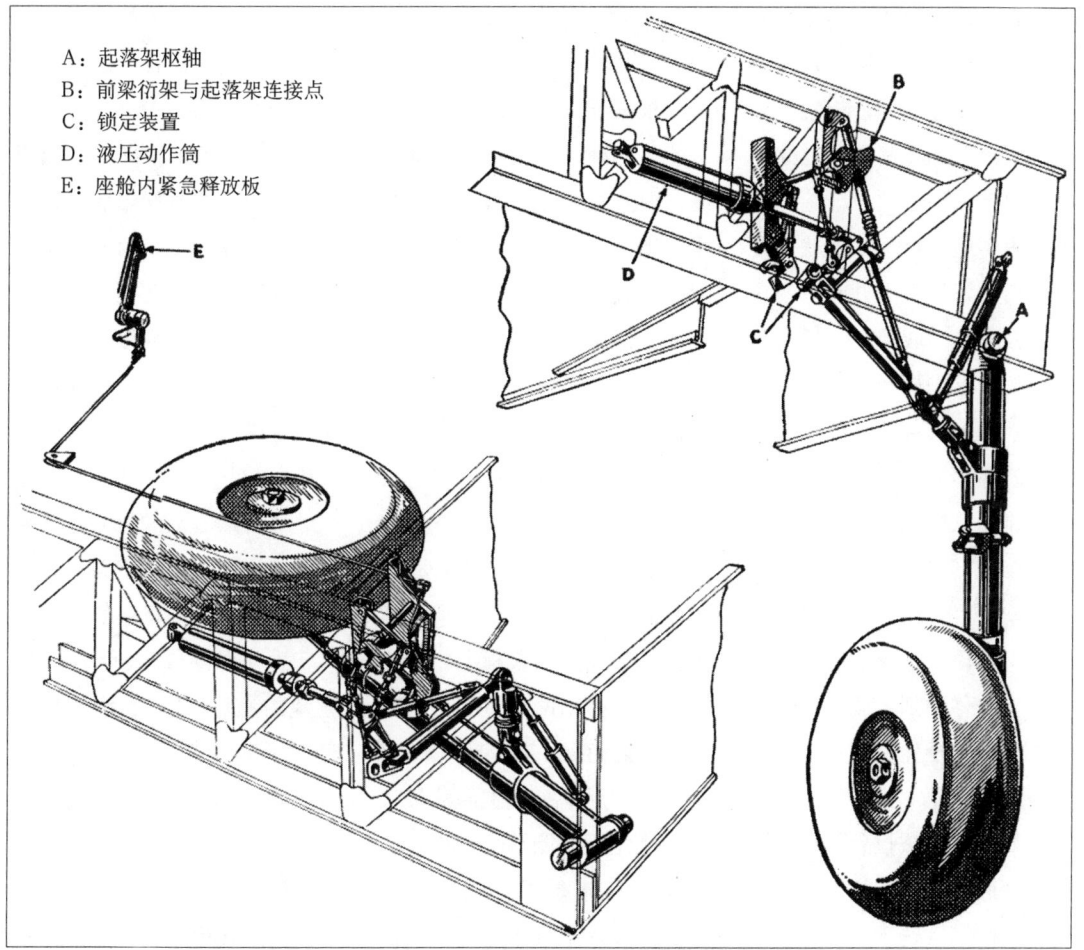

A：起落架枢轴
B：前梁衍架与起落架连接点
C：锁定装置
D：液压动作筒
E：座舱内紧急释放板

"台风"的主起落架结构。

流罩舱门盖上；整流罩的主体部分是直接安装在起落架上的，然后内侧舱门在液压顶杆的驱动下随后关闭。尾轮是向前收起的，生产型"台风"是没有尾轮整流罩舱门的，原型机上也有安装。主起落架进行了补强安装，直接装在了前主翼横梁的下面。尾轮也有专门的补强安装，三个起落架总成都有齿轮组以降低磨损。

主起落架是由维克斯公司生产的；采用油-气减震器，尾轮总成则是由邓禄普-埃克塔公司生产，机轮和轮胎都是其产品，还装有气动刹车装置。

起落架的控制是通过位于座舱面板左手边的一个选择器手柄来实施。这个手柄就是按照自然意识操纵设计的：朝前上方推就是"收起"。要收起起落架，首先要顺时针旋转安装在手柄上的旋钮来释放锁定装置。起落架控制面板上有一个防止无意中选择"收起"的保险装置，是一个安全栓，把它移动到"自由"位置时，才能朝上推动手柄收起起落架；当手柄被移动到"放下"位置时，这个安全栓就会自动回到"锁定"位置。

如果手柄被拉到"放下"位置而起落架没有放下锁定，飞行员的第一选项是去看指示灯的状态，如果指示灯仍然是代表起落架没有锁定的红色，飞行员就得使用应急手动泵或者紧急释放踏板。使用手动泵时，飞行员感觉到有抵抗力时，起落架就开始放下了。此时，理论上讲指示灯会变成绿色而且起落架已经放下并锁定。如果飞行员在使用手动泵进行12次冲程的加压后指示灯还是红色，这就需要蹬紧急释放踏板来放出起落架了。为了能够有效地执行这一行动，对飞行员的建议是保持飞机直线平飞，不拉任何过载，不过手册上允许飞行员可以根据要求分别蹬踏板或者一起蹬踏板。释放这个机械系统需要飞行员把踏板蹬7-10厘米，理论上讲这可以释放起落架的"收起"机械装置。为了帮助起落架放下并锁定，飞行手册建议飞行员可以左右摇摆飞机，这个动作一般而言都可以甩出起落架并锁定，让指示灯变成绿色。

起落架的指示装置是电子和机械双备份。电子视觉指示器安装在主仪表板上，用三个绿灯来指示两个主起落架和一个尾起落架，还有两个专门的指示灯用来指示主起落架状态。让飞行员能够进一步确认每个起落架是否都放下并锁定，主起落架放下之后一个机械指示键就会从机翼蒙皮上弹起。为了防止勇敢的飞行员们在起落架状态选择上犯错误，在头后面装有一个告警喇叭。此外还有一个红色指示灯，这个指示灯在油门被拉到不足发动机的三分之一额定功率和起落架在未锁定位置上时都会亮起。为了确认系统没有发生故障，在主仪表面板上设置了测试按钮。

如果飞行员需要迫降，就需要延长滑行航线，这可以通过把螺旋桨转速控制手柄拉到最后面来实现。当襟翼和起落架在"收起"位置上时，滑行航线十分平直，速度约为240公里/小时的指示空速。如果飞机在起飞的时候爆胎，建议飞行员最好不要使用起落架降落，这样会造成两侧起落架高度失衡，飞机有翻滚的危险。相反建议飞行员进行机腹迫降，这样对飞行员和飞机的伤害都会更小。

"台风"上的核心运转系统是液压、气压和电路系统。液压系统由发动机泵驱动，可以产生并保持127公斤力/平方厘米的压强。这个系统用于驱动主起落架和内侧舱门、飞机襟翼和散热器遮板的收放。

气压系统也在"台风"子系统运转中发挥着重要的作用。跟液压系统一样，气压系统也是由发动机泵驱动的，工作压强是32公斤力/平方厘米。主要用于主机轮刹车和机炮射击等机械装置。座舱仪表板上有一个三联压力指示表用来显示气压数据。机轮刹车通过安装在操纵杆"D"形握把上的一个手柄来控制，差异性刹车则通过连接在手柄上的一个中继阀门来实现。如果要保持刹车，就可以把刹车手柄连到底座边上的一个停止拉手上。系统压力，和每一个刹车的气压，座舱里的三联压力仪表都会显示出来。

"台风"上的电路系统电压是24伏，发动机带动发电机给两个蓄电池充电，给所有的电路供电。座舱右手边有一个伏特表总开关。在后期制造的"台风"上还有一个"电源故障"指示灯，当发动机不给蓄电池充电的时候就会亮起。

燃油系统包括4个机身内的自封闭油箱，发动机驱动的燃油泵会把燃油从油箱抽到汽化器那里去。作为对主油箱系统的补充，"台风"还可以在翼下携带两个可抛弃的副油箱，但只有"台风"ⅠB型才可以使用，早期装备机枪的ⅠA是不能使用的。需要用发动机驱动的气压泵给副油箱加压，才能使用副油箱的燃油。"台风"机内总载油量是700升，加上副油箱总载油量1109升。两个机翼油箱可以各携带180升燃油，两个机头油箱可以各携带168升，副油箱则可以各装载205升油。

跟同时期其他战斗机一样，"台风"的燃油会受高空温暖天气的影响沸腾蒸发。这会导致发动机熄火，为了防止这种可能性，"台风"对油箱进行了增压，不过只在6000米以上高度才会使用。当这个系统启动时，会降低自封闭油箱的作用；因此建议飞行员在燃油压力低于0.11公斤力/平方厘米时再启动这个系统，也就是油箱压力告警灯亮起，或者是副油箱里面的油已经空了的时候。

燃油系统有一个单独的三挡扳机，可选择机头油箱或者是主油箱来供油，但不能同时使用。副油箱的燃油控制也是通过一个三挡扳机来执行的，分别是"左"、"右"和"关闭"。在这个扳机边上就是副油箱抛弃手柄，只有在扳机扳到"关闭"的时候才能使用这个手柄。在使用抛弃手柄后，加压空气供给会自动切断。

"台风"的座舱位于前机身内，前面是发动机防火隔板，后面是装甲隔板。就其本身而言是没有地板的，只在飞行员座椅下有两个脚踏板和蹬舵板。飞行员座椅可以上下调节，并且有弹簧来降低"军刀"发动机造成的震动。飞行员的正面是主仪表板，上面都是主要仪表：空速表、水平仪、爬升率表、定位仪和转弯坡度表。主仪表面板的两侧是副面板：右边是发动机仪表，左边则是刹车和无线电，以及其他一些系统的仪表。

座舱左手边有一个半锥形面板，用于发动机控制，上面是座舱盖转动手把和Mark1B的武器选择器。右手边类似的位置是燃油控制系统扳机、液压启动泵和维利信号枪及其弹药。飞行员右下方则是"台风"电路系统和无线电控制盒的开关。

保护座舱的是座舱盖。"台风"的早期型号使用了一种"车门"样式的座舱门，从机身右侧打开。第一架生产型"台风"有两个"车门"，左右各一个，都有挡风玻璃，铰接顶板上。第一架生产型"台风"的座舱后整流罩，是全金属结构，后来很快就换成了有机玻璃，也就是"阶段B"改进。但是粗壮的座舱框架还是遭到了飞行员的抱怨，因此又开发了一款整体式滑动座舱盖，大幅度地改善了全向视野。座舱盖由左侧座舱壁上的

"台风"的座舱,在飞行员的正前方有6个基础飞行员仪表,发动机仪表在右侧。跟当时英国其他战斗机一样,操纵杆手柄是环装的,左侧有机炮射击按钮和无线电通信按钮。

一个把手打开。拔出把手然后逆时针摇动就能解锁挂钩。松开把手之后挂钩就会马上自动进入锁定位置。

从一架损坏的"台风"中逃走并不是一件简单的事儿,尤其是安装着"车门"的早期型号。在紧急情况下要抛弃"车门","车门"前后都有抛弃手柄,需要同时向内拉到位才将门抛弃。为了有效地抛弃机舱门,建议飞行员使用交叉手臂来拉动手柄,因为如果抛弃机舱门失败的话座舱盖顶板就不会自动脱离。从后期型号的滑动座舱盖中逃离,只需要拉一个手柄:位于主仪表板上方、盲飞仪表板边上。

如果在海面上飞行需要迫降,座舱盖或者舱门需要抛弃掉,不过跳伞是更好的选项。如果坠海是不可避免的,建议飞行员拉起机头。在飞机进入爬升后,萨顿降落伞背带和头盔上的D/T式插头要断开。在完成这些动作之后,建议飞行员再进行跳伞尝试。如果因为情况不允许,比如在发动机熄火,或者是襟翼放下时卡住的情况下,迫降的时候最好是让机尾先着地。

"台风"ⅠA型装备的是12挺7.62毫米机枪,每侧机翼装6挺。这些机枪在武器舱里呈弧状布置,这样在一定距离上,所有机枪射出的子弹会聚集在一个"点"上。两边武器的射界都在螺旋桨直径之外,ⅠB型也是类似的布置方式,只是把武器舱里的机枪换成了4门20毫米机炮,每侧2门。机炮弹夹位于机翼外侧,为了退出射击后的空弹壳,每门机炮都装有一个清理溜槽;这样就不会对机翼下挂载点上的武器造成影响。机翼上表面武器舱的位置有一大块可以拆卸的蒙皮。武器控制是通过按操纵杆上的"D"形扳机来进行；而武器击发则是通过气压系统来执行。

"台风"装有一个照相枪；最早位于左边外侧机翼，但是后来被移到散热器整流罩上了，因为飞行员抱怨在原来那个位置上不能精确地记录结果。照相枪的工作是跟机翼武器设计同步的。当飞行员扣下射击扳机的时候，照相枪就开始工作，松开扳机的时候就停止。为了让飞行员能够测量照相枪胶片盒的胶卷的数量，在座舱里有一个胶片指示器，以及一个光圈控制开关，就在照相机选择控制器旁边。在武器射击扳机旁边还有一个按钮，如果飞行员需要的话，可以单独使用照相机。

外挂武器只有"台风"ⅠB有，绝大部分都是在两侧翼下各有一个挂架。挂架有气动整流罩，里面有一个手动机械装置，以及燃油和气压系统。挂架的挂载能力为1个205升副油箱，或1枚454公斤炸弹，或1枚227公斤炸弹，或1枚110公斤炸弹，还有特殊炸弹挂架可以挂载发烟弹和照明弹。炸弹都是机械机构连接和释放，副油箱还有燃油和空气连接器。如果不装炸弹挂架，每侧机翼下可以装4个火箭弹导轨，每根导轨可以携带11公斤破甲弹或27公斤高爆战斗部火箭弹。一开始这些火箭弹都是单发挂在导轨上的，不过一些后期改进型导轨可以挂载两枚。"台风"ⅠB是用两个选择器开关控制炸弹的投放，还有两个弹头和弹尾保险开关。炸弹释放按钮被集成在了油门手柄的顶端。

"台风"使用的是24缸纳皮尔公司"军刀"ⅡA/B型发动机，功率2200匹马力，H型液冷套筒阀发动机，安装在飞机前梁上，用悬臂式钢管结构支架固定，这个支架也是螺接在前梁上的。为了安装散热器和滑油冷却器，发动机下方安装了一个低速风道。根据具体改进版本，"军刀"发动机驱动的是一个哈维兰公司生产的3叶或者4叶液压自动变距螺旋桨。发动机的润滑油放在发动机隔板后面的一个箱子里，装有72升润滑油，并有4.5升剩余空间。余量通过座舱里的仪表显示给飞行员，滑油冷却器集成在了交叉散热器上面。

"台风"的冷却剂系统是恒温控制的，散热器保持旁路模式直到冷却剂达到其正常工作温度。控制围绕下颌散热器气流的是座舱中的一个手柄，用一个细孔液压动作筒来驱动散热器风片。手柄选择"下"的时候盖板就打开了，而"上"则是关闭。如果液压系统失灵了，这个风片可以由座舱内的手动泵来运作。

虽然"军刀"发动机理论上讲只用一个手柄就能操作，但是座舱里布满了各种选择和控制器手柄可以让飞行员在操纵和控制上有相当大的灵活性。主要控制设备是油门和混合控制器。在实际操作中，油门要朝前推，推到爬升和起飞挡位，在起飞挡位有个门限，以免被误选。油门上集成了一个摩擦力调节器，是用来控制螺旋桨转速的。在"台风"ⅠB上，炸弹释放按钮被集成到了油门手柄的顶端。在油门手柄边上有一个混合控制杆，朝前推就会起作用。第一个可选的位置是轻混合选项，当油门杆跟关闭位置之间的夹角为14度时，发动机控制就会变得非常自动化。在这个位置和油门最大位置之间，飞行员要根据自己的需求设置混合控制比例以适应当前的情况。在早期型飞机上，这个混合控制手柄会在油门移动超过爬升位置的时候自动移动到自动化控制的位置上。

飞行员还有一个手柄来控制螺旋桨转速，位于发动机控制盒内，可以控制2000-3700转/分钟的转速。为了避免跟其他手柄混淆，早期型"台风"上的一些螺旋桨转速手柄的位置上标有"刚性大螺距"字样，而实际上螺旋桨并没有这一控制选项。

为了给"军刀"发动机提供额外的推进力，纳皮尔公司给它装了一个增压器。增压器的控制手柄在发动机控制盒里，朝下扳就是选择"最高"（S比率）增压，朝上则是"中等"（M比率）增压。为了帮助飞行员启动发动机，有一个启动发动机低速运行的面板，有三个位置："开始"、"正常"和"切断"。在选择"开始"位置时，油门杆就只能推到四分之一处来启动发动机，此外还有一个保险栓，可以在选择"开始"位置之后取消发动机启动。

发动机启动程序是先气缸点火，然后是汽化器。有两个泵参与了这个过程，里面那个泵主要供气缸点火服务，而外面那个则为启动汽化器服务。要启动这些泵，首先要把它们拧开，然后在使用后拧回去。发动机启动是由点火开关控制，位于仪表板的左手边。由一个跟起落架指示灯集成在一起的滑杆来防止它们位移，在使用时需要依次扳到"开"的位置上。

在发动机点火开关边上是点火药筒的启动器。有两个开关，一个是控制弹药筒启动器本身，另外一个则是控制启动器的点火线圈。如果要启动发动机，这两个按钮必须同时按下，否则发动机不会启动，如果操作不当还会熄火。在"台风"的生产过程中，这两个按钮被移到了仪表板的右手边。点火筒的选择器是用来重新装填的，也被移到了右手边的面板上，作用是旋转弹药筒依次对准启动膛。座舱中还有一个开关是飞行员经常弄混淆的，那就是一个润滑油稀释开关，位于右操纵台，但是这个东西直到"台风"生产开始很久之

正在生产线装配发动机的"台风"，注意车门式开启的座舱门。

后才装上。

"台风"主要的飞行控制操作是由连接着副翼和升降舵,带有"D"形握把的操纵杆来进行的,方向舵则是由两个脚蹬来控制。根据型号不同,"D"形握把上还有机枪和机炮开火控制按钮。

因为无限制的飞行控制产生的气动压强和过载会导致飞机损伤,"台风"配备了气动控制面锁定工具箱,位于座舱左手边的一个袋子里。这个工具箱里面有1个铰接钳和4根缆绳。钳子用于操纵杆,可以定位凸耳和副翼叉尖端的连接处,从而锁定拉杆的螺母。两根缆绳通过铰接钳子夹紧到方向舵踏板上,同时其他缆绳则夹在夹钳上,然后夹紧到座椅上,它可以通过调节器手柄升到第三级高度。缆绳的绷紧则是通过踩方向舵踏板和上升座椅来实现。

## 暴风的结构

从结构上讲"暴风"所有型号都跟更早的"台风"有大量的相似之处,不过改进了很多地方。机身是全金属构造,分为4个主要部分。前部包括座舱,全部被一个盒状管材结构包围着,外面是可拆卸轻质合金蒙皮。这部分的前面是装甲防火板,在板子前面是机身油箱,加油盖板在上方,很容易操作。板子上还装有发动机启动汽油箱,就在右侧,而左侧则是一个除冰剂箱子。

在机身油箱和风挡之间的安装框架中,是发动机的润滑油箱,下面则是液压系统储液容器和刹车蓄压器。"暴风"V和Ⅵ的空气滤清器是安装在机腹上的,而"暴风"Ⅱ因为使用的是"半人马座"发动机,位于机身上面的中线处。座舱前面是一个三片式防弹玻璃风挡,后面则是一个整体式吹制透明的有机玻璃座舱盖,可以向后滑动。座舱盖安装在座舱壁的滑轨上,机身上还有第三条滑轨,就在座舱后面。

中间风挡有两层,外面一层3.7厘米厚,里面一层6毫米厚。在紧急情况下,座舱盖是可以抛弃的,由座舱控制面板右上方的手柄执行。

飞行员座椅后面有一块两片式装甲板,19毫米厚。座舱后面是无线电和导航设备舱,检修维护舱门位于机身左侧。飞机的气动装置气缸也装在这个舱里。而在沙漠中使用的飞机,还在这个舱里装了两个防撞击水罐供飞行员救生使用。

后机身是硬壳式构造,包括11个合金框架用支撑桁梁和纵梁铆接在一起来保证机身强度。蒙皮是轻质合金,每块板都使用搭接工艺,上面的蒙皮搭接在下面的蒙皮上。

连接前后机身的是4个等距安装螺钉,每个都有过盈安装。后机身的后下方是尾轮舱,上面安装的是垂尾。在"暴风"V系列1上,垂尾是永久性安装不可拆卸的,而"暴风"V系列2、"暴风"Ⅵ和"暴风"Ⅱ型都是可拆卸的。在早期生产的"暴风"上,机身连接点是用铆接在结构上的鱼尾板来加强的,而后期生产的飞机结构强度则是通过增加包层材料的厚度来实现。在"暴风"的设计阶段,想了很多办法去解决一氧化碳渗入座舱的问题,虽然对座舱隔板的四周和开孔都进行了密封,但是还会有一点儿一氧化碳渗入进去,因此飞行员被建议戴上氧气面罩。

在座舱里飞行员要面对众多的仪表、手柄和开关,大都跟飞机的飞行性能有关,或者是跟通信、导航有关,或者是控制武器系统。"台风"的仪表也采用了常规布局,面板中间是基础飞行仪表,包括空速表、水平仪、高度表、方向标和转弯以及倾斜角表。面板左边主要是发动机启动和控制以及螺旋桨控制设备,而面板的

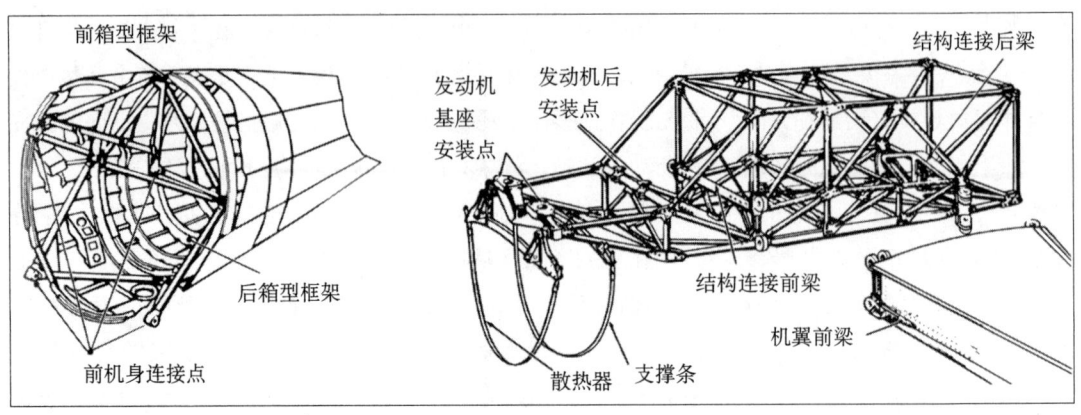

"暴风"V的机身机构,内部霍克-西德利公司传统的钢管盒状结构,从飞机制造的角度来说,当时这个结构已经落后于时代。

右边则主要是支持"暴风"运行的各种液体的指示表:最显眼的就是燃油和润滑油相关仪表。燃油系统的读数属于直读类型:最大的仪表是机身主油箱的仪表,里面的几个小仪表是机头油箱和机翼油箱的。

在左边面板下面是油门杆,采用摩擦阻力控制;片区域还有螺旋桨速度控制手柄、起落架手柄、座舱盖锁定/解锁手柄、散热器风片控制手柄和武器/瞄准器模式选择器。油门杆手柄设置在最高位置,在顶端集成有炸弹释放按钮。螺旋桨速度控制位于油门杆的内侧,根据人类的自然意识来操作,向前推就是增加转速。在发动机熄火后的紧急情况中,螺旋桨的转速会降低到1600转/分钟以保证飞机有一定的滑翔能力,当然前提是系统油压还够用。在正常的飞行和地面使用中,发动机正常最小转速是2000转/分钟。增压控制手柄位于发动机控制盒后面,朝下拨就是S挡(最高),朝上拨就是M挡(中等)。

在左边倾斜面板上有散热器风片控制手柄,向下移动就是打开风片,向上则是关闭风片。如果发动机驱动的液压泵失灵,也可以用手动泵来操作。在启动发动机时,要使用气动和慢速断流控制手柄,这个手柄有三个位置,分别是"启动"、"常规"和"断流"。在"启动"点上有一个挡块来精确定位最适合的位置;在执行这些操作之前,手柄旁边的保险栓要先朝下扳。

两个40毫升的引火泵垂直安装在右手边的斜坡面板上。上面那个泵的主要作用是推动发动机气缸并从主油箱里抽取燃油,而下面那个的主要作用是驱动化油器并从主供油管道里抽取燃料。使用这些泵的时候拉起手柄不能旋转,而在使用之后则要旋到关闭的位置上。

要启动发动机,在仪表面板的左手边有一个点火开关,这个开关是一个滑动把手,必须要小心翼翼地使用,要求起落架指示器开关必须在"开"的位置上。要测试这个系统的话有4个点火测试按钮,位于座舱的左手边。如果点火问题导致发动机转速下降,使用这些按钮可以让飞行员进行修正。在弹药筒启动器和启动线圈都按照要求进入启动循环时,它们的按钮要同时按下才能启动发动机。如果第一个启动药筒失灵,启动器的重新装填控制会依次装入下一个药筒,一共有5个药筒可用。

座舱里的其他设备还包括一套可调节的座椅安全带,四条带子都是可调节的。在调整之后建议飞行员找一下接线盒，就在降落伞快速释放盒下面。在前103架"暴风"V上是没有快速安全带释放装置的，因此飞行员要十分注意安全带是否松了。

飞行员头顶上有一个单片式座舱盖，它的锁定/释放装置位于座舱左侧。要打开座舱盖的话在绕线机式曲柄上的弹簧承载手柄要朝内拉，并且保持住直到曲柄开始转动。在手柄被释放之后，底部的一个针会进入锁定板上的一个孔里，把座舱盖锁定在位置上。如果要出座舱，手柄就要尽可能快地朝外拉，并且转动一直到手柄上的一个凸起嵌入曲柄上的一个凹槽，让针从锁定板上的孔里解锁：这可以让地勤人员从外面打开座舱盖。

如果要从外面锁定座舱盖，在座舱外右侧有一个弹簧负载螺栓在座舱盖滑动到关闭位置时需要释放。一旦座舱盖关上螺栓就会释放并且进入滑轨上的一个孔里锁定。

在座舱前面是风挡，"暴风"V上采用三明治型干空气气囊结构，来给风挡玻璃除雾。在风挡下面，有一根橡胶管连接在橡胶膨胀包上，里面有一个纤维材料气缸。如果玻璃上有雾了，就断开管子，气囊缩小，空气流入玻璃夹层，一直吹到玻璃上的雾气没有为止，然后再重新连上管子，气囊膨胀，堵住夹层进气口。

为了让飞行员具备全天候行动能力，"暴风"的座舱也装备了照明设备。仪表板上面装有两盏灯，用一个可调开关控制。在电路板上方有一盏灯，也是用可调开关控制。调节片控制盒上方也有一盏可控制灯，最后指南针上也有一盏灯，同样可调开关。

为了能给飞行员尽可能多的辅助，霍克-西德利公司还给座舱装备了加热装置，控制手柄在右侧座舱壁上。只有两挡可以用，就是开和关。此外还有两个通风设备，仪表板左右一边一个。

在这些控制设备的后面，驾驶员的旁边，是液压手动泵和升降舵调整轮。所有的调整轮都是按照人的自然意识来设计的，中间安装的是调整片指示器。在座舱右手边，燃油/润滑油面板下面还有一个面板，上面是燃油系统的控制旋钮，每个内部油箱都有一个，手柄朝后拉的话油箱被关闭。飞行员座椅右侧有一个小控制台，上面是飞机电力系统的开关：包括飞行员头部加热器开关、照相枪控制、导航灯开关和TR.1143无线电的控制开关。

就在这个控制台前方，

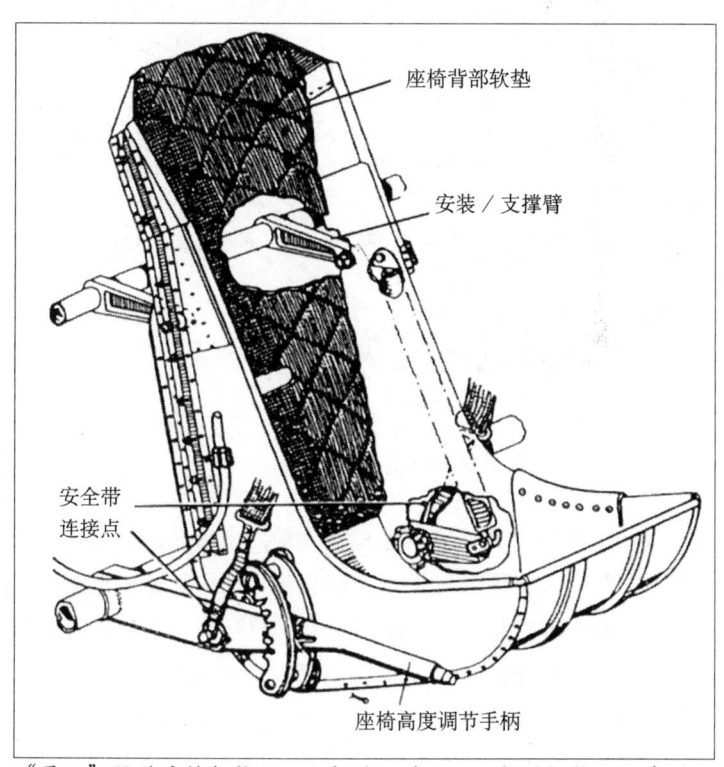

"暴风"V的座椅机构图，人机系统对于可以长时间执行任务的飞机而言是相当重要的。

是启动注油泵和化油器注油泵把手。联合使用注油系统包括70%的燃油，剩下30%的润滑油装在一个3升箱子里，位于主油箱右侧机身里。在侧面控制台上面是飞行员的救生信号枪。

跟以前的"台风"一样，"暴风"也没有一个合适的地板：飞行员的双脚只能放在座椅到方向舵踏板之间带有棱纹的踏板上。在这两块踏板中间是操纵杆，上面是一个环形握把。上面有机炮射击按钮和按住就可以通话的无线电控制按钮。座舱踏板下面是副翼、升降舵、方向舵控制行程，以及飞机电气和无线电系统的各种零部件，设计上全部都是地勤很容易接触到的。

在座舱左手边还有一个收纳袋，里面有飞行控制锁定装备。这里面包括1个铰接夹钳和4根线缆，可以把夹钳装在操纵杆上，然后把线缆连接在副翼拉杆的叉状尾端螺母上，还有两根可以连接在方向舵踏板上。座椅调节手柄在从上往下数第三个缺口上，后面的线缆挂在座椅两侧，由橡胶棒来拉紧，然后调整座椅。

三截面机翼俯视是半椭圆形，而且是层流截面，蒙皮一直覆盖到钝形翼尖。中心截面的外蒙皮螺接在一个5度30分的上反角上。厚度展弦比从翼根14.5%开始变化，到翼尖为10%，最大厚度是机翼前缘的37.5%，是最大截面点。

机翼中央截面通过前梁和后梁的承载点连接在机身上。通过过盈安装螺钉打入消除应力套筒之中来保持跟机身的连接强度，螺帽则是扭矩负载开口销，以达到锁定的目的。在第一架"暴风"V系列1生产的时候，机翼和机身的负载点是管接组合；在后面生产的飞机则换成了单片铸造件，可以

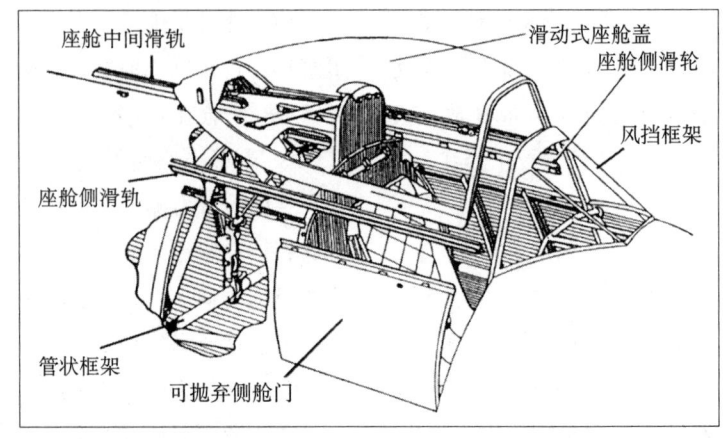

"暴风"V的座舱整体结构，由于使用了整体式滑动座舱盖，飞行员视野非常好。

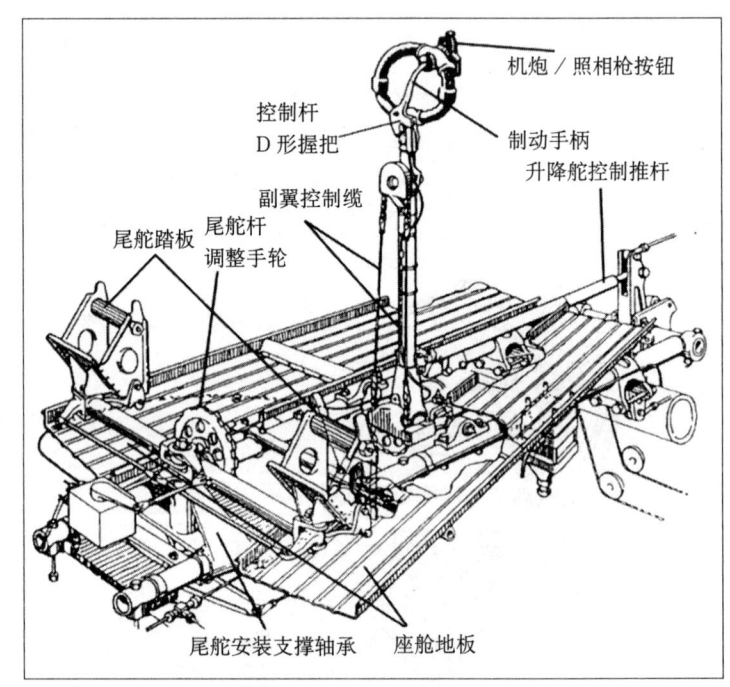

"暴风"V飞行控制系统结构图。

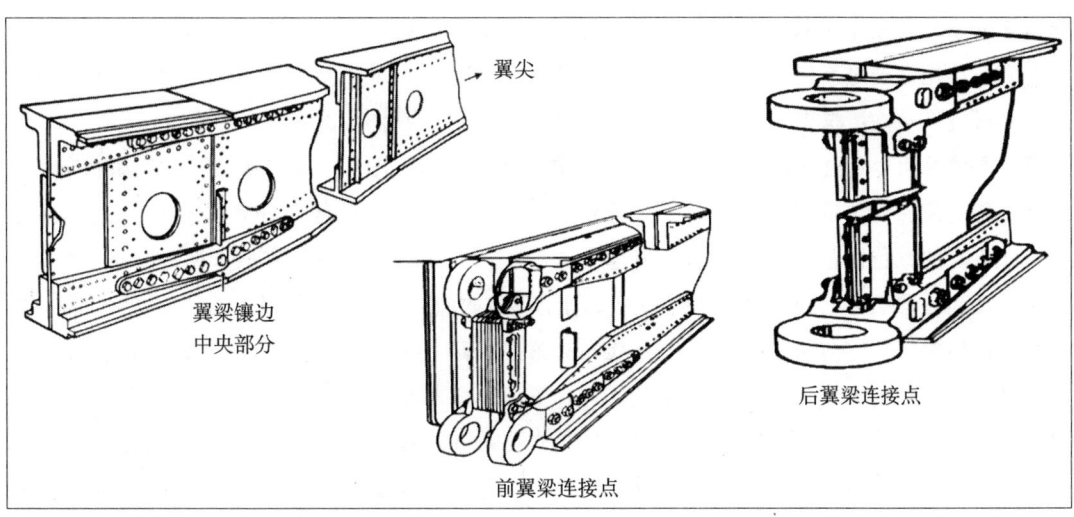

"暴风"机翼上反结构和翼梁连接点结构。

让机翼安装更容易。

每个机翼包含三个部分组装成一个组件。主要的结构零件是两根主梁，以及肋梁和顺翼展方向桁梁加固的合金蒙皮；在翼根处进行了进一步结构加强以承担人员进出座舱造成的压力。机翼前梁的前面用铆接的肋梁成型，虽然这些肋梁在中间截面的机炮安装区域是没有的。这里的强度问题可以用特殊形状并增加厚度的蒙皮来解决，不过会造成机翼外侧的强度降低。翼梁向翼尖延伸中连接一个扭矩盒，等于没有被切断，后梁在机炮舱安装区域结构上没有任何改变，保证了机翼的强度。这个设计可以很轻松地维护机炮和装弹。翼梁之间的蒙皮得到了扭矩盒蒙皮的加强，结构强度也要高于机翼其他地方的蒙皮。

"暴风"的机翼上有两个梁间翼盒油箱，以及一个前缘油箱在左翼的机翼前缘上。"暴风"Ⅱ和"暴风"Ⅵ型机翼翼根前缘都被改做化油器进气道，而且右翼上装的是滑油散热器。机翼后缘有液压动作筒，四片着陆襟翼。弗里茨型金属蒙皮副翼从在反角机翼蒙皮上的第6外侧肋梁一直到翼尖安装肋梁。早期型"暴风"的襟翼有地面调整片，不过在后期生产的飞机上换成了弹簧调整片。在左侧机翼下面，副翼前缘前面，是可伸缩式着陆/滑行灯，而在右翼相同的位置则是识别灯。

"暴风"的尾翼是作为一个单独的组件来设计的，有两根主梁，穿插在成型打孔肋材上。安装在前梁前面的成型肋材尺寸从安装点到前缘逐渐减小。后梁用来安装升降舵，用一根扭矩管安装在一起，管子里面是运动曲柄。升降舵的结构也一样，不过方向跟前缘正好相反，肋梁尺寸从横梁到后

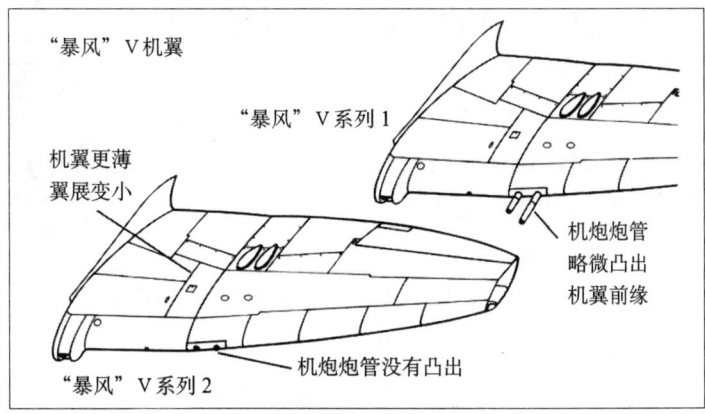

"暴风"Ⅴ早期和后期机翼区别。

缘逐渐变小。气动控制面都是合金蒙皮。尾翼通过后机身上的一个开孔安装在滑槽上,四周都是整流罩可以帮助降低这片区域的乱流。垂尾是直接安装在机身上的,包覆着铆接在前梁肋梁和后梁肋梁上的合金蒙皮。跟尾翼一样,前向肋梁都是从安装梁到前缘尺寸逐步减小。

方向舵只有一根主梁,跟前缘肋梁安装在一起,对主梁的表面进行了空气动力学优化。跟其他气动控制面不同,方向舵的蒙皮是帆布,后缘有一个可调补偿片。这个组件符合空气动力学,而且通过增加补偿片进行了质量平衡处理,在整个移动范围内都需要柔和的操纵。跟其他所有主要飞行控制面一样,控制系统里面都安装了挡销,以保证不会过度偏转,这会导致飞机应力超限。

"暴风"的主起落架是道蒂公司生产的,使用摇臂式悬架组件来进行减震。这种组件的优势就是可以分为两个部分生产,然后用摇杆连接起来。上面的部分作用是减震器,下面的部分则安装齿轮组和主轮。起落架主臂安装在反角连接点内侧,也就是外侧机翼和中间部分结合处。前面安装在主梁的后缘,而后面则安装在后梁的前缘,两个主臂安装销都是在大尺寸轴承内活动。每个起落架都是可升降的,使用一套液压动作筒驱动起落架上的一个摇臂来动作,飞行员选择"升起"选项时,机械锁定就会失效,让起落架收起。

连接在起落架主臂上有一个主整流罩,下面是一个可动门,上端铰接安装在机翼上,跟起落架通过一个可调节的旋转套筒联动。轮子有4根或者5根辐条,其中只有"暴风"V系列1使用的是4辐条机轮,尺寸是直径86厘米宽度28厘米,后期型号上则改成了直径76厘米宽度23厘米。

"暴风"的气动刹车系统是邓禄普公司生产的。主起落架在收起时,会有一个铰接在翼根上的"D"形门将其覆盖,也是可收放式的,以保持飞机的气动外型。尾轮组件里有一个道蒂公司生产的油压气动抗震结构,可以向前收起到机身里。轮子的样式有邓禄普公司的单轮,也有邓禄普-马斯特兰德合作生产的并列双轮。

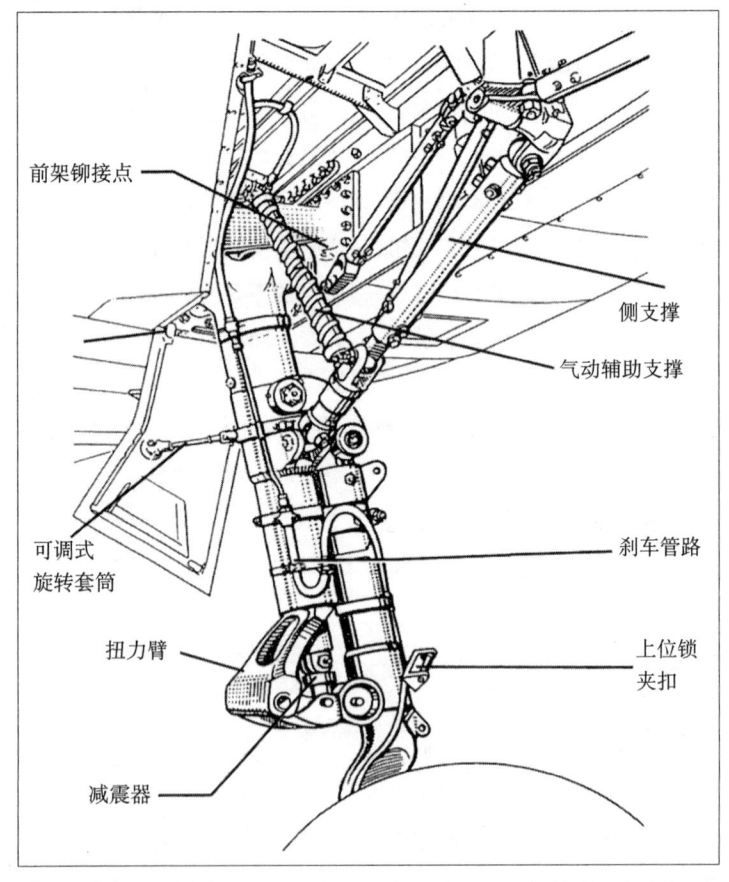

"暴风"V主起落架结构,总体设计在当时是比较先进的,也很坚固,能够适应各种恶劣的环境。

机翼上有两扇门用来盖住起落架臂，在主臂收入起落架舱后就关闭。起落架的控制手柄朝前推是收起起落架，相反则是放下起落架。为了防止误操作，飞行员在把手柄推向"收起"之前要先推到"释放"的位置上，在手柄移动到"放下"的位置上时起落架就会重回锁定位置。起落架的指示器是用三盏绿灯表示主起落架和后起落架安全放下并锁定；在变成两盏红灯的时候表示只显示主起落架。如果三盏灯都不亮代表三个起落架都收起并锁定了。如果主指示设备的灯不亮了，可以通过后拉并转动手柄来重启灯列。如果油门小于三分之一而且机轮没有放下锁定，仪表板上的一个红色告警灯就会亮起。

"军刀"Ⅴ和Ⅵ发动机的安装方式是一样的，都是安装在"暴风"的钢管支撑悬臂上，而悬臂又连接在飞机上纵梁和前横梁的安装点上，而发动机本身则位于前后安装固定架上。相比较而言，"军刀"Ⅱ型发动机则是安装在钢管骨架结构上，并使用了橡胶垫片。安装"军刀"Ⅱ发动机的"暴风"Ⅴ在发动机后面有一个短舱，安装空气滤清器进气道，化油器进气道和排气管。相比较而言，"军刀"Ⅴ和Ⅵ型发动机的排气系统则是每边6根双流歧管。

两种发动机都被弧形外表的机头整流罩包裹，设有可以打开的舱门和可拆卸的面板，方便地勤进行维护。发动机的启动通过柯夫曼型L.4S多膛药筒启动器。螺旋桨组件是哈维兰公司或者是罗托尔公司的4叶、可变距、恒速螺旋桨，直径4.3米，哈维兰公司的螺旋桨装在"暴风"Ⅴ和Ⅵ型上，而罗托尔公司的则装在"暴风"Ⅱ上，直径略小，为3.9米。"暴风"Ⅵ的螺旋桨安装位置比Ⅴ型前移了5.5厘米，因此其螺旋桨整流罩略长。

"暴风"的燃油装在四个内部自封防锈乳胶或者是吸水海绵橡皮油箱里，有一个主机身油箱，两个梁间翼盒油箱和一个机翼前缘油箱，位于左翼。"暴风"Ⅴ的机身油箱容量是345升，梁间翼盒油箱容量是127升，机翼前缘油箱容量是136升。"暴风"Ⅱ和Ⅵ型也差不多，油箱都有装甲保护，只是机翼前缘油箱容量降低到了127升。

从"暴风"Ⅴ系列2开始，就可以携带205或者410升流线型副油箱。在高空通过佩克斯泵把燃油抽出来供给发动机。这个功能在温暖天气不能用，因为燃油会沸腾。在早期生产的飞机上，只能在4500米高度以上使用，而后期型飞机则下降到了3000米。但这有一个缺点，因为副油箱的自封功能会变差，因此飞行员被建议在油箱被击穿后关闭增压设备。

"暴风"使用的燃油等级技术开发部门有说明，DTD230规格汽油，辛烷值87和DTD2473规格，辛烷值为100的100/130号汽油，纳皮尔公司"军刀"发动机都可以用，而布里斯托尔公司"半人马座"发动机只能使用DTD2473。"军刀"Ⅴ的混合油耗，高度1500米、发动机转速为3500转/分钟时，为680升/小时。而"半人马座"在类似条件下油耗则达到了惊人的955升/小时。

"暴风"Ⅴ的润滑油箱容积是73升，留有9升余量，Ⅵ型增加到了100升，余量10升。为了控制油温，在温度上升到50度以上时，一个温度控制阀门就会打开出油口。此外还有一个单独的安全阀，被设置为压力达到3.87公斤力/平方厘米时就放掉压力；位于废气排放泵和滑油冷却器之间，可以在冬天启动发动机的时候保护滑油冷却器不受损。这个安全阀在整个润滑油系统的短回路运行中非常有效，它可以把油泄进发动机润滑油输送泵的进口。"暴风"Ⅱ上"半人马座"发动机的润滑油箱比"军刀"发动机的要小,只有64升,余量18升。

"暴风"Ⅴ的滑油冷却器安装在发动机下面的散热器核心部件里,Ⅵ则放在了冷却剂散热器后面,覆盖了整个管路的交叉截面。为了协助散热,在右翼前缘还装了一个辅助设备。"暴风"Ⅱ的冷却器只有一个安装在机翼上的散热器。冷却系统采用自动恒温控制,散热器回路在系统冷却温度达到85度时就会被绕开。自动恒温器在105度时会全部打开。散热器的风片控制采用液压方式。

"暴风"所有型号使用的液压系统都是发动机驱动的道蒂公司生产的5700RH泵,系统压力保持在127公斤力/平方厘米。这个系统驱动襟翼和冷却器风片,以及起落架和配套舱门。液压系统液体存储装置在机身左侧,就在润滑油箱加油口下面。如果液压系统失灵,在座舱左侧还有一个手动泵。发动机上有一台海伍德公司生产的压缩机,维持一个气缸有32公斤力/平方厘米的行动压强。这个系统是刹车系统、机炮射击系统和起落架协助系统用的。

飞机上有一个手动辅助系统,是在发动机驱动泵失灵和手动泵无效的情况下放下起落架的最后选项。在这种情况下主起落架会借助重力放下来,飞行员可以通过蹬脚踏板斜坡下面的两个红色脚蹬来把机械锁解除。当轮子达到垂直状态时,用一个气动辅助动作筒将起落架锁定。在这个过程中,尾轮是自动放下来的,会在飞机触地的时候落锁。在这个过程中起落架指示灯会亮起,不过尾轮指示灯可能会是断断续续的亮。

襟翼控制是左右斜面面板上的一个手柄,有三挡,分别是"收起"、"放下"和"阀门关闭"。襟翼可以通过把手柄扳到"阀门关闭"的位置上而完全放下来。襟翼在全部放下位置上的压力要求要比收起起落架低。起落架和襟翼都可以用手动泵放下来。机轮刹车通过一个发动机驱动泵的气缸来运作。启动刹车通过使用连接在方向舵杆上的接力阀门来实现,气缸压强和每个刹车分配到的压强都会通过仪表指示出来。

在"暴风"战斗机上,当发动机开始运行时,就会带动一个24伏发电机,为两个12伏蓄电池供电,然后再由这两个蓄电池供给整个飞机的电力需求。如果供电系统失灵,仪表板上的一个告警灯就会亮起。在地面上发动机没有启动时,在机身右侧有一个插座,就在座舱盖下面,用地面蓄电池车供电。

"暴风"的基础武器为4门西斯帕诺20毫米机炮,装在机翼外侧,每侧2门。弹药舱在后梁内侧,外侧是机炮舱,每个供弹鼓都有与众不同的气泡型整流罩覆盖。"暴风"Ⅴ系列1和"暴风"Ⅱ原型机都安装的是长管西斯帕诺Ⅱ型机炮,而后期型号,"暴风"Ⅴ系列2、生产型"暴风"Ⅱ和Ⅵ都安装的是短管西斯帕诺Ⅴ型机炮,其炮管并没有凸出在

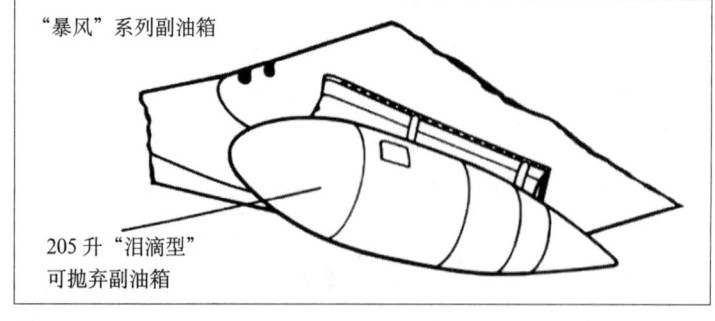

"暴风"系列副油箱
205升"泪滴型"可抛弃副油箱

"暴风"使用的副油箱是经过气动优化的"泪滴型",比"台风"使用的圆筒式副油箱气动性能要好得多。

西斯帕诺V机炮，结构紧凑，重量轻，弹道性能良好，可以装进"暴风"系列的薄形机翼里。

机翼前缘外面。

"暴风"V和VI型的弹药携带量是每门机炮200发炮弹，"暴风"II型的内侧弹鼓只有162发炮弹，外侧弹鼓则减少到了156发。机炮击发通过电控气压装置实现，由操纵杆"D"形握把上的一个压发按钮来控制。这个按钮有两个位置，"保险"和"开火"，要使用"开火"按钮，需要先顺时针推一下。射击控制系统的气压来源跟刹车装置的来源是一样的，可用压力会显示在仪表板上的一个气压表上。

"暴风"V后期型号使用的机炮瞄准器是Mark II或者是Mark II L反射式瞄准器，而早期型号使用的则是Mark I或者Mark III型投影式瞄准器；这种瞄准器的改进型号也安装在一些"暴风"V系列2飞机上，反射器屏幕被拿掉，分划直接投影在风挡上。在"暴风"VI和II型上，瞄准器变成了Mark II D型陀螺瞄准器。可以让飞行员在任何情况下使用瞄准器，有一个调光器，有"关闭"、"夜间"和"白天"三个选项。

跟飞机武器配套的是一台威廉姆森G.42或者G.45照相枪，来记录飞机的作战情况。在"暴风"V和VI上，照相枪安装在右侧散热器的整流罩之中，而II型则是在右翼滑油冷却器的外侧。照相枪也是用开火按钮控制的，工作时间跟按下按钮的时间一致。为了让飞行员得知照相枪的状况，有一个连续镜头指示器和一个光圈控制开关，在控制面板的右手

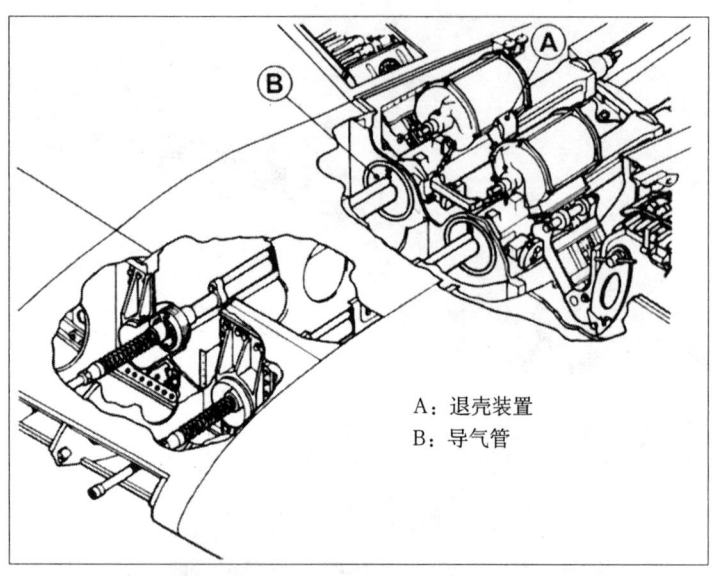

西斯帕诺Ⅴ机炮设计比较紧凑,在没有损失太多性能的前提下,可以整个装进"暴风"Ⅴ的机翼,优化了飞机的气动性能。

A:退壳装置
B:导气管

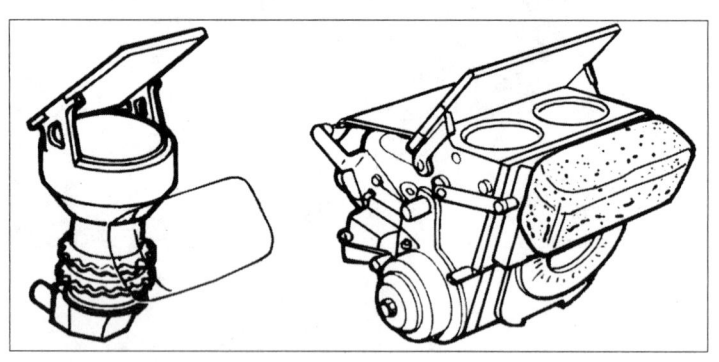

左边是"暴风"Ⅴ使用的Mk Ⅱ反射式瞄准器,右边是"暴风"Ⅱ使用的带陀螺稳定装置的Mk ⅡD瞄准器。

边,而照相枪开关则位于电力控制板上。如果想让照相枪记录火箭弹攻击目标的情况,而不使用机炮,在"D"形控制握把上还有一个单独的开关。

为了能让"暴风"执行对地攻击任务,霍克-西德利公司为其安装了空气动力学炸弹挂架,可以携带2枚227公斤常规或者半破甲炸弹,或者是一枚454公斤常规炸弹。在飞行员进行武器训练时,"暴风"会在挂架上安装一个轻型炸弹挂载器,可以携带7公斤发烟、闪光、高爆或者常规炸弹。第一种直接以战斗轰炸机任务生产的是"暴风"Ⅱ系列2型,后来被单独赋予了一个编号叫"暴风"Mark 2。至于早期生产的型号则由生产商、地勤队或者是行动单位自己来进行改装,只要能进行结构和走线改装就行。

在经过改装之后,"暴风"可以携带90公斤发烟浮标,454公斤A型地雷,205升凝固汽油弹,454公斤ANM59或ANM65集束炸弹,或者是一枚454公斤Mark Ⅱ型凝固汽油弹,作为纵火弹或者燃烧弹。在执行一些特殊任务时,"暴风"可以携带烟幕发生器,或者是M.10型发烟罐。在执行对地支援任务中,"暴风"可以携带R、C或者CLE Mark Ⅲ型伞降补给箱,每个重135公斤。

1945年2月,"暴风"Ⅴ具备了使用火箭弹的能力:包括75毫米口径11公斤和27公斤火箭弹,以及训练火箭弹。使用的是Mark Ⅲ型轻量化发射架;也就是早期沉重的Mark Ⅰ型的改进型。不过最后全部换成了Mark Ⅷ型零长发射架。

"暴风"一开始就具备挂载两个205升副油箱的能力,无需改装。这种副油箱是霍克-西德利公司专门为"暴风"开发的空气动力学油箱,而且里面还带有阻尼墙,而不是原来的那种圆柱形副油箱,必要的时候也可以当作集束炸弹使用。为了增加航程,"暴风"还可以携带两个410升油箱,不过要安装这种油箱需要重新布置翼下挂载布局,仅限于在

"暴风"Ⅱ型和Ⅵ型上使用。

在"暴风"被选为拖靶机之后，一个马尔科姆G型Mark Ⅱ风力目标绞盘被安装在了"暴风"Ⅴ目标拖曳原型机左翼下，而在右翼下则装了一个油箱来进行平衡。后来使用了一种简单得多的安装方式，叫简易浮标附件，直接螺接在座舱下面的机身上。

通信设备位于飞行员座椅后面，机身左侧设有一个检修舱门。依次排列下来包括1个马可尼公司的TR.1143甚高频收发器，它的鞭状天线或者是刀片天线位于座舱盖后面的背脊上。一台A.1271标准波束进场无线电导航单元，使用R.3090、R.3121或者是BC-966A型接收器，安装在无线电下面的发射箱里。它的外部可见部分就是一个水平天线的鼓包整流罩，位于机身下中线上。如果有需要，"暴风"也会安装敌我识别设备，天线是90或者93型，就在标准波束进场天线旁边。在"暴风"Ⅴ目标拖曳机服役之后，其中一个该型把标准波束进场天线移除了，用敌我识别天线取而代之。作为攻击机使用时，"暴风"也携带了大量救生设备，包括一把信号枪和弹药，一根撬棍，飞行控制锁定设备；为了沙漠行动，还有一套沙漠求生设备。

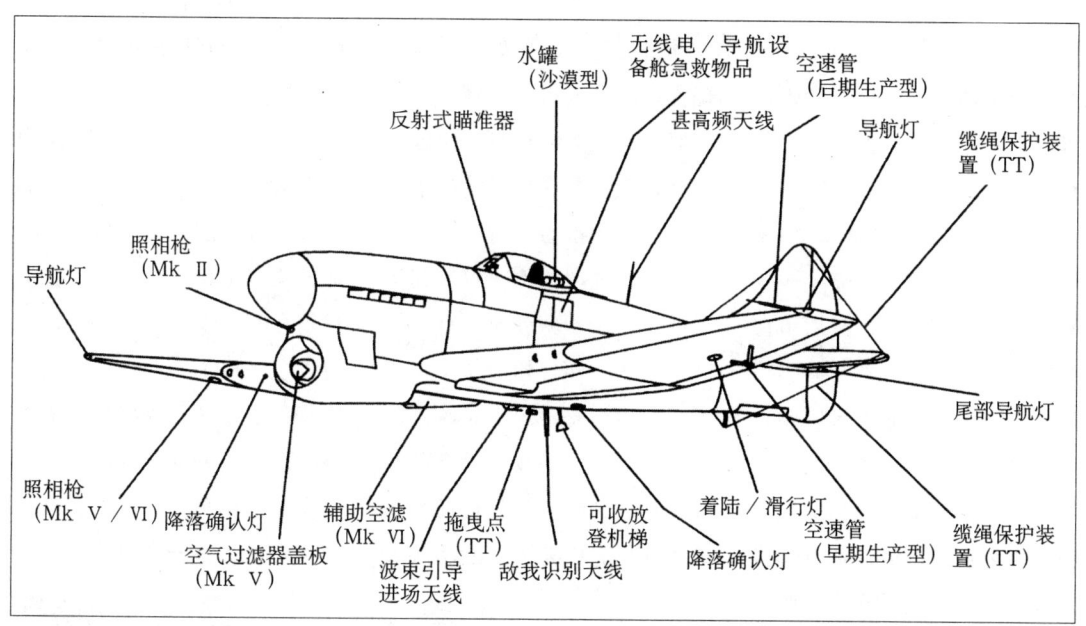

"暴风"天线、导航等附属设备。

# 第四章 如何驾驭"双风"

## 如何驾驭"台风"

"台风"跟同时代的战斗机比起来,尺寸有点惊人。一个高个子站在"喷火"旁边,可以把手放在座舱盖顶上,而在"台风"旁边是万万做不到的。在进入飞机座舱时,如果飞行员个头比较小,需要一只脚抬高跨过座舱框,然后骑在座舱框上,再把另外一只脚抬高跨过座舱框才能进入座舱。"台风"的座舱距离地面足有2.7米高,就算是身高1米8以上的大高个,也得借助带有弹簧盖板的可伸缩登机梯爬到座舱门那里。最早的"台风"的座舱门开启方式有点像车门,这种设计并不受欢迎,因为在飞行中经常会无故打开。

"台风"给人的第一印象是非常深刻的,给人一种结实、好斗的感觉,能够承受大量的伤害,而且可以给对手带去致命的打击。作为一种近距离支援战斗机和战斗轰炸机,"台风"在其相对短暂的服役生涯中,表现相当出彩。

"台风"跟其他任何活塞发动机飞机一样,如果不能正确操作就会变得十分麻烦。除了紧急起飞需要尽可能快地升空外,飞行员在正常情况下,在升空之前都会进行以下一系列操作。按照惯例,每次起飞前的第一个步骤就是飞行员绕着飞机走一圈,检查整个飞机看看有没有松掉或者是脱落的飞行控制面,蒙皮有没有破裂和凹痕,或者是其他任何会造成潜在问题的东西。起落架一定要重点观察,尤其是轮胎的磨损程度,查看是否有伤口和是否有嵌入碎片。最后,在登机之前确认副翼、襟翼和方向舵都能偏转到最大角度并且运转流畅。

"台风"在服役过程中最令人满意的地方就是其燃油和武器载荷能力,而且动力充沛,文书工作也简单,飞行员只用在F.700文件上签个字,就可以上飞机了。要进入座舱,飞行员要先从右翼根后缘爬上飞机。为了协助飞行员和地勤安全爬上机翼,在机翼和机身的接合处下有一个可收放的脚

正在登机的"台风"飞行员,从右翼机翼后面伸缩式的脚蹬爬上去。

蹬。飞行员坐进座舱之后，系好安全带并连上无线电麦克风线，接下来第一个任务就是检查起落架控制手柄的位置：必须在"放下"的位置上，而锁定拉手则在"锁定"位置上。检查这些机械设备都处于正确设置后，飞行员接下来就开始检查起落架指示灯，确认绿灯是亮着的。接下来是检查座舱顶板两边是否都锁定，同时也检查一下座舱门是否锁定，还有登机用的脚蹬是否收回。

此时飞行员要确定他的飞机是293改型之前的飞机，还是之后的。如果是之前的，飞行员需要戴上氧气面罩，如果高度达到4500米及其以上，要立刻开始呼吸氧气。因为飞机座舱内的一氧化碳毒气还没有得到改善，293改型之前发动机舱隔板的气密性不好，发动机运作产生的一氧化碳会渗透进座舱。

最后一项要检查的是方向舵踏板能够让方向舵偏转到最大角度，以抵抗起飞时发动机在全力运转时造成的偏航扭矩。

在飞机的各项情况都令人满意后，飞行员就要发信号给地勤，让他告诉自己风向。发动机工况要符合要求，而且要注意机尾的方向有没有人或设备。无论如何，飞行员要让其他飞机和人员知道这架飞机正在等待起飞。

启动发动机，要按照以下步骤。首先，检查点火器处于关闭状态，然后打开主燃料箱、压力输送和机翼副油箱。如果是后期型或者是改进型"台风"，混合控制要设置为高度自动化，同时将螺旋桨转速控制设置为最高。检查飞机电力系统，设置为中。另外飞行员需要注意，如果主油箱的燃油量少于一半的话，把燃油系统设置为机头油箱供油。

在低温条件下启动"军刀"发动机并不总是很顺利，而且它在恶劣条件下的脾气是出了名的古怪暴躁。在"台风"服役初期，任何一架第二天要出动的"台风"，在夏天要放在板房里保持冷却，冬天则要用暖风扇保持温暖。在发动机可靠性变高之后，飞行员要注意关闭散热器风片以防止

"台风"正在准备起飞，一个地勤正站在机翼上帮助启动发动机，另一个正在帮飞行员整理降落伞，下面还站着一个拿着灭火器时刻准备着。

发动机冷却液冻住。

在启动发动机前，飞行员要确保膛内没有启动弹药筒；然后示意地勤转动螺旋桨。接着把发动机启动手柄推到"启动"，把油门杆朝前推到起飞位置；然后开启汽化器，直到燃油的压力增加到最低0.11公斤力/平方厘米后，关掉汽化器启动泵。之后把启动弹药筒上膛，然后把开关扳到"点火"。在这些步骤完成之后，气缸要小心翼翼地用待发泵启动一下，使其处于待发状态。如果飞机等待的时间少于半小时，就只需要泵动一次，如果在一个小时之内，则需要泵动两次。

在待发程序完成之后，同时按下启动点火线圈和启动按键，并且保持一会儿，用另外一只手去给气缸点火。在发动机稳定转动之后，停止点火，松开按键，并把启动手柄设置到"正常"。由于"军刀"发动机较难伺候，所以整个点火过程不需要有任何的额外操作，否则发动机起火的可能性就会增加——虽然发动机起火后建议飞行员积极地去引火，但最好是打掉剩下的启动弹药筒以免对发动机造成进一步的损害。

在这个过程中，燃油点火是任何正在进行飞机打火作业的飞行员最为担心的环节，如果"台风"的发动机正常启动，地勤人员会警告飞行员，把点火开关扳到"关闭"；然后飞行员会把手伸出座舱外示意发动机是安全的，接着地勤人员会把灭火剂释放到散热器进气道里。如果散热器进气道里的富余燃油已经烧光，火已经熄灭，飞行员就需要把发动机转速保持在800-1000转/分钟，直到燃油压力上升到7.03公斤力/平方厘米以上。一旦燃油压力达到这个值，飞行员就把油门杆继续往前推，让发动机转速达到2000转/分钟，继续保持一直到润滑油温度下降到40℃。达到上述条件后发动机就算是正常运转了，无论启动发动机时周围环境如何，都建议飞行员测试一下所有的发动机控制和系统，另外需要注意发动机只能短时间全功率运转。

在确认可以出动后，飞行员就会滑行飞机，地勤人员疏散，同时地勤人员会警告飞行员不要过度使用刹车，因为它们很容易过热然后变得低效，如果是新换上的刹车，会更明显。

在检查过周围的环境后，

驾驶"台风"并不是一件容易的事，飞行员需要注意很多事项，负担比较沉重。

飞行员开始做"台风"的起飞前准备。为了方便飞行员记住这个程序，就缩写为：TMPFFSR。T就是trim，要检查升降舵是否中立，方向舵是否可以全角度偏转。M就是Mxture，检查混合操纵杆是否在"高度自动化"的位置上。P是Propeller，检查螺旋桨桨距是否在最前位置上。F是Fuel，检查燃油是否选择了正确的油箱，副油箱压力是否断开。第二个F是Flaps，检查襟翼是否放在了10-15度角度上，并关闭阀门。S是Supercharger，检查发电机是否设置在中挡。R是Radiator，检查散热器的风片是否打开。如果在起飞过程中，过早收起襟翼，会导致飞机高度快速下降，为了避免损失高度，襟翼要一点一点地收起。

在这些程序完成之后，还需要加一个应急措施，给发动机0.28公斤力/平方厘米的增压，方便起飞，机尾要尽量压低，这样才能让飞机飞离地面。接下来要注意的就是飞机离地后的表现，以襟翼30度为例，在这个设置下，"台风"有强烈的右倾倾向，为了不让这个趋势过于猛烈，油门杆需要渐进式往前推，让方向舵在起飞的过程中保持有效性。一旦升空，襟翼需要飞机达到60

到90米的高度内升起，在速度没有达到240公里/小时之前不能进行大角度爬升。建议爬升速度是以300公里/小时的指示空速爬升到4800米。

飞行中"台风"的方向稳定性和横向稳定性都是很不错的，只是在纵向有略微的不稳定趋势，但是随着速度的增加这一点会得到改善。副翼在达到最大速度之前都是轻盈且响应良好的，但它们在非常低的速度和挂载炸弹时反应迟钝。升降舵的控制在"台风"上还是被认为比较轻盈的，飞行员被警告不能粗暴地操纵升降舵，但这个建议在"台风"被FW 190追逐时，都被飞行员抛之脑后了。在筋斗机动中"台风"可承受的过载还是很大的，会导致飞行员黑视。如果发生这种情况，飞行员在改出机动之后，需要朝前推杆保持飞机稳定。

纵倾变化在"台风"飞行的时候实际上是相当微弱的，因此在放下襟翼的时候也没有什么改变；从另外一个角度来说，在起落架放下，散热器风片收起时，飞机机头会有一个剧烈下坠的趋势。其他会影响"台风"纵倾的因素包括空速和油门杆的设置；因此方向舵补偿片会用来避免侧滑的可能性。但是飞行员被警告要小心

翼翼地去使用补偿片，因为它很敏感。如果过度使用，会导致飞机前后纵倾的改变——机头下降并且朝左偏航，向右偏航机头则会上仰。

飞行员还被警告除了滑行、起飞、爬升和襟翼被放下的飞行以外，散热器风片要打开，并且要时刻注意发动机润滑油的温度。最后建议飞行员首先使用主油箱的燃油，来保持飞机重心的稳定。

在不同的速度上飞行飞行员也有大量的条例要遵守，最重要的就是高速飞行时的高度计读数。在250公里/小时的指示空速下，襟翼设置在30到40度之间，要求散热器风片关

"台风"散热器风片关闭和开启时候的样子，在起飞的时候要打开风片，增加散热性能；飞到空中后要关闭，因为有风，散热足够，否则会增加飞行阻力。

闭，螺旋桨转速要设置在3100转/分钟。如果是编队飞行员，螺旋桨的转速要保持高于2600转/分钟。

在"台风"升空之后，飞行员还需要注意其他一些事情，其中之一就是飞机的失速。一旦失速，飞机的高度会突然下降，不管襟翼是处于放下还是升起状态。在携带炸弹满负荷状态下，"台风"的最低飞行速度被限制在145-160公里/小时，着陆速度则放宽到了113-120公里/小时。在正常飞行重量没有额外载荷时，可以在这些数据的基础上再降低16公里/小时；在空载条件下还可以再放宽16公里/小时。

跟当时很多作战飞机一样，"台风"也可以进入尾旋；但是非常不建议这么做，而且在携带炸弹和副油箱的时候是严禁这种危险动作的。在条件允许的情况下才能进行尾旋飞行，在高度4500米到6000米之间，改出行动可以在一圈之后开始。其他支配"台风"在尾旋中表现的要素：其中之一就是方向舵要朝着尾旋反方向满舵，同时操纵杆要慢慢朝前推直到尾旋停止。为了抵消左向尾旋，可以使用发动机，但在实践中并无必要。

"台风"在7500米高度以上飞行时，有进入水平螺旋的趋势。为了抵消这个趋势，飞行员需要朝反方向满舵，并且前后摇动操纵杆，但正常来说这很困难，尾旋造成的过载变化让飞行员很难进行这个动作。理论上这种动作会造成飞机机头下沉，同时会损失2500到3000米的高度。无论如何，改出尾旋之后要俯冲加速到320公里/小时以上的指示空速，否则"台风"可能会再次失速。

在战斗任务中，"台风"经常需要俯冲去攻击特定目标，但即便这个机动飞行员也要遵守必要的条例，最重要的就是确认散热器风片关闭。要在俯冲即将开始的时候完成这个动作，不然会导致剧烈的机头下坠。相比较而言，在正常的俯冲中，速度增快，而且飞机的机尾会变得沉重——不过还没有到需要再调整的地步，因为升降舵补偿片非常敏感。随着速度的增加，使用方向舵修正航向是必须的，因为飞机会有向左偏航的趋势。

在换装训练中，"台风"的飞行员会被鼓励去练习特技飞行，以便在战斗中更好地使用。这些机动大部分都是高度的损失和恢复方面的，"台风"很容易实现这类机动。筋斗动作的最低进入速度是560公里/小时，控制要轻柔否则飞机会高速失速。如果飞机要进行滚桶机动，最低飞行速度要达到400公里/小时，而且这个机动要确实是"滚筒"机动，以保持发动机运转和润滑油压力。想要进行筋斗和滚筒的复合特技飞行，飞行速度最低要达到640公里/小时，以保证飞机在做完机动后还有足够的速度。当飞机有额外载荷的时候，特技飞行是不允许的，但躲避防空炮火和敌方战斗机时飞行员都把这条禁令甩到九霄云外。

如果能够在飞行任务中幸存，飞行员要在降落之前完成必要的检查。首先，飞行员需要检查油箱的情况，如果燃油量不足一半，就选择机头油箱供油来保持飞机的重心。在飞机的速度降低到260公里/小时后，起落架要选择到"放下"位置并检查三盏灯都是绿色的，混合操纵杆移动到"丰富"选项，螺旋桨转速控制推到最大，发电机设置到中等。最后放下襟翼，同时关闭散热器风片。飞行员从训练手册中可以得知在起落架放下的过程中飞机会偏航，不过在完全放下并锁定后就会恢复稳定。襟翼对"台风"的表现影响很大，在完全放下时可以让飞机的下沉率剧烈增大。

一旦飞机接地，飞行员需

要尽快把飞机停下来。在此期间飞行员要把襟翼收起来。进入正确的停机位后，关闭发动机。要成功地关闭发动机，油门杆要收到发动机最低转速，1000转/分钟，然后关闭发动机。在发动机熄火之后，关闭点火和燃油开关。

## 飞行员报告

"台风"的飞行性能在当时颇具争议。1941年底，第56中队的中队长H.邓达斯（H.Dundas）在部队接收新飞机的时候对"台风"进行了试飞。在他的自传《飞行之星》中，叙述了中队在接收"台风"时遇到的问题：

我发现大家对"台风"的热情很快就消退了，至少我自己是可以这样说的。第一架新飞机是在9月份交付的，自那之后就麻烦不断。11月1日发生了一起伤亡事故，中队的一名飞行员毫无征兆地在约900米的高度上直接俯冲向了地面。后来发现他是一氧化碳中毒，于是所有的"台风"立马全部停飞。12月22日，我抵达中队后，一小批经过改进的飞机恢复了飞行。与此同时，中队也将当时手头上还有的"飓风"进行了维护，做好了升空作战的准备，这是很繁琐而且毫无成就感的工作，在接敌作战中不会有任何成果。

我腿上的伤好了之后，1942年1月2日我首次驾驶"台风"升空。在滑行过程中，我感觉我开的是一台蒸汽压路机。但是在升空之后，我立刻被飞机的速度和功率带动得兴奋起来。我在机场上空做了一个双滚转机动，然后小心翼翼地把飞机降落了下来。

我手下的飞行员簇拥过来看我的反应，问我对她有什么感觉，我说："我觉得她棒极了，速度真的令人兴奋。"而且我认为"台风"是个非常稳定的机枪平台。但是有一点可以确定的是，在没有装后视镜之前我们是不会参战的，她的后向视野实在是太差了。不过这个东西已经在计划中，很快就会实现。

邓达斯在飞过"台风"ⅠA之后，对其后向视野进行了批评。座舱盖后部是固体不透明的，而不像"喷火"和"飓风"那样是透明的，飞行员头部装甲板进一步遮蔽了后向视野。1942年2月，航空部在达克斯福德召开了一个会议，来讨论邓达斯的飞行报告和其他一些有关"台风"的事情，"台风"的总设计师卡姆出席了会议。他对飞机后向视野的评价是："飞机飞得足够快，你根本不用担心后面的事情。"这种话也就是从来没有真正面对过敌人的人才能说得出来，皇家空军的与会人员对此一笑了之。话虽如此，针对后向视野的必要改进还是很快实施了：金属材料被有机玻璃取代，装甲板的位置也进行了调整。

当然，"台风"虽然有诸多缺点，但优点也是非常明显的，还是有很多飞行员对"台风"的飞行性能非常认同。比如"台风"有一个当时英国空军其他战斗机都不具备的优点，一般飞行员在第一次飞作战型飞机时都会因为座舱空间太小造成的束缚感而产生焦躁情绪，而"台风"则不会，因为它的座舱够宽大。

1943年7月，P.布雷特（P.Brett）中尉被调到183中队，在此之前他有超过60个小时的"飓风"飞行经验。进入第183中队后，他先进行了为期2天的飞行员手册学习，然后进行了笔试和口试，接着对"台风"的每一个细节进行了观察，并且观摩飞机的起飞和降落过程。关于他对"台风"的早期印象，他说道：

我首先注意到的是它的噪音！"台风"的发动机功率几

乎是"飓风"的两倍,而且它的螺旋桨直径达到了4.27米。一个4机编队起飞的声音可谓是震耳欲聋。

在他第一次单飞时,他回忆道:

飞机的尺寸有点吓人。坐在座舱里,第一印象是空间足够大。不用把座椅高度调到最低,直坐在座舱里头也不会顶到座舱盖,而肩膀离座舱框至少有15厘米远。仪表板看起来离得好远(相比"飓风"而言),左右两侧的控制面板离我的膝盖都还有很大的空间。朝前看过去,由于飞机是后三点起落架,机头比较高,只能看到机头向前延伸2米左右的发动机整流罩。给人的感觉就像是在驾驶一个蒸汽机车头。直线滑行是不可能的了,因为要左右摆来摆去通过侧舱窗观察前面的路线。即便是起飞也不可能看到前面很远的距离,因为在起飞滑行中抬起机尾的距离不能过长。飞机在正常飞行姿态下起飞时,螺旋桨距离地面只有不到15厘米,因此我们被建议以机尾下倾姿态起飞,尤其是在草地机场上。

"台风"因为发动机扭矩,有强烈的右转趋势,这意味着在升空之前的滑行中飞行员要向左蹬方向舵来抵消这种趋势。

发动机启动是有一套程序的,一旦掌握,就会发现并不会比其他飞机更难。但是没有经验的飞行员也经常会失败。"喷火"和"飓风"使用的"默林"发动机虽然也是柯夫曼式启动器,但启动功率比"军刀"发动机高多了。布雷特回忆道:

第183中队的"台风"JR128,飞行员是M.海曼(M.Hyman),从飞行员跟整个飞机的比例大小来看,"台风"确实比当时皇家空军的主力战斗机"喷火"大多了。

机械工程师在教新飞行员如何启动发动机的时候有个恶作剧,当飞行员站在机翼上,附身看座舱里的工程师如何操作时,当工程师按下启动按钮,倒霉的飞行员就会发现自己膝盖以下部位都会处于排气管喷出的火焰之中。

不过这一团火焰只会持续一两秒钟,因此不会把飞行员的衣服点着。他继续说道:

我第一次打着发动机后,在零增压的情况下把转速拉到了3000转/分钟。振动和噪声都非常可怕。

布雷特起飞后惊讶地发现他很快就达到了1500米的高度,然后他推机头降低到300米的高度上绕机场飞行,速度很快达到了近645公里/小时,太快了,因此他收了油门并缩小了桨距,等待速度降低到402公里/小时,然后进入环机场航线准备进行降落训练。

驾驶"台风"飞尾旋是一件令人吃惊的事情,飞行员手册上用了整页来指导飞行员如何操作。其中的重点有:尾旋必须在高度4500米到7620米之间开始,改出动作必须在一圈之内就开始,使用发动机可以对改出左转尾旋有帮助。7620米高度及其以上高度,尾旋会变成平旋(飞机平着旋转下降)。从平旋中改出非常困难,而且在改出过程中会损失3000米的高度。除非对飞机已经很熟悉,否则飞行员只能进行左向尾旋训练。

在第一次尾旋训练中,布雷特说:"指挥官还是倾向于让飞行员保守一些。"他爬升到约6500米的高度上,然后尝试了两次直线失速。他关掉油门,然后朝后拉杆保持机头上翘。飞机速度剧烈下降,而且飞机开始打滚。他回忆当时的情景道:

飞机的爬升率仪表开始猛地降低到0刻度以下,高度计读数也开始下滑。在速度降低到145公里/小时以下时,飞机会发生震动,然后左翼突

第226中队的一架"台风"起火后,用泡沫灭火后的景象。"台风"起飞阶段的操作繁琐且严格,不能出错,否则很容易造成发动机起火。

然猛烈下沉,让飞机滚转超过90度。这时候要朝前推杆,并且打开油门,这会造成几秒钟令人非常不适的负过载,然后我就变得头朝下了,接着飞机的速度开始回升,飞机的控制也开始恢复。根据飞行员手册的指导,我在飞行速度达到402公里/小时之后,改出了俯冲。我一共损失了约1000米的高度,之后我再次爬升又试了一次。

随后我又进行了失速训练。这一次在飞机出现震动、马上要失速的时候,我朝右拉操纵杆,并且蹬左满舵。我可不想飞机有任何进入右向尾旋的机会。这一次是飞机左翼下沉,处理不当会导致飞机上下翻滚。随着机头向地面下沉,飞机也进入快速旋转,在不到2秒钟的时间里,我进入了一个右向尾旋。我采用了跟上一次一样的动作,朝前推杆,并蹬反向舵,稳健地增大油门。这样飞机还没转到半圈,机头就再次下沉,但旋转停止了,飞机的机头垂直指向了地面。由于我无法判断方向,所以要先改出俯冲。改出机动相当剧烈,我在座舱里被甩来甩去。我很庆幸把安全带绑得很紧,甚至都有点不舒服,但好处在这时显现了出来,我没有撞到座舱壁或者座舱盖。这一次我足足损失了约2100米才恢复平飞。从那之后我决定再也不故意让"台风"进入尾旋了,但是如果在不可控的情况下进入了尾旋,我还是会尽我所能去解决这个问题。

虽然前面的描述让"台风"看来有那么一点狂野,但是实际上飞过它的飞行员都表示:它看起来还算是一种稳定可靠的对地攻击飞机,从尾旋训练中可以看到飞行员的能力是足以胜任改出行动的。总的来说"台风"的尾旋改出并不是很轻松,甚至可以说有点棘手,就像是一匹赛马,对于普通骑手而言驾驭起来略有点难度。

## 如何驾驭"暴风"

跟"台风"一样,飞行员首先要进行理论学习,然后对"暴风"的各个部分和系统进行熟悉,之后才会进行飞行训练。对于飞行员而言,在飞行训练前的学习中,重点是燃油系统的管理,因为它对保持飞机重心有着非常重要的作用。如果飞行员驾驶的是没有挂载副油箱的"暴风",在内部油箱加满之后,飞机可以使用任意一个油箱的燃油起飞,但是建议飞行员在起飞时把所有选择开关都打开,保证供油的通畅。升空之后,机身主油箱就要关闭来作为储备,因为它是重力供给式油箱,如果使用的话会被首先耗光,会对飞机重心产生不小的影响。如果机翼油箱在起飞时油量不到一半,起飞时禁止打开所有油箱,只能使用机身油箱。

升空后,在正常飞行中,机翼油箱和机翼前缘油箱是同时使用的,无论哪个在战斗中受损,就要关闭。在机翼油箱空了之后,就转为使用机身油箱,当然要先把其他油箱关掉。如果不小心使用了机身油箱,就选择机翼油箱,然后将其关掉。

如果发动机因为油箱内的燃油耗尽而熄火,飞行员要进行以下几个操作。首先油门杆要关闭,检查油路连接,然后关闭所有空油箱,选择有油的油箱。在有油可用之后,把转速控制杆朝前推到最高位,然后慢慢打开油门杆,接着再关闭,重复该动作一直到发动机重新启动为止。在着陆的时候机翼油箱一定要关闭,使用机身油箱。这个油箱跟其他油箱有个特殊的不同之处是它有一个深集油槽,可以在飞机仰角和大接近角时抽出燃油而不用使用气闸。相比较而言,机翼油箱比较浅,在快干了的时候进行仰角机动的话需要使用气闸。

为了让飞行员们在飞行时对油箱的使用保持警觉，霍克-西德利公司和航空部为使用副油箱飞行的"暴风"制定了一套完整的飞行条例，第一条就指出在高度4500米以下俯冲速度不能超过724公里/小时指示空速。在这个高度之上，俯冲速度要比无外挂飞机的最大允许速度低80公里/小时。其次是速度在650公里/小时以上不能抛弃副油箱，而且只能在直线平飞中抛弃；扔掉副油箱会有一些航程上的边际效益，代价和收益总是并存的。最后一个要点是不允许挂着副油箱进入尾旋，因为在这种情况下飞机可能会载荷不平衡而解体。

其他诸如发动机的启动和关闭跟无外挂飞机差不多，只是机翼油箱在升空之前都要保持关闭状态。飞行中，建议飞行员先用副油箱，要先打开左翼副油箱，再关闭机身油箱。在左翼副油箱空了之后，就转换到右翼副油箱。两个副油箱都被用光之后，要先打开机身油箱再关闭这两个油箱。跟机身油箱一样，副油箱在高度3000米以上也要保持增压。

在完成了复杂的燃油安全管理学习后，飞行员就要进入座舱正式开始驾驶"暴风"了。一般而言在这阶段，检查列表占了大头，首先两项，是最明显也是最容易被忘记的：要检查起落架手柄是否在"放下"位置，锁扣是否在"锁定"位置。在手柄和它的锁扣检查完并得到外部动力之后，

"暴风"Ⅴ的座舱仪表。虽然"暴风"相对于"台风"而言飞行品质提升了相当大一截，但发动机和总体气动设计并没有太大区别，所以操纵起来也并非是一件简单的事。

就要检查和确认三盏起落架灯。活塞式发动机飞机，尤其是使用"军刀"发动机的，在启动的时候会产生大量的噪声和烟雾，就像一场烟花表演。之后需确认座舱盖在打开锁定位置，和机身登机梯处于收起位置，如果继续伸在外面的话会对地勤人员的安全造成威胁，比如夹住手指等，而且会对关闭座舱盖造成问题。

这时候"暴风"可以行动了，虽然发动机很多技术已经改进，使得发动机的性能有了很大的提升，但是飞机还是需要转向迎风方向起飞。在进入起飞位置后，点火开关要设置在"关闭"上，所有的燃油箱，除了外挂的副油箱，全部都要打开，襟翼收起。这些步骤确认之后，螺旋桨速度控制设置在最快，电源控制设置在中挡，而散热器风片则打开在"放下"位置。为了保护地勤人员，火药启动器要确认是空的；这可以让螺旋桨用人力来转动保证发动机可以自由运转。

当所有安全起飞的条件都满足之后，飞行员就选择启动药筒装入启动膛，同时把断流器手柄设置在"开始"位置上，把油门杆朝前推到第一级停止位置上。设置好这些手柄之后，化油器和气缸启动泵开

试飞中的"暴风"V，注意它的机翼形状跟"台风"已经截然不同，总体而言飞行品质要比"台风"高得多，但起降对于新手而言仍然不是很友好。

始运行直到所有的灯都亮起。在启动完成后所有的手柄都要安全地放好并锁定。启动线圈和启动按钮要同时按下。如果运转良好，发动机就会启动；但是如果有以下状况就说明出问题了：比如发动机喷出白烟，或者是如果螺旋桨启动后越转越慢，而非增速。出现这两种情况的任何一种都建议飞行员关闭发动机，第一种情况允许再次启动；而第二种情况则很有可能是因为滑阀套卡住了，不能再次启动。这是纳皮尔公司的发动机会在气温比较

低的情况下经常发生的问题。万一出现了滑阀套黏住或者是卡住的现象，建议在再次启动之前先进行一些柔和的容位处理。

如果发动机和其他所有设备都运转良好，断流器手柄要回到"正常"位置上，按钮要松开，点火泵拧到关闭位置。但是，如果发动机出现爆震要起火，就需要使用安装在进气道里的灭火器了。火被熄灭之后，发动机的转速上升到1000转/分钟，油压会降低到7.03公斤力/平方厘米以下。一旦发

动机稳定运行，转速会上升到2000转/分钟，检查发电机与其系统，然后"暴风"就可以升空了。

在离开疏散区后，飞行员要把飞机滑行到跑道起点上，然后进行另外一系列至关重要的检查。包括配平片，升降舵要设置在下偏1.5度，方向舵要左满舵来抵消发动机的扭矩。接下来是螺旋桨，桨距要设置在最大，同时油箱旋钮也需要正确设置进行起飞。襟翼在"收起"位置，发动机设置为中挡，打开散热器风片以增加冷却。在起飞前检查完成之后，发动机要在2500转/分钟的转速下全油门运行一小会儿，然后如果有必要的话，飞行员要让地勤帮忙清理一下溅在风挡上的油污点。

全部检查完成后开始起飞，油门杆推到底，使用大增压在地面其实并没增加多少功率，所以一般使用0.28公斤力/平方厘米的中等增压。放下襟翼后，可以固定在20-30度之间任何位置，"暴风"在滑行中有明显的右偏趋势。

飞机升空之后，起落架要尽快收起，飞机的速度要保持在230-240公里/小时，保证起落架能够顺利收入并锁定。如果使用了襟翼来帮助起飞，起落架的红灯会慢慢熄灭，因为液压系统压力分配，是先供给襟翼的，在襟翼收起之后才收起起落架。

飞行中的"暴风"相当灵活，在6000米高度上失速速度为298公里/小时指示空速，在达到3000米之后发动机选择最高挡就可以达到最佳性能。在直线平飞中，方向稳定性很好，虽然纵向稳定性略微有一点不稳定趋势。飞行控制非常棒，只是有一些限制。第一个就是副翼在低速会变得迟钝，升降舵在襟翼和起落架全部都放下来之后也有类似的情况。方向舵在整个速度区间都保持着很高的效率，当然所有的动作都要稳重地执行。

正常情况下"暴风"可

正在进行地面维护的"暴风"Ⅴ。虽然飞行性能相对"台风"有了很大的进步，但是在机械性能上"暴风"Ⅴ并没有比"台风"好到哪里去，因此无论是地勤还是飞行员，都要小心对待这种并不是很友好的飞机。

以进行特技飞行,但要注意尾旋,因为"暴风"在低速飞行进入尾旋时没有明显的迹象,只有左翼会突然下沉这一个警示。相比较而言,霍克-西德利公司的战斗机也会在高速转弯过载过大时失速。这会导致副翼失灵,如果不能正确处理,会导致飞机翻转和进入尾旋,不过正确的改出程序会让飞机安全回到正常飞行。

飞行结束后,飞行员要把飞机安全降落下来,也需进行很多项检查,不过这些检查并不复杂:起落架手柄选择"放下",三盏灯都亮起,螺旋桨桨距设置为最大,发电机设置在中挡,襟翼和散热器风片全部放下来。在这些条件全部满足后,飞行员就可以降落了,速度要保持在160-190公里/小时之间,取决于襟翼放下的角度。

如果发生紧急情况,对于"暴风"而言,通常都是有关起落架的。最常见的问题就是起落架没能正确放下来,或者是放下来没有锁定。如果有一个起落架灯是红色的,发动机泵看起来没能驱动起落架完全放下来,飞行员还有个机会就是使用手动泵,或者是使用释放踏板和气动辅助系统。

如果飞行员需要放弃飞机,首先要抛弃座舱盖,拉仪表板上的红色手柄就可以进行,飞机右侧的侧板也会随座舱盖一起被抛弃。在座舱盖离开飞机之后,飞行员会面对水上迫降的可能性,尤其是在低空,实际上一般而言,如果可能的话都是建议飞行员爬升一定高度然后跳伞。如果实在无法跳伞,就把飞机襟翼放下一半角度,然后尽量以最低的速度接水。在撞击水面之前,副油箱一定要抛弃,然后再尽量拉起飞机,让机尾首先触水。

"暴风"的飞行员在训练中也会学习迫降救生技能。在迫降时,首先通过朝后拉螺旋桨转速控制手柄来滑翔尽可能长的距离,但是可能由于油压消失而没有效果。在增加滑翔距离的同时也建议飞行员保持襟翼和起落架收起,然后在275公里/小时指示空速时让飞机有一个平滑的滑翔角度。这个程序在主轮爆胎的情况下是要强制执行的,因为爆掉的轮胎会让飞机在地面上因为失去平衡而失控。

## 飞行员报告

盟军飞行员对"暴风"系列的低空飞行性能是十分赞赏的,自由法国头号王牌飞行员P.克洛斯特曼(P.Clostermann)在试飞了"暴风"V之后给出了相当高的评价:

在中低空,没有哪种飞机能够逼迫"暴风"发挥出自己的极限性能。经过气动优化设计的副油箱、跟机身表面齐平的铆钉、光滑过度的连接处和抛光的表面,无一不展现出这是一种制造优良的战斗机。

从外观上讲,"暴风"很光滑,巨大的散热器虽然增加了阻力,但也让它的外观显得更加凶狠。"暴风"很重,战斗全重达到了7吨。但得益于它2400匹马力发动机带来的剩余功率,它的加速性能相当惊人。"暴风"飞起来并不容易,但它的高性能掩盖了这一缺点。在900米高度,以三分之一功率(950匹)带两个205升副油箱经济巡航,速度可以达到500公里/小时;以一半功率(1425匹)高速巡航,不带副油箱,表速是563公里/小时,而真实空速可以达到643公里/小时;如果在水平面直线平飞,增压比+13,发动机转速3850转/分钟,表速为692公里/小时,而真实空速可以达到708公里/小时。

在紧急状态下,发动机转速甚至可以提升到4000转,功率达到3000匹,飞行速度高达740公里/小时。在俯冲中,

"暴风"是盟军阵容中唯一可以达到高亚音速（885-1046公里/小时）而飞行品质不会明显下降的飞机。

但"暴风"并非没有缺点，我一直提醒我手下的飞行员飞行速度最好不要低于482公里/小时，因为Bf 109的低速转弯性能比"暴风"更好，而且需要注意它螺旋桨中轴火力强大的30毫米机炮，一旦遭命中被击落的可能性极大，一般不会给你第二次机会。如果飞行速度过低，最好的方法是螺旋俯冲，把速度增加到724公里/小时，然后垂直爬升甩掉敌机，再伺机攻击敌机。而Bf 109的飞行员也知道"暴风"的俯冲性能好，所以他们会经常引诱我们飞到4800米以上，到了那个高度"暴风"就会变得沉重，而且发动机也会慢下来。

第80中队的中队长，罗德西亚飞行员E.麦凯（E.Mackay）在战斗中总结了"暴风"和Fw 190D之间的优劣：

"暴风"的爬升性能不如Fw 190D，但是俯冲性能更好，而且在转弯中占据压倒性优势。如果长鼻子Fw 190和"暴风"在900米高度公平交战，没有其他飞机和高射炮的干扰，天气也良好。在使用+11增压比和3750转/分钟发动机转速条件下，"暴风"可以在转完3圈后进入开火位置。此时进入第四圈，如果"汉斯"的油门完全后拉，而滚转改变侧倾角，通过失速转弯来跟"暴风"对头，那么"汉斯"就成了一个难以对付的强大对手，首先它在做这个动作的时候，会形成相当大的提前量，难以瞄准击中；其次，在形成对头之后，它的火力很强，甚至可以凭借30毫米机炮压倒"暴风"。

如果继续转弯，在第四圈中，"暴风"的转弯半径要比Fw 190大，但速度可以达到354公里/小时，所以实际上完成转弯的时间更短。在完成失速转弯之后，追逐战重新开始，"汉斯"会俯冲逃跑，而"暴风"虽然俯冲性能比Fw 190D好，但也没有达到完全压倒的地步，因此需要一些时间才能追上目标。

# 第五章 "双风"的潜力挖掘

## "台风"的潜力挖掘

"台风"在皇家空军的总体服役表现可以概括为对地攻击的战斗轰炸机。尽管"台风"的原始设计目标是一款纯粹的截击战斗机,但是它在4370米以上高度表现并不是很好,这说明它的前途在低空。"台风"走上这条路线也并非偶然,其前辈"飓风"战斗机在它的前线战斗机生涯结束后,就开始作为战斗轰炸机使用。

为了看看"台风"是不是一款合适的战斗轰炸机,编号为R7646的一架"台风"于1942年8月被移交给飞机·武器实验中心进行试飞。这架飞机在两侧机翼下方各安装了一个流线型炸弹挂架,每个可以挂载一枚227公斤常规炸弹。试飞发现在直线平飞中炸弹和挂架对飞机的操控和性能有一定影响;但是,在进入俯冲之后,在指示速度达到560公里/小时后,机身就会发生抖震,这让"台风"在对地攻击行动的使用中有600公里/小时的最大速度限制。在限制速度内飞行的"台风"在炸弹扔出去之后并不需要明显的修正飞行姿态。在进行110和227公斤常规炸弹使用试飞的同时,R7646还进行了机炮温度试飞、单侧射击试飞等其他科目。

10月份,R7646进行了更深入的试飞,在飞机的机翼下安装了加长的推出器槽,来避开机炮射击时抛出的弹壳对炸弹和挂架造成的影响。改装后的R7646第一个试飞项目就是满负荷平飞最大速度。结果显示无外挂条件下,R7646在2500米高度上可以飞到599公里/小时的真实空速,但是挂载炸弹后真实空速降低到了540公里/小时。

整个试飞项目被飞机·武器实验中心判定为成功,战斗轰炸机版本的"台风"投入生产。霍克-西德利公司从1942年10月开始为生产线上的"台风"安装挂载炸弹的设备,不过一直到1943年中期霍克-西德利公司才把战斗型和战斗轰炸型"台风"分开生产,但此后战斗轰炸型"台风"成了标准型号。227公斤常规炸弹试飞是成功的,不过飞机·武器实验中心也提出了消除尾轮抖震现象的改进要求,从而消除飞机在重载条件下后机身的震动。1943年3月"台风"战斗轰炸型在完成服役试飞后,最新的改进措施从第1001架生产的飞机开始实施,同时已经服役的飞机也尽可能多地改进成现有的战斗轰炸机型。第一支装备战斗轰炸型"台风"的部队是第181中队。

在确定"台风"能够使用常规炸弹后,下一步就是扩展"台风"的挂载能力以携带更重的载荷。1943年,编号为DN340的生产型"台风",安装了四叶螺旋桨,然后被移交给皇家空军研究中心进行454

公斤常规炸弹的挂载试飞。在满载之后，飞机的重量可以达到6010公斤。DN340试飞时使用的是皇家空军研究中心在斯拉克斯顿的混凝土跑道，而非草地或者是野战木板机场，目的是降低阻力以消除飞机在满载时起飞中的低头趋势。在试飞过程中，DN340在起飞的时候襟翼要放下15度，总体表现类似于一架没有任何外挂武器的轻载飞机，当然它需要更长的起飞距离。在空中，虽然DN340的最高速度曾达到了630公里/小时的真实空速，但总体表现比挂载227公斤炸弹时还是下降了不少。

试飞报告明确指出454公斤炸弹挂载方案可以服役，不过也对四叶螺旋桨和缩减了翼展的平尾提出了质疑，还有就是炸弹释放机构也有过一些问题。解决这些问题意味着"台风"战斗轰炸机的改进型服役日期要推迟到1944年4月，随后第143联队接收了第一架飞机。可以使用两种炸弹让任务规划者在目标选择上有了更大的灵活性。在安装了"暴风"上那种翼展更大的水平尾翼后，"台风"战斗轰炸机的性能和可靠性得到了进一步的提升，可以在俯冲中达到最高速度。改装平尾的试飞工作在1944年6月开展，最后确认"台风"的最高俯冲速度为725公里/小时。除了前面提到的几种常规炸弹外，"台风"在从皇家空军退役之前，还使用过一种反人员的炸弹，重235公斤，内含26枚9公斤子弹药。

"台风"在证明了自己可以作为战斗轰炸机之后，空军参谋部理所当然地会进一步努力去拓展其对地能力，随后给"台风"配备的标准武器就是火箭弹。英国空军使用翼下火箭发射装置一开始是福特霍尔斯德特发射装置开发公司的研究成果，1940年该公司搬到威尔士的阿伯波斯，然后跟火箭研究公司合作。两个公司一起搞出了第一批火箭弹样品，然后在1942年首次投入实战，当时是挂载在费尔雷"剑鱼"攻击机的下机翼下。1943年实验成功之后就生产了一批样品送到中东去给"飓风"中队试用，其主要任务是为蒙哥马利

装备了火箭发射架，改装了"暴风"尾翼，并换上了4叶螺旋桨的"台风"ⅠB，注意翼下尚未涂登陆日识别涂装。

一开始，英国地面部队装备的反坦克武器和坦克炮都不能给他们的对手——德国非洲军团的主力坦克造成有效威胁，而Mark 1型翼下发射架和配套的火箭弹对付德军IV坦克十分有效，但是对拥有100毫米装甲的新锐"虎"坦克却收效甚微，甚至是毫无效果。航空部对这个结果态度复杂，他们对火箭弹早期取得的效果很满意，但是在对付重型"虎"式坦克方面因为没有成功而感到失望。航空部希望这种武器能够成为解决坦克问题的万能良药，于是要求刚刚开足马力的生产线都停产火箭发动机，直到专家们找到改进战斗部的性能的方法之后才重新开工。

这时候英国海军报告认为福特霍尔斯德特公司开发的火箭弹在实战中没什么效果，在反舰船作战中，11公斤高爆炸药战斗部只能对船只水线以上部位造成表面伤害。海军表示对这种武器很失望，他们的理想是火箭弹能够穿透船的外壳后再爆炸。在政界，这些失败的武器都遭到了幸灾乐祸般的对待——高级官员为了显示自己的"智慧"而质疑对这些"新流行武器"花费的金钱和投入的时间。但主导该武器发展结果的并不是火箭研究专家和政客，而是在北非沙漠中的一个英军榴弹炮营的实战经验。炮兵们发现他们打出的薄弹壁的高爆炮弹炸毁了一些"虎"式坦克的履带和炮塔，就靠简单粗暴的爆炸威力，而非穿透其装甲，一样可以令坦克失去战斗力。

根据这个经验，科学家们后来又试验了一种经过改良，类似榴弹炮弹的火箭弹弹头，只不过火箭弹的战斗部增加了一个硬化钢和钨的被帽，可以让战斗部穿透坦克的装甲然后在内部爆炸，而且新战斗部可以使用原来的76.2毫米口径火箭驱动。为了测试这种新型火箭弹，福特霍尔斯德特公司把新老两种战斗部，一起送到了位于阿伯波斯的火箭研究公司试验部门进行实弹实验。实验不但取得了成功，还显示了这种新型火箭弹可以兼容现有的火箭发射导轨。随后新型火箭弹的样品被立刻送到中东的"飓风"中队手中，然后在对波斯坎比城进攻的时候投入了实战。所有样品火箭弹在发射后发射架都没有出现问题，而且新型火箭弹可以有效击毁"虎"式坦克。飞行员报告指出的唯一问题就是27公斤战斗部火箭弹的下坠趋势要比11公斤战斗部的要严重得多，不利于精确瞄准，在295米的距离上，11公斤战斗部下坠约为12

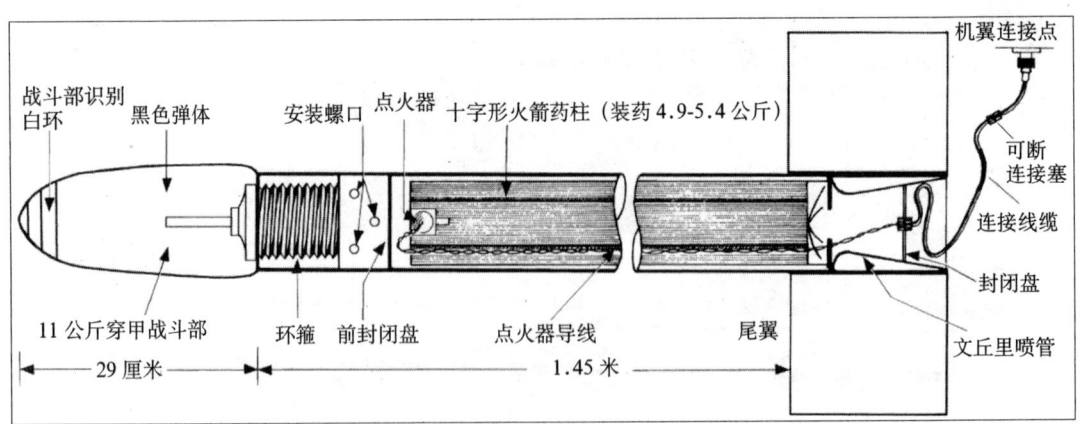

英国空军和海军最初装备的11公斤战斗部火箭弹结构图，虽然很好用，但有威力不足的情况。

米，而27公斤战斗部则达到了27米。

为了解决这个问题，一名军械军士制作了一个根据距离切换标准器的装置，虽然不是很完美，但也能满足正常使用，后来生产瞄准具的厂家专门给瞄准具加上了这个功能。27公斤战斗部火箭弹的成功意味着皇家空军绝大部分大口径机炮吊舱都要退休了，除了维克斯公司的S型40毫米机炮吊舱还继续在中东使用，因为那里的德军装备的"虎"式坦克并不多。1944年6月盟军在诺曼底登陆后，第二战术空军装备火箭弹的"台风"在莫尔坦给了德国装甲部队以重创。

在27公斤高爆战斗部的基础上，空军又开发了一系列功能齐全的战斗部，比如27公斤白磷战斗部，专门用于纵火；18公斤反装甲战斗部，可以有效击穿德国的重型坦克；18公斤反人员战斗部，在头部有一个小螺旋桨，在火箭弹发射之后，迎风气流会吹动螺旋桨转动，释放出一根90厘米长的探杆。探杆前端会首先撞击地面，让火箭弹战斗部在空中引爆，达到最佳爆炸效果。

在火箭弹发展的同时，发射器也在进行改进。最早的Mk Ⅰ型发射器就是四根切割钢管并联在一起，装在机翼下

一块防护钢板下面。火箭弹用两个挂钩挂在导轨上，导轨上有一条电线连接火箭发动机，连接点在线装无烟火药电路前面，发射使用座舱里的一个面板，上面安装着总开关，两个齐射开关和一个发射按钮。早期的电路因为设计上不够安全，会导致火箭弹在地面上点火。这个问题后来通过在机翼下面安装了并联插座解决，飞机起飞前由军械士把插

座插上，避免了在地面上点火的可能性。

随着火箭弹和发射器上小问题的解决，"台风"设计团队就开始正式着手解决武器瞄准的问题，新瞄准器要能兼顾火箭弹和机炮的瞄准需求。经过严格的审议和实验，他们在Mk Ⅱ型反射瞄准器被装上了一个可调节的反射屏，通过瞄准器基座前面的一个旋钮来调节，可以让飞行员在发射火箭

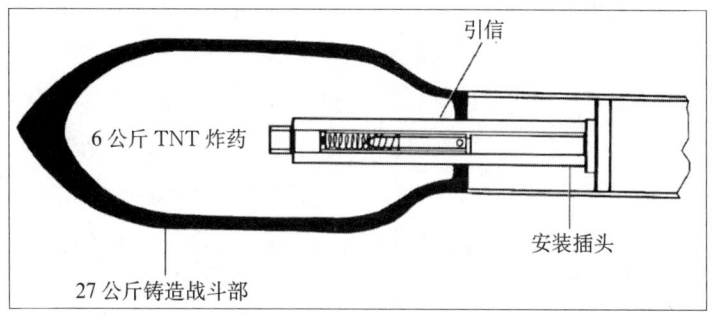

火箭弹战斗部结构图，外面是头部加强的铸铁，内装6公斤高爆炸药，一次齐射8枚，火力相当于巡洋舰的一次齐射，而且精度高很多。

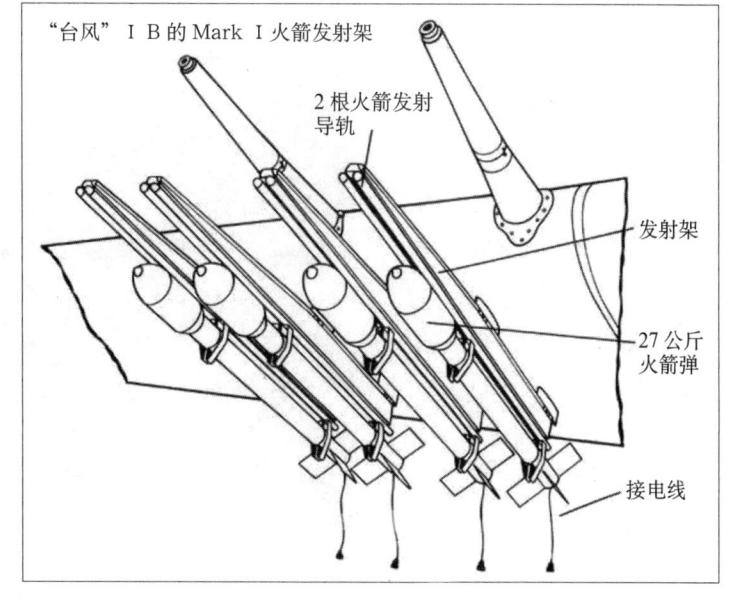

"台风"ⅠB上使用的Mrak Ⅰ火箭发射架。

弹时把瞄准基线朝下调5度，以便火箭弹的精确瞄准。

这样一来，火箭弹的瞄准比炸弹要容易得多，飞行员可以使用调节后的机炮瞄准器，根据飞机的俯冲角度，以及火箭弹发射后受到的重力影响来调整瞄准器的瞄准基线。一般来说火箭弹的发动机燃烧时间很短，在发射出去之后火箭只有2-3秒的燃烧时间，后面就要靠惯性飞行，弹道不可避免地要受到重力的影响。火箭弹的弹道则取决于其发射时的起始速度，如果火箭弹发射时的飞行速度是268米/秒，那么"台风"如果赋予火箭弹这个飞行速度，它自身的飞行速度也要达到321-643公里/小时。在平飞中，火箭弹弹药和导轨的重量，有时还有远程油箱，都会对飞机的气动性能造成很大的影响，导致飞机速度下降，但是重量的增加会让飞机的俯冲性能更加出色。"台风"的4门20毫米机炮如果齐射的话，后坐力会造成飞机速度下降约64公里/小时，这一点飞行员在使用机炮和火箭弹的组合时，也需注意。

1943年6月，霍克-西德利公司给编号为EK497的"台风"安装了一套Mark I火箭发射架，每侧机翼下可以挂载4枚火箭弹，在飞机·武器实验中心验证"台风"使用火箭弹的性能。

火箭弹的挂载和使用在飞机·武器实验中心和空战开发部队支持下被判断为成功，因此改装项目被立刻执行以尽可能快地改装尽可能多的飞机。跟飞机改装同步的还有训练飞行员如何使用这种新武器，他们需要学习用一种新方法通过瞄准器把火箭弹打到目标上去。首先装备这种新式武器的是第181中队，1943年10月接收了第一架使用火箭弹的"台风"。1944年6月6日诺曼底登陆开始的时候，第二战术空军已经部署了11个装备火箭弹的"台风"中队，还有7个"台风"战斗轰炸机中队在换装。

当了一段时间的试飞机后，EK497回到了第183中队服役；1945年1月在阿舍（德国中部城市）附近的Y29基地上空盘旋等待降落时，遭到了美国陆航的P-51"野马"误击被击落。

在明确了火箭弹可以安装在"台风"上并使用之后，霍克-西德利公司对飞机改进的注意力就转移到了火箭弹发射架上来了。最早的Mark I发射架是用钢制成的，自身重量就达到了180公斤。这个重量不但使"台风"的飞行性能受到了影响，也加大了地勤的工作难度，因此很快对火箭弹发射架进行了重新设计。其结果就是铝合金制造的Mark Ⅲ发射架，

"双重3"号连接器，可以让"台风"的火箭弹载荷提高一倍，火力大大增强。

重量降低到了110公斤，这就是著名的"零长"发射架，一直在皇家空军服役到50年代中期。该发射架1944年中进行了试飞，然后在12月份进入第二战术空军前线中队服役。减重带来的另外一个好处就是飞机在挂载火箭弹的条件下的最大速度提升了24公里/小时。

在采用轻量化火箭发射架后，为了增强"台风"的可用火力，又进行了双排火箭发射架的试飞。设计人员开发了"双重2"号连接器，通过上下并排布置的方式，增加了8枚火箭弹的挂载量。这种火箭弹发射架一开始只能进行序列发射，为了有更大的灵活性，"双重3号"连接器可以进行单发发射或者是齐射。第一架装备双重火箭发射器的是编号为MN861的"台风"，1944年8月在博斯坎普城被移交给飞机·武器实验中心进行评估。

试飞报告显示挂载了"双重3"号的飞机的操纵品质令人满意，水平尾翼也能经得起725公里/小时的俯冲指示空速。MN861从草地上的起飞性能也令人满意，不过起飞距离要长一些。随后，空战开发部队对"双重3"号挂架进行进一步的评估，在威特灵使用编号为EK290"台风"进行试飞，但在他们的报告中，飞机的起飞和降落距离比飞机·武器实验中心的报告中显示的要长，爬升率也比较迟缓，最大直线平飞速度也降低到了500公里/小时。此外，这种发射系统有一个小问题，就是下面那排火箭弹在齐射时有些飞机会横向翻滚，且机头有下沉的倾向。不过后来通过对火控系统的改进，让火箭弹可以单发发射，把这个问题降低到了可以接受的程度。"台风"在挂载这种复合挂架时只要不进行剧烈机动就可以飞到627公里/小时的指示空速。在对两份报告进行权衡之后，第二战术空军显得有点太谨小慎微了，决定不在常规行动中使用这种双排挂架，不过有些前线飞机已经装上了这种双排发射架用来对付特殊目标。

皇家空军针对火箭弹专门开发了与其相对应的战术。"台风"飞行员，比利时人拉勒曼特（Lallemant）对战术的发展做出了卓越的贡献。他最喜欢的目标就是坦克，关于移动目标他有一套自己的心得：

关键是跟踪坦克，然后在它们进行隐蔽之前干掉它们。当它们没有隐蔽的时候，俯冲轰炸是最好的方式，但并不是所有的飞行员都能够把他们的飞机飞到合适的位置上，因为攻击坦克需要的俯冲角度比其他目标要更陡峭，让很多飞行员不能有效把握。

拉勒曼特的方法就是做一个滚筒进入垂直俯冲：如果飞机姿态没有达到垂直的话，飞行员就会感受到重力的拉力，在垂直俯冲中则完全感受不到。这实际上是飞行条例严格禁止的动作，但拉勒曼特却能使用这种方法有效的攻击坦克，因为可以用火箭弹攻击坦克装甲最薄弱的顶部。

如果垂直或者是近似垂直俯冲的攻击没条件进行的话，飞行员就会小角度俯冲到90-150米的高度上，然后在约450米距离上发射火箭弹，之后立刻爬升4-5秒，以获得高度避开火箭弹爆炸造成的破片。

在常规武器实验成功之后，空战开发部队开始在1944年末进行凝固汽油弹试飞。第一次投放试飞是在霍尔比奇上空进行的，然后在科里韦斯顿对战壕和碉堡类目标进行了实弹攻击。"野马"和"台风"

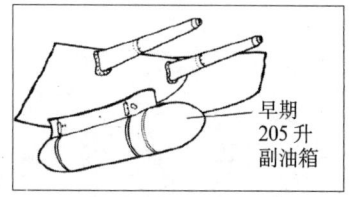

"台风"的早期副油箱，并没有进行空气动力学优化，整体呈圆筒状。

都参加了这次试验，它们使用的凝固汽油弹都是由专用可抛弃式副油箱改装的。相比后来美军在越南战争中使用的凝固汽油弹，英国人在1944年进行测试的凝固汽油弹还相当粗糙，只是在副油箱里装上胶化剂燃油，然后用白磷弹点燃。

凝固汽油弹的第一阶段试飞在1945年1月完成，总体来说试飞结果令人失望，因为油箱里的胶化剂太少了，燃油的附着性小，而且泼洒范围过大。为了增强杀伤效果，英国人专门制造了可以装454公斤汽油和胶化剂的新型凝固汽油弹。但是这种新型凝固汽油弹在针对有生目标的实战实验中效果还是欠佳，在第一轮攻击中油箱根本没有被点燃。第二轮成果要好得多，目标被完全摧毁。第三次攻击试验是在1945年4月12日进行的，这一次皇家空军出动了8架"台风"，使用凝固汽油弹攻击了位于安亨（荷兰东部城市）的一个目标，取得了圆满成功，为了保险起见，英国人后面还跟进了一波常规炸弹攻击。凝固汽油弹并没有在英国空军中大规模使用，不过也一直用到了1946年初才退出现役。

改造成凝固汽油炸弹只能说是副油箱的"副业"，"台风"的翼下副油箱主要还是用来拓展航程，每个可以装205升燃油，是从"飓风"副油箱发展而来的。1942年12月，编号为R8762的"台风"被用来做副油箱试飞。在没有副油箱的情况下"台风"的航程为1100公里左右，具体情况取决于飞机携带的武器、发动机油门设置和高度。在使用副油箱时，台风的航程增大了约50%，在试飞中R8762的航程在1500米的高度上达到了2000公里，当然这是副油箱空了就马上抛弃表现出来的性能。

在完成常规的副油箱试飞之后，R8762又进行了一侧机翼挂一枚227公斤炸弹、一侧机翼挂副油箱的试飞。顺利完成之后，又进行了只挂载一枚227公斤炸弹的试飞。这些试飞的目的主要是看在不同的挂载条件下垂尾的方向配平表现，然后把配平需要的必要数据传递给前线飞行员。副油箱设计定型之后，新造的飞机在出厂时就安装了副油箱，已经服役的也尽快进行了改装。航程的增加可以让"台风"去法国、荷兰和德国上空狩猎，攻击规划好的目标，或者是自由攻击随机出现的目标。

在逐步拓展"台风"的战斗能力的同时，皇家空军对其作为战斗侦察机的潜力也进

前向视角的"台风"FR.1B，两翼外侧的机炮得以保留，左翼内侧机炮移除，安装垂直方向照相机，右翼安装的则是前向照相机。

行了调查。当时空军执行侦察任务的飞机主要是使用"埃里森"发动机的"野马"Ⅰ：这种飞机在战斗中被认为性能不足，但是它的速度很快，在侦察行动上有很大的优势。在"野马"Ⅰ之后进入英国空军服役的侦察机是"野马"Ⅲ，使用帕德卡生产的"梅林"发动机。由于轰炸机司令部对远程护航的要求压力太大，"野马"Ⅲ全部从侦察任务中抽调出来去为轰炸机护航。这就让性能已经逐渐落后的"野马"Ⅰ独挑侦察任务的大梁——不断的损耗导致这种飞机的数量越来越少，而且没有新飞机来替代它们。

因此航空部决定为"野马"Ⅰ找一个合适的替代者。第一架被改装成侦察机的是编号为JR207的"台风"，1944年1月在第400中队进行了试飞。试飞报告显示"台风"是非常胜任侦察任务的，因此英国航空部给霍克-西德利公司下了200架侦察型"台风"的订单，编号"台风"FR.1B。该型机装备35厘米和13厘米长焦照相机，安装在左翼内侧机炮仓内。第一架正式转变成侦察机的是编号为MN315的"台风"，1944年2月成为了生产型原型机。侦察型"台风"主要从那些积压在全国各地生产商手中没有发动机的飞机机体中去改装。然而在"台风"FR.1B进入第二战术空军服役时，部队认为对地攻击机的优先权更高，因此先装备了经过改装的"喷火"Ⅺ和使用"狮鹫"发动机的"喷火"Ⅳ来执行侦察任务。这样一来，"台风"FR.1B一直到1944年7月才开始在实战中部署，第268中队接收了第一批飞机。

在服役过程中，皇家空军又认为侦察型"台风"跟"野马"Ⅰ相比不太适合执行侦察任务。对这两种飞机进行比较后，空军认为"台风"的缺点更明显一些。"台风"在合理的高度上是一个优秀的对地攻击平台，但是在低空高速飞行中，它的稳定性和机动性都比不上"野马"Ⅰ。再加上飞机在低空飞行时的抖震，导致"台风"用垂直照相机拍出来的照片经常模糊无法识别，如果使用机炮就更明显了。此外，"台风"机炮开火造成的烟雾还会遮挡水平照相机的镜头。因此到1944年年底，所有

换了新机翼的"台风"HM595，也就是后来的"暴风"原型机。

的侦察型"台风"都被"野马"Ⅱ取代。只有少量"台风"FR.1B还留在现役作为攻击后战果检验拍摄机使用，而且他们原来的照相机也换成了一具跟瞄准器装在一起的F.24型单长焦镜头照相机。相比使用垂直照相的"台风"，这种跟瞄准器同轴的照相机很成功，拍到了大量精彩的战斗照片。

在"台风"实验挂载各种常规武器的同时，也进行了其他一些翼下挂载物的实验。1944年初，编号为JR307的"台风"装上了M.10发烟罐，由飞机·武器实验中心在博斯坎普城进行了试飞。在试飞中"台风"成功地释放并拉出了具有实战效果的烟幕，因此当时推论认为一个中队的"台风"可以在诺曼底登陆时制造出一条浓密的烟雾带来隐藏盟军庞大登陆舰队的动向。但不幸的是1944年3月26日JR307在一次改出高速俯冲时损坏，残骸坠落在多赛特的克里切尔当附近。后来盟军决定使用"波士顿"轰炸机来执行这个任务，而战斗机则被要求执行更具侵略性的任务。

"台风"经常会执行一种不发生战斗但很有必要的任务，那就是向德国占领区空投传单，劝说德国军队投降，这种行动始于1944年8月。8个月后，"台风"又执行了对敌后活动SAS部队的直接支援任务。"台风"的火力猛烈而且速度很快，圆满地完成了任务。另外一个绝对必要的任务就是把啤酒桶挂在炸弹挂架上空运到前线给飞行员们喝，还有一些"喷火"也执行过这些任务。虽然使用金属桶导致啤酒有一股金属味儿，但还是空前受欢迎。飞机·武器实验中心在"台风"上试飞过的其他一些武器包括烟雾弹、Mk Ⅲ型地雷和训练弹等，其中训练弹被"台风"训练部队所采用，每侧机翼下可以挂载4枚。

除了丰富的翼下挂载之外，"台风"还有特殊改装型，被位于莫尔文的远程通信研究单位当做科研平台使用，

这架"台风"机翼下面挂的不是武器，而是补给品。这种补给桶外面是软的，可以防冲击，主要为敌后活动的SAS特种部队和抵抗组织空投补给用。

项目代号"阿卜杜拉"。这个奇怪名字的项目是要研发一种雷达定位设备，用来定位德国的"维尔兹堡"雷达发射机。1944年4月这种设备进行了实验，经过适当改装的"台风"在战斗机截击部队的飞行员驾驶下成功地捕捉到了"维尔兹堡"雷达信号。实验表明"阿卜杜拉"探测器可以在80公里的距离上探测到雷达发射机信号，这样就可以在海面上找一条合适的接近目标航线。只有几架"台风"被改装用于执行这种任务，然后被用来攻击德国的海岸雷达站，为其他飞机安全进入欧洲创造条件。为了有效地使用这些飞机，皇家空军还专门成立了第1320飞行队，飞行员全部从战斗机截击部队中抽调。

"台风"还有一种子型号只是提出了方案，那就是"海台风"，跟它的前辈们一样。霍克-西德利公司根据海军部N.11/40标书拿出了"海台风"方案，使用一台功率为2140匹马力的"军刀"Ⅱ型发动机。可折叠机翼，着舰尾钩都是"海台风"的标准装备，但是P.1009保留了视野不佳的框架式座舱盖。虽然机翼结构因为改成了可折叠式，发生了很大的变化，但武器是跟"台风"ⅠB一样，还是4门20毫米西斯帕诺机炮。襟翼被设计分为6片，主起落架向外稍微移动了一点，而且比陆基型号更长，也更坚固，以适应航母降落冲击的需要，此外机翼油箱要被移到翼根处。然而所有这些工作都是徒劳的，因为经费原因和实际战场需求，海军部决定继续使用更便宜，性能够用的"海飓风"，并没有采购"海台风"的打算。

## "暴风"的潜力挖掘

虽然"暴风"的机翼跟"台风"不一样，但是它可以携带"台风"使用的所有武器而没有任何麻烦。1944年中，霍克-西德利公司和飞机·武器实验中心同时对"暴风"进行了试飞，用同一架飞机试飞了"台风"使用的所有武器。在机翼下的炸弹挂架让"暴风"的最大速度降低了不到16公里/小时，不过挂两枚227公斤常规炸弹的话，会让速度降低至少50公里/小时，视高度而定，符合预期表现。当轻量化的Mark Ⅲ型火箭弹挂架安装上之后，最大速度降低了25公里/小时，再加上27公斤战斗部火箭弹后，速度会进一步降低，最大速度会降低约34公里/小时。

外挂武器让最大速度降

在飞机·武器实验中心担任武器试飞任务的"暴风"Ⅴ SN219，后来被翻新改造为拖靶机，一直服役到1955年11月。

低是唯一的不良影响,对操纵性能并没有什么影响。此外,"暴风"在战后还进行了454公斤常规炸弹的挂载实验和新型火箭弹发射架实验,1946年初正式装备部队。

在"暴风"上实验过的其他武器还有维克斯公司的P机炮吊舱,是S机炮的改进型,在1943年北非沙漠的对地攻击和反坦克任务中取得了一定的成功。虽然实验取得了成功,但是皇家空军更倾向于使用火箭弹去执行对地攻击任务,而非翼下机炮吊舱,因此并没有装备。

由于战后"暴风"有大量剩余,因此很多飞机被生产商拉出来作为实验平台使用。其中纳皮尔公司搞了两架"暴风"V,编号分别是EJ518和

"暴风"维克斯公司P机炮吊舱验证机,翼下挂载2门47毫米机炮,用于反装甲任务,但实践证明火箭弹效果更好,因此被放弃。

装有环形散热器的"暴风"V NV768,把散热器从机头下方移到了螺旋桨前面,但未能在服役的飞机上使用。

NV768,来进行发动机实验。其中NV768换上了"军刀"V发动机,然后安装了一个巨大的导管式螺旋桨整流罩,在螺旋叶片前面有一个进气道,替代了原来的下颌式散热器。试飞结果很成功,但没有进一步的发展,因为这个想法被皇家空军认为对常规服役使用来说太激进了。

"暴风"还有一种发展型P.1027,但它从未走下绘图板。这种"暴风"使用罗-罗公司"鹰"46式发动机,功率2690匹马力,搭配六叶恒速螺旋桨使用;散热器被移到了机身腹部,跟P-51"野马"差不多。

只有一种"暴风"的衍生型号最后飞上了天,那就是"暴风"的轻量化战斗机,为航空部F.2/43标书开发的。这个型号通过降低全宽中心截面降低了翼展;为了配合新机

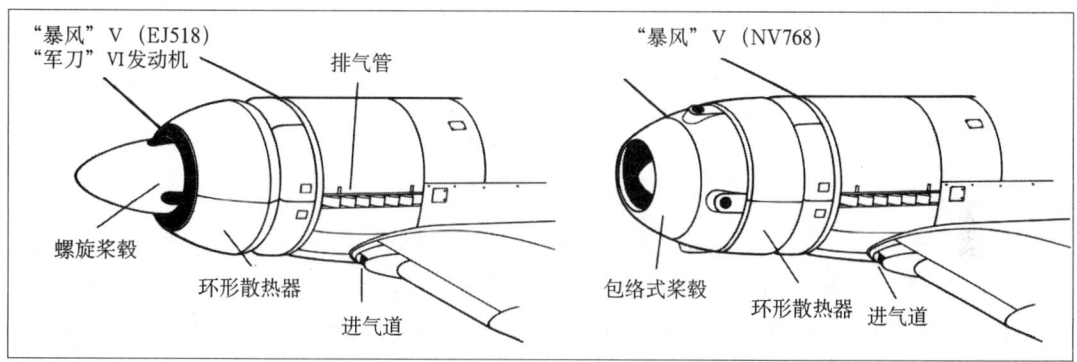

使用环形散热器的"暴风"V有2架,分别是普通结构和包络式结构。

"狂怒"战斗机,是"暴风"的改进型,进一步改进了机翼,机身制造技术也进行了改进,有效地降低了飞机重量,提升了高空性能,但随着喷气式时代的开始,这种末代活塞发动机战斗机并没有得到皇家空军的青睐。

翼，霍克-西德利公司又做了一个新的硬壳式机身。这种新式战斗机的发动机是在纳皮尔公司的"军刀"，罗-罗公司的"狮鹫"和布里斯托尔公司的"半人马座"中优选的。最终，经过大量的试飞和种种磨难后，这种飞机投产，就是霍克-西德利公司的"狂怒"和"海狂怒"战斗机。"海狂怒"最终被皇家海军采购，而"狂怒"主要用于出口，空军则拒绝购买，因为它手头上已经有足够的"暴风"可用。

过剩的"暴风"由第5和第20地勤部队分别在肯布尔和阿斯顿建立起库存。两地的库存都是从前线退役的"暴风"V，"暴风"II则留下继续使用。1947年皇家空军开始计划用新飞机来替代米尔斯-马丁内特靶机拖曳机。虽然这种飞机在战争中表现卓越，但是在战后却因为最大速度过低而失宠，因为喷气式飞机的服役，飞机的速度提升了一个很大的台阶，而且防空武器也有了更好的雷达引导，所以需要速度更快的拖靶机来满足训练需要。

"暴风"V在战后被视为高速拖靶机的理想的解决方案，因此霍克-西德利公司翻新了编号为SN329的"暴风"。这架飞机装上了目标拖靶设备，并赋予了"暴风"TT.5的新编号，在位于比利的皇家空军试验基地进行了评估，这个基地是专门用来试飞所有拖靶设备的，甚至包括滑翔机拖曳设备。拖靶机的试飞工作在1948年进行，一直持续到1949年，然后这架TT.5被转到飞机·武器实验中心进行评估和服役前试飞。在这个过程中对拖靶设备进行了轻微的改进，SN329在1950年正式服役。

为了满足空军对拖靶设备的需求，一共有80架"暴风"从地勤部队移交给霍克-西德利公司在兰利的工厂，改进到TT.5的标准；这个工作一直到1952年才完成。TT.5的这个特殊型号在空军的服役时间也不长，最后一架1955年7月从驻伯恩利的第233行动换装部队退役。

# 第六章 初露锋芒

## 艰难的开局

1941年初,随着德国空军的Fw 190战机出现在战场上,英国空军在前线对高速战斗机的需求日益迫切。Fw 190的最大速度可以达到657公里/小时,装备有2挺13毫米口径机枪加4门20毫米机炮,或者是2门20毫米机炮加2门30毫米机炮,其速度和火力不仅对"喷火"V形成了优势,也压倒了当时盟军任何一种现役战斗机。Fw 190不但速度快、体型很小,在空战中很难被打中,而且低空性能也非常棒。凭借自己优良的低空高速性能和高达1吨的载弹量,德国空军开始使用Fw 190对盟军执行"打了就跑"的掠袭作战,形成了巨大的威胁。为了扭转这种局势,皇家空军决定批量装备性能虽然不是令人很满意但在低空可以跟Fw 190对抗的"台风",与此同时加快了"喷火"的改进,把性能尚不稳定的"喷火"Ⅸ也匆忙投入了使用。"台风"的早期服役生涯,实际上是作为低空截击战

Fw 190在1941年初出现在战场上的时候,给盟军造成了不小的压力,在"喷火"Ⅸ和其他盟军新型战斗机投入使用前,甚至出现了短暂"Fw 190危机"现象,不过好在希特勒当时已经把重心投向了东方,在英吉利海峡部署的Fw 190并不多。

在装备过"台风"的部队中，有一些中队是有着英国空军最纯正血统的，在皇家飞行团时代就存在，也有一些是战争爆发前新组建的。从1936年起，轴心国开始大规模扩张空军，让皇家空军嗅到了一丝战争即将爆发的紧张气味，于是也开始相应地扩充自己的规模，新建或者是重建了大量的战斗机中队。比如第80中队在两次世界大战之间被解散，但是在1937年从第17中队抽调一个分队，并以此为基础重建。其他装备过"台风"的中队也大都是在1941-1943年间重建或者新组建的。

装备过"台风"的皇家空军战斗机中队有：第1、3、4、56、137、164、168、174、175、181、182、13、184、186、193、195、197、198、245、247、257、263、266（罗德西亚，也就是现在的津巴布韦）、268、438（加拿大）、439（加拿大）、440（加拿大）、485（新西兰）、486（新西兰）和609（西区）中队。其中前6个中队都是参加过第一次世界大战的老牌战斗机飞行中队。

驻达克斯福德的第56中队被选中成为第一个装备"台风"的中队。航空部之所以做出这样的选择是因为其驻地是草地机场，而"台风"在试飞中体现出了刹车不足的问题，草地机场可以降低飞机降落滑行的速度距离，比硬化地面机场要安全得多。不过，虽然航空部考虑周全，但还是有很多由刹车和发动机造成的问题在等着第56中队去处理。

第56中队换装"台风"的时候，中队长是P.P.汉克斯（P.P.Hanks）。他指挥中队从"喷火"ⅤB换装"蒂菲"（飞行员们给"台风"起的昵称），第一架"台风"ⅠA于1941年9月份抵达中队，10月底满编。1941年12月，他把中队指挥权移交给了新任中队H.邓达斯（王牌飞行员，总战绩11架）。邓达斯一开始还因为自己指挥的第56中队是第一个接收当时盟军阵容中速度最

1942年第56中队新装备的"台风"ⅠB编队飞行。

邓达斯瘦削、尖鼻子,看起来完全不像个冷静的空中杀手。1940-1941年间他在第616中队就已经取得了成功,在经历了"台风"中队的成功后,他又被调到地中海,提升为第324联队的联队长。他的最终战绩为击落4架,合作击落6架,合作可能击落2架,击伤2架,合作击伤1架。

快战斗机的中队而欢呼雀跃,但是不久之后整个就因为"台风"频繁的事故陷入了沮丧和恐慌之中。

汉克斯被提升去指挥达克斯福德联队(此时皇家空军联队驻地是固定的,因此联队名称也以驻地命名),不过他并没有在那个位置上待很长时间,1942年2月,他又被调到了柯提肖,几个月后调到马耳他指挥卢加联队,在那他拿到了自己飞行员生涯中的最终战绩,他的总战绩为击落敌机13架、合作击落1架,可能击落3架,击伤6架。

由于纳皮尔公司的"军刀"发动机的开发过程太过匆忙草率,还有很多问题没有解决就投入了量产,因此在实际使用中经常会产生致命的严重后果。第56中队遇到的第一个问题就是发动机启动不良。接着就是发动机运行的时候,润滑/冷却油温度经常上升到警戒线以上。座舱内部温度也是,由于隔热不好,飞行员在座舱里甚至都有一种被炙烤的感觉。这些致命问题的原因有些很难确定,但最终可以总结为三大缺陷:

第一大缺陷是因为发动机隔板密封不严,座舱会渗入一氧化碳,这会导致飞行员昏迷,最终导致机毁人亡。解决方案就是飞行员一进入座舱,就马上戴上氧气面罩。

J.F.戴克(J.F.Deck)少尉就是一氧化碳中毒的第一个牺牲者,1941年11月1日,他驾驶编号为R7259的"台风"在试飞中失控俯冲坠地,在距离达克斯福特空军基地64公里处机毁人亡,这也是"台风"服役后的第一起严重事故。验尸报告显示戴克在飞机坠毁之前已经一氧化碳中毒,失去意识。

这次事故还带有一定的离奇色彩。这是一次常规试飞任务,本来应该由时任达克斯福德联队的联队长R.S.塔克(R.S.Tuck)来执行,原计划是他驾驶"台风"在机场1.6公里范围内飞行,但不知道谁打过来的一通电话耽误了联队长的时间,于是他让戴克代替他执行任务,塔克处理完电话后就和其他人在地面上观察R7259的试飞表现。因为这通电话,塔克逃过一劫。他的运

塔克1940年10月在"飓风"座舱中的照片,当时他已经是第257中队的中队长。他身上似乎有一种如有神助的幸运。

气还不止于此。有天傍晚,他正在和朋友在一家酒馆喝酒,但塔克因为一个未知原因提前走了。他离开酒馆实际上是一场灾难的预兆,因为过了没多久,德国飞机投下的炸弹落在了那家酒馆里,炸死了刚刚还在跟他一起喝酒的朋友。此外,1938年他还在空中与其他飞机相撞,但侥幸活了下来。三次死里逃生让塔克的服役生涯极具戏剧色彩,不过他并没有在战争中延续自己的"幸运",1941年10月末,塔克和另外5名飞行员被送到美国,去训练美国陆航的飞行员们如何在战斗中驾驶战斗机,从此之后就没有参加过前线战斗。

第二大缺陷是发动机经常无缘无故地熄火停转,导致飞机坠毁。调查显示发动机的套筒滑阀经常会卡住,导致汽缸爆缸。发生这种情况之后飞行员只有不到1分钟的时间去跳伞或者是进行水上迫降。这两种情况对飞行员的生命安全都会造成巨大的威胁,尤其是水上迫降,飞机在接触水面后,大量的空气在非常短的时间里被快速降落的飞机带入到海水之中,会"拍"出一个大坑,再加上水平速度,飞机实际上是在水平面以下滑行,然后随着飞机速度很快被海水阻力耗尽,四周的海水会很快涌进来将飞机淹没,飞机会很快吸饱海水,像高速电梯一样下沉。

因此,"台风"的海上迫降对于飞行员而言,就是九死一生。不过,第56中队有一名挪威籍飞行员,叫E.哈布约恩(E.Haabjorn),在英吉利海峡有过三次水上迫降经历,都活了下来。他一直飞"台风",在战争结束时已经升任第124联队的联队长。但有点讽刺意味的是,哈布约恩在战后死于一次普普通通的航班事故。战争中数次死里逃生的英雄,却以这种方式死去,确实让人不胜唏嘘。"台风"在陆地上迫降相对而言情况要好得多,因为"台风"的结构强度还是很不错的,能够有效地保护飞行员的安全。

1942年4月1日,哈布约恩跟中队宠物狗在飞机座舱里的合影。他后来担任了第124联队的联队长,荣获优异飞行十字勋章和优异服役勋章。1953年死于加拿大飞往格林兰的航班空难。

最后一个缺陷,就是前面提到的机尾在飞行时有解体的趋势,发现的时候已经造成了数起机毁人亡事故。"台风"这三大缺陷,一共造成了至少26名飞行员丧生。

"台风"最让人失望的还不止于此,它最不能让飞行员们接受的缺陷是速度表现和5500米高度以上爬升性能不佳,此外它的最大速度比航空部的期望低了80公里/小时。

1942年1月,第266中队把"喷火"ⅤB换装了"台风"ⅠA,4月份第609中队也把自己的"喷火"ⅤB换成了性能更好同时也麻烦不断的"台风"。此时达克斯福德联队的3个中队全部完成"台风"的换装,联队长在塔克远赴美国后,由D.E.吉拉姆(D.E.Gillam)接任,他也是王牌飞行员,曾击落过7架敌机,合作击落1架。吉拉姆绝大部分战绩都是不列颠之战期间在第616中队取得的,不列颠之战结束后他先后历任装备"飓风"的第312和615中队的中队长。吉拉姆接手达克斯福德联队时,已经有杰出服役勋章和优异飞行十字勋章加身,是个果决而且很有能力的领导者。皇家空军编队战术的革新者巴德尔对他评价颇高,将它形容为"无与伦比的低空攻击

里奇在战后著有《战斗机飞行员》（Fighter Pilot）一书，跟邓达斯一样，他在飞"台风"后没能进一步给自己增添战绩，但为"台风"部队的良好运转贡献良多。他的最终战绩为击落10架，合作击落1架，未确认击落1架，可能击落1架，合作可能击落1架，击伤6架。

技术大师"。

此外第609中队的中队长P.里奇（P.Richey），也是王牌飞行员，早在法国战役期间就成名，击落10架敌机，合作击落1架。

1941年5月份，"台风"部队开始执行战斗任务，5月28日，第226中队被命令紧急起飞，去截击来袭目标——最后发现是1架"喷火"。除了上述"台风"的三大缺陷造成的损失外，达克斯福德联队在日常飞行训练任务中没发生什么大的问题，但有个严重的问题一直困扰着达克斯福德联队，那就是识别和误击。

在"台风"部队紧张地进行训练时，速度快而且很难被击落的德军Fw 190和Bf 109正在对英格兰南部的民用和军事目标进行随机性的低空掠袭行动。皇家空军当时装备的"喷火"ⅤB根本抓不住它们，于是1942年5月30日，第56中队的8架"台风"被分派出去，4架派往坦米尔，4架跟第266和第609中队一起被派往曼斯顿，希望能够拦截德国空军第2和第26战斗机联队派出执行低空掠袭任务的战斗机。"台风"在日常巡逻中并没有跟敌人有接触，反倒是6月1日第56中队的"台风"被"喷火"击落了2架，分别是R7678号机，飞行员R.H.多戈（R.H.Duego）少尉，和R8199机，飞行员K.M.斯图尔特-特纳（K.M.Stuart-Turner）军士。"喷火"飞行员误将他们识别为Fw 190，并造成斯图尔特-特纳死亡，多戈受重伤。这种识别错误在后来一直会困扰着"台风"，直至战争结束，因为"台风"的侧面轮廓和正面投影跟Fw 190看起来实在是太像了，但事实上"台风"的尺寸要比Fw 190大得多，而且还有一个非常明显的下颌散热器。第266中队和第609中队跟其他"喷火"中队在法国北部执行扫荡任务时，也遇到过类似的错误识别并遭到误击情况。

事后第56中队分派出去的"台风"全部都返回了施内维尔（3月份以后第56中队的驻地），然后开始跟驻达克斯福的其他"台风"中队一起行

第二个接收麻烦不断的新型战斗机"台风"的部队就是第266（罗德西亚）中队，当时的中队长是C.格林（C.Green）。这是他在座机ZH-G（R7686使用到1942年9月，然后换成R7915到1943年2月，然后使用EJ924一直到1943年7月）的座舱里拍摄的照片。在离开部队后，他在日记中评价"台风"为"灵活的风筝"。

动。6月20日,达克斯福德联队首次大规模出动,执行扫荡任务,支援第193号"马戏团"行动。6月30日,灾难再次降临到第56中队,他们当时的任务是为"波士顿"轰炸机护航,去轰炸法国北部城市阿布维尔。哈布约恩上尉因为发动机故障不得不提前返航,结果在途中再次被其他中队的"喷火"误认为是Fw 190而惨遭击落,如前所述,幸运的是哈布约恩没死,而且在诺曼底战役期间还会有两次在英吉利海峡死里逃生的经历。

随着美国的参战,美国陆军航空兵的飞机也开始出现在天空中,对英国飞机不熟悉的美国飞行员更容易产生错误识别的现象。为了避免这些悲剧性的识别错误,英国人尝试为"台风"涂上显眼而且容易识别的涂装。首先机翼前缘和机头都被涂成白色,从1942年11月19日开始,在机翼下方涂上了黑色识别条。1942年12月5日开始,机翼下的黑色识别条换成了黑白相间,并且从翼根一直延伸到副翼尾端,机翼其他部分都是灰色,螺旋桨整流罩后半部分则涂成了天蓝色。1943年1月21日起,整个螺旋桨整流罩都涂成了天蓝色。1943年8月1日起,在机翼涂上了黄色的昼间战斗机识别条,从机炮处一直延伸到翼尖,覆盖范围是从机翼中线到机翼前缘。最后是1944年2月7日,"台风"恢复到正常昼间战斗机涂装。"台风"每次变更涂装,不但通知了盟军所有的战斗机部队,还通知了各指挥所、情报机关、轰炸机部队和地面防空部队,以避免任何出现误击的可能性。不过,虽然涂装在不断地完善,但在空战中发挥的作用有限,一直到战争快结束时还不断地有误击"台风"的事件出现。

虽然第一个"台风"联队经历了各种各样的问题,甚至因为各种各样的原因损失了8架飞机,但是"台风"的换装

"台风"从1942年12月5日开始使用的黑白相间条纹识别条。

"台风"联队驻曼斯顿时的吉祥物"联队长比尔",是一只倔强的山羊,P.E.劳少尉(P.E.Law)正在拉着它想让它走。

在1942年7月继续进行，驻阿克林顿的第1中队，驻高艾尔考的第257中队，以及驻威特的第486中队，在9月份完成全部换装任务，开始用新飞机投入行动。

1942年8月9日，"台风"终于取得了空战胜利。当日，第226中队的1架"台风"ⅠA和1架"台风"ⅠB在科默外96公里处的诺福克海岸的海面上超低空高速飞行，执行防空巡逻任务，分别由I.M.芒罗（I.M.Munro）和N.J.卢卡斯（N.J.Lucas）驾驶。1架飞机的高度只有约15米，负责拦截，另外一架的高速则在244米，负责搜索。

突然，他们在2点钟方位发现了1架飞机，飞行高度极低，而且距离只有约1.6公里远，正迎面快速向他们接近。双方已经没时间采取任何规避行动了，那架飞机从"台风"双机小队下方穿了过去，并被识别为1架Ju 88。2架"台风"立刻向反方向急转弯，然后油门推到最大开始奋力追赶目标。在超过2000匹马力发动机的拉动下，"台风"的空速表指针几乎转动了360度，因此追逐很快就结束了。

芒罗从Ju 88的尾部发动了攻击，而卢卡斯则向左转弯，从目标的侧后方进行攻击。两架"台风"都是在约540米的距离上开火的，一直打到180米才脱离。在4门西斯帕诺20毫米机炮和12挺7.62毫米机枪的交叉火力下，那架Ju 88被打得凌空爆炸，坠落在海中。这是"台风"在战斗中拿下的第一个战果，证明了高功率发动机和猛烈的火力可以形成致命的组合。

## 定位问题

装备"台风"的独立联队成立之后，如何妥善地使用"台风"战斗机部队，就成了让战斗机司令部头痛的事儿，因为它在5700米以上高度表现很差，因此不能作为高空掩护战斗机使用；失速速度很高，也不适合给轰炸机执行紧密护航任务。第56中队的中队长邓达斯提议，在"喷火"越过海峡执行扫荡任务时，可以带上6-12架"布伦海姆"轰炸机来迫使德国战斗机升空迎战，而"台风"战斗机则可以执行整个编队返航时的掩护任务，在编队尾部进行高速扫荡。这一提议得到了战斗机司令部的首肯；但是这个方案试了好几次之后，邓达斯在报告中写道：

……从来没有真正跟敌机交战过。我们按照计划执行自己的任务，但经常会遭到"喷火"的攻击。

然而在这些任务中，"台风"联队没有拦截到敌机，反而是三个中队都因为"友军火力"而遭到了伤亡。

此时，如何更加有效地使用"台风"也开始在观点上出现两极分化。地勤人员非常乐于看到这种飞机全部退役，因为他们要花费大量的时间和精力去保证"军刀"发动机能够正常工作，在当时的条件下，他们可以说是用尽了一切可以用的方法。此外，机尾断裂造成飞机坠毁的数量还在不断增加，但解决方案一直到1943年底才得以推广实施，在此之前事故率一直居高不下。"台风"上的各种问题让地勤人员头痛不已。

此外，因为不知道自己是否会因事故而丧生，一些飞行员甚至都希望"台风"退役了事，这极大地影响了士气。第266中队甚至威胁说如果"台风"不退役，他们就集体罢工。指挥官们的意见也不是很统一，吉拉姆支持继续传统的联队战术，邓达斯认为在大规模行动中"台风"还是能够发挥自己的作用的，而第609中队的中队长里奇则想开发"台风"在低空行动中

吉拉姆领导组建了第一个"台风"联队，后来又被调去指挥第146联队，因指挥攻击德国陆军司令部和其他重要目标而闻名。战争结束时，他已经荣获了2级优异服役勋章，1级优异飞行十字勋章和空军十字勋章。

的潜力。里奇的观点得到了战斗机司令部H.布罗德赫斯特（H.Broadhurst）上校的支持，然后达克斯福德联队就被拆散，分驻东部和南部海岸的几个关键位置，一边执行巡逻截击任务，一边探索新战术。

与此同时，新的"台风"中队也在换装中，第181和第182中队开始接收"台风"，而且经过改装可以执行战斗轰炸机任务。此时，"台风"的定位还不是很明朗。

1942年8月19日的迪耶普袭击战（Dieppe Ride），也就是"五十年节"（Operation Jubilee）行动中，"台风"证明了自己在空战中的价值。这次登陆战可以视为盟军对登陆欧洲大陆行动的一个小小的预演，但因为情报泄露而导致皇家空军损失惨重。登陆部队遭遇了德军的重火力打击，损失了68%的兵力，英国海军也损失了多艘舰船和大量人员。在战斗中，英国空军击落了德国25架轰炸机，击伤16架；击落德国战斗机23架，击伤16架。英国空军自身损失了18架轰炸机和88架战斗机，71名飞行员阵亡或失踪。"台风"联队在吉拉姆的领导下，执行战场北部和东部的扫荡任务，截击接近战场的敌方飞机。

当"台风"联队发现低空有德国轰炸机时，吉拉姆命令第56中队待在高空，掩护第266和609中队俯冲下去跟敌机交战。邓达斯指挥的第56中队在高空遭到了德国战斗机的俯冲攻击（但同时德国战斗机也遭到了"喷火"的攻击），当第56中队的"台风"转向敌机的时候，德国战斗机已经脱

迪耶普滩头惨烈的景象，此战盟军损失惨重，但向纳粹德国展示了盟军必将登陆夺回欧洲大陆的决心。

离攻击航线逃跑了。另外两个中队进展顺利,第266中队的R.H.L.德瓦森上尉击落了一架Do 217轰炸机,但随后他就因为识别问题被"喷火"击落了。

第266中队的作战记录是这样描述当时的情况的:

联队下午2时整从西马林起飞,第609中队领航,第266和56中队负责高空掩护。在抵达勒特雷波尔上空时,两个高空掩护中队的高度是4876米,然后他们发现了3架有Fw 190护航的Do 217轰炸机。吉拉姆联队长命令第266中队的黄色分队(德瓦森上尉,R7815;斯密兹曼少尉,R7813)和白色分队1号机(R7822,芒罗少尉),一起对敌方轰炸机发起攻击。斯密兹曼看见了1架道尼尔轰炸机坠落,德瓦森声称是他击落的。斯密兹曼声称自己可能击落1架Do 217。A.C.约翰森(A.C.Johnson,R7819)扑向了10架负责护航的Fw 190,声称可能击落1架敌机,然后约翰森就遭到了"喷火"的攻击,另外1架"喷火"把斯密兹曼击落了。联队在15时05分降落。

而在"五十年节"任务之后,皇家空军对"台风"性能的认知有了进一步的发展,邓达斯总结经验后认为,"台风"最适合执行的任务就是对地攻击和低空制空任务。为了更好地执行低空任务,第56中队在1942年8月25日移防到马特拉斯克,这个机场是柯提肖的两个卫星机场之一,也是距离德军占领中的荷兰最近的地方。

## "大黄"与"反大黄"

1942年9月末,随着战斗机司令部决定使用"台风"执行低空防空巡逻任务,"台风"中队开始单独部署在沿岸要点上。新装备"台风"的第1中队,也调到马特拉斯克的阿克林顿,跟第56中队一起拱卫东海岸,第609中队则被调到素有"战斗机麦加"之称的比金山,作为东南海岸防空的支撑点。同时,第486中队也放弃了它的探照灯(在机头安

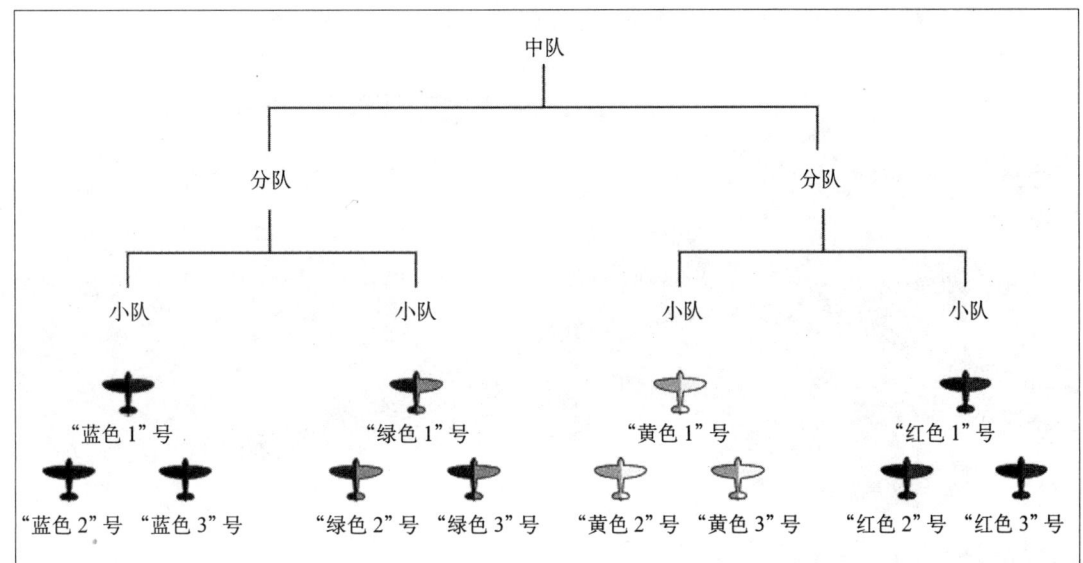

英国空军中队编制,一般一个中队下面会分为两个分队,每个分队下面会再有2个小队,每个小队用颜色代号,图中只是示例,并不代表仅这4种颜色。后来空军的分队从3机变成了4机,但采用颜色来区分分队的方式没变。

装探照灯进行夜战）试飞项目，飞往诺斯维尔德，第266中队驻多赛特的沃姆维尔，第257中队则被派往埃克塞特。此后，"台风"以双机编队在距离海岸不远处低空飞行，在德军战斗轰炸机惯用的航线上巡逻。飞行员们将这种任务称之为"反大黄"（因为打了就跑的德军战斗机掠袭被皇家空军称之为"大黄"，因此截击执行这种任务的飞机的行动就是"反大黄"）。

分驻各地的"台风"中队在防空巡逻作战中并没有取得什么像样的战果，只有第496中队还是在10月17日逮住了德军第26战斗机联队10中队的1架Fw 190，第257中队在11月3日击落2架敌机。

除了防空巡逻外，邓达斯决定使用"台风"对荷兰海岸和欧洲大陆的离岸小岛开展掠袭行动。根据12大队司令部提供的情报，邓达斯确定了德军驻荷兰部队最佳潜在目标和高射炮的位置。此外他还策划用"台风"攻击海面上的德国舰船。为了确保万无一失，邓达斯和哈布约恩上尉、W.库姆斯（W.Coombes）少尉以及克劳德利（Cluderay）军士一起对目标进行了一次勘探飞行。

跟通常执行任务一样，他们以四指编队飞行，这个编队是邓达斯在坦米尔飞"喷火"时学到的，德国空军在西班牙内战期间就已经开始使用了，而英国人这边在经历了不列颠之战的教训之后，才由巴德尔（D.Bader）开发并推广。

碰巧的是，他们选的日子是11月5日，正好是"盖伊福克斯之日"（英国传统节日，人们会放烟花庆祝"火药阴谋事件"，该事件发生于1605年，一群英格兰天主教极端分子试图炸掉英国国会大厦，并杀害正在其中进行国会开幕典礼的英国国王詹姆士一世和他的家人及大部分的新教贵族，但并未成功），首次执行这种新任务，联队上下都想搞点"纵火行动"来烧焦"杰瑞"（Jerry，英国人对德国士兵的俗称）。他们在30米的高度上穿过北海，躲避德军雷达的搜索。4架"台风"在低云下飞行，风暴掀起海浪溅起的浪花甚至偶尔都能飞到飞机上。这时候如果发动机熄火了，就意味着飞行员必死无疑，因为高

邓达斯的座机之一，"台风"ⅠA R7648，他把自己的座机命名为"法夸尔"Ⅳ（FARQUHAR Ⅳ），并涂在了机头上。1942年6月邓达斯驾驶它在英国南部海岸线执行了第一次"反大黄"任务，但颗粒无收。

度实在是太低了,根本没时间和空间跳伞,飞机会一头扎进水里,在短短几秒钟内迅速沉没。

他们飞向瓦尔赫伦岛,从风暴中冲出来之后看到前方约1.6公里的距离上有一个船队。其中一艘船在邓达斯的航线上,那艘船装备有高射炮,德国人在看到英国飞机后马上开炮射击。当时邓达斯的飞行速度是435公里/小时,他用机炮还击并观察到炮弹命中了目标。当他掠过目标时,邓达斯听到身后传来了巨大的爆炸声,然后他的"台风"就不由自主地向左转弯。邓达斯尽力地控制飞机直线飞行并逐渐地朝右边改平飞机。从他的后视镜里,他看到了自己的飞机已经受伤了:一发炮弹在他的方向舵和垂尾上炸出了一个大洞。邓达斯回忆当时的情况道:

我知道如果我的方向舵没了,飞机就会马上翻滚,而我在坠入大海之前顶多还能再多活大约3秒钟。

不过邓达斯安全地回到了柯提肖,在此降落距离要比回到马特拉斯克更近一些。

由于资源有限,皇家空军暂时没有按照邓达斯等人的想法去拓展其在进攻方面的功能,对德国空军发动反攻。但有些具有开创精神的飞行员显然不满足于此,他们根据"台风"的性能,开始自己制定对德国人反攻的战术。R.比蒙特(R.Beamont)在里奇去休假后担任了第609中队的中队长,他认为"台风"速度快、火力猛而且机体强度高,非常适合执行"大黄"和其他各种对地攻击任务。他在第87中队飞"飓风"的时候有执行夜间对地攻击任务的经验,于是他就想验证一下"台风"是否也可以用于夜间攻击行动。比蒙特准许手下的飞行员每隔半天出动一个双机编队去执行"大黄"任务;在有月光的晚上单机出动,对法国、比利时和荷兰的公路和铁路目标进行攻击。

1942年11月17日,在正式接手第609中队之后,比蒙特就把自己的想法付诸行动,亲自首次执行了夜间"大黄"行动,去攻击法国索姆地区的德军火车。在阿布维尔附近,他找到并猛烈攻击了一列火车,这是第609中队在"大黄"行动中的"头彩"。不过在这次行动中,比蒙特的座机"台风"R7753也完蛋了,有25块火车头爆炸产生的小碎片崩进了他的座舱下方机身里。比蒙特勉强把飞机飞回了英国,但经过检查飞机已经失去了修复的价值,而那些崩进"台风"机身内的碎片至今都还在皇家空军博物馆展出。

比蒙特进行首次夜间"大黄"行动当天,第56中队也进行了第一次白天"大黄"行动,飞越北海去攻击比利时威利斯根附近的机场。在战斗中,迭戈(Diego)上尉因为在扫射地面目标的时候飞得太低,机翼前缘把一名德国高射炮手当场切成两段。尝到甜头之后,第56中队用当时皇家空军的暗语来说,就是经常在北海上空"找生意做",主动出击,去打击德国的舰船。

当时因为"军刀"发动机的问题导致"台风"中队的飞机要轮换进行改装,官方规定每个"台风"中队的飞行时间定量是300小时/月,但第609中队和第56中队对此规定充耳不闻,特立独行,继续着自己的"找生意做"。

到12月份,第486和第609中队的驻地分别搬到了距离海岸更近的曼斯顿和坦米尔。随着飞行员们对飞机性能了解的不断深入和战术的逐渐纯熟,两个中队的战绩表开始飙升。第486和第609中队在12月份一共击落了14架敌机(其中3架是可能击落),包括8架Fw 190、4架Bf 109和2架侦察型Do 217。

1942年12月17日发生的战斗，可称为"台风"在执行巡逻截击任务时的代表作。当天，F.墨菲（F. Murphy）军士和K.G.泰勒-卡农（K.G.Taylor-Cannon）军士驾机从塞尔西到圣凯瑟琳角之间巡逻，当时他们在"轮机人员"（飞行员对怀特岛的低空搜索雷达的戏称）的引导下飞向两个从东南方向接近圣凯瑟琳角的目标，然后目视发现了2架Bf 109贴着海平面飞行（后来通过对比战报知道这两架是德国空军第123远程侦察大队4中队的Bf 109F-4），两名"台风"飞行员立马开始追击，当天的战斗报告记录了整个战斗过程：

一开始红色分队并没有发现敌机，于是他们在接到敌情报告后向左转向060度方位进行追击，接着又转向东南方向接近到距离目标270米处，将目标清楚地识别为Bf 109E，然后一边持续接近目标一边打了几个点射，两架"台风"组成横向编队以非常快的速度（指示空速563公里/小时）接近到距离目标90米（目标的速度估计在531公里/小时）。所有的飞机都在超低空飞行，敌机数次采用了S形航线试图逃跑，

但红色分队紧追不舍，"红色1"号（墨菲）和"红色2"号（泰勒-卡农）各对1架敌机发起攻击，飞行员观察到他们打出的炮弹都命中了敌机的机身和发动机。敌机在遭到攻击后很快就放弃了躲避行动，直线并排飞行，看样子已经精疲力竭，放弃了抵抗。

随后，1架敌机就被"红色2"号击落，那架敌机抛弃了自己的座舱盖，然后带着脱落的碎片爬升到了约230米的高度，向右做了一个俯冲转弯，然后直接一头扎入海中。另外1架敌机被"红色1"号击落，它的油箱里冒出了浓烟，放下了襟翼，机头慢慢抬起，爆成一团火焰然后坠入了海中。

墨菲后来成为了第486中队最成功的飞行员，而且差点

墨菲是"台风"投入行动后头6个月里最成功的飞行员，击落了3架Bf 109和1架Ju 88。1943年7月15日因为他攻击的Fw 190被判定为"可能击落"，错过了成为首位"台风"王牌飞行员的机会。

成为了首位"台风"王牌。而泰勒-卡农后来也在第486中队取得了辉煌的职业生涯。

虽然一般来说德机掠袭都发生在英国东南部，但德军的

1942年的最后几个星期里，第486中队击落了7架敌机。中间的4个人，从左到右分别是墨菲、泰勒-卡农、萨迈斯和A.E.坎巴斯（A.E.Umbers），他们几个以后大放异彩，其中泰勒-卡农和坎巴斯后来都当上了中队长。

战斗轰炸机也并不是一直把注意力放在英国的一隅上。1943年1月1日，第266中队的斯芒（Small）上尉，就在廷茅斯（位于英国西南部）外海击落了1架德军第2战斗机联队第10中队的Fw 190。

1943年初，装备了"台风"的中队开始进行飞机结构加强工作，一共涉及14个中队。此时，已经投入行动或者是即将投入行动的"台风"中队，被分散部署到英国本土的四个大队里。第一个是第10大队，它负责的地区是英国西南部，下辖4个"台风"中队，分别是：第257中队，驻埃克塞特；第226中队，驻沃姆维尔；第245中队，驻查尔米顿；以及第193中队，驻哈罗比尔。第11大队，负责英国东南地区，下辖两个"台风"中队：第609中队，驻曼斯顿；第486中队，驻坦米尔。英国中部是第12大队负责，下辖6个"台风"中队（其中3个是"修整和恢复"中队，主要进行训练和换装，不执行作战任务）：第56中队，驻马特拉斯克；第181中队，驻斯奈维尔；第182中队，驻索布里奇沃思；第183中队，驻切奇芬顿；第195中队，驻赫顿克尔斯威；还有第198中队，驻林肯郡迪格比。最后是第13大队，负责整个英国北部，下辖两个"台风"中队：第1中队，驻阿林顿；第197中队是修整和恢复中队，驻德雷姆。

1943年对于交战双方而言都是关键的一年。海峡另外一边的德国空军部署也有了一

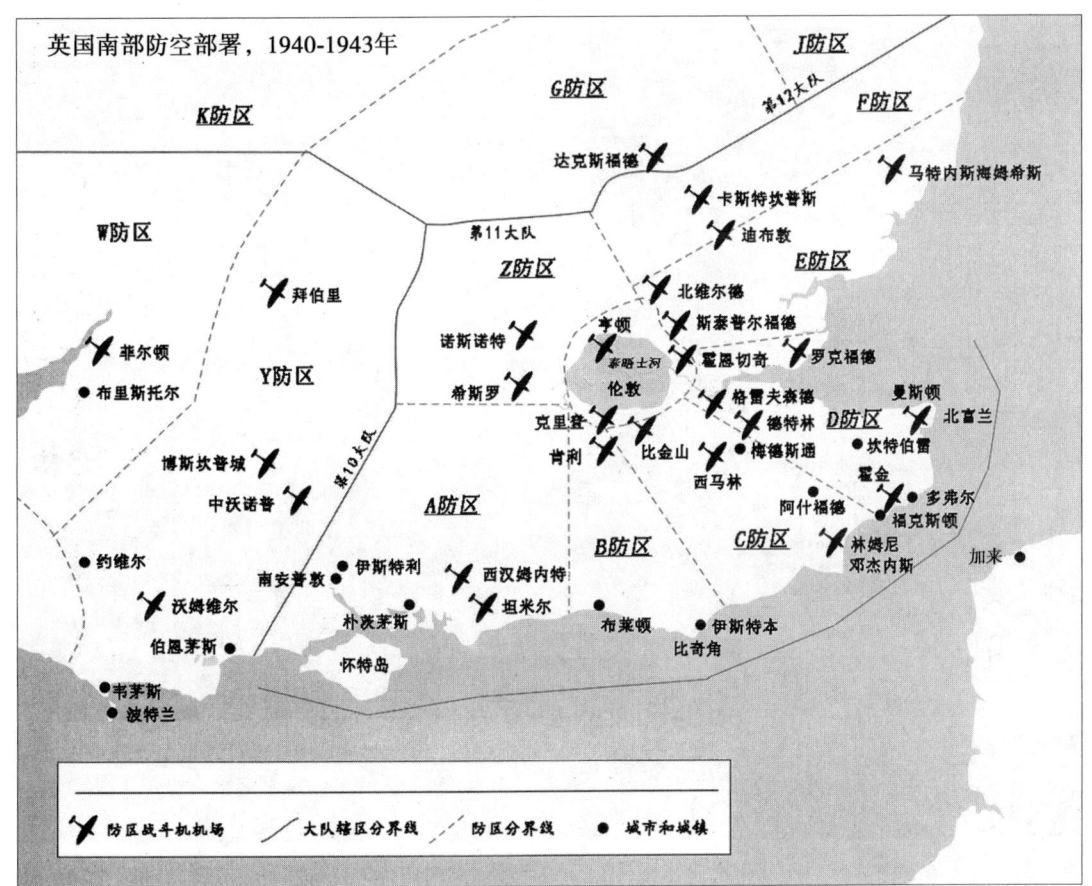

英国东南部防空部署地图。1943年初，"台风"有6个中队部署在第11大队防区内，主要负责A、B、C、D四个防区的超低空巡逻任务。第609中队驻曼斯顿，距离法国最近，因此经常对法国发动"大黄"等行动。

些变化。1943年春德国空军投入了一支新部队加入战场——第10攻击机联队。这支部队以前驻法国西部,专门攻击比斯开湾内的盟军船只;现在第10攻击机联队的Ⅰ、Ⅱ大队移防亚眠,从第2和第26战斗机联队手中接过了对英国的掠袭任务,而两个战斗机联队则专心投入到对盟军空袭的防御作战中去。

与此同时,英国也在对自己的防空力量进行重组。虽然低空雷达链,和与其配合的皇家海军水面观测船可以发现来袭的德国飞机,但是由于缺少敌我识别设备,每个目标都要进行仔细的调查才能确认。为了避免人力物力和时间上的浪费,英国实施了代号为"蹒跚"的行动。英国人给观察部队和海岸警备队装备了Mark 1火箭弹,以协助防空识别。当德国飞机躲过了雷达的监测,但被观察部队和海岸警备队发现后,他们就发射一枚绰号为"眼球雪花"的Mark 1大型烟花火箭,来指示已经被确认为德国飞机的位置。从现代的眼光来看这种手段非常原始,但对当时的防空系统而言效果非常不错,可以让执行防空巡逻任务的战斗机去截击那些完全逃过防空预警网络监视的德国飞机。

"台风"是执行防空巡逻任务的主力机型,不过因为缺乏夜间观测能力,"反大黄"只能在白天奏效,并且要求有至少两架飞机在常用基地附近海岸线长时间巡逻。"台风"的巡逻航线一般是从拉姆斯盖

超低空目标的探测对于现代而言都还是相当有难度的事情,受制于当时的雷达技术,对于低空渗透的德国飞机英国人也只能依赖肉眼观测。在观察到目标之后,就发射大型信号弹,告知在附近巡逻的战斗机;图为站在屋顶上进行对空观察的英国观察部队成员。

特到邓杰内斯,邓杰内斯到比奇角,比奇角到肖勒姆,肖勒姆到塞尔西比尔,塞尔西比尔到圣凯瑟琳,以及德文郡的开始角的海岸线。

这些防空巡逻任务的飞行高度只有海平面以上3-60米,十分危险,但又是必需的,因为德国空军的飞机就是在这个高度进行渗透。这种超低空飞行属于高度危险的任务,需要飞行员高度集中注意力,稍不注意,就会机毁人亡。因此在执行完75分钟的高强度巡逻任务后,很多飞行员返回基地时都庆幸自己还活着,大都会选择去酒吧喝上一杯,放松一下。

战斗机司令部在对德国空军的掠袭行动进行防御的同时,也开展了进攻行动。早在1941年初,皇家空军就开始对德军进行昼间空袭行动,其中一种进攻战术代号为"马戏团"。一个"马戏团"由数个战斗机联队和若干轰炸机组成。按照空军编制,一个战斗机联队下辖3个中队,每个中队有12架战斗机。在"马戏团"中,负责给轰炸机护航的战斗机至少有3个联队。整个"马戏团"编队的目的并不是要轰炸哪个德军的目标,而是迫使德国战斗机升空跟护航战斗机交战,然后在空战中削减德国空军的有生力量。而规模较小的攻击编队,皇家空军则称之为"大黄",只有战斗机组成。一般是出动2架或者是

"台风"对法国境内的铁路进行轰炸后拍摄的效果评估照片,至少有3枚炸弹直接命中了铁路,两枚炸弹命中了公路,彻底瘫痪了交通。

"台风"轰炸铁路效果,俯冲轰炸的精度很高,炸弹都落在了一个很小的范围内,几乎所有的炸弹都命中或者近失。

4架飞机，攻击随机出现的目标，例如铁路上的火车、公路上的军用车辆等，偶尔也会有飞行员单独出击。"马戏团"和"大黄"一般都在能见度比较差的白天进行，以免执行护航和攻击任务的飞机被德军轻易发现。

此外还有两种纯战斗机扫荡行动，第一种叫"游骑兵"，没有固定目标的自由战斗机扫荡，出动规模为中队，比"大黄"要大。第二种则是"牛仔竞技"，跟第一个类似，但是有明确的目标和目的。还有一种纯战斗机夜间行动，可以看做"大黄"行动的夜间版本，名为"入侵者"。除了以上这些对地和对空任务之外，"台风"中队还会被指派去进行海上船只侦察任务，该任务代号为"潟湖"。此外"台风"中队还会执行诸如船队护航、海上搜救等辅助性任务。

第609中队的中队长比蒙特，除了在"大黄"行动中成果颇丰外，在"反大黄"中也有所斩获。1943年1月18日晚上8时，比蒙特从曼斯顿起飞，去克雷伊机场附近巡逻，他在多佛尔以北遭到了己方探照灯的照射和高射炮的攻击，随后他发现了目标，中队情报官撰写战斗报告记录了当时的过程：

他（比蒙特）看见一架双发飞机在自己左上方约300米高度上，并且认出那是一架Ju 88，正在向南飞。我方高射炮停止了射击，然后在探照灯的帮助下，通过反射云层照亮了那架敌机。他从比敌机后下方约30度提前量的位置上发起了攻击，打了一个3-4秒的长点射，从360米一直打到180米。比蒙特观察到炮弹命中了敌机的机身和左翼，随后敌机冒出了浓烟，做了一个剧烈爬升，然后钻进了其上方约60米处的云层。

虽然很明显那架敌机已经必死无疑了，但由于没有看到敌机坠落或者残骸，比蒙特也只能声称自己"击伤"敌机1架。

1943年1月20日，德国空军的掠袭行动达到了一个新的

比蒙特在指挥609中队期间在"台风"ⅠB机舱里拍摄的照片。比蒙特凭借战术上的成功成为了英国航空界最有名的飞行员之一。实际上，他是法国战役和不列颠之战的老兵，确认击落敌机4架，合作击落1架，还有可能击落1架。1941年末，他在霍克工厂待了一段时间，试飞"飓风"和"台风"的早期型号，由于"台风"表现不俗，所以他成了坚定的"台风"支持者。1943年5月，他的第二个任务周期结束，就回到霍克那里试飞"暴风"。1944年3月，他当上了"暴风"联队的联队长，下辖第3、56和486中队。他在第96次出动时，在敌占区上空被击落，然后被俘。当时他已经击落了10架敌机，获得了杰出服役勋章和一级优异飞行十字勋章。从战俘营释放后，他先是在中央战斗机公司服役了一小段时间，然后就加入格洛斯特飞机公司并当上了首席试飞员，后来又跳槽到英国电气公司当首席试飞员，试飞了"闪电"战斗机和"堪培拉"轰炸机的原型机。后来他又创造了横穿大西洋的飞行记录。

高度，第26战斗机联队在第2战斗机联队和巴黎附近战斗机学校的支援下，大胆地对伦敦发动了攻击。当日，德国空军出动了3个波次，一共有90架Bf 109和Fw 190参加了攻击行动。第一波敌机轰炸了伦敦，而且成功地避开了英国空军的截击。但是第二波次遇到了英国空军的猛烈反击：第26战斗机联队第6中队的8架Bf 109G，有4架被英军第609中队的2架"台风"击落。J.巴尔德温（J.Baldwin）上尉在6100米的高空对敌机展开截击，最后确认击落了3架Bf 109G。而这次战斗是巴尔德温在飞行员生涯中首次斩获战绩，而且一下击落了3架。此后他的战绩一路攀升，二战结束时成了"台风"头号王牌。

第609中队的R.V.利尔德（R.V.Lierde），当天驾驶"台风"在8230米的高度上击落了1架Fw 190，这是"台风"空战中的最高高度记录，也是他个人的第一个战绩。利尔德是比利时人，德国占领比利时后，他坐船逃到英国，然后加入皇家空军学习飞行，后来被分配到第609中队飞"台风"。

由于德国空军当时在不列颠海峡兵力不多，承受不起太大的损失，所以后来这种大规模出动再也没有出现过，但还是会有少量Fw 190携带500公斤级炸弹进行着"触球即跑"的勾当。在Fw 190接近海岸或者是进入英国内陆时，因为高度很低，所以很难被目视发现；而且德国飞机是向随机目标扔下炸弹，这一点十分让人头痛。这样一来像房子、商店、医院、学校、教堂和其他人口聚集地就变得跟皇家空军的机场、停在地面上的飞机、高射炮/机枪阵地等军事目标一样危险了。

在这种战斗中，由于德国空军的飞机和英国空军的飞机飞行高度甚至比最低的低空探测雷达探测范围都低，地面管制引导员和防区行动室也给不

Fw 190携带一枚重磅炸弹进行超低空掠袭，可以说是让英国空军防不胜防，好在当时德军在英吉利海峡部署的部队只有2个战斗机联队和1个攻击机联队，兵力并不多。

了执行巡逻任务的"台风"飞行员多少帮助。长时间定期的巡逻占用了大量的兵力,消耗了大量的飞机和发动机使用时间,而对阻止德军飞机造成的破坏收效甚微。不过"台风"在截击德国的战斗轰炸机的任务中表现还不错,它至少证明了自己的低空性能还是深孚众望的。

1943年1月26日,8架Fw 190对德文郡的一个村庄进行了一次典型的低空掠袭攻击,"台风"在这次行动中充分证明了自己的低空性能。德国空军对此次行动的记录如下:

战斗轰炸机报告1-26.1.43号,8架福克-沃尔夫190(15时15分起飞)

对金斯布里奇进行骚扰攻击。因为风向改变未能对既定目标进行攻击。16时在低空攻击了可选目标(金斯布里奇西北5公里处)。我方飞机集中轰炸了当地的民宅,教堂几乎完全被摧毁,此外还对洛德斯韦尔进行了机炮扫射。在离开这个地区后,又用机炮对开始角东北的一些建筑进行了扫射。

抵抗:在中空飞行时遭到了浓密精确的高射炮火。返航时,在开始角东南25公里处遭到8架"喷火"的追击,一直追击到海峡中线。

损失:1架福克-沃尔夫190失踪。这架飞机跟编队一起深入英国内陆,因为它的炸弹推测没能成功投下,所以飞行速度下降,落在了编队的后面。

天气:800-1000米高度能见度10公里。200-300米高度有厚云。

第266中队当时驻埃克塞特,根据其行动记录,当天贝尔(Bell,座机R8772)少尉和柏兰德(Borland,座机R8804)军士紧急起飞前去拦截Fw 190。Fw 190编队返航时在托基附近穿过了海岸线,"喷火"正在追赶它们。柏兰德座机的发动机启动时遇到了问题,不过好在很快就赶上了长机贝尔。贝尔在眺望中发现一架Fw 190,正在从达特茅斯

"台风"VS Fw 190,虽然"台风"的机动性不如Fw 190,但是它的低空速度更快,在截击作战中能够对Fw 190形成优势,更何况Fw 190还经常带着炸弹。

向南飞,因为"台风"的速度要比Fw 190快32公里/小时,因此贝尔毫不费力地就追上了敌机,在603米、274米和228米距离上打了3个点射,然后看到那架Fw 190下坠、冒烟,在开始角东南约19公里处坠入海中,一架"喷火"拍摄了敌机的残骸照片。

在这次空袭中,比格伯里湾俱乐部的房子被毁。位于金斯布里奇和莫德伯里之间的埃弗顿吉福德村也遭到了袭击,全村150人都无家可归,一名小女孩在房子的废墟下窒息而亡。

事后,英国对德国名城德雷斯顿(德国东部萨克森州首府)进行了报复性轰炸。半个世纪之后,英国国内有些人开始指责英国空军在报复行动中毁灭了很多历史建筑,但这个观点忽视了皇家空军毁灭德雷斯顿的根本原因。

首先德雷斯顿是一个合理的军事目标,它有一个大型铁路调度中心,德国军队可以在那里乘火车抵达与西线盟军和苏联作战的各条战线。如果皇家空军轰炸机司令部对德国的铁路系统不闻不问,苏联前线就会面临更大的压力,这样就等于是增加了希特勒的战争利益。还有一个轰炸这座名城的理由一直到数十年后才揭开:在德雷斯顿的英国间谍发回的情报显示,德军认定盟军不会对城市里的名胜古迹进行轰炸,因此在里面堆积了大量的战争物资。很多大火和爆炸,其实并不是盟军轰炸机投下的炸弹造成的,而是德军储存在名胜古迹中的弹药殉爆的结果。

皇家空军和德国空军的战斗轰炸机攻防战在2月份继续进行,绝大部分战绩都来自于第609中队。2月14日,未来的"台风"王牌飞行员拉勒曼特上尉,在海峡上空执行保护运输船的巡逻任务中首开纪录。当时德国空军4架Fw 190正在海峡上空攻击英国船只,"台风"赶来保护己方船只。拉勒曼特后来在自传《命运的集结》中详细地描述了这场战斗:

在呼叫了"目视发现目标"之后,我就带着T.博莱克(T.Polek)对敌机发起了攻击,我们顺时钟转弯进入了开火位置。德国人的注意力全部都集中在目标上,没有意识到我们的出现。我们驾驶着"台风"迅速拉近跟敌机之间的距

1943年初在曼斯顿,第609中队的飞行员拉勒曼特站在他的常用座机R7855座舱旁拍摄的照片。

离,然后散开编队展开攻击。我打开反射式标准器,进行了调整,然后扳动照相枪选择器开关。当我按下启动按钮的时候没有听到反馈性噪声;照相机不能正常工作——倒霉!

我们各自接近自己选择的目标,我在反射式瞄准器上计算了同目标之间的距离。在接近到距离目标540米时,敌机周围的海面上突然爆发出了一条条水柱。是托尼(博莱克的昵称)匆忙开火,打破了我们攻击的突然性。这是我的失误,我忘记他这是第一次参加实战了,跟很多兴奋的新手一样,他犯了每一个新手都容易犯的典型错误,那就是没有拉到足够近的距离就贸然开火,我应该事先警告他的。德军飞机在察觉自己遭到袭击之后,立刻朝反方向急转弯,并且试图摆脱后面追击的我们,然后让他们的友军飞机跟我们进行公平的战斗,我们现在陷入了危险的混战之中。

接下来的战斗就变成了2架"台风"对4架Fw 190,异常激烈。幸运的是当时空中有云,打不过我们可以借助云层掩护撤退。战机稍纵即逝,我们利用敌机短暂的混乱再次获得了优势,爬升转弯然后追上了敌人的4号机。但是这架飞机的飞行员看样子是个老手,

需要我竭尽全力去对付,我甚至都不能把瞄准器稳稳地压在它身上。就这样我跟着他爬升穿过了云层,出云层的时候我被太阳光炫到了眼睛。那架Fw 190犹豫了一下,然后继续大角度爬升,虽然我的发动机当时已经是最高增压,有过热的危险,但我还是选择继续追击。如果他把我甩得太远我就必须脱离了,因为发动机会过热,或者说当时都已经过热了,只是我太紧张了,没注意。但是那架敌机突然做了一个倒转,然后向几百米下方的云层俯冲而去,这让我松了一口气。

我也跟着追了下去,回到云层中后,我暂时失去与所有人的联络。等我冲出云层后,看到另外3架飞机也冲出云层:2架Fw 190和1架"台风"夹在中间,后面那架Fw 190正在对托尼开火,而托尼正在打前面的那架。他们右倾呈纵队状,从我正前方穿过。托尼当时的生死已经在一线之间,但是我帮不了他,因为我的飞机当时已达极限速度,所能做的只能避免跟他们相撞。我奋力紧握操纵杆再次加入战斗,试图用脑子指挥我的行动,避免跟它们相撞,但是我的肌肉没有反应:在紧急情况下本能占据了主导地位——我想把敌机

击落。当我冲向前面敌我混杂的飞行纵队时,我的大拇指就按在射击按钮上,敌机上涂的黑色十字架徽章在我眼前清晰可见,我和敌机之间的距离迅速缩小,就像马上要撞到了一条河堤上了一样。当我向敌机开火时,事与愿违——托尼出现在了我的瞄准器中。

我看见了我打出炮弹的弹道轨迹,提前量极佳,我可以打出更多炮弹,但是害怕误伤到托尼。我攻击的那架Fw 190依然在朝托尼开火,但是我想托尼哪怕是被敌机击落也比被我击落要好。我只打了一个2秒的短点射就不得不脱离了,否则就要撞上敌机。在我脱离的时候,我看见那架Fw 190的机翼爆炸了,然后坠向了大海,托尼终于安全了。最终那架敌机向左倾斜坠落,被大海吞噬,除了一团水花没有留下任何痕迹。

在击落1架敌机之后,另外1架敌机见势不妙,仓皇逃跑,2架"台风"恢复了巡逻。在巡逻即将结束,2架"台风"转向布伦准备降落时,无线电上传来了一条警告通信:"敌机正在从东边向你们接近。"2架"台风"立刻转向新威胁出现的方向,随后发现了4架黄鼻子Fw 190,此

时曼斯顿也紧急起飞了更多的"台风"前来支援。因为援军已经在路上,拉勒曼特心里有了底,于是继续跟对手打了第二场战斗:

我能感受到德国飞机编队中的3号机感觉有点不舒服。在一次半转机动中,感谢我的"台风"的机动性,让我有机会对其开火。但是敌机显然也知道这一点,于是1秒钟后用一个切线机动脱离了编队,这着实让我恼火不已,因为我拿他一点办法都没有。或者我也可以做点什么?于是我倾斜飞机,在一个相当夸张的提前量下,手指快速按了一下射击按钮,然后立刻恢复了我在转弯航线中的位置。但是因为我的机动已经造成我的位置拉在了编队后面,那架Fw 190现在飞到了我的"台风"的右翼下方位置,我看不见它。幸运的是,我可能把它的飞行员吓坏了,它自己撞向了海面。然后,我从机翼后缘看去,看到海面上有一个燃烧的火炬,几秒钟后永远消失在了海面上。

拉勒曼特旗开得胜,一个架次就击落2架敌机。随后双方继续交锋,2月26日,第266中队的中队长C.格林(C.Green),在埃克斯茅斯以南90公里处截击了2架敌机,将它们双双送入大海。格林的名字没有出现在王牌飞行员名单上,但是他后来成了1名伟大的战斗轰炸机指挥官,先是在诺曼底指挥第121联队,然后又指挥了第124联队。

利尔德是比利时人,曾创造了"台风"在空战中击落敌机最高高度记录。他很热衷于在自己祖国的上空打击德国侵略者,于是对"大黄"任务有着超乎常人的热情。后来他被调到了第3中队,飞"暴风",执行反V-1任务,击落了44枚,合作击落9枚,是第二V-1击落王牌。

3月13日,罗德西亚人J.迪奥(J.Deall)击落了德国空军第10攻击机联队第5中队的2架Fw 190,其中1架是他单独击落的,另外1架是跟伊迪(Eadie)军士合作击落的;迪奥后来成为王牌飞行员。

3月26日,第609中队的利尔德在阿斯附近的一场遭遇战中击落了1架Ju 52。这是他的第二个战绩。当天第609中队对比利时发动"大黄"行动,理论上也算是"回到了家乡"。截至1943年4月,比蒙特带领第609中队在"大黄"行动中摧毁或者是重伤了超过100个德军火车头,击落了14架Fw 190。比蒙特自己出动56个架次掠袭法国和比利时的德军目标,而且绝大部分都是在夜间。

总体而言,在1943年初这段时间里,装备"台风"的各个中队通过自己的实践展示了"台风"的潜力,在皇家空军认可了"台风"的表现之后,批评声最终平息。

# 第七章 反攻

## 角色转变

在"台风"执行防空巡逻任务期间,皇家炮兵的高射炮阵地跟战斗机司令部的"喷火"飞行员一样,经常把"台风"错误地识别为Fw 190。由于英吉利海峡上空经常有薄雾,再加上Fw 190和"台风"飞行速度都很快,而且都有着圆形机头和钝形翼尖,确实增加了识别的难度。此外,当时"台风"服役的数量还不多,很多部队对"台风"还不够熟悉,所以经常会造成识别错误,导致"台风"遭到友军火力攻击,甚至是放Fw 190飞过防线。事实上,抛开气候等客观条件,这个问题的根本原因并非是"台风"本身,而是盟军一些部队在识别问题上的反应愚钝。"台风"体型比Fw 190要大不少,而且当时已经在机翼上涂上了识别标识,并通知了盟军所有的部队。

1943年2月20日中午1时,发生了一起典型的误击"台风"事件。当时第609中队驻曼斯顿,机场遭到了德国空军

哈登(Haddon)军士(左)和J.怀斯曼(J.Wiseman,带狗者)都是第609中队在海峡上空战斗中的阵亡人员。1943年2月14日,他们俩在执行保护一艘受伤的己方鱼雷艇的任务时被德国空军战斗机双双击落,随后拉勒曼特和博莱克为他们报了仇。"台风"R7713是第609中队装备的最早的一批飞机之一,参加行动有1年多时间,这在损失率相当高的战争年代已经非常了不起了。照片显示了飞机的识别特征,黑色的识别条一直延伸到机炮整流罩上,机头是标准的迷彩涂装,而机鼻则是从1942年11/12月开始使用的白色。在散热器整流罩下面还有一根白条。中队的徽章就在风挡的前面,而螺旋桨毂后半部分,也就是安装螺旋桨的那一圈,和螺旋桨尖,涂的则是中队内的分队识别色,这架飞机是蓝色分队,那就是蓝色。

的袭击，驻扎在附近的"喷火"则紧急起飞去拦截敌机。在战斗过程中，有几架"喷火"把1架正准备降落的"台风"当成了Fw 190，"喷火"编队长机还向其开了火。"台风"的飞行员及时地放下了起落架降落在机场上才避免被击落的厄运。此外，当天比蒙特在驾驶"台风"起飞保卫曼斯顿的时候也遭到了"喷火"的攻击，不过他也想办法避开了。

除了无意中造成的误击之外，英军内部甚至出现了恶意攻击的犯罪行为。第609中队在曼斯顿就遭遇过2次。第1次是曼斯顿机场的高射炮部队；他们的情报官本着"宁可错杀，也不放过"的原则，允许他的手下对任何长得像Fw 190的目标射击，于是第609中队的"台风"不幸中招。这一事件可以说是对英国陆军部分人员麻木不仁、愚钝的最佳注解，他们热衷于让高射炮手练习射击精度，甚至不惜用未经谨慎识别飞机来当目标，然后在用识别错误和误击糊弄过去。第2次犯错的是海岸警备队，这一次倒霉的是飞行员。1名第609中队的"台风"飞行员在被击落后，艰难涉水回到岸上，而海岸警备队则不顾一切，坚决认定他是德国飞行员，将其粗暴地拘禁。

除了从海面上低空飞行，或者是在Fw 190和"友军火力"的枪口下逃命外，"台风"的飞行员还要面临一个始终存在的危险，那就是"军刀"发动机的不可靠性。如果发动机在海面低空熄火，就意味着必死无疑。为了安抚飞行员的恐惧并改善发动机的可靠性，"台风"各中队制定了一个规定，即要求每台发动机在工作25个小时之后就拆下来进行大修。这显然给地勤施加了很大的压力，因此每支部队补充了工程师来承担相应的工作

"台风"在比利时伊赛亨附近攻击火车头时的照相枪连续镜头。

负担。此外，每个"台风"中队还装备了相比正常战斗机中队更多的飞机，大多超编50%以上。

为了改善发动机的可用性能，纳皮尔公司在此期间也略微改进了"军刀"的可靠性，使其大修间隔增加了30个小时，但改进工作需要把发动机拆卸下来，这需要飞机停飞才能实现。这导致每个"台风"中队在1943年初的可用飞行时间急剧下降，每个月都被限制在300个小时之内。幸运的是，德国人从1943年初开始认识到英国的防空系统不是那么好惹的，于是活动也不如以前那么活跃了。然而，即便是限制了飞行时间，"军刀"发动机的总故障比例还是很高，因发动机问题而损失飞机的数量在不断增加：1943年初有50架"台风"因为发动机问题而坠毁，还有其他一些在迫降中受损，只能退出现役去维修。

1943年上半年，"反大黄"还是"台风"的主要任务，但装备带有炸弹挂架的"台风"中队也逐渐投入战斗，执行进攻任务。除了之前提到的第181和182中队外，到1943年年中，又有3个中队接收"台风"并投入使用，分别是驻卡勒恩的第183中队和第175中队，和驻汉斯顿的第3中队，分别于1943年4月和5月完成换装。

这几个中队新装备的"台风"都具备炸弹挂载能力，被飞行员们称之为"炸弹风"，可以挂载110公斤，甚至是227公斤常规炸弹。在执行炸弹轰炸任务时，携带炸弹的"台风"通常会得到来自其他中队"台风"的护航。不过，在投下炸弹后，"台风"的飞行性能并没有下降，机翼挂架对性能的影响微乎其微。

最初，战斗轰炸型"台风"攻击的目标主要是法国的机场，其中普瓦和阿尔布维的目标最受欢迎。后来对欧洲海岸线船只的攻击行动也加到了"台风"的任务列表之中，因为"台风"就算不带炸弹火力也足够猛烈，可以有效打击没有装甲的船只。从1943年年中开始，"台风"开始向战斗轰炸机转型，以前第609中队那种对法国、比利时海岸的自发性攻击行动，现在变成了有计划、成建制的打击行动。

当然了，新的任务意味着新的危险，"台风"要开始面对新的威胁，那就是德国的防空火力。当时德军为了防范英军的战略轰炸，已经建立了完善的防空火力系统。德军防空阵地也布置成了具有多层次的带状，而且高射炮都有雷达引导。高空目标使用88毫米高射炮，低空目标则使用20和37毫米小口径高射炮，其完善的预警、指挥和射击系统，在高度2000米以下尤为致命。

因此，前线的"台风"中队指挥官们都建议，"台风"在执行任务时要尽可能地在低空高速飞行以避开德军防空炮火。不过这个建议也有很大的风险，因为飞机一旦在低空被命中要害部位，飞行员成功弃机跳伞的可能性基本为零。

空袭欧洲大陆的任务主要由驻英国南部几个郡的"台风"中队来执行，比如3中队，和A.史密斯指挥的第486中队。"台风"中队在执行对地攻击任务时，往往先超低空飞行，利用海面杂波来干扰德国的雷达；但这种战术的缺点就是螺旋桨偶尔会擦到海浪，造成桨尖弯曲。在接近目标时，"台风"中队一般会散开，分成松散的"四指"编队飞行，这样就让编队里所有飞机都能很好地观察空情。然后在目标上空，"四指"编队会变换成梯形攻击编队。在攻击开始后，所有飞机要在最短时间内把炸弹扔出去，随后所有飞机马上猛蹬方向舵脱离攻击航线，并散开来分散敌方的防空火力，尽量做到一个协同通场就把目标炸毁。

从荷兰海岸到布列塔尼的德国海运船只,是"台风"最喜欢猎杀的目标之一。驻诺福克的第56中队和195中队是执行这项任务的主角,他们的作战范围包括整个北海。这项任务也很危险,因为德国的运输船队一般有经过专门改装、拥有密集火力的高射炮船保护。此外,法国北部的德国空军第2和第26两个精锐战斗机联队,会主动出击去寻找战机,拦截前来进攻的"台风"。虽然执行攻击任务的"台风"中队都会得到其他执行制空任务的"台风"中队的护航,但经常在后者还没抵达目标区之前就遭到了德国空军的截杀,遭受到不小的损失,猎手反而被猎杀。

1943年4月起,第486中队在中队长D.斯考特(D.Scott)的带领下,经常在对地攻击任务里执行护航任务。斯考特以前是飞"飓风"的,在飞"台风"之前就有击落了3架、合作击落1架、可能击落4架、击伤4架敌机的战绩。这个很有侵略性的中队长在飞"台风"的时候又百尺竿头更进一步。4月9日,在艾特尔塔附近执行对地攻击任务的一个"台风"4机编队遭到了2架敌机的攻击,负责掩护的斯考特立刻带队前去拦截,在战斗中,他与队友合作可能击落1架Fw 190,另外1架也被他们赶跑,判定为可能击伤。

5天后,4月14日,斯考特跟人合作击落了1架Bf 109;5月25日,斯考特在布莱顿以南约48公里处击落了1架Fw 190。当天德国空军第10攻击机联队

第198中队在布伦港攻击德军水面舰艇的照相枪连续图片。"台风"先是用机炮扫射,然后投下了炸弹。

出动12架飞机攻击布莱顿，接到警报后，斯考特从坦米尔紧急起飞，追击当时正在超低空全速撤退的德军飞机编队。斯考特追上敌机，在目标进入机炮射程之内后，他打出的一串炮弹给了敌机飞行员一个严酷的选择：要么保持超低空飞行，等待斯考特修正后再次开炮；或者是进行S形机动躲避，但是S形航线躲避会迅速拉近他跟斯考特之间的距离。最终那名德国飞行员选择了S形航线来躲避攻击，很快就被斯考特赶上，后者以精准的射击令Fw 190折戟在英吉利海峡。

"台风"在1943年的防空巡逻任务中，最成功的一天是4月29日，主角是A.史密斯（A. Smith）上尉。他是驻坦米尔的第486中队飞行员，当天，在接到德国飞机入侵的警报后，他和他的僚机墨菲少尉按照布莱克甘雷达站（位于怀特岛布莱克甘山脊上，因此而得名）的命令后紧急起飞。跟通常一样，两架飞机在海面上低空飞行，同时等待布莱克甘雷达站下达新的命令。雷达站的命令很快传来：2架德国飞机正从南部来袭，然后开始对2架"台风"进行无线电导航，引导他们去德国飞机的航线上进行拦截。通过两次指令，雷达站成功地把两架"台风"引导到了德国飞机的后面。

在2架"台风"进入正确航线后，布莱克甘雷达站就发出了"破坏者"的代码，指示他们将目标击落。史密斯和墨菲全油门前进，发现目标后，史密斯给布莱克甘雷达站的指挥员发出了"目视发现目标"的无线电信号，意思是已经看到敌机并开始截击。

接近目标后，他们认出敌机是Bf 109，而敌机发现自己遭到拦截后，掉头转向法国海岸飞去，并开始进行躲避机动。史密斯回忆道：

第486中队中队长D.斯考特在座机EJ981座舱中拍摄的照片，1943年7月于坦米尔。在这架飞机上他击落Fw 190 1架，合作击落1架。

史密斯（最右）跟约翰森、邓达斯和巴德尔的合影，这几个人都是"台风"部队中的精英。

我们尽情地在敌机后面追逐，敌机很难互相掩护尾部，因为他们之间的间距太近了，根本没有机动空间。

当时史密斯的飞行高度只有差不多3米高，"军刀"发动机在最大油门下吼叫着带动飞机高速飞行，史密斯命令他的僚机墨菲去解决位置靠后的那架Bf 109，而他则去对付Bf 109的长机。战斗中，墨菲的反射式瞄准器出现了严重的问题，只能通过机炮炮弹击中海面溅起的水柱来进行修正；这个方法取得了一定的效果，墨菲炮弹好像命中了Bf 109的机翼和机身。被墨菲攻击的敌机只好向左转弯躲避，正好进入了史密斯的瞄准具之中，他果断开火，打出的炮弹将那架Bf 109彻底摧毁。在击毁敌方的僚机后，两名皇家空军飞行员又把注意力转移到了敌机长机身上。史密斯此时发现自己正好在敌机的正后方，他果断开火，炮弹命中了敌机的机身和机翼，打得敌机蒙皮都剥落了。

受伤的敌机冒出火焰，开始损失速度，史密斯驾驶"台风"追上去跟那架德国飞机并排飞行：

那是我第一次跟德国人面对面，我会记住那个被我干掉的德国人的脸。

他回忆当时的情景时说。随后他表示，如果他处于类似的境地，就会撞击敌人，跟敌

## 附录：第486中队中队长史密斯简介

1921年1月12日出生于新西兰的奥克兰，他成长于经济不景气的年代，为了补贴家用，在完成了中等教育后，他就进入美国肉类包装公司新西兰子公司工作；同时在威尔逊大学读夜校，1940年，他拿到商业学士学位毕业。

1941年3月，他加入皇家新西兰空军，在新西兰完成了基础训练，然后在加拿大进行飞行训练，拿到了当时那个班的最高分。从航校毕业后，史密斯在英国被分配到前线中队，并进行了作战训练。1942年3月，他被分配到第486中队，这个中队全部由新西兰人组成，他在这个中队一直待到1944年1月末他任务周期结束。史密斯在进入486中队不久后就因为表现出色被任命为飞行指挥官，1943年4月29日，史密斯在英吉利海峡上空击落了1架Bf 109。1943年末，第486中队换装"台风"战斗轰炸机，对法国北部的V-1导弹发射阵地进行了大量的俯冲轰炸。

1944年1月，史密斯离开前线后被任命为格洛斯特飞机公司的试飞员，并且在此期间跟艾伦·达德尔斯顿结婚，她曾是从属于第486中队空军妇女辅助队的运输司机。1944年7月到12月，史密斯升任第197中队中队长，该中队装备的也是"台风"，在诺曼底海滩、里尔和安特卫普上空为加拿大陆军提供近距离对地攻击支援。1944年10月24日，他带领第5中队攻击并摧毁了位于荷兰多德雷赫特德国第15军司令部，击毙了2名德国将军，70名军官和其他200多人。

史密斯执行了400多次任务，最终于1944年12月31日在对荷兰的一座桥梁进行低空轰炸时飞机受创，他成功迫降，但是被德军俘虏。史密斯在1944年荣获飞行优异十字勋章，1945年又给勋章上增加了一条勋列。

二战结束后，史密斯回到了新西兰，恢复了他在威尔逊公司的职位，1955年当上了新西兰分公司的总经理，一直到1987年因为年事已高从这个位置上退休。

人同归于尽，但是Bf 109的飞行员并没有表现出有跟他类似的想法。史密斯跟着Bf 109飞行，一直到它坠入海中，然后跟墨菲一起返航回到了坦米尔。

除了史密斯他们拦截的一队德国飞机外，德国空军还有另外一支20架飞机组成的编队也参与了对英国的空袭。驻沃姆维尔、担负波特兰岛到怀特岛扇区的巡逻任务行动的第257中队紧急出动了一个5机分队前去拦截，但德国战斗轰炸机已经返航，于是5架"台风"就在海峡上空超低空飞行追击敌机。"台风"在低空的速度比Fw 190要高50公里/小时，这个优势在截击空战中表露无遗。第257中队的5架"台风"很快就追上了Fw 190编队，在接下来的战斗中，将敌机击落1架，击伤1架。

1943年5月5日，第609中队中队长比蒙特进入休息周期，A.英格尔（A.Ingle）接替了其位置。他也是一名不列颠之战的老兵，之前在第605中队服役，确认战绩有击落敌机2架，可能击落3架，击伤1架。

1943年5月14日，第182中队出动穿过海峡去攻击德国空军的机场，中队行动报告记录了当天行动的细节：

下午，第182中队中队长R.贝克（R.Baker）上尉和另外6名飞行员飞往福特，从那里挂弹起飞，去轰炸阿布维尔的德吕卡机场，一同起飞的还有181中队的8架飞机。两个中队的飞机下午2时40分从福特起飞，直接前往阿布维尔。护航部队在福特上空跟181和182中队会合。因为要写"行动记录簿"，181中队的中队长克罗利-米林（Kroll-Milin）飞到前面去设定航线，182中队继续在后面飞行。护航部队一部分在181中队的后方，一部分在182中队的右侧，而181和182中队总体呈纵队飞行。

第181中队在阿尔特以北约2000米高度上穿越了法国海岸线，然后爬升到3000米高度上。编队长机克罗利-米林给他的中队下达了变换为纵队的命令，然后从3000米俯冲到1600米攻击目标。但是由于他的中队最后2架飞机跟主力编队离得比较远，所以俯冲下去的时间比主力编队要略慢。这就导致了第182中队的长机贝克上尉延迟30秒发动攻击。然后第182中队在他的带领下，以70度的陡峭角度从3000米俯冲到1600米，向目标扔下了14枚227公斤炸弹。飞行员们在空中观察到炸弹命中了机场西北和东南角疏散区里的油罐车和飞机，或者是掉在了它们附近。空中没有出现敌机，两个中队从目标上空脱离后飞往克雷西森林，途中约16公里的路程中是迎着太阳飞行的，光线强烈，而且德军的高射炮开始反击，火力密度中等。第182中队由于没有收到中队长编队的命令，就由军衔最高的伊莱森上尉命令各机重整编队。在穿越海岸线时，第182中队俯冲到超低空，对德军的机枪阵地进行了机炮扫射，然后从沃辛/利特尔汉普顿海岸进入英格

英格尔是一名老兵，在指挥第609中队之前就已经战功卓著，1943年5月5日，他受命指挥第609中队，8月17日获得优异飞行十字勋章，第二天就被提升为124联队的联队长。9月11日他在执行"推弹杆"任务时被德军第26战斗机联队的Fw 190击落，随后被俘。

兰，16时10分降落在福特。

第182中队飞行员之所以没有收到中队长贝克的命令，是因为他在最后一次俯冲攻击时被德军的高射炮命中。炮弹在他的飞机座舱旁边爆炸，炸飞了座舱盖，击伤了他的大腿、肘部和头部，飞机除了转速表和指南针以外其他所有仪表失灵。贝克上尉在约30米的高度上恢复了对飞机的控制，然后把飞机高度提升到800米，从比奇湾进入英格兰，返回福特。他试图在机场跑道一侧迫降，但却发现自己在16米的高度上朝利特尔汉普顿村飞去，最后在铁路线附近成功迫降。他座机上的副翼和座舱上都有很大的弹孔，只有超一流的飞行技术才能把那种状态下的飞机带回来。贝克上尉在伤口包扎好之后，拒绝留在福特的病房里，而是要回到中队继续指挥战斗。他之所以受伤这么严重，是因为他在座舱里放了一个小盒子，里面放满了自己的收藏品。在飞机被德军的炮弹击中之后，盒子里面的东西飞散出来，溅进了他的身体。

贝克上尉最终被强制送到了医院休整，他在自己的日记里写道：

我从星期四开始住院，但不到一个星期（星期二）我就出院了，他们在我的大腿、手臂和头部好几个地方一共缝了12针，不过我现在已经康复了，虽然还有一些杂物在我身上，比如我大腿上有一块弹片还没取出来，但我知道在遥远的未来还会发生这样的事情。我英俊的外貌被双眼之间两个伤痕给毁了，我觉得我星期三就能返回执行飞行任务。

中队其他飞行员到医院看望了贝克，他参战的愿望虽然很强烈，但不得不遵守医嘱，半个月后的5月30日，他才真正回到行动当中，率领第182中队轰炸了卡昂的钢铁厂。

5月14/15日夜，第609中队的比利时人利尔德发挥自己的特长，进行夜间"大黄"行动，在轰炸了敌人的机场后，他在昏暗中发现了1架He 111，在他追击目标的过程中，敌机因为惊慌失措在进行躲避机动时坠毁。

1943年6月1日，I.J.达维斯（I.J.Davis）上尉重复了巴尔德温在去年1月份的奇迹：一次出动击落3架敌机（巴尔德温的战绩后文会有详细介绍）。当时达维斯正驾驶"台风"沿着海岸巡逻，担任威尔斯（Wells）中尉的僚机。在巡逻中，他发现在马盖特有炸弹爆炸的迹象，然后很快就发现了4架呈纵队飞行的Fw 190，这是德军第10攻击机联队的飞机。达维斯的战斗报告描述了当时的细节：

我朝那些敌机俯冲过去，然后选择其中1架敌机作为目标，在360-450米的距离上打了一个短点射，将其驱离之后，我又努力去靠近第二架敌机。我在180-270米的距离上对敌机编队中位置最靠后的1架飞机打了一个点射，当时敌机正在扫射地面的煤气罐和街道，遭到我的攻击后也拉起来逃跑了。此时我看到一个由Fw 190组成的6机编队贴着地面朝大海方向飞去，于是我就追了过去。当我穿过海岸线的时候，我攻击了敌机编队中位置最靠后1架Fw 190，我看见敌机抛弃了一个黑色的东西，可能是座舱盖吧，然后就出现了飞行员的一条腿，可能是试图从飞机爬出来。随后我超越了我刚攻击过的那架敌机，而前面的5架敌机已经组成了V字形编队，可以互相掩护。我选择其中1架作为目标，然后在450-540米的距离上打了一个点射，遭到攻击的敌机马上使用S形航线躲避，这让我能够进一步拉近跟目标之间的距离，然后直到180米的距离上我又打了一个2-3秒点射,将我选中的目标送入大海。

这时红色分队和黄色分队的友机已经从后面追上来,距离我很近,机翼都快擦到我的机翼了。而此时我刚攻击的那架敌机正好坠海,激起一个巨大水柱,我立马向左做了一个急转弯躲开了。我做了一个360度转弯,完成机动后视野中什么都没有了。于是我按照刚才的航线继续往前搜索,很快又发现了2架Fw 190,随后在我左边又发现1架,我将其选为目标。当我从侧面接近它的时候,它爬升到60米的高度上,我接近到90-180米打了一个1秒钟点射,打光了我所有的弹药。我看到我的炮弹命中了敌机的座舱和左翼,大片的碎片从上面脱落,那架敌机爆炸起火并冒出滚滚黑烟。

此时,另外2架Fw 190开始转弯对我进行攻击,我已经没有炮弹了,所以急转弯返航,在迪尔穿过海岸线进入陆地,安全降落在基地。

与此同时,威尔斯也在追击一个由12架Fw 190组成、正在返航的编队。他在击落了2架敌机后,遭到了其他敌机的围攻。弹药耗尽之后,威尔斯大角度爬升脱离危险然后返航。这是德国战斗轰炸机最后一次对英国本土发动大规模攻击,第10攻击机联队虽没有失去行动能力,但也遭到了重创。随后,第10攻击机联队的联队部、Ⅱ、Ⅳ大队被调到了西西里,只留下了1中队的约30架Fw 190在海峡前线,实力大减。实际上"台风"再也不会在英国本土看到第10攻击机联队了,因为双方已经攻防形势转换,"台风"开始从防御者变成进攻者。

据统计,从1942年10月中旬到1943年6月1日,装备"台风"的各个中队声称击落了42架Fw 190和15架Bf 109,可能击落8架Fw 190和2架Bf 109。第609中队战果最为丰厚,拿下了27个确认击杀,排名2、3位的是第486中队和第266中队,战果分别是14架和6架。个人战绩最高的是第486中队的墨菲和第609中队的拉勒曼特和巴尔德温。但是这三人都还没有成为王牌,把谁会成为第一个"台风"王牌的悬念留给了未来。虽然持续了大半年的防空巡逻任务让"台风"收获不小,但对于绝大部分"台风"飞行员而言,挫折还是大于收获,他们执行了无数次危险的超低空巡逻任务,却一无所获。

6月24日,第486中队中队长斯考特有了一次小说般的传奇经历,一天之中跟Fw 190

皇家空军涂装的Fw 190G-1,因为其飞行员迷航误降在了英国机场,给英国人送去了一份大礼。

1943年6月21日，第182中队的阿兰（Allan）少尉，他的座机EK195在执行任务时被德国高射炮击中尾舵，打出了一个大洞，降落后战友们都过来围观，他自己也跟那个大洞合影留念。

打了两仗，第一次是皇家空军的Fw 190，第二次则是德国空军的Fw 190！皇家空军的那架是法恩伯格皇家空军研究院的PE882，这架飞机本属于德军第10攻击机联队，两个月前误降在了英国怀斯特马林，被英国人俘获，然后就用来跟己方飞机进行对抗训练。斯考特描述那场"战斗"道：

我在苏塞克斯上空跟那架Fw 190进行模拟空战，它的速度和机动性令人惊讶。但是我确信我可以比他做得更好，因为我们的高度在3000米以下。如果高于这个高度，那就是另外一回事了。高度越高，我的"台风"就越像一匹干重活的马儿。我们都主要在低空活动，在3000米及其更高的高度上我们就机会渺茫了。

他在当天下午就验证了自己在模拟格斗中得出的结论。第486中队在为去阿布维尔的战斗轰炸机护航返航途中，遭到了Fw 190的追击，然而它们根本追不上"台风"，但"台风"编队还是遭到了不知道从哪来的2架Fw 190的突袭：

我立刻向右急转弯。Fw 190愚蠢地冲到了我们前下方的海面上，这让我们瞬间就获得了优势。在降低高度追上它们的同时我迅速扫视了四周。我的僚机菲茨在我后面，除了我们自己的"台风"我看不到有任何其他飞机在接近我。我直接向1架Fw 190开火。他靠近水面向左转。我的提前量有点不太对——我看到炮弹就落在他机尾附近的海面上。随后我们都在相同高度上，进入了不顾一切都要击落彼此的死战之中。

我顶住过载把我的视野放在他前面，但是我一直在丧失视力，因为我的大脑正在缺血。操纵杆上一点小小的压力就会让我彻底丧失视力。我可以看到敌机飞行员正在左小半径转弯，同时扭头朝后观察我。我知道他也在承受着同样的过载，虽然我都能够感觉到我的飞机已经步履蹒跚，但我还是继续增加杆力。我开始对他获得优势，但是仍然达不到命中所需要的提前量。我的心脏都快跳出我的喉咙了，我蹬

斯考特后来被提升为第132联队的联队长，战后他成了一名作家，著有《"台风"飞行员》和《多一个小时》等作品，用自己的亲身经历，描述了"台风"飞行员们在二战期间面对的危险和卓越的贡献。

斯考特的两部作品的封面。

舵飞到了敌机的上方,就算不能命中,我也要先获得位置优势。就在我做这个动作的时候,敌机的机翼抖动了一下,然后就翻滚了一下一头扎进了大海之中。

我看见目标激起的水柱,因为反冲力敌机又浮了上来,但是很快就消失了。我退出机动并控制我自己的动作,擦着水面改平了飞机。根据菲茨的建议我开始螺旋爬升。在刚才的空战中,如果有一点点失误,我就会和我的对手一样命丧大海。

坎巴斯也在这场战斗中确认击落了1架Fw 190。这是他的第一个单独确认战绩,之前他跟人合作击落过1架Do 217,可能击落1架Fw 190,击伤1架Fw 190。他后来成了少数几个使用"台风"和"暴风"都获得战绩的王牌飞行员之一。

## "台风"的节奏

1943年中,"台风"在饱受争议后终于进入了自己的节奏,皇家空军对如何去指挥装备"台风"中队行动进行了重新评估。自成军以来,"台风"中队经常会根据空军作战需求的改变,频繁地移防,但到1943年7月初,这种情况有所改善。空军在编制上形成了一个新的概念:那就是每个联队下辖的中队数量在正常情况下保持不变,然后一个机场驻扎一个联队,包含飞行和地勤等支援单位。如果要移防的话,就全联队加上地勤等支援单位整个儿打包搬到下一个机场。这个每个联队"自给自足"的概念很吸引人,尤其在盟军进行登陆欧洲的过程中,在飞行单位移防时,设备齐全、人员齐整的一个联队就被视为一个中枢核心,移防到新机场后,只需要很短的准备时间就可以马上投入运作,任务不会受到大的影响。"台风"中队也按照机场联队的概念进行了整编,成立了2个联队:第121联队,驻利德,下辖第174、175和245中队;第124联队,驻新罗姆尼,下辖第181、182和247中队。联队指挥官分别是克罗利-米林中校和英格尔中校。其他"台风"中队则继续分驻各地,逐步进行改编。

经历了短暂的整编后,"台风"各中队很快就恢复了行动。第486中队的中队长斯考特经常会在任务中带回来一些"惊喜"。7月14日,他在率领中队执行搜索/打击德国鱼雷快艇的任务时,发现海面上有两条救生艇,上面载有11名美国空勤人员。斯考特马上向总部报告了这一情况,盟军很快出动援救部队将他们救回。第二天斯考特再次出动搜索鱼雷艇时,又在勒阿弗尔外海发现了一条载有盟军轰炸机组的救生艇。他留下4架"台风"在救生艇上空盘旋,保护救生艇,防止遭到德国空军的袭击，斯考特则返回坦米尔，并组织1架"哈德森"搜救飞机给救生艇上的轰炸机组带去了一条救生船。"哈德森"在斯考特驾驶的"台风"的护航下飞往勒阿弗尔并成功投下了救生船，但是在返航途中德国空军的飞机还是出现了，斯考特回忆当时的情况道：

我仰望并确认了一批机腹是鸭蛋绿色涂装的德国飞机正在我们上空盘旋。随后敌机向我们俯冲过来，而我自然而然地认识到我们现在无异于"赤身裸体"的状态，但是好在敌机没有对救生船动手。此时其他参与行动的飞机都已经返航坦米尔，我们只剩下8架飞机。

我慢慢地从救生船上空盘旋离开，在距离救生船足够远之后，我告诉手下跟着我的动作，并且仔细听我的"散开"命令。进入直线飞行之后，我们的编队也已经差不多恢复了各自的双机编队，此时Bf 109和Fw 190向我们冲了下来。在看到敌机追过来之后我在无线电里喊道"散开！"然后向左滚转。追击我的Fw 190顿时飞过了头，冲到我右前方时，我立刻意识到这是一个难得的机会。我没有仔细瞄准就按下了射击按钮，我看见敌机从我打出的炮弹弹道中飞了过去，然后就失去平衡，甩入了尾旋之中。这次的侥幸成功也可以算是我的一个个人小秘密。在改平飞机的时候，我看到被我击落的那架Fw 190的飞行员，在飞机即将坠入大海的时候从座舱里被甩了出来。

实际上，在这场战斗中我的表现有些手忙脚乱。虽然理智上我执行了自己的战术，但是我忘记变换桨距来获得更好的位置，当时我的飞机还设置的是巡航桨距，而且我并没有看见我打出去的炮弹命中了敌机。J.迈高（J.Magal）当时离我很近，他后来跟我说我的炮弹都打在了距离目标只有几英尺远的水面上。

在这场战斗中，墨菲差点成了首位"台风"王牌飞行员，他攻击了一架逃往法国的Fw 190，并将其打得冒出了浓烟，但事后被判定为可能击落。萨迈斯也声称击落1架Fw 190，这是他的第三架战绩，虽然他后来没能再继续为自己的击落敌机战绩添砖加瓦，却在后来第137中队执行第二轮任务时成了击落V-1最多的"台风"王牌飞行员。

1943年7月30日，第609中队的6架"台风"护航"波士顿"轰炸机去轰炸史基浦机场。刚离开荷兰海岸，"台风"就遭到了友军"喷火"的俯冲攻击，然后"喷火"又遭到了德军Bf 109的俯冲攻击。在接下来的战斗中，哈伯约恩奋力击落了1架Bf 109，利尔德也"击落"了1架，不过那架飞机并非是他在空战中击落的，而是敌机在追击他的时候由于操作不当而坠海。这个略带运气成分的战绩令比利时人的总战绩达到了确认击落4架。

1943年8月，第198中队移防曼斯顿，支援第609中队。这个中队的中队长是J.M.布莱恩（J.M.Bryan），他以前是"旋风"飞行员，就任中队长时的战绩是合作击落1架Do 217，可能击落1架Fw 190。

在随后的两次行动中，"台风"中队遭受了巨大的损失。8月13日第266中队的中队长麦金泰尔和另外两名飞行员被击落。4天后，8月17日，第182中队在执行"推弹杆"（指有专门战斗机护航的对地攻击行动）行动中，损失了50%的出动飞机。他们的行动已经被德军洞悉，德国战斗机已经恭候他们多时，并果断地对他们进行了俯冲攻击。第182中队出动的6架飞机中只有3架返航。

1943年8月18日，英格

1943年8月13日，第266中队的飞行军士D.伊拉兹马斯（D.Erasmus）在布雷斯特上空击落1架Fw 190的照相枪景象，这架敌机刚刚击落了第266中队的中队长迈金泰尔。敌机的左翼油箱被击中，发生了爆炸。

尔被提升为第124联队的联队长。随后，为了提高行动能力，降低损失，第609中队进行了2次高质量的人事调动：任命P.桑顿-布朗（P.Thornton-Brown）为中队长；他之前是飞"旋风"战斗机的，在第56中队当过分队长。巴尔德温由于在过去一段时间里表现突出，被提升为第609中队A分队的队长。

桑顿-布朗在就职后，产生了为"台风"配备副油箱的想法。当时"台风"因为相对"喷火"、"飓风"而言航程大得多，再加上大都执行本土防空巡逻任务，所以并没有配备副油箱。英国空军普遍使用的是205升副油箱，"台风"经过简单的改装，就可以在每侧机翼下各挂载1个，把作战半径拓展到643公里，战术价值非常高。代价就是携带副油箱时飞机的最大速度会降低48公里/小时，不过必要的时候可以将其抛弃。

装备副油箱可以让"台风"把德国的夜间战斗机和训练基地纳入打击范围。其实早在8月8日，L.E.史密斯（L.E.Smith）上尉驾驶挂有临时改装副油箱的"台风"，经比利时飞越荷兰，进入了德国领空，执行了一次打破距离记录的"大黄"任务，充分证明了副油箱带来的战术潜力。

不过这种油箱并不容易得到，桑顿-布朗好不容易才从地勤部队搞到6个。在经过必要的试验，证实其可用性之后，他跟巴尔德温一起，于8

"台风"使用的早期副油箱，大大增强了"台风"的远距离任务能力。

克罗利-米林是法国和不列颠之战的王牌飞行员，1942年9月，他接手第一个将"台风"作为战斗轰炸机使用的第181中队，1943年6月驻坦米尔开始对德军进行打击。这张照片拍摄于1944年夏，他正在爬进自己的座机EK270的座舱，飞机的翼下已经挂上了227公斤炸弹。

月28日驾驶挂有副油箱的"台风"，直接飞到巴黎西部执行"大黄"任务。在这次出击中他们各击落1架Fw 190，为"台风"中队以后的行动确立了榜样。巴尔德温在这次行动中的胜利让自己的总战绩达到了确认击落5架，因此成为首位"台风"战斗机王牌飞行员，并在很长一段时间内都将保持自己领头羊的位置。

9月11日，第124联队联队长英格尔指挥一个中队，参加了对博韦-蒂莱的攻击，但在战斗中被德国空军第26战斗机联队第4中队的中队长霍佩（Hoppe）上尉击落，跳伞被俘。第121联队的联队长克罗利-米林和第16联队的行动指挥官C.A.伍德豪斯（C.A.Woodhouse）上校也参加了战斗。伍德豪斯声称在战斗中击伤敌机1架，把自己的总战绩提升到击落2架、合作击落3架、击伤3架；此外另外两名参战的英国飞行员也各自声称击伤敌机1架。

1943年6月1日到9月30日这短短4个月时间内，"台风"总损失数量为66架，其中有33架是被德国防空火力击落的，其余绝大部分是各种故障造成的，空战反而是损失最小的。一般而言，"台风"中队在执行对地攻击任务时，每次出动都有可能损失1-2架飞机，有时候还不止。前面提到的8月17日第182中队，和9月16日第486中队，就非常不走运地在一次行动中损失了3架飞机。

10月4日，第609中队的巴尔德温击落1架Fw 190，为自己的战绩簿再添1分，第二天，10月5日，利尔德击落1架Ju 88，步入王牌行列。同日，斯塔克（Stark）少尉也声称击落了1架Ju 88，他和罗斯（Ross）上尉是于中午1时17分从林姆尼出发，执行"游骑兵"任务，第609中队战斗报告记录了当时的战斗过程：

我们向南飞，从苏瓦松开始，在巴黎以东约112公里处的一块平坦的森林上方，开始转向德军机场。这个机场应该是柯南特尔机场，停放有8架Bf 110，其中3架已经排成一排准备起飞，最前面那架正在加油。斯塔克少尉对中间那架敌机打了一个点射，观察到炮弹命中目标，敌机的左侧发动机和座舱起火，地勤人员四散逃跑。罗斯上尉攻击了机场另外

1943年9月27日,第198中队的中队长布莱恩正在检查自己座机JP666的机翼,在荷兰海岸攻击敌船的时候被20毫米高射炮命中,机翼被打出了一个大洞,让飞机速度降低到了最低可控速度140节,不过他还是凭借自己高超的技术把飞机飞回了基地。

一处的1架Bf 110,虽然他的反射式瞄准器失灵,但还是看到炮弹落在了目标四周,而且肯定命中了目标。此时德军的高射炮开始反击,两名飞行员没有逗留,直接向南飞去。约1分钟后,他们在自己右侧,距离9公里,约1000米高度上发现了1架Ju 88正在朝北飞。斯塔克做了一个剧烈爬升转向,然后飞到敌机后下方高度300米,距离800米位置上。敌机此时开始向东转向,斯塔克继续追击,当他把距离拉近到360米时,敌机再次开始慢慢转向北飞。斯塔克打出的第一个点射把敌机的右侧发动机打起了火,敌机开始转弯并下坠。在距离地面约150米高度上敌机再次改平,并向南飞去。斯塔克逼近到90米又打一个点射,让敌机的另外一个发动机也冒出烟来,并且观察有炮弹命中了敌机的驾驶舱。敌机速度立刻降了下来,斯塔克超过了敌机,扭头观察时看到敌机在抛弃舱门之后,有一个德军飞行员在紧贴着地面的高度上跳了出来,然后飞机就撞入了一片森林并起火。

在斯塔克和罗斯返航1个小时后,利尔德和另外一个比利时人瓦特内特(Watelet)军士升空出发。但是由于跟长机失去联络,瓦特内特放弃了任务,但是利尔德并没有放弃,

1943年10月5日,斯塔克在苏瓦松南部击落Ju 88时的照相枪照片,可以看到敌机的右侧发动机已经被他用机炮打得冒烟。

微笑中的斯塔克,这是他刚刚拿下第609中队第200架空战胜利战果后拍摄的照片。胜利从来都不是碰运气,而是留给有准备的飞行员的。

最终在巴黎以南约96公里处找到一个德军机场，攻击了地面上停放的2架Ju 88。然后在飞往拉昂/苏瓦松地区途中，他突袭了另外1架准备降落的Ju 88，他开火并观察到自己的炮弹命中了敌机的机尾和座舱，这时候德军高射炮开火还击，没有击中利尔德，反而击中了那架倒霉的Ju 88！德国轰炸机拼命拉起然后迫降在地面上，与死神擦肩而过。

斯塔克当天的空战胜利很有纪念意义，因为它是第609中队自成军以来，在空战中取得的第200个战果，因此他们在福克斯顿的美琪大酒店开了一场盛大的聚会，有600名嘉宾参加！

1943年10月15日，"台风"在海岸防御作战中最后一次击落德国战斗机；德国空军第13侦察大队的2架Fw 190遭到了第266中队的截击，被击落在开始角外海64公里处。其中1架是被N.J.卢卡斯（N.J.Lucas）上尉击落的，这是他的第二个战绩，1年前他曾驾驶"台风"跟别人合作击落过1架敌机。

## 致命打击

1943年下半年，绝大部分新装备"台风"的中队都被配属到战斗机司令部第10大队。"台风"中队每天的主要任务，也由防空巡逻，转变成了在低空穿越200多公里的海峡去打击法国沿岸目标。这种任务要求执行任务的编队长机有卓越的导航技术，可以在法国海岸精确地找到特定的位置，并绕开德军的防空阵地。不精确的导航意味着编队很有可能会吸引德国空军和高射炮火的注意，造成严重的损失。

除了进攻有良好防御的地面目标、跟德国战斗机纠缠外，"台风"中队还经常被派去攻击有良好对空防御的德国船只。盟军侦察发现有大量的德国船只停泊在法国的瑟堡，于是决定对其进行空中打击。但没有哪个中队愿意去打击这个目标，因为瑟堡港口的对空防御非常严密。皇家空军高层经过慎重考虑后认为值得一试，于是派出了装备"旋风"战斗机的第263中队和装备"台风"的第183中队去攻击瑟堡港口。10月24日清晨，两个中队对停泊在瑟堡港口中的"明斯特"号运输船进行了轮番攻击。德军稠密的防空炮火组成的火力网没能阻止勇敢的英国空军飞行员，他们扔下的炸弹中有两枚直接命中了"明斯特"号，造成了严重的伤害；而皇家空军则损失了2架"旋风"和1架"台风"。

1943年10月29日，第183中队的布雷特首次参加实战。第183中队从康沃尔的普雷丹纳克机场出发，对德军在法国布雷斯特附近吉帕瓦机场进行俯冲轰炸。在任务简报中，中队情报官警告飞行员们，可能在行动中会遭到密集的防空火力，但不会遇到德国战斗机，因为德国空军没有在当地部署战斗机中队。

布雷特觉得非常紧张，不过这并不是什么不光彩的事儿，就算是最有经验的飞行员在即将进入作战行动的时候也会觉得紧张。准确地说是一种混合了恐惧和兴奋情绪，会让人的感官失去警觉性。布雷特回忆他第一次参加战斗道：

由于携带了两枚227公斤炸弹，"台风"飞越海峡的速度很慢。低空飞行要求我们一直保持高度警惕，避免飞到海面高度6米以下，否则会撞到海浪。在即将接近目标时，我们要进行战术爬升（以最大速度爬升到3650米的高度上），然后以约60度的角度俯冲到约1200米高度上释放炸弹。我是第2个4机编队中的2号机，因此按照顺序我是第6个投下炸弹的人。攻击开始后，在爬升到攻击航线顶端时，中队长命

携带 2 枚 227 公斤炸弹的"台风"正在进行起飞前检查,实战证明"台风"执行俯冲轰炸任务也是合格的,最大俯冲速度可以达到 840 公里/小时,而且低空机动性强悍。

令道:"左梯形编队,做好投弹准备,开始攻击!"此时,德国的高射炮有了反应,高射炮弹爆炸造成的一团团黑烟,像麻点一样在天空中不断增加。

接下来中队长再次发布命令:"目标在3点钟下方……俯冲!"同时中队长驾机脱离编队开始俯冲。但到那时为止,我还没看到目标,只好盲目地跟随长机进入135度侧倾,然后向下进入了垂直俯冲。在进入俯冲后,我才意识到了我正在俯视一个有机库和其他建筑的草地机场。我调整机头,把航线指向了停放在机场中间的飞机,随后瞟了一眼高度表,看到它的读数正在急剧下降;当读数下降到1200米以下时,我稍稍拉起机头并按下了油门杆上的炸弹释放按钮。然后我慢慢朝后拉杆,让飞机慢慢地改出俯冲以避免过载过大,令我出现黑视。在飞机恢复平飞之后,我四处张望寻找自己的队友,最后在自己上方约1200米高度发现了他们,在那一刻我从未感觉到如此孤独。

布雷特不得不打开发动机紧急增压,然后把桨距调到最小,加速去追赶大部队。后来他熟练掌握了拉出正确过载的技巧,在改平飞机时虽然会短暂地失去视力,但是可以保持头脑清醒。

11月2日,第183中队出动8架"台风"对布雷斯特军港的入口进行了一次海上运输路线侦察。当时的天气是阵雨,云层高度约600米。第183中队的飞机在约75米的高度上飞行,在卡马雷海岸以西8公里处发现了两艘敌船,船尾正好对着他们的飞行方向。中队长命令编队分成2个4机编队,每个编队攻击一艘敌船。布雷特少尉是第二个4机编队中的2号机,负责攻击吨位稍大的那条敌船。两艘敌船在看到"台风"出现后立马用20毫米和37毫米高射炮进行反击。这是布雷特第一次处在曳光弹的火力之下,因为可以看到敌方炮弹的轨迹,所以他感到很害怕,不过这也是人之常情,可以理解。布雷特回忆当时的情景道:

每艘敌船上虽然只有3-4门高射炮,但是它们集中安装在一块甲板上,而且集中火力对着我们开火,这就让敌船的防空火力看起来特别集中。攻击船只的投弹技巧是在飞机急速爬升的同时扔掉炸弹,这样可以避开船上的桅杆和绳索。我们投下炸弹之后,看到两艘船都起了火,其中一条开始下沉。A.帕尔默(A.Palmer)少尉在投弹航线中被德军高射炮击中阵亡。我们编队返回普雷达纳克,把帕尔默原来在编队中的位置留了一个空缺。这也算是一种约定俗成的做法,用这种方式告诉地面上的人这次出动损失了多少架飞机,以及在战斗中谁牺牲了。

11月5日,第183中队再次出动,去轰炸位于布雷斯特南部的普朗克机场。在接近法国海岸线时,云层高度不到300米,中队长判断天气不利于发动攻击,因此带队返航,他们在途中扔掉了炸弹。途中,布雷特看见他前面的一架飞机消失在云雾之中,他猜测可能是掉进了水里。随后那架飞机的飞行员在无线电中呼叫说他的飞机擦到了海面,发生了严重的抖震。降落后,大家才发现那架擦到海面的飞机的3片螺旋桨叶中,有两片的尖端长约15厘米的部分被海浪打弯了。

11月30日,第609中队的利尔德击落了飞行员生涯中的

第56中队V形编队飞行的"台风"。皇家空军在1942年底才淘汰这种编队,改为类似德国空军的4机编队。

最后1架敌机。他在第609中队击落过5种不同型号的敌机——Fw 190、Ju 52、He 111、Bf 109、Ju 88，现在又增加了第6种：Bf 110，而且正好是在他的祖国比利时上空拿到的这个战果。

当天第198中队也开了张。中队长布莱恩带领9架携带副油箱的"台风"在荷兰上空扫荡。这是布莱恩最后一次率领第198中队执行任务，他带领红色分队，僚机"红色2"号就是巴尔德温，他已经被提升为第198中队的中队长，接替布莱恩的位置。不幸的是在去荷兰的途中巴尔德温座机的发动机出了故障，不得不在另外一架"台风"的护航下返回基地，错过了飞行员们最喜欢的"游骑兵"行动。

因为荷兰南部天气恶劣，布莱恩选择扫荡荷兰北部的迪伦地区。途中，第198中队发现了1架Ju 88，黄色分队在V.史密斯（V.Smith）上尉的带领下对其展开了攻击，他打出的炮弹给Ju 88带来了致命的伤害，小队中其他飞机也对已经损坏的敌机泼洒了火力。打掉Ju 88后，第198中队重整编队继续向迪伦飞行，在迪伦机场上空，他们发现了3个Fw 190双机小队正在绕场飞行，准备降落。就在领头的那个Fw 190双机小队着陆时，布莱恩俯冲下去解决了敌机小队中的僚机，那架Fw 190翻滚坠落在跑道东侧。随后布莱恩的僚机对已经落地的Fw 190长机发动了猛攻，打得它脱离了跑道，停在跑道外并冒出了黑烟。菲特奥（Fittall）中尉和威廉上尉将第2个Fw 190小队全部击落，第3个Fw 190小队中有1架飞机被阿伯特（Abbott）上尉击落。整场战斗只持续了短短4分钟，第198中队就击落了5架Fw 190。飞行员们并不满足于此，继续在荷兰北部扫荡。在赫伦-日珍机场上空，他们没发现有价值的目标，于是在返航途中，把怨气发泄在了他们看到的驳船、拖船、清淤船上，这些只有潜在战术价值的目标统统得到了第198中队的"照顾"。

在去法国/荷兰执行对地攻击任务时，两个"台风"中队经常一起行动，一个中队携带炸弹，另外一个警戒护航。警戒护航任务更受飞行员们的欢迎，由于没有炸弹和炸弹挂架的拖累，飞机飞起来更得心应手。不过两个"台风"中队的组合并没有持续多久，因为皇家空军认为"喷火"更适合作为纯战斗机，执行护航任务；而"台风"作为一种稳定的机炮平台，机身坚固，可以抵抗敌军的猛烈火力，执行对地攻击任务更为合适。于是从1943年底开始，去法国、荷兰、比利时执行对地攻击任务的"台风"中队，都改为"喷火"中队为他们护航。在诺曼底登陆之后，"台风"才再次为同型机护航。

"台风"飞行员发现，当他们执行海运侦察或者是战斗机扫荡任务时，在法国海岸低空飞行时，德国的重型岸防炮就会开炮。他们并不是想击落"台风"，而是想用炮弹激起巨大的水花，这样就可以迫使"台风"飞行员提高飞行高度，为德军的高射炮创造机会，这可以说是一种带有残忍目的的恶作剧。

此外，"台风"飞行员们发现他们常用的俯冲轰炸的战术损失率越来越高，因为德军的高射炮手会通过"台风"编队的变动预测他们的下一步行动，然后据此调整瞄准器，准确地拦截俯冲下来的"台风"。对此布雷特解释道：

针对"违规投球"（指德国的V-1导弹发射阵地）的俯冲轰炸已经成为我们的例行任务，德国的高射炮手对任何接近他们阵地的飞机编队都很警觉。高射炮火力就变得越来越密集，而且也越来越精准。

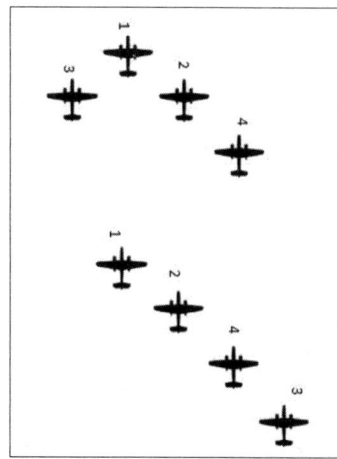

如图所示，倘若上方的四指编队在攻击前变成下方的梯形编队，这无异于提醒敌人要开始攻击了，会让敌人提前做好防御准备。如果不变队形，把攻击顺序从1-2-3-4改为1-3-2-4，这样就等于两个双机编队进行攻击，不需要变换队形，让德国高射炮手无法准确判断编队动向。

对于这种情况，要采用多样化攻击手段才会有效。当时皇家空军标准的战斗机编队是两个双机编队略微交错形成4指队形，在投弹前俯冲时会变成梯形编队。很明显，当"台风"改变编队时，德军高射炮就知道他们要投弹了，可以提前瞄准"台风"的俯冲航线。针对这种情况，第183中队中队长J.W.达林（J.W.Dring）设计了一种4指编队攻击战术。这个战术是4指编队先从目标上空飞过，然后飞机就半滚，进行破-S机动进入投弹航线。编队中的飞机按照1-3-4-2号机的顺序进入投弹航线。在大编队轰炸中，当第一个4指编队的2号机开始半滚进入破-S机动时，第二个4指编队的1号机就对他的僚机发命令，跟着他进入轰炸航线。

在这种战术投入使用后，一个4指编队可以在6-7秒的时间内就让所有飞机进入俯冲轰炸航线。相对地，德国的高射炮手无法对编队中的任何一架飞机集中火力射击，而不得不进行弹幕齐射，这样要命中目标很大程度上就取决于运气了。这种投弹方式并不会影响"台风"的轰炸精度，因为它们都是在相同的速度和角度进入俯冲的，而且飞机的位置互相错开，每个飞行员可以专心瞄准目标投弹，而不必担心在空中相撞。但在炸弹投放过程中，后面投弹的飞行员都必须等他前面的那个飞行员脱离投弹航线之后再脱离，如果提前脱离，就有可能跟他前面的那架飞机相撞。

在改进了投弹战术后，"台风"继续利用副油箱带来的航程优势在法国/比利时和荷兰上空执行扫荡任务。12月1日，第266中队在中队长P.勒菲尔夫的带领下出击，跟193中队一起，在布列塔尼海岸东南为遭到德军攻击的盟军船只护航。勒菲尔夫参加过挪威战役、不列颠之战和马耳他战役，在第266中队当中队长之前，曾在第26和第126中队待过，他担任第266中队的中队长时已经是王牌飞行员，总战绩为击落敌机4架，合作击落3架，合作可能击落1架，击伤1架。

在这次任务中，第266中队负责空中掩护。行动中他们先是遇到1架笨拙的Ju 52，将其干净利落地击落。随后他们又遇到2架Ju 88，勒菲尔夫跟他手下3名飞行员合作击落其中1架，至于另外1架到底是谁的战绩，第193和第266中队产生了争执。最后那架Ju 88被算到了第266中队的飞行员迪奥头上。

1943年12月3日，第146联队联队长吉拉姆，指挥麾下的4个中队，全体起飞对比斯开湾和布雷斯特半岛进行了一次远程"推弹杆"行动。16架"台风"作为前锋，飞行高度3800米，另外16架在后面，高度3650米。这次作战的目的是引诱德国飞机前来截击他们，然后由埋伏在6100米高度上的一个大型"喷火"编队来解决那些前来截击的Bf 109和Fw 190。

在编队接近目标区时，吉拉姆发令让飞行员们抛弃副油箱，然而意想不到的事情发生了，在3800米高度飞行的16架"台风"，扔掉的副油箱正好从在3650米高度上飞行的那16架"台风"的航线上掉落,导致它们沐浴了一场铝合金油箱"暴雨"。在进行剧烈的躲避机动的同时,它们又陷入了相撞的危险境地之中。随第183中队参战的布雷特的情况更糟糕,他的副油箱无法扔掉,吉拉姆只好让他他脱离编队先返航。

然而在这次野心勃勃的行动中,第146联队和护航的"喷火"战斗机却一无所获。因为当时驻英格兰南部的皇家空军战斗机中队每天都会两次穿越海峡执行例行攻击任务,已经形成了规律,德国人对此心知肚明,所以根本不会派出战斗机来跳这个坑。英国空军在这次行动中也认识到了这一点,因此战术必须多样化,才能打德国人一个措手不及。

12月4日,第198中队的9架"台风"主动出击,对荷兰的德军进行扫荡(第348号"推弹杆"行动),在北海沿岸跟第609中队会合,共同出击。在这次任务中,第198中队负责高空掩护,而第609中队负责低空扫荡。

在埃因霍恩上空,第198中队遭遇了4架Do 217轰炸机,果断发起了猛攻,将4架敌机悉数击落,其中1架是巴尔德温的战果。与此同时,第609中队在低空也发现了几架隶属于德国空军第2轰炸机联队的Do 217,桑顿-布朗和罗斯各击落敌机1架,然后合作击落了第3架。罗斯还跟另外一名飞行员昂里翁(Henrion)军士合作打下了第4架Do 217。外加比利时人海尔茨(Geerts)少尉击落的1架,以及他的同乡C.德塔尔(C.Detal)少尉击落的2架,第198和第609中队一共击落了11架Do 217! 这简直就是一场单方面的屠杀,德国空军第2轰炸机联队的一名飞行员在战后回忆起那场战斗时说:

我要感谢我的执勤表,当天我没有飞行任务!

但"台风"中队在行动中也并非总是顺风顺水。12月21日,第609中队损失了中队长桑顿-布朗,原因令人惋惜。当天第609中队的任务是为美国陆航的"掠夺者"轰炸机进行紧密护航,每个中型轰炸机组成的"盒子"编队都有2架"台风"负责保护。但识别错误问题再次冒头,2架"台风"被美国陆航的P-47"闪电"战斗机击落。桑顿-布朗虽然成功跳伞,但却被德国地面部队抓住杀害。随后J.威尔斯(J.Wells)接替了桑顿-布朗中队长的位置,他也算是第609

P.勒菲尔夫(左2)当时和战友们的合影,由于年代久远,照片已经模糊不清。

第七章 反　攻 | **145**

1943年12月13日"台风"中队在一次"大黄"行动后侦察机拍摄的战果评估照片，目标已经被成功摧毁。

威尔斯带领第609中队,在法国滨海贝尔克,攻击了原来的帝国酒店,那里当时已经被德军征用,并在建筑上建了一个雷达站。

中队的老兵了,当时战绩为击落敌机3架,击伤1架。

12月底的"推弹杆"行动中,第256中队的卢卡斯上尉拿下了自己的第4个战果,随后又跟战友合作在格鲁瓦岛附近击落了1架执行扫雷任务的Ju 52,确认战绩达到了5架,成为"台风"王牌飞行员。

## 王牌飞行员

新年伊始,第198和第609中队又开始大出风头。1944年1月2日,第198中队去巴黎西部执行"游骑兵"任务,在一个德国空军机场上空发现停机坪上停放着大量的Bf 110和Me 210,于是毫不留情地将它们摧毁在地面上。在返航途中,第198中队又发现几架Bu 131教练机在巴黎上空绕着埃菲尔铁塔互相追逐,于是果断发起攻击,击落1架,击伤1架,剩下的一哄而散。德国空军的Fw 190紧急起飞前来拦截,却反被中队长巴尔德温打下1架。1月3日,第609中队的德塔尔上尉击落了1架Fw 190,这是他在三个月里击落的第4架敌机。

1月4日,第198中队和第609中队一起出动(分别出动7架和9架"台风"),执行第421号"推弹杆"行动。这次作战计划是两个中队先超低空飞行到荷兰的赫伦-日珍机场,然后在那里分头行动。第609中队去掩护其他部队在沃克尔和迪伦机场的行动,而第198中队则去"访问"埃因霍恩和芬洛机场。

靠近赫伦-日珍时,第609中队的"台风"飞行员发现了1架Do 217,但并没有马上发起攻击,而是跟在它后面找到了德军的机场。接下来第609中队又开始进行单方面屠杀,一鼓作气击落了4架Do 217,此外还击毁了停在地面上2架未识别的飞机(应该是Ju 88C)。斯塔克跟其他人合作击落了1架Do 217,拿到了自己的第4个战果,距离王牌飞行员只有一步之遥。第198中队运气稍差，只击落了1架敌机，而其他"台风"中队在这次任务中颗粒无收。

截至1944年1月"台风"已经装备了19个中队，但绝大部分中队的战绩都不如第609中队和第198中队那么显眼，因为从1943年11月起，很多"台风"部队被派去参加打击"违规投球"去了。这个任务可以说是吃力不讨好，一般碰不到德国飞机不说，还要面对密集的德军防空火力。1944年春，随着皇家空军可以投入打击法国/荷兰/比利时北部德军目标的兵力越来越多，很多"台风"中队也从打击V-1发射阵地的任务中解放出来，可以执行"游骑兵"任务，但再也没取得什么像样的空战胜利，由于德国在东线的压力很大，西线部署的飞机数量稀少，自然也变得越来越难碰到了。

1月13日，第198和第609中队继续给自己的空战记分牌加分。布莱恩虽然升任第136联队的联队长，但他偶尔会抽出时间，去自己的老部队第198中队玩玩。当日，他和巴尔德温合作击落了1架德军使用的前法国空军的"海鸥"运输机。这是布莱恩的个人第5架战绩，同时也是使用"台风"击落的第4架敌机，距离王牌飞行员还有一步之遥。

1月14日，第146联队的联队长贝克带领4架飞机起飞执行了一次小型"推弹杆"任务，他们的目标是法国兰迪维索以东大约6公里，靠近铁路旁的4个仓库。"台风"在这次任务中使用了引信延时11秒爆炸的炸弹，在50米的高度上投弹，取得了圆满的成功。目标被至少4枚炸弹直接命中，一些建筑物和2辆列车被炸毁。由于4架"台风"在这次任务中全程都是超低空飞行，达成了攻击的突然性，所以没有遇到德军高射炮的反击。

1月24日第198中队的G.伊戈尔（G.Eagle）上尉，在一场空战中完成了击落3架敌机的壮举。伊戈尔之前在西非的沙漠第274中队飞"飓风"Ⅱ，击落过2架敌机，可能击落1架，击伤3架。距离王牌飞行员尚有距离，但他只用了一场战斗，就成为了王牌飞行员。

当天第3、第198和第609中队从柯提肖起飞，出动24架飞机，为海岸司令部的"英俊战士"轰炸机护航，去攻击弗里斯兰群岛的德国船只。"台风"中队和"英俊战士"中队约定在柯提肖上空会合，但"英俊战士"编队抵达柯提肖的时间比预定时间早了2分钟，错过了"台风"编队，只有第3中队和第198中队的4架"台风"勉强跟"英俊战士"编队取得了联系。其他的"台风"在空中搜索了20分钟都没找到"英俊战士"编队，不得不返回了基地。

作为未能跟"英俊战士"编队会合的"台风"之一，伊戈尔并未选择返航，而是继续按照预定航线飞行，希望能够追上"英俊战士"编队，但并未成功。当他在超低空飞到阿莫兰岛以北48公里处时，遭遇了德国空军的12架Bf 109G。敌机分成3个4机编队，排成倒"V"字队形，飞行高度约90米。从伊戈尔的角度看过去是从他的左侧接近向右飞去。伊戈尔没有犹豫，直接向敌机编队发动了攻击，他在战斗报告中写道：

我向左急转弯并攻击了德国战斗机中队的长机，在距离270米、方位角90度、目标速度418-450公里/小时的条件下，按照三又二分之一环提前量对目标打了一个点射，我的炮弹命中了敌机的机腹副油箱，导致副油箱爆炸，整个飞机被引燃的燃油造成的大火包裹，敌机一头扎进了大海。

我保持相同的航线和提前量，把目标转移到了同一敌机编队的3号机身上,打了一个长点射,从180米一直打到72米。一开始目标没什么动静,然后我打出的一发炮弹命中了敌机的座舱,敌机冒出了灰烟,突然左转弯,跟编队中的4号机相撞,两架飞机一起撞入大海。

在伊戈尔左转发起攻击的同时,其他两个敌机编队中的1架敌机做了一个半心形转弯机动,试图对伊戈尔进行迎头攻击。但是此时伊戈尔已经完成攻击,脱离攻击航线,并开始用最大马力逃跑了。由于使用了最高增压,他飞机的排气管甚至都喷出了黑烟!此时被伊戈尔攻击的那个编队里幸存的那架敌机也试图绕到伊戈尔身后,但未能成功。眼见无法追上伊戈尔,德国战斗机只好悻悻返航,伊戈尔则轻松找到

伊戈尔上尉单机突击Bf 109编队,击落3架全身而退。他之前在北非第274中队飞"飓风",有过一些声称战绩,但这次成功让他的确认战绩达到了5架,成为了真正的王牌飞行员,另外他还有可能击落1架到3架敌机。战后他在驾驶"台风"试飞哈维兰公司新型螺旋桨时遭遇飞机解体,坠落在了部落肯赫斯特附近。

了航线,安全返回柯提肖。

伊戈尔因为在这场空战中的英勇表现而获得了一枚优异飞行十字勋章,同时还有王牌飞行员的称号。他在残酷的二战中幸存,但却在战后死于"台风"服役生涯中的倒数第二次坠毁事故之中,原因是"台风"的老毛病,机尾解体。

3天后,1月27日,"台风"中队又诞生了2名王牌飞行员,第609中队的德塔尔和斯塔克在布鲁塞尔执行"大黄"任务时步入了王牌行列。德塔尔首先在布鲁塞尔的厄拉上空击落了1架银色Bf 110(还没有涂装,应该属于某个检修机构),然后在艾弗尔机场上空又扫射击毁了1架Bf 110。随后德塔尔追击并击落了德国空军第2战斗机联队6中队的1架Bf 109,敌机坠毁后撞到布鲁塞尔南郊的一栋房子,燃起了熊熊大火。德塔尔很担心那是他自己家的房子!这是德塔尔的第5和第6个确认击杀——也是他的最后1个,这名天才飞行员在2个月后死于一次飞行事故。斯塔克在布鲁塞尔上空击落了1架前法国空军的"海鸥"运输机,其被德国空军俘

德塔尔在亚眠南部的鲁瓦机场低空攻击1架停放在跑道上的Ju 88轰炸机的照相枪景象。

第198中队的皇家加拿大空军飞行员J.M.C.普拉蒙顿（J.M.C.Plamondon）上尉在法国北部击落Ju 88时的照相枪景象，炮弹命中了敌机的机身，爆出了火焰，很快就坠地了。

获后编号改成了Fw 58，最后坠入了布鲁塞尔一座民宅的后花园中。

2月份，又有4名飞行员在"台风"作为战斗机的时光结束之前，跨过击落5架敌机的门槛，成为王牌飞行员。第一个是第266中队的卢卡斯，他之前已经有4个确认战绩（其中合作击落3架），2月9日他在艾弗尔附近执行78号"大黄"行动时击落第5架敌机，成为王牌飞行员。这次空战有别于常见的双方都以最大油门互相追逐，但同样考验飞行员的飞行技术。卢卡斯在任务中发现自己右侧9公里外有一架未识别飞机，于是追了过去：

当我接近到敌机后方约1350米时，我认出来那是1架Do 24飞艇，它的飞行速度很慢，如果我用常规攻击方式，很容易超过它。所以我放下了拉德板然后朝后收了油门，慢慢地接近敌机。我从敌机正后略微靠下的位置，从450米到180米打了3个2秒点射。我观察到我打出去的炮弹全部都命中了敌机，它的两个外侧发动机都着火了，而且安定翼炸成了一团火焰，很快就蔓延到了机身。在我脱离之后米勒上尉也对其进行了攻击，随后我看到敌机发生了几次爆炸，火焰沿着机翼蔓延。敌机最后坠落在两块农田之间的田埂上，撞上了一棵树，横着翻了个筋斗，发生了爆炸，产生的浓烟一直升腾到约300米高。

这份报告中提到的"拉德板"指的是散热器整流罩下方的风片，可以在低速条件下提升散热性能，当然也可以有效地作为减速板使用。Do 24的正常飞行速度甚至可能比"台风"的失速速度还要慢，卢卡斯冒着失速的危险减速去攻击它，可谓艺高人胆大。

第2天，2月10日，第266中队再次参加行动，跟第193中队一起去"访问"巴黎。8架"台风"从纽弗瑞斯特的比利出发，在第146联队的联队长贝克的带领下，执行第10大队的第80号"大黄"行动。两个中队抵达巴黎附近的埃唐普机场后，发现机场上散布着15架Ju 88，"台风"中队就开始按照典型战术发起攻击。贝克联队中迪奥中尉在这次行动中颇有斩获，贝克的作战报告如下：

部队：第193和266中队，

8架"台风",联队长贝克带领

机型：全部为"台风"ⅠB

任务地区：巴黎东北部16-24公里处

天气：厚雨云

战果：击落1架Do 217、1架Fw 190

由于天气恶劣，攻击后我跟自己的僚机失去联系，并且发现自己的飞机开始结冰。我在云块中飞行，高度只有275米，而且高度还在继续下降。

我朝座舱外张望时，突然发现1架Do 217在250米高度上向东飞，就在我前方180米处。我接近到敌机正后方63米打了一个点射。敌机爆发出了火焰，随后我看见它撞到了地面。

接着我检查了航线，发现我正在朝东飞。于是我改变航向，在低空朝西北方向飞去，穿过了几个雪阵。我穿过其中一个雪阵后，看见1架Fw 190正在朝西北偏西方向飞，高度约250米，距离我约450米。我接近到敌机正后方高度略低的位置，在45米距离上，跟刚才打Do 217一样对其发动了攻击。随后敌机的发动机起火，并翻滚起来，然后我就看到它在一团火焰之中坠地。

我继续在雪云中朝西北偏西方向飞行，突然我发现自己飞到了巴黎上空，高度只有屋顶那么高，我立马改变航向朝西北偏北方向飞行。我看见凯旋门距我很近，旁边一个大型体育馆内正在举行足球比赛。巴黎上空没有一点防空火力。

我在勒特雷波尔西南12公里处超低空穿过了法国海岸线，德国的防空火力还是打了一些炮弹"欢送"我。穿过海峡后，我沿着英国海岸巡逻飞了一小段时间，最终降落在纽切奇。

迪奥中尉在战斗中击落了1架Ju 88，成为了"台风"王牌飞行员，他的作战记录详细记载了他是如何取得胜利的：

我俯冲下来，在270-180米距离上对停放在地面上的Ju 88打了一个短点射，命中了敌机的机身，敌机爆发出了火焰。在攻击后我回头看了一下，看到敌机猛烈燃烧起来，火焰足有30多米高。随后，我们重整队形并设定航线为010度，飞往另外一个德军机场：布雷蒂尼。抵达布雷蒂尼上空后，我攻击了停放在掩体中的一架大型敌机，看样子是1架Do 217。德军地勤正在维护那架敌机，一辆工作车就停放在它旁边。我打出的炮弹一开始有点偏，但最终还是命中了敌机。四处爆炸的炮弹吓得地勤人员四散逃跑，可能有几个被我打死了。完成这次攻击后，我看见1架Ju 88在300米高度上向西飞去，在无线电里告知了联队长敌机情报后我就对其发起了攻击，从320米到137米打了一个2秒钟点射，攻击提前量20度到10度。我观察到我打出的绝大部分炮弹都命中了敌机，并使其燃起了大火，在半空中解体后坠地。此时我已经跟巴尔克联队长他们失散了，跟其他的友军飞到了一起（2架第266中队和1架第193中队的"台风"）。我们组成编队，把航线设定向西，过了3分钟后我遇到了我的僚机麦克吉本（MacGibbon）上尉，他报告说右侧有敌机，于是我们转向搜索，发现目标是敌人的教练机，正准备降落。我的弹药都打光了，没法进行攻击，麦克吉本上尉一口气打掉了3架教练机。随后我们再也没有碰到其他友机，我命令我们整个临时组成的分队重整编队，然后设定航线返航。

麦克吉本击落的3架敌机是德军使用的前法国空军的老式"耶鲁"教练机，起落架还是固定的。在这次战斗后麦克吉本的确认战绩达到了4架，同时他也是最后一名在一场战

第七章 反攻 | **151**

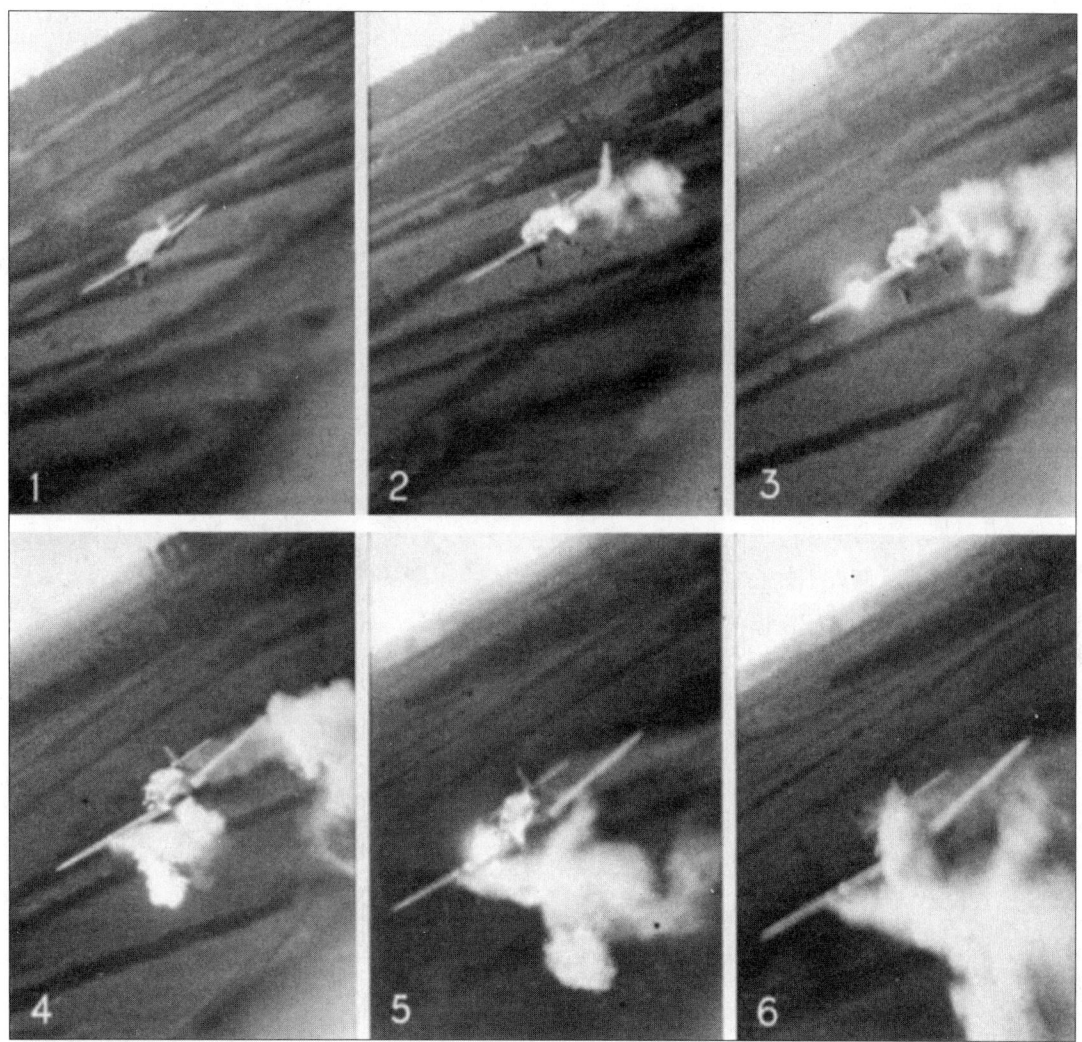

第266中队在法国北部机场上空击落Bf 109G的照相枪连续景象，可以看到炮弹命中了敌机的左翼，敌机冒出了浓烟。

斗里击落3架敌机的"台风"飞行员。

2月12日，第198中队的J.尼布里特（J.Niblett）上尉击落1架LeO 45观测机，成为王牌飞行员。他在6个星期内击落第5架敌机，包括1架Bf 109和2架Fw 190，合作击落过1架Me 210。3个月后，他被提升为第198中队的中队长。

最后一名在1944年2月份成为王牌的"台风"飞行员是拉勒曼特，之前提到过他有1架"可能"击落的Fw 190战绩，根据事后无线电监听结果，应该是确认击落。如果这个战绩属实这会让他成为王牌飞行员的时间提前很多（1943年2月14日），也就是说他实际上会是第一个"台风"王牌

飞行员。此外，1944年1月21日他击落了1架Me 210，但是他不被允许认领这个战果，因为他当时在第197中队执行任务，但联队长已经下达将他调到第198中队的命令，如果他认领了这个战果，就会被算在第198中队的头上。作为第198中队的竞争对手，第197中队自然不甘心自己麾下的飞行员

战绩被算在别人头上,于是将这个战绩算作中队共有。后来在诺曼底登陆后,拉勒曼特通过定位敌机残骸确认了自己战果,但官方认定的战绩已经无法改变。

虽然时间推迟到了2月26日,拉勒曼特还是拿下了自己第5个官方确认的战绩,成为王牌飞行员。当天,他和他的僚机哈迪上尉接到命令去截击敌机,从曼斯顿紧急起飞,但并没有找到敌机。两人不甘心就这么回去,决定去法国海岸碰碰运气。在敦刻尔克外海他们遭遇了1架Bf 110夜间战斗机。拉勒曼特在对Bf 110进行一波迎头攻击之后,又调头从后面把更多的炮弹倾泻到那架绝望的双发战斗机身上,打得它一头扎入大海。事后调查发现,这架Bf 110的飞行员是德国空军一名拥有54架战绩的"专家"(盟军有5架战绩称之为"王牌",德国空军有10架战绩称之为"专家"),即第1夜间战斗机联队Ⅳ大队的赫尔穆特·温克(Helmut Wink)参谋军士,当天他做了一个相当不明智的决定,驾驶着笨拙的夜间战斗机白天在海峡上空飞行。

1944年初,"台风"作为纯战斗机的日子已经屈指可数了。从2月份开始,除了2个

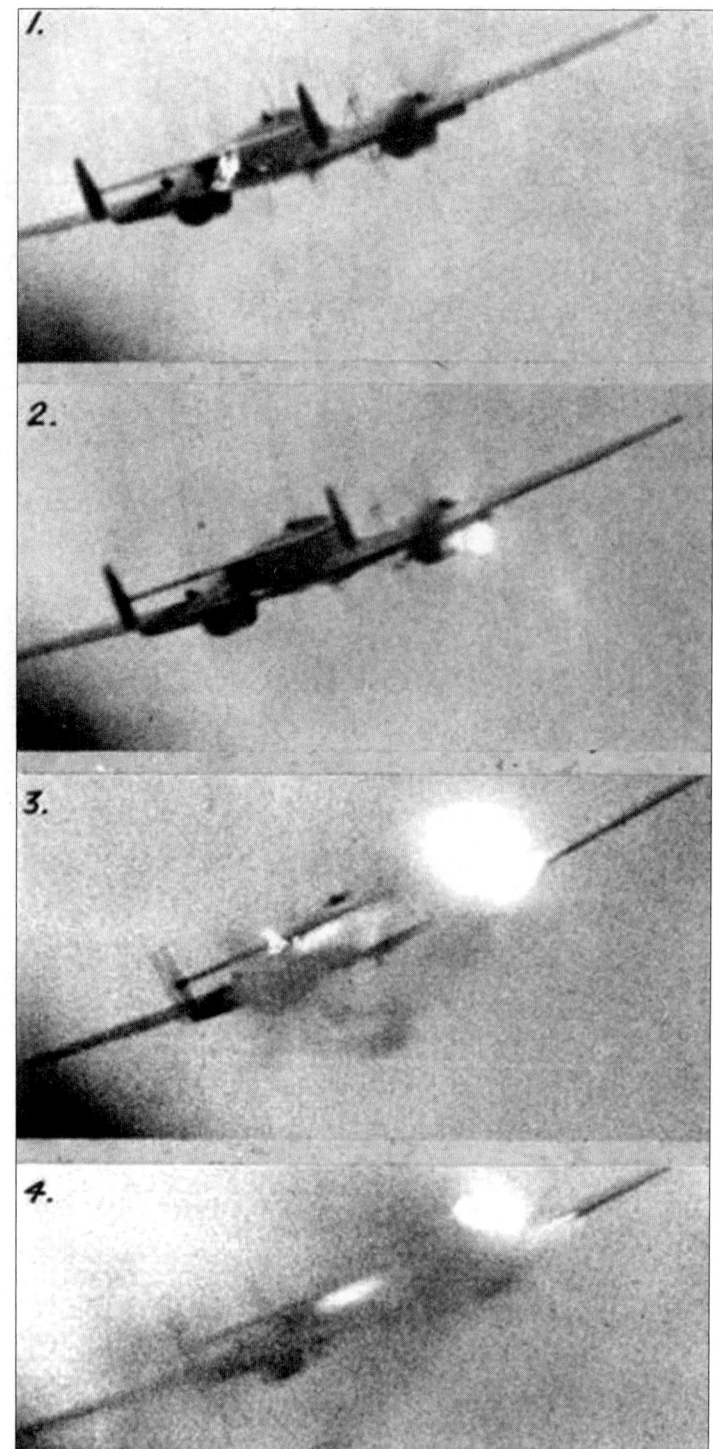

拉勒曼特击落德国夜战"专家"赫尔穆特·温克时的照相枪图片,他准确地命中了敌机的右侧发动机。温克是德国著名的夜间战斗机王牌,击落过54架盟军飞机,其中绝大部分是轰炸机,拉勒曼特此举可谓是为执行夜间轰炸任务的战友们报了大仇。

第254中队的"台风"正在进行地面维护,准备出动。一名地勤人员正在清理机炮的炮管,而另外一名地勤人员则打开了机炮上面的盖子,给机炮装弹。

"台风"中队以外,战斗机司令部手上的其他"台风"中队都被调到了正在组建中的第二战术空军麾下。在空战中战功赫赫的第198和第609中队,飞机上也装上了火箭发射器,去执行对地攻击任务。此外,"台风"中队也逐渐丧失了独立行动的权力,只能按照上级命令对海峡对岸的公路、铁路、雷达站进行系统性破坏,为诺曼底登陆做准备。

"台风"自投入行动以来2年多里取得的很多成就,成为了皇家空军阵容中耀眼的明星武器。第146联队的联队长比蒙特,对"台风"的战术运用贡献颇大,他评价"台风"道:

……一种新型战斗机飞行员产生了。传统的"喷火战斗机男孩"还是最让人艳羡的,因为他们的任务是夺取并保证空中优势。但是"运泥巴"的"台风"部队,和后来的"暴风",成就了一批风格粗暴、敢于直面任何危险且具有献身精神的飞行员,他们自信有能力用大规模的战斗机行动击败任何敌人,甚至是天气。用火箭弹、炸弹或者是他们最爱的20毫米机炮对目标发起精准且猛烈的攻击。

他们是技术高超、勇敢无畏的飞行员,对自己的任务感到非常自豪,因为自诺曼底登陆之后,他们每天都可以清楚地看到自己的战果。在盟军横扫欧洲的过程中支援甚至是解救了很多地面部队,使他们免遭惨重损失。

# 第八章　迟到的好学生

## 第二战术空军的成立

1944年春季和夏初，英国的平民百姓都能感受到一种紧张的氛围，那就是驻扎在英国的盟军即将进行一次空前规模的行动去击败德国。如果失败，无疑将会导致在欧洲大陆开辟第二战场的行动大大推迟。这个大型行动的安全工作虽然做得很周密，但当时的人们对盟军即将登陆欧洲大陆这一事深信不疑。

在北非和意大利，皇家空军组建的第一支战术空军沙漠空军获得了极大的成功。在准备进行登陆欧洲大陆作战时，盟军参考沙漠空军成立了一支新的战术空军，即第二战术空军。第二战术空军在1943年6月1日开始筹建，下辖三个大队，分别是第83、84和第2大队，是一支拥有空优战斗机、对地攻击机和侦察机中队的完整战术空军部队。

第二战术空军的首任指挥官是A.康宁汉姆（A.Coningham）中将，1944年1月21日上任；他之前指挥过沙漠空军，有丰富的战术空军指挥经验。他的副手是H.布罗德赫斯特（H.Broadhurst）少将，负责指挥第83大队，支援英国第二集团军；以及布朗少将，指挥第84大队，用来支援加拿大第一集团军。第2大队则主要负责侦察、通信联络、指挥等任务。

"台风"中队也进行了改组，第二战术空军刚成立时，就有6个"台风"中队被划到了第二战术空军的麾下，组成了第121和第124联队。随后第137、164、184和263中队也分别在1944年1月、1944年1月、1944年3月和1943年12月换装了"台风"，组建了第129和第136联队。此外，皇家加拿大空军也有3支部队接收了"台风"，它们是第438、439和440中队，分别在1944年1月、2月和3月换装；然后这3个中队组成了第143联队。

## "暴风"服役

在第二战术空军建立的同时，"暴风"姗姗来迟。在经历了1943年末到1944年初的改进事项导致了交付的延期后，1944年1月14日，第一批3架"暴风"被交付给驻西苏赛斯郡坦米尔的皇家新西兰空军第486中队。一星期后，又交付了2架，第486中队也紧锣密鼓地展开了换装训练工作，越来越多有经验的飞行员很快就掌握了这种新型号战机的飞行技术。1月底，第486中队移防新福利斯特郡的比利，跟第263中队一起行动，当时第263中队刚从"旋风"换装"台风"。第486中队为了纪念离开已经驻扎了15个月之久的坦米尔机场（在这15个月里第486中队成了战斗机司令部旗下战功最显赫的中队之一），

第486中队刚刚接收"暴风"V时，JN766跟当时中队中最后1架"台风"（MN282）一起飞行的场景。

临走的时候进行了一次激动人心的"火力扫射"表演。不幸的是，当参加表演的"暴风"在机场边界投弹扫射后拉起爬升的时候，遭到了披着伪装网的己方高射炮的截击，3架"暴风"受伤，为了掩饰这个尴尬，皇家空军对外宣称飞机是"飞鸟撞击"受伤的。

由于这3架受伤的飞机在接下来的大半个月里无法升空，剩下的2架"暴风"也不足以维持换装计划。于是空军高层命令把这2架飞机调给驻肯特郡曼斯顿码头的第3中队，其他的3架在被修复后也调了过去，然后第486中队就被调到移防苏格兰的德雷恩。至于为什么要这样，空军从未给出充分的解释。官方的说法是第3中队离生产厂家更近（说是对交付培训周期很重要），而第486中队的调动则

1944年4月8日，第486中队的新西兰人J.R.库伦（J.R.Cullen）上尉跟自己的"暴风"V新座机合影。他在反"潜鸟"行动中战功卓著，击落了16枚V-1，1945年2月到10月他被调去指挥装备"台风"的第183中队。

是一个"行政失误"。原因也许如此,但真相更像是新西兰人在获得首先装备新型战斗机的待遇后,因为失误损坏了新式战斗机,结果被空军施以"惩罚性调动"。"暴风"在这之后拖延交付变得更严重了,先是频繁出现螺旋桨油封失灵的问题,随后第43地勤大队接收和准备程序要重新制定,再加上霍克-西德利公司与生产工厂之间的工业纠纷,都让"暴风"的交付进度步履蹒跚。

第3中队在2月末接收了第1架"暴风",1944年3月6日移防布拉德威尔湾后完成"暴风"的换装,中队性质也从战斗轰炸机中队变成了空中巡逻战斗机中队。4月份第3中队在埃尔进行了武器训练,4月14日回到了布拉德威尔湾。在成功完成训练任务具备行动能力后,第3中队在4月23日首次参战,执行空海救援支援任务。两星期后第3中队移防纽切奇,9月份又移防马特拉斯克。

"暴风"进入现役期间,原来的战斗机司令部也改名为大不列颠防空部队,为即将来临的V-1空袭进行了重组。3月11日,在萨福克的卡斯坎普组,大不列颠防空部队成立了第25联队和第150联队,其中第150联队装备"暴风",下辖第3、第56和第486中队。

第150联队联队长是比蒙特,他刚刚结束了休息周期,不过他在休息周期这段时间里根本没有休息,而是在霍克-西德利公司当试飞员,协助"暴风"尽快服役。第11大队的指挥官H.W.L.桑德斯(H.W.L.Sauders)少将选中了他,让他负责第一个"暴风"联队的筹建工作。比蒙特3月7日抵达卡斯坎普第150联队就任联队长。

6天后,3月15日,第486中队也结束了他们在德雷姆的"惩罚",移防卡斯坎普。从4月3日开始接收"暴风"。当时第56中队还没有接收到1架"暴风",而且还驻扎在北约克郡的斯高顿,远离前线。从3月末到4月初,3个中队都在苏格兰的埃尔武器训练营进行为期一个星期的新飞机武器训练。在去训练营时,第3中队当时已经有10架"暴风"和4架"台风",第486中队仅有4架"暴风",其他都是"台风",第56中队还全部是"台风"。对于第3和第486中队而言,在武器训练营期间学到最有价值的就是"暴风"的空对空射击技术和经验。

4月底,第150联队麾下的3个中队全部都聚集在新基地,位于肯特郡罗尼姆沼泽的纽切奇机场,达到满编状态。这个机场被作为第150联队在英国南部海岸的前线机场使用,除此之外还有好几个机动部署机场,分别位于肯特郡的海德科恩,东苏克赛斯的福利斯顿和西苏克赛斯的盖特威克和阿普德拉姆。这几个机场的位置反映了"暴风"作为空中优势战斗机在即将到来的盟军登陆作战中争夺制空权的作用,同时也是防御V-1导弹的"急先锋"。

由于"暴风"的交付速度依旧十分缓慢,皇家空军决

第3中队在接收"暴风"V时中队长是A.德雷奇(A.Dredge)。照片中的他正在跟情报官开玩笑。他之前在马耳他第261中队飞"飓风"(声称击落4架,可能击落1架,击伤1架,合作击伤2架),然后又去了第183中队飞"台风",1943年10月接手第3中队。在随后的战斗中,他有确定击落了5枚V-1,1944年8月休整,获得了优异服役勋章,但在胜利日10天后,他的"蚊"式飞机坠毁,不幸遇难。

定让第56中队暂时装备"喷火",原来装备的"台风"则划拨给了第二战术空军——战斗轰炸机在当时也供不应求。在"喷火"IX抵达纽切奇之后,第56中队的"台风"就移交给第13维护部队进行必要改装。第56中队完成"喷火"的换装后,就移防到肯特郡的霍金,接替第501中队执行天气和船只侦察、空对海侦察/搜索任务,偶尔也进行一下中队级别的扫荡任务。换装"暴风"后,这些任务对于当时有很多菜鸟飞行员的第56中队而言,是极佳的训练机会。

第150联队一开始只是零星地派出一些飞机,执行武装反舰侦察和对地扫射等强度比较低的任务。不过纳皮尔公司"军刀"发动机像折磨"台风"一样又开始折磨"暴风",导致发动机熄火紧急迫降的现象经常出现。这个问题的解决方法只能跟以前一样,通过加强维护来降低这种问题发生的可能性,代价就是地勤高强度的工作。

1944年5月3日,第150联队开始进行第一次整编制行动,第3中队的中队长A.德雷奇带领8架飞机,去法国北部的阿尔芒蒂耶尔的敌占区上空进行扫荡,没有遇到任何抵抗。随后第3和第486中队开始进行一系列小规模的行动,很快"暴风"在行动中就有所斩获。

5月8-9日夜,第3中队的B.巴克利(B.Barckley)上尉,在法国勒阿弗尔南部攻击一辆卡车时,首次看到了"暴风"在接下来一段时间里将要面对的主要对手——V-1导弹。巴克利看见900米的高度上有一团明亮的光芒正在飞行,他立刻爬升加速追赶,但是发现很难追得上。根据中队的作战记录记载,巴克利对那团闪光打了一个点射,将其击落。巴克利后来回忆道:

我打了一个长点射,它(指那团闪光)立刻就掉了下去,坠落在了多维尔地区的海里——我的日记里提到过它,把它写成了"喷气船"。

事后对照记录发现,当时德军的第155高炮团正在该地区进行导弹点火测试,而巴克利在作战报告中提到的"喷气船"很可能就是盟军首次在战斗中成功的击落Fi 103——也就是广为人知的V-1导弹。一个月后,V-1成了"暴风"战斗机在1944年夏天主要的敌人。

实际上,早在1943年12月,皇家空军对加来海岸进行照相侦察时,就发现了一些从未见过的建筑物,最终被确认是V-1导弹的发射阵地。随后搜集到的情报表明这些建筑需要227公斤甚至更高磅数炸弹的直接命中才能摧毁,因此英国派出了大量的飞机去摧毁它们,"台风"中队也经常参与行动。在诺曼底登陆的时间表出来之后,"台风"中队针对V-1导弹阵地的打击行动在1944年第一季度开始减少,但是并没有停止。

面对皇家空军的空袭,德国人放弃了原来遭到打击的导弹发射阵地,建造了隐蔽性更好,抗打击能力也更强的发射阵地,甚至需要1吨以上的炸弹直接命中才能奏效。此外德国人还研发了机动式发射车,大大增加了盟军的打击难度。

## 扫荡海岸

在诺曼底登陆行动紧锣密鼓地准备时,除了打击"违规投球"外,"台风"中队对法国、比利时和荷兰的桥梁、公路、铁路等目标进行了封锁、摧毁行动,以阻截德军的公路和铁路交通。德军在法国海岸线的雷达站是主要目标,不仅登陆区的,非登陆地区的雷达站也需进行打击,让德军难以判断盟军的真实意图。在登陆日之前，德军在法国布伦以南的6个远距离雷达站全部被摧毁，其他的也严重受损不能正常使用。"台风"中队是执行这些任务的主力，每个中队一般出动8架飞机，分为2个4机分队，1个分队携带火箭弹，负责压制敌方的防空火力，另外1个分队则携带炸弹，负责炸毁目标。

截至4月份，20个"台风"中队中，有18个被配属给第二战术空军麾下的第83和84大队。只剩下第137和263中队继续留在大不列颠防空部队序列，分别驻曼斯顿和哈罗比尔。这两个中队的飞机也装备的是火箭弹和炸弹，主要任务是在英吉利海峡内执行反舰任务。其他装备火箭弹的"台风"中队开始参加武器训练营，来提高火箭弹对地攻击的精确性。第一支参加训练营的部队是第174中队，飞行员被送到伊斯特彻奇进行进一步的训练。其他中队，比如第83大队的第175、181、182、184、245和247中队，第11大队的第164、183、198、609和137中队，在兰贝德和赫顿克兰斯维克轮流进行训练。那些没有被要求进行火箭弹发射训练的部队则继续执行战斗轰炸机的任务。"台风"的对地攻击性能在具备挂载8枚对地攻击火箭弹后达到了顶峰，一次火箭弹齐射的火力，相当于一艘轻巡洋舰的一次侧舷齐射的威力。

1944年4月6日，第146联

德军位于奥斯坦德（比利时城市）附近的雷达，绰号"烟囱"，1944年3月16日被选为"台风"的火箭弹实验攻击目标，第198中队在巴尔德温的带领下对其实施了攻击，导致这个雷达站整整失去工作能力3个月。

在诺曼底登陆前,第二战术空军对法国、荷兰、比利时沿岸的目标发动了大量的攻击,一来最大程度上瓦解德军的抵抗力量,二来迷惑德国人,使其误判盟军的真实登陆地点。照片是"台风"打击过的德军海岸阵地。

队联队长贝克带领第266中队出动,前去法国西北部执行"游骑兵"任务,伊斯特伍德(Eastwood)少尉在战斗中击落了1架Ju 88轰炸机,他在战斗报告中写道:

第266中队,"台风"ⅠB,11时53分-13时55分。攻击时间约为13时,地点为法国西北部城市雷恩;战果为合作击落1架Ju 88(J.O.赫利军士和M.R.伊斯特伍德少尉)。

我们在盖尔地区雷恩机场上空执行"游骑兵"任务,在超低空飞行,我驾驶"蓝色2"号机。我们在雷恩南部向西飞时,我在右侧发现了1架飞机,距离约6公里,高度约700米。我向贝克联队长报告了情况,他命令我们对敌机发动攻击。我认出那架敌机是Ju 88,然后左转弯转向敌机,与此同时敌机也开始右转。在转向中我接近到距离敌机约180米距离上,以方位70度,用机炮对敌机尾部打出了一个点射,观察到炮弹命中了敌机的左侧机身,左侧发动机起火。然后我脱离攻击航线俯冲到了敌机下方,拉起之后又进行了一次攻击,打了一个点射然后就飞到了敌机前面。我的僚机"蓝色3"号机,此时也从敌机的尾部发动了攻击,他打了一个长点射然后脱离,然后我再次飞到敌机后方,快速接近到约90米距离上打了最后一个点射。此时敌机燃起了大火,尤其是右侧发动机。随后我看到敌机有1名机组成员跳伞。敌机慢慢损失高度,最终坠毁,爆炸造成的烟雾上升到了约300米高度。在我们攻击Ju 88的过程中,雷昂机场的上空出现了密集的防空火力，我们击落敌机后立刻加速躲避，随后我们追上中队并返回了基地。

跟伊斯特伍德合作击落Ju 88的赫利军士在战斗报告中写道：

我在4月6日的任务中飞的是贝克联队长率领的蓝色分队的3号机。我们在执行"游骑兵"任务抵达雷昂南部时，"蓝色2"号（伊斯特伍德）报告在3点钟方向发现了1架敌机，高度约700米，我们当时在低空。"蓝色1"号（贝克）让2号机去追击敌机，于是2号机和我脱离编队，扔掉副油箱开始爬升追击敌机。追上之后2号机对Ju 88的左侧进行了1/4提前量攻击，并且快速接近敌机。然后他脱离了攻击航线，我进入攻击位置。我看见我打出的炮弹命中了敌机的尾部，我增加一点提前量，取得了更好的效果，看到弹着点前移，命中了已经被2号机打成了重伤敌机的发动机。脱离的时候我注意到敌机的右侧发动机在燃烧，左侧发动机也冒出了浓烟。2号机再次发动攻击，Ju 88高度不断下降，最终撞向了地面，腾起浓烟。

那架Ju 88在遭到2号机第一次攻击时放下了起落架。在我发动攻击后1名机组成员跳伞，他的降落伞打开了。雷昂上空出现了密集的防空火力。中队长福尔摩斯打哑了一个正在攻击2号机和我的高射炮阵地。Ju 88全程没有反击，我也只是俯冲，做了轻微的躲避动作。

1944年4月29日，第146联队联队长贝克率领驻比利附近的利兹奥尔角第197中队出击，去法国上空执行"推弹杆"任务。由于当天法国上空的天气不好，第197中队没能找到原定目标，只好把炸弹扔到了第二目标上。第197中队的战斗报告写道：

两架"台风"正在起飞，携带2枚454公斤炸弹，准备攻击德军在法国海岸的目标。

我们凌晨4时30分就起床了,接到命令让我们保持准备状态。大约7时45分,联队接到命令,让我们组建了一个编队前往普利茅斯北部的哈罗威尔机场。抵达后我们被告知先去食堂吃饭然后再做简报。在简报中我们得知目标是布雷斯特半岛的莫来,侦察报告显示那里停泊着很多德军的船只。出动后,我们在低空飞行,穿过法国海岸线的时候爬升到4000米,进入法国陆地后再转向飞向我们要攻击的船只,然后以最近的航线返航。我们对停泊在港口里的船只进行了俯冲轰炸,从4000米一直俯冲到500米,速度达到820公里/小时才拉起飞机。我们中队扔下的炸弹有一枚直接命中目标,另外还有2枚近失弹。联队中的其他中队也随后发动攻击,然后我们组成战斗编队返回英格兰。

虽然德军的防空火力很浓密,而且还有阻塞气球,但我们没有损失飞机。回到哈罗威尔后,我们接到命令,要求我们继续准备,但是并没有下一步命令,于是我们中队在第二天早上返回了利兹奥尔角。

第197中队的飞行员在这次行动中,多次进入了第三等级准备状态。皇家空军的准备分为三个等级,第一等级:每隔一个小时就进行15分钟的准备工作;第二等级:降落伞放在座舱里,飞行员随时可以进入座舱驾驶飞机起飞;第三等级:飞行员坐在座舱里待命,随时可以起飞。

在第三准备等级,飞行员要绑好安全带坐在座舱里,发动机保持热机,一切都准备就绪,飞机可以随时启动并起飞。当机场扬声器响起起飞信号时,飞行员只需按下柯夫曼启动器,并打开油门,把飞机滑向跑道起飞。与此同时,管制塔台会用红色信号灯发出信

被"台风"用火箭弹和机炮摧毁的德军"大伍兹堡"雷达。

号，警告其他飞机不要争抢跑道。训练有素的中队可以在一分钟之内就把中队所有飞机全部升空，这就是不列颠之战和长期在空中进攻法国的战斗中训练出来的能力。

5月18日，第136联队的联队长布莱恩，与别人合作击落了1架Bf 109，让他成为了最后一名"台风"王牌（不包含在其他型号上取得的战绩）。此后，虽然在诺曼底登陆期间"台风"的飞行员们击落了50架敌机，但是平均分布在17个中队之中，再没有新的王牌飞行员诞生。

5月27日，第183中队被派去攻击位于弗吕日的一个"芙蕾雅"（北欧神话中司爱与美的女神，德军一种雷达的代号）雷达站，但是由于厚厚的雾霾，而且飞行高度不到600米，没能找到目标。但是6月2日，第146联队再次出动，攻击位于昂蒂菲角的德军雷达站，这个雷达站的探测范围覆盖了整个盟军预备登陆区航线，所以必须打掉。第183中队的布雷特驾驶"台风"MN576参加了这次任务，联队里的其他中队也被派出去攻击德军远离登陆场的雷达站，以迷惑德国人。

在"台风"中队对法国北部海岸进行大规模攻击的同时，"暴风"中队还在执行风险相对比较小的天气和船只侦察任务。不过这种任务看似简单，但也有相当的风险。4月和5月"暴风"中队共发生了6起发动机故障导致的迫降事故，其中4架"暴风"因为重伤而被除役，不过没有人员伤亡。这些发动机故障事故所幸都发生在陆地上空，如果发生在海上，伤亡就不可避免了。

5月27日，2架"暴风"在外出执行船只侦察任务后未能返航，飞行员T.祖拉科夫斯基（T.Zurakowski）和J.L.曼尼恩（J.L.Mannion）军士最后报告的位置是在法国海岸的格里斯内兹地区。当时第150联队以为他们遭到了德国战斗机的拦截，但是德国方面没有声称当天击落过英国飞机。两架飞机的发动机同时发生故障看样子也不太可能，只有空中相撞或者是被德国的远程防空炮蒙中的可能性比较大。德国人经常会对英国的低空巡逻飞机发射大口径炮弹，虽然命中的可能性不大，但是也不是不可能蒙中。这是"暴风"中队第一次在行动中出现伤亡，两名飞行员失踪。

第二天，5月28日，第150联队展开了报复行动，联队长比蒙特率领第3中队的4架"暴风"对巴黎附近的科尔梅莱机场进行了一次"游骑兵"行动。之前有"喷火"飞行员发现那个机场驻扎有一些Ju 88，会对盟军的登陆行动造成威胁。比蒙特率领3架飞机从3000米高度背对着太阳俯冲下去发动了攻击，他描述当时的情景道：

因为预料到要遭遇高射炮的反击，于是我决定以约756公里/小时的速度在1500米的高度上发动高速攻击。在达到预定高度后，我快速瞥了一眼右侧，"暴风"已经完成列队，紧随在我的后面，然后我命令攻击开始！我的目标是一架在防冲击高墙掩体里、有显眼黑色涂装的Ju 88（后来确定是最新型的Ju 188）。我先对敌机打了一个短点射，看到炮弹打中了掩体，我及时地蹬舵进行修正，接着狠狠地扣下了扳机，看到我第二次打出的炮弹全都打中了德国轰炸机，大片的轰炸机碎片飞了起来。我在即将撞上目标的最后一刻才朝后拉操纵杆改出了攻击航线。

D.斯维汀（D.Swetin）是第198中队的飞行员，他们中队负责对远离登陆区的德国雷达站执行佯攻行动。他在自传《机会联队》中，对第198中队在执行此类任务中遭受的重

大损失进行了描述。6月2日,中队长尼布里特带领部队攻击了德军的一个海岸雷达站时牺牲:

在我们距离悬崖约1.6公里时,我对瞄准器和机炮又进行了一次检查,然后紧了一下我的安全带。德军雷达天线的顶部已经清晰可见,有些安放在悬崖边上,有些则在更深的内陆。

我向前看去,"尼比"(尼布里特的昵称)在我前方约45米处,我们开始爬升去清扫约70米高悬崖上的德军防空阵地。就在我们爬升的时候,我看见他的机翼下方出现了一道闪光,好像是他发射了火箭弹。我认为他发射得太早了,因为还没有进入火箭弹的有效射程。然后,我就被眼前的景象吓得目瞪口呆,意识到那道闪光并非是他发射火箭弹,而是他的飞机被击中了。尼布里特的飞机爆炸成了一团火焰,刹那之间就只剩下翼尖和尾部在火球外面了。随后他的飞机翼尖开始慢慢下沉,整个飞机翻了过来,最后撞入了大海。

6月3日,第197中队攻击了位于法国勒阿弗尔的德军雷达站,飞行员K.特洛特(K.Trott)回忆当时的情况道:

6月3日,我们对法国勒阿弗尔附近的丹迪费尔雷达站进行了高空俯冲轰炸。在这次任务中,我们一反常态,从高空直接穿越法国海岸线,躲避德军的轻型防空炮火,然后掉头180度对德军雷达站进行俯冲轰炸。随后,我们以近800公里/小时的速度,用20毫米机炮对德国的海岸线阵地进行了扫射。完成攻击任务后我们组成4机分队返航,整个任务用时1小时15分。当天晚些时候,我们又接到命令,让我们把飞机机翼和机身涂上黑白相间条纹,以避免空中和地面的友军识别错误。毫无疑问,这项工作飞行员也要参加,配合地勤以最快的速度完成这项工作。

第193中队也在6月3日大规模出动,对在法国的目标进行扫荡,飞行员达林(跟前第

登陆日,第175中队的"台风"已经起飞开赴诺曼底前线,第257中队的飞机也在整备之中,准备起飞。

183中队的中队长同名，但并非同一人）回忆6月3日的战况说道：

我们从南安普敦附近的利兹奥拉角机场（这个机场是专门为支援诺曼底登陆作战修建的几个临时机场之一，当时一共部署了4个"台风"中队，加上其他中队，整个机场有超过120架飞机）起飞，在瑟堡上空跟敌机交战。返航后，我们一架接一架地降落，发现我们中队的飞行员内德（Ned）不见了。在战斗中，有战友最后看到他旋转着朝地面坠去，我们在无线电里反复呼叫也没有回音。他可能已经死了，但我们都不知道具体情况。他来自于英格兰东北部的基尼，有一头金黄色头发和一张娃娃脸，身高只有1米7出头，性格像羔羊一样温顺，但当他下定决心的时候也非常坚决。当我们去简报帐篷报到时，看到神父正在对着天空祈祷。

中队长掀开帐篷门说"内德的尾翼被打掉了"的时候，大家一片哗然，我们都难过地看向了地面。但他很快又说："约翰，开车去东北方向的比利把内德接回来，他还以为他的尾巴是安全的，他之所以没回基地是因为他怕降落失败把基地搞得一团糟，鬼知道他是怎么飞到那里去的。"

L.麦克布莱德（L.McBride）是第193中队的副官，他的主要任务之一，就是整理中队中牺牲或者是失踪成员的遗物，因此他对当时的情况记忆犹新：

（在我们进驻利兹奥拉角机场后）约2个星期后，有一天天气很好，海峡上空的雾霾完全消失，我们中队在联队长吉拉姆的带领下深入法国进行扫荡。大约一个小时后，我和吉利（Gilly，中队情报官）接到情报，这个情报是由我们在法国的间谍托米发过来的，他说我们中队的飞行员击落了1架Bf 109，我们俩十分高兴，就兴奋地跟中队里的其他人说了这件事。但是当我们中队的飞机开始降落的时候，我们看到有飞机突然降落下来，在跑道上横冲直撞，这让我们非常担心。随着飞机一架一架地降落下来，最终确认有6名飞行员失踪。后来虽然有3名飞行员通过各种方式回来了，但还是有3名飞行员下落不明，这真是1架"昂贵的"Bf 109，居然让我们付出了如此之大的代价。根据活着回来的飞行员的描述，我们中队在巴黎西部巡逻的时候，在云层缝隙中发现了大约30架敌机在我们下方，

联队长吉拉姆命令对敌机发动了俯冲攻击。

吉拉姆击落了2架敌机并击伤了1架，麦克（Mike）看到有5架敌机组成了防御型编队，所以他马上追上编队中的最后1架敌机并将其击落。查理（Charlie）当时是内德的长机，他们俩在追击两架敌机之后，发现身边有曳光弹飞过，转头发现了3架敌机在他们后面；他在无线电里呼叫内德急转弯脱离，他自己则非常聪明地进行了"急转跃升"机动，就是把飞机朝一侧侧倾，并开始爬升，轻松摆脱了敌机的追击。

战斗结束后，赛克（Sac）在无线电中呼叫说他被敌机击中，降落在了英国一侧的海滩上。内德被发现降落在了比利机场，他后来被接回机场，晚些时候我们去把他飞机的残骸也拖了回来。地勤们后来是怎么修复那架飞机让它重返海峡上空的，我们并不知道，但当我们看到那架飞机时，发现飞机的整个左升降舵都没有了，方向舵也只剩下一小片可以正常使用。飞机机翼的上表面有几个小孔，是机炮的炮弹在飞机里面自爆造成的，而且把机翼下面的蒙皮都撕开了。油箱被打了一个洞，汽油全部都漏光了。降落在比利的机场后，

当地的地勤人员不得不用拖拉机把它从跑道上拖走，以免影响其他飞机起降。

到了当天晚上，我发现所有的飞行员居然全部都平安的回来了。我们当天的总战绩是击落6架敌机，击伤3架。这样的好成绩自然值得庆祝，于是当晚我们就举行了派对。傍晚时分，赛克讲述了他迫降在沙滩上的情况，他降落在美国人的控制区，然后美国人就把他送到了船上的医务室，然后从他的脚踝里挖出了一块弹片。赛克的飞机油箱被打穿，座舱里全是汽油，如果起火，后果不堪设想。他的裤子和靴子都坏了，所以美国人给了他一条土黄色的裤子和一双鞋子，于是我们见到他时就看到他穿着五彩缤纷的外衣。

在"台风"中队忙着"舔地"的同时，"暴风"中队也不甘示弱。1944年6月3日，第3中队的B分队在利尔德分队长的带领下在他的家乡比利时上空执行"游骑兵"任务，摧毁了1列载有超过100辆汽车的德军火车，这是登陆日之前盟军收获最大的一次攻击行动。

随着"暴风"的逐步服役，执行任务的量也大了起来，也暴露了更多的问题："暴风"的螺旋桨油封问题一直没能得到很好的解决，经常出现挡风玻璃有被油污遮挡的情况；短管西斯帕诺Mk V型20毫米机炮经常卡壳；哈维兰公司的四叶螺旋桨上的恒速装置也会时常出问题，导致一系列迫降事故；道蒂公司提供的起落架组件也有麻烦，经常发现在齿轮杆上有裂纹导致起落架失灵。这些问题造成"暴风"的活跃度下降，丢失了大量的机会。

6月5日，诺曼底登陆作战准备行动已经进入最后阶段，部分"台风"中队还是像往常一样出动，迷惑德军。第257中队从坦米尔出动，对法国沿岸的目标进行了攻击。然后由于193中队当天损失很大，他们又出动去搜索第193中队的失踪人员。第257中队的飞行员S.J.伊顿（S.J.Eton）中尉回忆道：

我们都知道登陆要开始了，登陆前一天，我们先出动了一个俯冲轰炸架次，然后又飞往坦米尔，去搜索第193中队的中队长罗斯，他在海峡怀特岛以南跳伞。我们沿着海岸线飞行搜索，但没能找到他。但突然我们眼前出现了大量的船只，成千上万的船只，一眼看不到边。真是令人难以置信的场面。联队长贝克立刻下令无线电静默，到降落之前都不要说一句话。等我们降落后，他说："好吧，很明显你们也知道，明天就是登陆日。"

第197中队的飞行员特洛特回忆起当时的情况道：

6月5日，我对我们中队新到的1架"台风"进行了试飞。这是1架4叶螺旋桨型，刚刚开始交付部队。在D-Day前一天晚上，我们对法国海岸展开了行动，我们在空中看到大批登陆舰正在驶向瑟堡。准确地说，当时海峡里已经塞满了各种船只，非常壮观，但德国人对此却一无所知，因为我们控制了海峡的制空权，德国人连侦察飞机都飞不到海峡上空。回到基地后，所有飞行员都被召集到一个大帐篷里，然后一名高级官员当场给我们下达命令："明天，也就是6月6日，就是登陆日！"接着就推出一块黑板，告知我们降落地点等情报。我们被告知明天要早起，第二天4点钟就会接到具体任务的电话。毋庸置疑，我们当晚无人能安然入眠，一方面是因为紧张，另外一方面飞往法国飞机的轰鸣声彻夜不断。

# 第九章 诺曼底

## 登陆日

1944年6月6日7点25分，"H"时已到，盟军开始在诺曼底进行登陆作战。分配给第二战术空军的18个"台风"中队中有9个参加了支援登陆部队作战的行动。这些中队被赋予了"空中警戒"的任务，去支援英国和加拿大部队。在途中，因为主要目标改变，盟军司令部命令"台风"中队对勒阿梅尔附近"黄金"海滩的目标进行了俯冲轰炸；古尔塞勒的"朱诺"海滩、埃尔马维尔的"剑"海滩上的盟军，也得到了"台风"的支援。

其他的9个"台风"中队则被命令去攻击德国海滩防线纵深的目标，位于勒帕克堡和勒莫夫堡的4座军火库和2个德国陆军司令部。完成任务后，"台风"中队又被呼叫赶去攻击勒阿弗尔附近的德军雷达站，那座雷达站可以引导德国的岸炮轰击登陆部队；还有其他一些会延滞盟军前进的关键点，也得到了"台风"中队的"关照"。由于预期中的德国装甲部队没有出现，"台风"中队在执行完支援滩头和打击纵深目标的任务后，被派出去到巴约以南执行武装侦察任务，阻挡德军一切支援诺曼底地区的行动，并压制德国空军所有对登陆的干扰行动。

"台风"中队在登陆日出动规模最大的一次任务，就是攻击位于勒凯恩堡的德国西部装甲集群的司令部。在这次任务中，盟军出动了超过70架"米切尔"轰炸机和40架"台风"，轰炸了古堡周围的果园，炸毁了德军司令部的车辆

## "出租车临时停放处"

"台风"的空中支援组织快速而且高效，通常是按照地面部队标定出目标的优先打击程度依次解决。为达到这一目的，皇家空军开发了一种名为"出租车临时停车处"的系统，让空军的飞机能够及时响应地面部队的召唤。这个系统最早是沙漠空军在北非发明的，然后在意大利沿用，第二战术空军在法国和德国作战时也使用了这一系统。

如果天气良好，每天黎明时分"台风"就会出动。地面引导员会在离前线尽可能近的地方，找一个对战场总体视野较好的位置观察目标。最初地面引导员是跟着坦克行动的，后来换成了专用卡车，并给他们配备一名专职司机，一名无线电机械师，一名皇家空军无线电话操作员和一名陆军无线电话操作员。诺曼底登陆后，为了提升安全性，又给他们配备了专门

改装的装甲车。

参加"出租车临时停放处"行动的飞机通常会在前线指挥点后面低空盘旋。若是沙漠空军部队，在空中待命的飞机一般是6架"野马"、"飓风"或者是"喷火"；若是第二战术空军，则是4架"台风"。引导员和飞行员都有大比例尺格子地图，规格是500米×400米大的一个长方形，从南到北的格子用数字表示，从东到西的格子用字母表示。这样就能用字母+数字快速指示目标的位置，不用浪费时间去找目标和协调通信。引导员在地图上指出目标位置后，会通过无线电对目标特征进行精准的描述，并向目标发射红色烟幕弹，以便飞行员能够迅速地开展攻击。

如果地面引导员在15分钟内没有提供目标，那么"临时停车处"的4架"台风"就会离开盘旋空域，去敌人的地盘随机寻找目标进行攻击，而它们的位置会被另外4架"台风"接替。这样的行动只要天气允许，就会一直持续到傍晚，美国陆军在意大利也采用了这种系统。

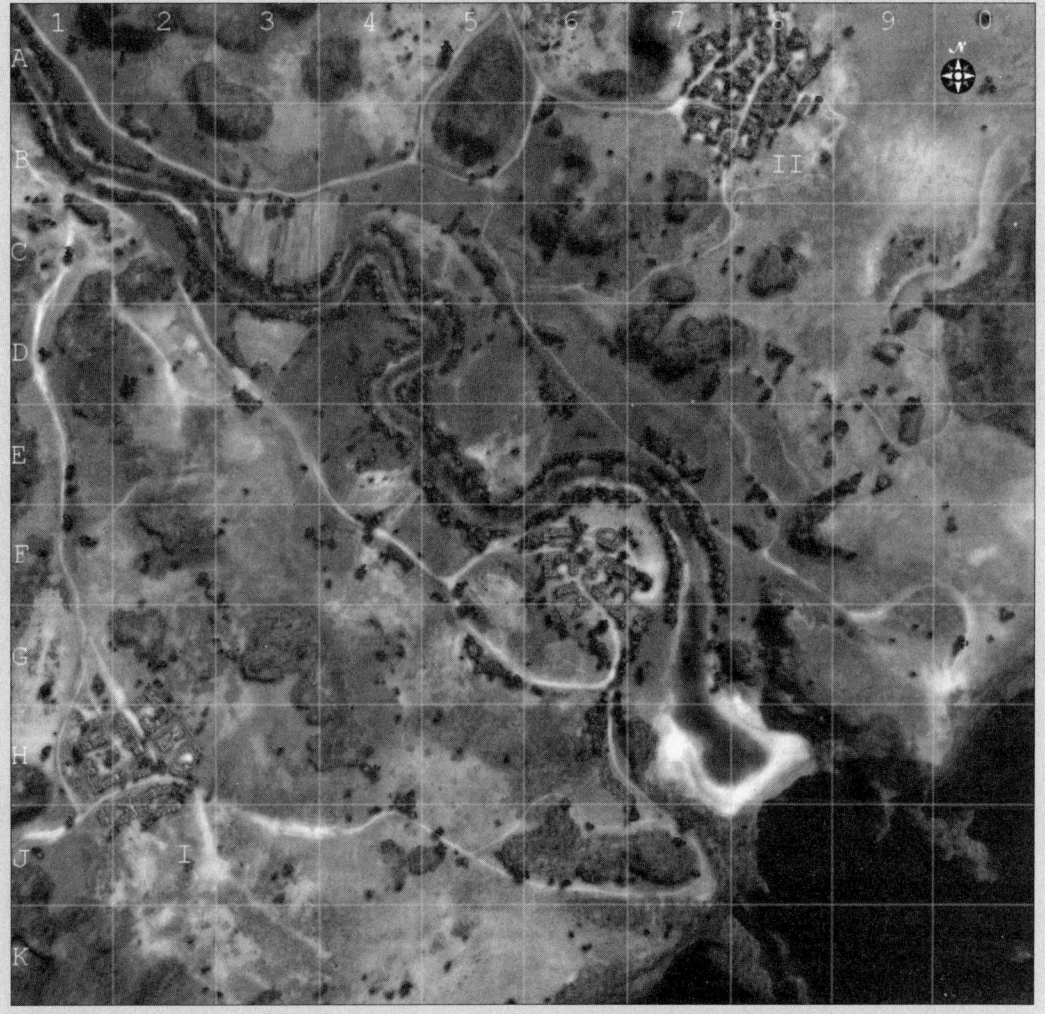

网络游戏"坦克世界"玩家对网格坐标地图应该不会陌生，横轴是数字，竖轴是字母，如果要找哪个方位，只要说出字母和数字的组合就行了，比如A1，就是地图的左上角，K9就是地图的右下角。

并击毙了西部装甲集群参谋长冯·达万斯（Von Davins）少将及其随从，有效地降低了德军的指挥效率。

在"台风"冒着高射炮进行对地支援本职工作的同时，他们也吸引了德国空军的注意，不过"台风"中队一般都会得到盟军战斗机的良好保护，但是有时候Fw 190和Bf 109也会突破盟军战斗机的防线，突然袭击正在进行对地攻击的"台风"。"台风"飞行员们偶尔也会反击，虽然绝大部分情况下会受制于火箭弹发射架带来的阻力，尽量不跟德国空军的飞机纠缠。使用炸弹的"台风"在这时候就有优势了，因为一旦他们扔了炸弹，挂架对性能的影响微乎其微。

6月6日中午1时30分，第164中队的P.H.比克（P.H.Beak）上尉在驾驶NP846号机执行侦察任务时，首次跟德国空军战斗机进行了空战，击落了1架Fw 190；中队其他成员合作击落了另外1架。紧接着，第183中队的12架"台风"在攻击德军坦克的时候，12架Bf 109从云层中出现，对"台风"发动了俯冲攻击，3架"台风"被击落。在登陆日当天爆发的空战中，第146联队的联队长巴尔德温（吉拉姆已经被提升为第84大队指挥官，但第146联队是他的直属单位）又击落了3架敌机（详情见后文），使其最终战绩高达击落敌机15架，合作击落1架，击伤4架，是其他"台风"王牌飞行员的2倍还多。登陆日当天，"台风"的飞行员们击落了13架德国飞机，但代价是自己被敌机击落了至少17架，不过这一数字略有水分，因为部分德国空军的战绩应该记在德军高射炮的头上，或者是其他原因。加上被地面火力击落的飞机，参战的18个"台风"中队一共损失了32架飞机，损失比近10%，还是相当严重的。

第197中队的特洛特回忆登陆日当天的情景道：

6月6日早，我们吃了早餐之后，就开始等任务简报。地勤人员已经帮我们启动了"军刀"发动机，然后给飞机加油。我们一边听BBC新闻广播，一边等任务简报。我所在的第197中队，于7时10分第一次出动，其中8架由贝克联队长领导，在低空攻击了贝叶以南的目标，8时20分安全返航。

返航的飞机一落地，地勤和其他飞行员就围了上来，他们首先检查机炮炮口的盖子有没有被吹掉，如果吹掉就说明机炮正常击发了，没有故障，然后再检查飞机是否被敌军高射炮击中。等飞行员一爬下飞机，我们都想知道滩头到底是什么情况，就七嘴八舌地发问："你们看到了多少敌机？""防空火力是否密集？""天气状况如何？""你们攻击了什么目标？"等等。与此同时中队的情报官忙前忙后，跟每个参加行动的飞行员谈话，搜集有用的信息。接着地勤人员就开始给飞机重新加油、装弹，为下一次出动做准备，我没有参加第一次出动，但被命令出席在基地召开的情报会议。

开完会回来时都已经19时20分，在我们去开会的时候，中队又出动了1次。21时05分，我们中队第3次出动，这次由我们的中队长泰勒带队，同样是8架飞机，对卡昂/巴约地区执行武装侦察任务。他们于22时15分降落，第197中队的登陆日任务圆满完成。

J.戈利（J.Golley）所在的第254中队在登陆日出动了73个架次，战后他出版了小说体回忆录，他在回忆录里描写登陆日当天的"台风"反坦克行动道：

我们中队的A、B分队都以4指编队飞行，飞行员们打

诺曼底登陆期间，皇家加拿大空军第439中队的地勤人员正在给"台风"挂反人员集束炸弹。这种炸弹里面含有26个小炸弹，每个炸弹重5公斤，投下之后能覆盖大约一个足球场大的场地。

开并调整瞄准器，把机炮按钮调到开火位置，并扳下火箭弹开关准备发动攻击。正如天气预报员预告的那样，一层白云飘在了目标区上。中队在飞行了15分钟后，柯林斯（分队长）在无线电里呼叫道："分成3波，纵队，开始攻击！"我们编好队形后开始在空中盘旋，等待陆军把红色烟幕弹发射到十字路口掩蔽物中的坦克那里。我们中队曾对这个地区发动过多次空袭，通常都是针对阻碍我方地面部队前进的目标，因此，我们有很多机会观察地形。地面的景观是典型的波卡基地区农村，树篱和树林密布，周围盖有很多房子，因此非常适合坦克执行防御任务。

除了一些攻击德国雷达站的行动外，第二战术空军的飞机能够在没有任何德国空军的阻碍下行动，因此"台风"能够随意地执行空对地任务而不必担心敌机出现在目标地区。"台风"中队可以自由地自行梳理每个村庄，寻找道路上的任何目标，并且可以立刻俯冲开展攻击。这样的空中优势让德国装甲师的任何白天反击行动都变成了自杀式攻击。到目前为止，使用火箭弹的"台风"还没机会攻击前进中的坦克，飞行员并不满足于只攻击那些轻型装甲车或者是掩体里的坦克这种固定目标。

在我们开始盘旋后，柯林斯希望能早点结束任务，并且不希望在任务中出现任何问题，于是他变得越来越紧张，并且开始诅咒那些"棕色工人"（皇家空军对陆军的昵称），甚至都开始在无线电里叫骂起来……终于红色烟雾滚滚而出，"台风"一架又一架地向下俯冲。整个中队自动以梯形编队俯冲攻击，每架飞机都使用机炮打出点射，以压制德军的高射炮。当我们俯冲速度达到800公里/小时以上后，控制杆变得越来越沉重，需要很大的体力去蹬舵或者是拉操纵杆。德国的高射炮打出了曳光弹，一个个光点先是慢慢地接近我们，然后像流星一样从我们身边飞过去，把天空映成了红色和黄色。当那些炮弹飞向我们时，我们本能的反应是蹬方向舵躲闪，让飞机向两侧转弯或者是侧向转动机身，躲开来袭炮弹。但"台风"是一头难以驯服的野兽，它需要超人的体力才能控制。

俯冲的最后几秒是至关重要的。飞行员要紧盯目标，保持飞机稳定，不能有侧滑或者侧倾，否则火箭弹会打偏。射程也非常重要，距离1980米，或者是略超1600米，这个区间内是最理想的，因为火箭可以在这个距离达到最大速度。我们依次齐射8枚火箭弹，然后再猛地拉起飞机脱离俯冲。

第175中队的T.T.霍尔（T.T.Hall）是澳大利亚人，从地球的另一端远道而来保卫英国。霍尔在澳大利亚本地进行了飞行训练，然后走海路，经美国抵达英国。他和他的很多同乡都被分配到皇家空军中队服役，而非皇家澳大利亚空军。很多新西兰人、加拿大人、罗德西亚人和南非人抵达英国之后也有类似的经历。

台风虽然低空性能优异，结构坚固，但面临的威胁也多。德军著名的88毫米高炮是一种杰出的防空和反坦克武器，在北非沙漠和意大利战场给盟军的空中和地面部队都造成了不小的损失。因此，在诺曼底-柏林之路上，消灭88毫米高射炮就成了盟军各兵种积极性最高的行动。"台风"飞行员在驾机冲向目标时，也经常在耳机里听到预测德军88炮阵地位置的报告。霍尔回忆道：

如果保持直线平飞时间太长，一串88毫米炮弹就在航线上或者是不远处爆炸，发出一团团黑烟。躲避技巧就是持续的改变航线、高度和速度，但这会让导航变得困难，不过可以让敌人浪费炮弹。这种躲避方式会给中队里的菜鸟带来负担，因为他们反应很慢，跟不上节奏，在标准4指编队中很难持续地保持自己的位置。这种编队要求每个人在保持位置的时候还要观察各自分配到的空域，以避免发生相撞等事故。

在接近目标时，我们会变成梯形编队然后朝目标俯冲。因为我们的俯冲速度相当快，所以德军高射炮手（尤其是轻型高射炮）总是低估我方编队长机的提前量，所以打出的20毫米炮弹会通常飞到长机后面去。这样一来德军高射炮手虽然瞄准的是长机，但倒霉的是编队中后面的飞机，因此很多飞行员在第一次执行实战任务的时候就被击落了。在战斗中，梯形编队中最危险的位置是4号机，也就是最后发起攻击的那架飞机，因为他发起攻击时，整个攻击行动已经不具备任何突然性，德军的高射炮手这时候已经反应过来了，会集中火力攻击最后进入攻击航线的那架飞机。

对于所有飞行员来说，纯粹的飞行乐趣虽然美好，但在战争面前会让他们年轻的生命、崇高的精神和自我陶醉黯然失色，霍尔对此深有感触：

我第一次参加实战行动时，战争已经成了一场大型游戏，对于一个拥有高速飞机的年轻菜鸟而言，最大的乐趣就是大量的低空飞行事件以及和同僚之间的嬉闹。在登陆日，我们中队12架飞机被派去法国卡布尔附近执行对地支援任务，攻击一个火力密集且防御良好的机枪阵地，而我的位置在编队中排最后。尽管地面打出了密集的高射炮火，但我们还是成功地完成了任务。在投弹后改出俯冲时，我听到我的飞机上发出了一声巨响，但是飞机还能继续飞行，没有表现出有什么问题的样子。等我回到英格兰，才发现一发20毫米炮弹打穿了我头枕后面的机身。这一下让我清醒了，现在都还记忆犹新，那发炮弹哪怕再偏那么一点点，我就被爆头了。从那以后我对待任何事情都非常非常的认真，因为一不小心我就会丢了性命。

第193中队的飞行员J.G.辛普森（J.G.Simpson）则对盟军在登陆场上空布置的阻塞气球提出了抱怨：

在D-day我们遇到了不少麻烦，因为当时天气不好，云层很低，我们只能低空飞行，而盟军为了防止自己的船队遭到德国飞机的空袭，在低空放了很多阻塞气球，让我们也不得不小心翼翼地飞行。

这种阻塞气球自从不列颠之战就开始用在了英国的要地防空上，发挥了不小的作用，在诺曼底反而成了友军的麻烦，因为德国根本没有派出多少飞机从低空突袭盟军的船队。

6月6日，"台风"中队一共出动了493个对地攻击架次，15架飞机被地面火力击落，另有大量飞机受伤。

第3和第486两个已经装备"暴风"的中队都渴望参加登陆日的行动。然而不走运的是，6月6日当天德国空军的反击力度远低于盟军的预期，两个"暴风"中队的任务仅限于例行无所事事地侦察和护航巡

盟军在奥马哈海滩上空布置的阻塞气球，没能阻塞到敌机，反而给己方飞机造成了不少麻烦。

逻任务，没有一丝参加了大型作战行动的感觉，一直到当天傍晚也没抓到什么战机。第150联队的联队长比蒙特为了应对可能出现的敌机，率领10架"暴风"去盟军登陆的海滩上空巡逻，但还是一无所获。在返航途中，由于天黑加上天气恶化，比蒙特率领的飞机无法回到他们的基地纽切奇，只好就近降落在西苏克赛斯的福特的空军基地，9架"暴风"设法降落在那里，还有1架飞机飞过了头。在阴沉的雾霾中，飞行员设法找到了在萨里达斯福德空军基地的探照灯，并迅速降落在那个机场。

D+1日（6月7日），下午4时，装备"台风"的第182、145和247中队被派去支援英国陆军第61旅和第41突击队，这两支部队在攻占贝桑于潘港的时候遇到了困难。8架"台风"攻击了德军的一个炮兵阵地，另外15架"台风"摧毁了炮兵阵地周围的碉堡。让第61旅和41突击队顺利攻占该港口并跟奥马哈海滩登陆的美国部队会师。

第197中队的K.特罗特（K.Trott）回忆登陆日之后的行动道：

从D+1日开始，我们继续待命，后来接到命令为加拿大陆军提供近距离空中支援，并在特定的目标上空执行对地攻击行动。D+1日，我在中队中最要好的朋友在去圣卢地区执行任务后没能返航，后来报告称他在行动中遇难。总的来说，在诺曼底十个星期的行动中，有150名"台风"飞行员牺牲，还有很多其他人被俘。为了纪念这场战斗，特别是"台风"在战斗中发挥的作用，皇家空军在法国卡昂以南约16公里处的诺伊尔-波卡基树立了一座纪念碑，来纪念那些伟大的人们。

我们通常出动4或者8架飞机在法国上空飞行，然后由法国人来引导，他们在这方面才刚刚起步，还不是很熟练，但他们的优势在于熟悉地形。在法国上空，我们要飞什么样的高度，取决于谁在引导我们。我们也会自己寻找目标，德军的运输车和坦克通常是最受欢迎的目标。引导员选定目标后，就会给我们指示，我们则根据目标的具体情况排成纵队或者是横队进入攻击航线。比如，如果目标是路上的几台运输车，而我们有8架飞机，那么我们就会分成两个4机分队，排成横队，然后依次发动攻击。任务中我们通常会携带2枚炸弹，加上原本就有的4门20毫米机炮，让我们在对付不同的目标时有一定的灵活性，用不同的武器对付不同的目标。地面引导员用无线电告知我们目标信息的同时，也会告诉我们地图上的参考标识，这样我们就能轻松找到目标。不过在登陆日之后，我们会围绕一个地区反复地进行武装侦察行动，分配给我们中队的地区在卡昂，我们会搜索并打击责任地区内一切会动的德军目标。虽然德国空军无法干预"台风"中队的行动，但我们面临的危险性还是很大，德军的地面防空火力是最大的威胁，不少"台风"飞行员因此而牺牲。

D+1日对于"暴风"中队而言还是风平浪静，但在D+2日（6月8日），"暴风"中队和德国空军的飞机爆发了1场空战。比蒙特正率领第3中队的4架飞机在法国鲁昂和利西厄之间巡逻，第486中队负责掩护。在巡逻过程中比蒙特发现他们后方有5架Bf 109G，高度比他们低了约1500米。他随即命令第3中队俯冲下去进行截击，绕到敌机编队后方发起了攻击。比蒙特选择了敌机编队中位置最靠后的那架敌机作为目标，他在自己的《"暴风"在欧洲》一书中描写当时的战斗道：

在我们接近到敌机大约450米的距离上时,敌机发现了我们,于是向左急转弯想摆脱我们的追击。敌机的发动机以最大功率运转,排出了大量的烟雾,翼尖也拉出了卷曲的

## 诺曼底登陆期间第二战术空军"台风"中队战斗序列

第83大队

第121联队,联队长:C.L.格林(C.L.Green)

中队·飞机数量

第174中队,18架,中队长W.皮特-布朗(W.Pitt-Brown)

第175中队,19架,中队长J.R.彭宁顿-利(J.R.Pennington-Leigh,获优异飞行十字勋章)

第245中队,18架,中队长J.R.柯林斯(J.R.Collins,获优异飞行十字勋章)

驻汉普郡霍里梅斯里南

第124联队,联队长E.哈布约恩(获优异飞行十字勋章)

中队·飞机数量

第181中队,16架,中队长C.D.诺斯-李维斯(C.D.North-Lewis,获优异飞行十字勋章)

第182中队,18架,中队长南非空军D.H.巴洛(D.H.Barlow)

第247中队,19架,中队长R.J.麦克奈尔(R.J.McNair,获优异飞行十字勋章)

驻汉普郡休伦

第129联队

中队·飞机数量

第184中队,19架,中队长J.罗斯(J.Rose,获优异飞行十字勋章)

驻苏克赛斯怀斯特哈姆雷特

皇家加拿大空军第143联队,联队长M.T.贾德(M.T.Judd,获优异飞行十字勋章,空军飞行十字勋章)

中队·飞机数量

第438中队,17架,中队长F.C.格兰特(F.C.Grant,获优异飞行十字勋章)

第439中队,16架,中队长H.H.诺斯韦斯利(H.H.Norsworthy)

第440中队,18架,中队长W.H.彭特兰(W.H.Pentland)

驻汉普郡休伦

第84大队

第123联队,联队长R.E.P.布鲁克(R.E.P.Brooker,获优异飞行十字勋章)

中队·飞机数量

第198中队,19架,J.尼布里特(J.Niblett,获优异飞行十字勋章)

第609中队,18架,C.威尔斯(C.Wells,优异飞行十字勋章)

驻汉普郡索尼岛

第136联队,联队长J.M.布莱恩(J.M.Bryan,获优异飞行十字勋章)

中队·飞机数量

第164中队,18架,中队长P.H.比克(P.H.Beake,获优异飞行十字勋章)

第183中队,19架,中队长F.H.斯嘉莱特(F.H.Scarlett)

驻汉普郡索尼岛

第146联队,联队长D.E.吉拉姆(D.E.Gillam,获杰出服役勋章,优异飞行十字勋章,空军飞行十字勋章)

中队·飞机数量

第193中队,19架,中队长D.G.罗斯(D.G.Ross,获优异飞行十字勋章)

第197中队,19架,中队长D.M.泰勒(D.M.Taylor)

第257中队,18架,中队长R.H.福克斯(R.H.Fowkes,获杰出飞行勋章)

第266中队,19架,中队长J.W.E.福尔摩斯(J.W.E.Holmes,获优异飞行十字勋章,空军飞行十字勋章)

驻汉普郡里兹奥拉角

白色旋涡。在对敌机长机和其他飞机的位置和航线进行深思熟虑后,我锁定了目标,并且拉杆急转弯切进目标的内圈,在约360米的距离上打出了一个点射。我和敌机之间接近的速度非常快,敌机在摇动机翼做剧烈的改变倾角机动时,我不得不大幅度朝后拉节流阀缩小油门,让自己稳定在敌机后方约90米的距离上。当时我的飞机倾斜角已经超过垂直角度,跟目标之间的提前量约为一环,瞄准线良好,我乘机瞄准了敌机螺旋桨轮毂面的位置,打出了第二次短点射。弹着点显示炮弹命中了敌机的机身和翼根部分,突然敌机喷溅出的烟雾和润滑油溅在了我的飞机风挡上。

敌机的速度猛然下降,我向右转弯脱离攻击航线,然后做了一个滚筒机动跟敌机并排飞行,看到火苗从敌机的翼根喷出,座舱里的飞行员没什么动静。由于我自信地认为我处于僚机威特曼的掩护下,所以我忽略了对自己后方的观察。几秒钟后,一个巨大的爆炸声传了过来,我的"暴风"抖动了一下,座舱里出现了强烈的火药味儿,然后我的飞机右翼上出现了一个花椰菜大小的洞。

比蒙特的僚机威特曼(Whitman)在战斗报告中写道:

在Bf 109G遭到我们的攻击时,分成了两个小队。在战斗中,我看到联队长击中了目标的机身和右侧机翼,敌机的右机翼脱离了机体,并爆炸出了一团火焰,向下坠去。此时我也锁定了自己的目标,但在发动攻击之前,我朝后观察了一下,看到两架Bf 109G正在比我们稍高的高度上背靠太阳光俯冲下来,对我们发动了攻击。我立刻收油门减速,让敌

比蒙特有着丰富的"台风"飞行经验,而且对"暴风"的开发做出了很大的贡献,因此被选为第一个"暴风"联队的联队长。

方长机飞到了我的前面。我的速度是595公里/小时,以15度的提前量在约270米的距离上对敌机开火。敌机做了一个爬升左转的动作,但我看到了两发炮弹击中了敌机,一发打中了敌机的翼根,另外一发命中了座舱,接着敌机就开始下坠。

威特曼攻击那架Bf 109时,那架Bf 109也攻击了比蒙特的座机,好在威特曼及时将其击落,让比蒙特虚惊一场。与此同时,分队长机A.R.摩尔(A.R.Moor)上尉也锁定了第3架Bf 109G,用教科书式的战术将其击落:

在大约540米的距离上我们认出敌机是Bf 109G,棕色迷彩涂装。当我们接近到大约270米时,敌机向右急转弯朝云层飞去。我看见联队长追击1架敌机,我就挑选了另外1架作为目标。那架敌机俯冲到云层下方,在约2100米的高度上直线飞行。速度约为482公里/小时,而我的速度则达到了595公里/小时,很轻松地接近到目标正后方270米,打了一个2秒钟长的点射。炮弹击中了敌机,火焰立刻从敌机的座舱右侧爆发出来,随后蔓延到整个座舱区域,接着敌机就倒扣过

来，在火焰中直线下坠。

分队中的M.J.A.罗斯（M.J.A.Rose）军士因为飞机控制组件出了问题，落在了后面，没能参加空战。后来飞机越来越难控制，不得不迫降，他索性把飞机降落在了滩头的盟军控制区内。

比蒙特安全返航，降落在纽切奇，座机后来换上了一个新机翼。这次空战给"暴风"战斗机的空战生涯开了一个好头，展现了其精确、致命的火力和优良的低空机动性。

6月10日，第183中队的布雷特给第136联队的联队长布莱恩当僚机，对卡昂进行武装侦察。当他们掠过卡昂城南边时，布莱恩看到下方有目标，就脱离编队然后向右边俯冲了下去，布雷特也跟了下去。

他们降低到了约180米的高度上，布雷特的飞行高度比布莱恩高了约6米。布莱恩在进行右转弯机动时，座机突然爆发出了一团火焰，然后滚转着拉到了布雷特的后面，接着就俯冲撞向了地面。布雷特猛地向左转弯躲避，并拉起了飞机。在他爬升的同时，一串炮弹也跟着他飞过来，离他的飞机右翼只有咫尺之遥。布雷特本能地向右转躲避炮火。事后，一起执行武装侦察任务的编队3号机飞行员告诉布雷特，在他右转躲避的时候，德军的炮弹立刻向左偏移，偏离布雷特很远。在训练部队时，教官就告诉他，躲避高射炮火力的最佳办法，不是朝其他方向转，而是转向高射炮火来袭的方向，因为高射炮手会跟踪目标，向炮火方向飞行就会让他们过度修正提前量。布雷特这次就使用了这一招，而且奏效了。

布莱恩曾是第198中队的中队长，跟第198中队有着相当深厚的感情，第198中队的飞行员斯维汀在回忆录中写道：

傍晚时分，我们听说我们中队的前中队长布莱恩在带领他的联队攻击卡昂南部时被击落。他的飞机在进入俯冲前没有扔掉副油箱，被击中后起火。关于这一点，我们的联队长布鲁克在给我们做简报的时候严肃地说道："违反命令的人就是想死。"

下午布雷特再次跟随中队出动，攻击了德军的一支装甲部队。第183中队从低空发

倒霉的罗兹军士迫降在了盟军控制区，不幸中的万幸。

动攻击，布雷特向一辆德军坦克打光了自己的8枚火箭弹，把它的炮塔都炸飞了，飞得甚至比当时布雷特的飞行高度都高。

"台风"中队损失了第136联队的联队长布莱恩，"暴风"中队也损失了一架飞机，不过幸运的是飞行员生还。B.劳利斯（B.Lawless）上尉驾驶"暴风"JN772，因为发动机熄火迫降在邓杰内斯近海，这是"暴风"首次在海上迫降成功。这次失事的原因又是发动机的控制系统失灵，但幸运的是"暴风"跟"台风"的海上迫降情况完全不同，它可以在海面上漂浮较长时间，让劳利斯有足够的时间逃离飞机并乘上他的救生筏。

"暴风"的水上迫降表现是经过航空部在汉堡郡的法恩伯勒大量模型/水箱测试验证过的，而飞行员们也很有胆量去证实其实用性。在证实了这一点之后，再加上比蒙特之前取得的空战胜利，皇家空军对"暴风"信心十足，让第150联队承担了更多在海峡上空的巡逻任务。飞机具备良好的抗沉性能，反而成了让"暴风"执行更危险任务的原因。虽然"暴风"在这之后再也没遇到德国战斗机，但遭到了德军的高射炮的反击。按照当时的威胁次序来说，高射炮给"暴风"飞行员造成的威胁远甚于德国空军的战斗机。

## 解放法国

1944年6月14日，驻里兹奥角的404中队的飞行员I.洛斯（I.Loews），驾驶"台风"MN369，挂载两枚454公斤炸弹跟另外一架飞机一起去执行武装侦察任务。他和队友在卡昂南部约30米的高度上攻击了一个公路枢纽系统。炸弹引信设置的是延时6秒，但是投放过程中炸弹却碰炸了。洛斯形容当时的情况说："炸弹爆炸产生的气浪把飞机掀起了约60米高"。他感觉就像是一座小火山在他下方爆发，把他朝上扔了出去。

强烈震动的结果是洛斯飞机的发动机运转不平顺，并且过热，包括速度表在内的一些仪表失灵了，不过飞机还保持了飞行能力。最后他成功地降落在了尚在建设之中的诺曼底B3前线机场。事后检查发现飞机的空速管损坏，表皮轻伤，但发动机彻底报废，导致洛斯短期内不能再驾机起飞了。洛斯后来没有再驾驶MN369，也算是一种幸运，因为MN369在1944年7月26日对卡尔瓦多斯的罗坎科特进行俯冲轰炸时被德军高射炮击落。

1944年6月16日，盟军地面部队呼叫空中支援。他们收到情报，德国陆军正通过蒂里阿尔库尔（位于鲁昂附近，巴黎西北部约320公里处）南部对诺曼底前线进行增援。皇家空军接到命令，破坏塞纳河上的三座桥，阻滞德军的增

地勤人员正在为"台风"装27公斤火箭弹，4门20毫米机炮，8枚火箭弹，让"台风"可以用凶猛的火力压制德军的防空火力，击毁包括坦克在内的任何装甲目标。

援行动。这将是一次非常危险的行动，德国人在三座桥周围的防空火力非常密集。但第146联队的联队长贝克意识到任务的紧迫性，还是决定进行尝试。联队情报官N.托马斯（N.Thomas）上尉在战斗报告中写道：

当天下午，贝克联队长跟第193和第257中队的飞行员做了任务简报，他将率领他们在拉派荷克角突破法国海岸，在约1200-1500米的高度上向南飞行，紧贴着云层底部。但很快他们就在卡昂西部几公里远的地方遇到了麻烦，德国高射炮火力全开，飞行部编队被防空炮火打乱。第146联队失去了与联队长的联络，飞行员们在无线电里听到了一句话："你好，无忧无虑的生活和吸血鬼飞机，向左180，洛金伐尔(沃尔特司各特所著叙事诗《马密恩》中与情人私奔的传奇人物)——出来了。"然后就再也没有贝克的消息了。一名"台风"飞行员事后汇报说，就在他听到这句话之前，他看见1架失控的"台风"几乎垂直从云层中冲了下来。大家都认为那是贝克的飞机，他一边向下坠落，一边命令自己的联队飞离危险空域。

第193中队的飞行员R.戴维奇（R.Davidge）当天也参加了行动，他回忆当天倒霉的行动道：

当时我们的中队由联队长贝克率领，从利兹奥拉角出动去轰炸塞纳河上的一座桥，在接近法国海岸时，在约3000米的高度上贝克联队长被德军的高射炮击中，然后在无线电中呼叫他在下坠。我朝目标扔下炸弹后，爬升到3000米高度上，等待跟其他人会合并回到海峡上空。但是我也遭到了密集防空火力的攻击，两侧机翼都冒出了烟。我关闭了发动机，防止飞机因为汽油着火而爆炸，然后准备跳伞。我在空中看到一座正在修建的机场，所以我努力向前滑行，希望能够迫降在机场上。我成功了，但那是个临时机场，因为我的降落搞得尘土飞扬。德军看到了这些灰尘，于是对机场进行了炮击。我从飞机上走下来时，机场上的人都在嚷嚷要回到船上去。后来炮击停止，我乘船返回了英国。

我拿到了上船的通行证后，就去飞机上取我的地图等个人物品，然后遇到了一群地勤突击队员。他们跟我说："长官，我们认为飞机上的洞是可以补好的，但是机翼油箱里也有洞，是导致飞机冒白烟的原因。"虽然机翼油箱都破了，但幸运的是其他机身两个油箱是没问题的。地勤们劳动了一个下午，修好了所有的洞，并且给两个没有受伤的油箱加满了油，还对发动机进行了全面的检查。因此，我得以在黄昏时分起飞，返回利兹奥尔角。途中我开启了紧急无线电频道，这样机场空中管制就可以跟踪到我，25分钟后，我成功地降落在了英格兰——这是我最幸运的一天，以后我要尽可能避免失误，被高射炮击中。

后来我又执行了一次特殊任务，在西利厄（卡昂东部，诺曼底中间）投放传单，要求德国人投降，结果在3100米高度上再次被击中，发电机都被打得飞了出去。我驾驶飞机滑回了卡昂，在一个遍布弹坑的机场安全降落，后来盟军士兵开车把我送回了30多公里以外的B3基地。

贝克坠落在了圣莫维尔附近，盟军前线部队发现了他的飞机残骸和遗体，并将其埋葬。后来他被追授杰出服役勋章。3天后，6月19日，比蒙特接替他任第146联队联队长的职务。

除了贝克联队长外，前文提到曾在第609中队一次出击

戴维奇跟自己座机的合影。

击落3架敌机的戴维斯，在尼布里特6月2日牺牲后接替了第198中队中队长的位置，也在6月16日被德军高射炮击落，第198中队的飞行员戴维汀在他的回忆录《机会联队》中写道：

我们中队出动给瑟堡半岛的美国陆军提供近距离空中支援。我们攻击了德军1个炮兵阵地，然后又攻击了公路和铁路，取得了良好的成果。在战斗中，戴维斯的飞机看样子是被德军高射炮击中了，他试图驾驶飞机滑翔到美军控制地区。在意识到自己无法抵达美军战线后，戴维斯在超低空跳伞，但他的降落伞并未能打开。他当我们中队长才短短2个星期，才刚刚展示自己的领导才能就不幸牺牲了。

7月6日，第257中队于下午4时20分从汉普顿郡的休恩基地出发，去破坏交通，阻滞德军的增援部队。18点10分中队返航，1人失踪，战斗报告详细记录了行动细节：

日期：1944年7月6日

比蒙特联队长再次带领我们中队的一个分队出击，去攻击法国博蒙勒罗歇附近里斯利河上的一座桥。我们观察其他部队在上一次攻击中打出的火箭弹有2枚击中了桥头的铁轨，还没有修好。我们再次发动攻击，观察到我们打出的火箭弹命中了大桥的支撑拱门。

中队长埃恩斯带领另外

7月4日，第181中队的"台风"正在朝卡昂机场的建筑物发射火箭弹，支援加拿大第3步兵师的进攻行动。

一个分队执行的武装侦察任务就没那么有意思了，反而让我们失去了中队中最受欢迎的飞行员B.布莱尔（B.Blair），让我们倍感悲伤。他当时是中队长的僚机，跟着中队长俯冲下去轰炸一条公路上的德军车队。在投下炸弹后，由于布莱尔俯冲得太低，飞机被自己投下的炸弹或者是中队长投下的炸弹爆炸产生的碎片击伤，造成用于紧急动力的乙醇泄漏。德军的运输车队在遭到轰炸之前，防空炮火并没有开火。但发现自己遭到空袭后马上就开火反击。比蒙特得知布莱尔的情况后，命令他尝试迫降。布莱尔在无线电里回答他会遵守命令，分队4号机接到命令为布莱尔伴飞。但几分钟后，布莱尔在无线电中用一种平静的声音呼叫说他的发动机正在起火，他要跳伞。为他伴飞的飞行员观察到他的飞机坠毁并爆

第182中队拉塞福少尉发射的火箭弹在卡昂卡皮尔屈埃机场的建筑物中爆炸。

第184中队的"台风"MN529在诺曼底B2野战机场上起飞，这里的条件远逊于英国本土，前面飞机起飞时造成的滚滚烟尘会严重影响后面飞机起飞的视野。

炸。

根据4号机飞行员F.S.马里奥特（F.S.Mariott）的报告，布莱尔的飞机在低空坠毁，由于高度不足，降落伞未能完全打开，他落地后仰面躺在地面上，摔死了。当天晚些时候，F.L.史密斯（F.L.Smith）又带领中队在塞纳河上空执行武装侦察任务，但由于天气恶劣，雷电阻碍了行动的开展，中队只好两手空空地返航。

7月7日，霍尔再次跟随第175中队出动：

那是我第2次出动，座机是MN986，挂载远距离副油箱去卡昂-法莱斯地区执行武装侦察任务。我们以双机小队为单位分散开来搜寻目标，我跟K.克拉希克搭档，他的座机是JR502。我们俩发现了一些摩托车和坦克，我俯冲下去用机炮对坦克打了一个点射，并发射了两枚火箭弹。地面上有一座德军的四联装机枪塔对我射击，并击中我的右翼三次，打伤了我的副翼，但没有造成致命伤害。

这次任务让我确信了一点，如果想成功完成任务，运气占了90%，而经验、方法和能力只占10%，直到我飞行生涯的结束也没发生什么事能让我改变这个观点。我记得我们中队有一个很出色的飞行员，弗农-杰维斯中队长，跟我们一起待过一个任务周期。在他第二个任务周期中，执行攻击任务时阵亡了，原因是飞机机尾脱落。这跟他高超的飞行技术没有任何关系，纯粹是运气不好。（弗农-杰维斯一开始是一名地勤，获得过优异飞行十字勋章，1945年2月被提升为第168中队的中队长，但是同月阵亡，当时的座机是RB270，被高射炮击落。——笔者注）

7月8日，布雷特随第183中队首次降落在法国位于巴约附近的B8前线机场。这些前线机场跟他们在英国使用的机场有很大的区别。由于没有草地，飞机降落会吹起大量的沙尘。起飞的时候，除了头两架起飞的飞机，其他后面起飞的飞机都会被沙尘裹住，看不清方向，处于危险之中。连在疏散区滑行都成了非常危险的事，飞行员们要在前面飞机造成的沙尘之中曲折前进。

第183中队进驻B8机场之后，就起飞去攻击里昂西南部的德军装甲目标。布雷特是第二4机分队的长机。由于有两架飞机在布雷特和他的僚机前面起飞，导致机场能见度降低到了6米。布雷特和他的僚机打开油门滑行时，沙尘又变厚了，他们根本看不见前面的景象，跑道两边也只能看到一点点。在陀螺指南针的帮助下，布雷特努力控制飞机直线前进，希望飞机在升空之前不要滑出穿孔钢板跑道。布雷特的飞行高度上升到60米，才突破沙尘团，看清楚前面的景象。

1944年7月12日，洛斯被调到了驻法国B15基地的第193中队，当天他跟第146联队的联队长比蒙特一起驾驶DN256出动执行武装侦察任务，但起飞时飞机左轮轮胎爆了，导致他的飞机在跑道上水平旋转了360度，飞机左起落架折断，螺旋桨被打弯，左翼的翼尖和右侧机轮全部损坏。而且飞机左翼挂载的炸弹擦到了地面，所幸没有爆炸。地勤马上宣布跑道停止行动，武装侦察任务也被取消。机械师的报告显示DN256的主结构没有大碍，可以修复，后来飞机被移交给了第56行动训练部队，然后一直服役到1946年7月才彻底退出现役。

7月12日，第183中队从位于休伦的基地出动，中队长F.H.斯嘉莱特驾驶MN906，带领一个4机分队攻击位于法国昂蒂菲角的"大维尔兹堡"雷

第123联队的联队长布鲁克,正在从于托尼岛起飞,带领第198中队去支援诺曼底前线,此次出击他们击毁了卡昂-法莱斯公路上的一些德军车辆。

达。在这次任务中,斯嘉莱特命令分队使用新的攻击战术。他命令布雷特带领另外2架飞机爬升到约2400米的高度上,围绕目标进行小坡度转弯。他自己则从超低空进入攻击航线,用火箭弹打击德军雷达的基座。当他进入攻击航线时,他会呼叫布雷特,布雷特就带领另外2架飞机开始进行60度俯冲,攻击德军的防空阵地。这个战术的核心就是协调进攻,让德军的防空火力的注意力集中在高空的3架飞机上,而斯嘉莱特可以在低空用火箭弹精确的摧毁目标。他们配合得很不错,斯嘉莱特进入攻击航线的时间很精准,但是德军的防空炮火似乎看穿了他们的意图,并没有把火力集中在从2400米俯冲下来的3架"台风"上,而是集中在了斯嘉莱特的座机上。斯嘉莱特的座机被击中起火,然后撞在了雷达天线基座上,发生了剧烈的爆炸。其他的3架"台风"也乘机用火箭弹对目标实施了打击。后来报纸在报道斯嘉莱特的死讯时,第183中队的飞行员们才知道他们的中队长是贵族阿宾杰勋爵的弟弟。7月13日早晨,第183中队再次出动,攻击德军在海岸和河口的渡船,布雷特在完成这次任务后结束了自己的第一轮任务周期,回到后方去休息。

为了方便行动,7月17日,第193中队从英国本土换防到了法国圣克洛伊苏尔梅尔的B15基地,位于卡昂附近的海边。在新基地里,第193中队的飞行员们找到了不少乐子,达林回忆当时的情景道:

B15基地实际上就是个临时机场,只有一条临时跑道和6顶帐篷。德国人以前在这使用了很多马匹和马车,在撤退的时候这些东西都留了下来。基利在基地里找到了一辆还可以用的摩托车,菲尼克斯找到了一匹漂亮而且活泼的公马。我们其他人也各自搜罗了自己感兴趣的东西,当然我们也不指望能拥有这些东西,但至少有一段时间,在我们再次前进更换基地之前,我们可以用这些东西自娱自乐。内德找到了一只看起来很丑的野猫,但他却把它当成宝,在帐篷里喂它食物,很开心地看它在草地上追逐海鸥。

后来,由于B15不断地遭到德军的炮击,我们不得不飞回了英国休伦(在利兹奥拉角西32公里处)部署。

同中队的辛普森少尉似乎很喜欢抱怨,他对B15机场也抱怨不已:

1944年7月17日之前我们都没在法国降落过,后来我们使用了B15机场,我们先从机场上空飞过去,然后再降落在跑道上,执行完任务后再飞回英国去。这个机场有个问题,那就是它正好在一个小山谷中，这样的地形对于防御对手的空袭和炮击而言是十分有利的，但是对于飞机降落却非常危险。我们在降落的时候不得不顺着山坡往下降落，在这个过程中机头就会不断地被我们向下推，结果有些人推头过分，螺旋桨在降落的时候打到了地面。而且这种情况下还不能强行降落，因为强行降落就会一头扎在地面上，只能拉起飞机再降落一次，这对于我们而言是十分危险的。

## "沙漠之狐"疑云

1944年7月17日，德军西线最高统帅、有"沙漠之狐"之称的隆美尔元帅被盟军航空兵击成重伤，间接地改变了西线盟军对德作战的走势。但到底是谁击伤了隆美尔，盟军航空兵各个国家和中队之间却各执一词、争论不休。

当"沙漠之狐"被盟军战斗机击伤的爆炸性新闻传到盟军之后，盟军航空兵各部都纷纷跳出来"认领"这个战果，其中美国陆军第8航空队第253战斗机中队的P-47飞行员哈罗德·米勒（Harold Miller）中尉展示的证据似乎最有说服力：他当天执行任务的照相枪胶卷显示了他当天在对地攻击行动中击中了一辆黑色小型车辆，比较符合隆美尔座驾的特征，因此在相当长一段时间里，米勒都占据着"击伤隆美尔"的功劳。

但战后调查显示，米勒可能冒领了这个功劳。对比德国方面的报告，米勒报告的攻击位置和隆美尔实际遇袭的位置偏差比较大，此外，一些目击者声称袭击隆美尔座驾的是"喷火"或者"台风"。米勒可能只是碰巧打了一辆路过的敞篷车，而非隆美尔的座驾。

除了P-47外，当天在隆美尔被击伤的地区活动的还有皇家空军的"喷火"中队和"台风"中队，但具体是谁击伤了隆美尔，皇家空军内部也有相互矛盾的说法。比如第602中队的中队长勒鲁克斯（Le Roux）少校，认为是自己驾驶"喷火"IX在扫荡法国乡村时击伤了隆美尔。但他的说法也站不住脚，虽然他当天确实在

隆美尔的座驾被击毁后的残骸。

隆美尔遇袭的地点活动过，但对比隆美尔遭到袭击的时间和勒鲁克斯的作战报告，隆美尔在遭到袭击时，勒鲁克斯的座机正在停机坪上加油。

在排除以上两者后，剩下的争议就是，到底是加拿大空军第412中队的"喷火"飞行员C.福克斯（C. Fox）上尉，还是第193中队的"台风"飞行员击伤了隆美尔。

双方均有有利证据支撑，根据作战记录，福克斯确实在正确的时间出现在了正确的地点。福克斯本人在战后接受采访时描述当时的情况道：

时至今日，我依然清楚地记得1944年7月17日执行的那场作战任务。在下午时分，412中队的"喷火"战斗机起飞执行一次武装侦察任务。当时我们中队隶属第二战术航空军的126联队。在升空之后，12架飞机分成了三个四机小队，由我带领其中一个小队执行任务。

我发现了一辆黑色的大轿车正在一条两边都有树的公路上高速飞驰着，这辆汽车大概在编队的11点钟方向，从前方驶来。我要求大家保持高度飞行，并且任由这辆汽车驶过我们的9点钟方向。然后，我操纵着飞机左转进入俯冲，从车子的正后方发动攻击。一架僚机跟随我进行攻击，而另外两架僚机则留在高空提供掩护，避免被敌机偷袭。

由于树丛的阻挡，我不得不精确计算好射击的时机。在270米距离上，我扣动了机炮的扳机。尽管这辆轿车在树丛的间隙中快速移动，但是机炮炮弹还是打中了它，我亲眼看着轿车开始失控，并且撞进了路边的水沟里。在我看来，这只是一辆拥有亮黑色涂装的高档敞篷车，车身上没有任何的伪装，我并不知道车上坐的是谁。

除了"喷火"外，当天的作战记录显示第146联队的联队长巴尔德温，也曾率领第193中队的8架"台风"在隆美尔遇袭地点执行武装侦察任务，虽然没有具体记录是哪名飞行员攻击了隆美尔，但也有有利证据支持。隆美尔遇袭的目击者之一、德国军官海茵茨（Heins）认为是"台风"攻击了隆美尔，他对当天的经历陈述如下：

事情发生在1944年7月10日到15日（实际上是17日），当时我是第21装甲师装甲掷弹兵部队的一名2级中尉，我已经不记得事情发生的确切时间，但应该是下午4时到6时左右。当天，我乘坐"桶车"（大众生产的军用越野车）从利瓦罗特前往圣皮埃尔-苏尔-迪尔。在利瓦罗特，我的车被两辆敞篷奔驰超车，我注意到第一辆车上坐着一名将军。我跟在他们后面约500米处，平均速度约为80-100公里/小时。

正如海茵茨看到的，隆美尔元帅当时坐在头一辆车司机的右边，另外两名高级军官坐在后座，而元帅的副官则在第二辆车上。

在距离利瓦罗特约1.6公里处，我们到了一个路口，这里是盟军战斗轰炸机的优良靶子，我发现天空中出现了6架"台风"，随后我就看到1架"台风"从右侧俯冲下来，设法进入了侧击航线。与此同时我前面的2台车还在继续前进。接着第1台车就遭到了"台风"的机炮扫射，但它没有发射火箭弹。我看到前面那台车被击中，失控从道路一侧摇摆到另外一侧，此时有人从高速行驶的车中跳了出来，摔倒在地上，在巨大的惯性下又在路面上滑出了约9米远，而车子在行驶了200多米后居然停了下来。

当隆美尔的副官和海茵茨抵达事故现场后,他才发现从车上跳下来的人是隆美尔,他的右脸受了重伤,很有可能是颅骨骨折。与隆美尔一同乘车的助手豪普特曼·赫尔穆特·朗回忆隆美尔遇袭时的情景道:

大约在下午6点,元帅的敞篷车停在了利瓦罗特附近,公路上挤满了被盟军战斗轰炸机损坏的车辆。我们得知,在过去的2个小时里,8架盟军战斗轰炸机一直在干扰着利瓦罗特周边的交通。当我们认为敞篷车没有被战斗轰炸机发现之后,汽车继续沿着公路从利瓦罗特驶往维穆捷。

车上负责进行对空观察的军士突然警告我们,有两架战斗轰炸机正在逼近。我们立刻要求司机丹尼尔提高车速,并且在270米外的一个路口转入小路,但是已经来不及了。大约在450米的距离上,第一架敌机朝我们开火了。当隆美尔回头张望的时候,车子左侧被炮弹击中,弹片切碎了丹尼尔的左肩和左臂。隆美尔的脸部被碎玻璃击伤,他的左太阳穴和颧骨位置受到重击,导致颅骨骨折,元帅当场就晕了过去。

由于丹尼尔的左手受伤,导致汽车失控,敞篷车一头撞上了路左侧的一处树桩,然后翻进了路旁的水沟。严重受伤的隆美尔元帅则飞出车外,然后重重地摔在地上,失去知觉。

海茵茨和朗两人对当时的情况描述比较近似,跟福克斯的说法有些出入,因此隆美尔是被第193中队的"台风"击伤的可能性还是有的。第146联队的高级情报官H.内维尔(H.Neville)中尉在战后出版的《台风传说——第146联队》一书中写道:

1944年7月29日,德军向诺曼底的美军发动了反攻,但英国空军第121联队无情地粉碎了他们的计划,在诺曼底东南部库唐赛的龙赛,给予了其装甲部队毁灭性的打击。照片里有1辆IV号坦克和2辆SdKfz251半履带车的残骸。

1944年7月17日15时15分，巴尔德温带领第193中队出动，攻击了多祖勒附近的德军司令部和据点，摧毁了多座建筑物。随后在卡昂西南部巡逻时，他看到公路上有一个由2辆指挥车组成的小型车队，遭到打击后正停在路边燃烧。巴尔德温并不知道当时隆美尔元帅就在那个车队里，那次受的伤最终导致了他后来人生轨迹的改变。

N.弗兰克（N.Franks）在自己的著作《台风攻击》中写道：

1944年7月17日发生了一件大事，就是德国在诺曼底地区的总指挥隆美尔元帅受伤，脱离了指挥岗位。当天他检查了前线部队，做好了等待盟军进攻的准备。在返回司令部途中，他的车队遭到了盟军战斗机的扫射。虽然他的副官认为攻击他们的是"喷火"战斗机，但历史记录表明那是巴尔德温指挥的第193中队的"台风"。

不过，由于福克斯的证据更具说服力，英国空军在2004年以官方身份正式承认福克斯上尉为"击伤隆美尔的飞行员"。同年4月30日，加拿大空军决定追赠福克斯"荣誉上校"军衔，并且由第412战斗机中队牵头组织了一场盛大的庆祝活动。

## "法莱斯开水锅"

8月6日，德军在莫尔坦地区发动了一次大规模的反攻，出动了大量装甲部队支援步兵向前推进，而盟军则精心设置了一个陷阱，等待德军自投罗网。第197中队在莫尔坦的战斗中表现活跃，充分发挥了"台风"作为低空轰炸机的特长。为了让自己的攻击更加精准、有效，第197中队都从危险的低空发动攻击，甚至比建筑物还低。为了确保命中目标，飞行员们几乎都是在最后一刻才释放炸弹，并将炸弹引信设置为延时11秒，以防炸弹爆炸后产生的冲击波和碎片波及自身。

正在诺曼底地区朝铁路发射火箭弹的"台风"，第一发火箭弹已经准确地命中了目标。

由于德国人的坦克和卡车太多了，第197、第263、第245等中队来回穿梭反复发动攻击，打光了弹药的飞机在机场排队等待再次装弹和加油，准备再次出击。在美国陆航和第二战术空军的联手打击下，德国参与反攻的装甲部队被打成了一堆堆冒着黑烟的残骸。当天，"台风"中队一共出动了300多个架次，用重磅炸弹和火箭弹给予德军致命的打击。

德军在莫尔坦地区被击败后就想逃跑，遭到了盟军的追击，并出动了大量飞机截击撤退的德军。与此同时，盟军也从南北两个方向分别进攻勒芒和法莱斯，试图完成对德军的合围。

8月7日，第245中队的R.G.F.李（R.G.H.Lee）上尉在对一些坦克发射火箭弹时被德军高射炮击伤。他因为失血而昏厥，飞机失控，坠毁在美军和德军阵地之间。李恢复意识之后发现自己的飞机倒扣了过来。松开安全带之后，他掉进了"台风"坠毁时撞出来的坑里，然后又晕了过去。后来发动机里流出的热油把他再次烫醒，但无法逃脱困境。后来李透过座舱框架和地面之间狭窄的缝隙，看到了一些前来搜索飞机残骸的德国士兵。这些人当然不可能想到飞机残骸下还会有人，就放了一个空罐子在机翼上，对其射击取乐。德国士兵打出的流弹击中了李的腿部，但幸运的是没有造成致命伤。德国士兵离开后，李在困境中忍耐了一个星期，靠紧急口粮维持生命，直到后来有美国士兵听到了他敲击机舱壁的声音，才把他救了出来。获救时，李的体重降低了三分之一，而且双腿残废。

8月9日第193中队出动支援卡昂附近的盟军地面部队，达林上尉参加了行动：

陆军在卡昂附近的森林中遇到了麻烦，情报官向我们通报了情况，急切地要求我们对森林进行俯冲轰炸。我们完成了轰炸任务之后，给陆军情报官看了我们的战斗报告，报告的内容让他们很悲观。我们确实轰炸了森林，但是我们更习惯于攻击精确目标，比如十字路口或者是某个建筑物。从我们的角度来看，森林是个相当大的目标，所以我们扔出去的炸弹落得到处都是。每名飞行员的报告都说轰炸精度不高，炸弹散布太大，效果不佳。就在尴尬的沉默中，电话响了，是陆军司令部打来的："你们对森林的轰炸取得圆满成功！我们看到了零星的爆炸，但敌人所有的迫击炮阵地都哑火了，祝贺你们！"歪打正着？我们也不知道我们轰炸的就是德军的迫击炮阵地——谁又能在森林上空看得到迫击炮了？

8月11日第193中队再次出动，达林回忆当时的情况道：

陆军通过迂回战术进攻卡昂，在安弗兰奇（卡昂西南约160公里处）建立了滩头阵地，我们的任务就是用227公斤炸弹摧毁德军的防御阵地。当我们完成任务返回坦米尔临时基地时，除了内德之外所有飞机都安全降落。有人报告说他的飞机被高射炮击中，侧滑飞向了滩头阵地东部。中队长说等一等看看有没有来自滩头的报告，但我们一直等到午夜，都没等到什么消息。我们只好给他父母打了电话，把他的私人物品也打了包，准备给他寄回家。

24小时后，还是没消息，甚至都没有报告说我们有飞机在滩头坠毁。当中队长正在考虑找人接替内德的位置时，内德推开了他帐篷的门："对不起，长官，因为借不到飞机，我是坐鸭子（飞行员们对登陆艇的戏称）穿过海峡回来的，

遭到"台风"猛烈火力耕犁过后的"法莱斯口袋"中的德军车队。在没有制空权的情况下,"台风"强大的攻击力会给德军带来毁灭性的打击。

所以用了这么长时间。"内德再一次死里逃生。

内德事后是这样描述自己坠机的经历的:

我发誓再也不怀疑英国人精湛的飞机制造工艺了,因为当时我的飞机以大约224公里/小时的速度降落,铁路和堤坝都飞快地从我身边掠过,接下来房子以非常恐怖的速度在我的挡风玻璃上变大。因为炸弹已经无法抛弃,所以落地后只能任由它被地面撕扯掉。在地面滑行时机身在剧烈地颤抖,

"台风"部队在诺曼底登陆之后,被德军防空火力击落损失的数量直线上升,这是第263中队的MN524,1944年6月24日在圣马洛被高射炮击落。奇怪的是这架飞机并没有使用登陆日涂装,也就是在机翼和机身上涂黑白相间条纹。

如果炸弹这时候爆炸，我就死定了。我的飞机像一枚巨大的炮弹在树林中穿行，等飞机停下来的时候，就只剩下座舱了，其他部分都在滑行中被树木扯掉了。座舱残骸在地上犁出了一道深沟，停下来之后我立马解开安全带跑了，害怕飞机起火或者是炸弹爆炸。我走过一片田地之后，看到了一个加拿大岗哨，我明白我降落在了盟军控制区内，太令人欣慰了。

第263中队的J.谢拉德（J.Shellard）回忆合围德军的进攻作战道：

8月13日，我们去法莱斯地区上空执行武装侦察任务。这次任务持续了1个小时，搜索了很大一片地区才发现一些德国坦克和卡车，首尾相对排成一条直线。我们俯冲下去发动攻击，我每次对自己的目标发射2枚火箭弹，自认为摧毁了3辆坦克。掠过目标，我们转过头来从低空再次对德军的车队发动攻击，此时我看到我攻击过的3辆德军坦克都起火了，于是用机炮对敌军的卡车和坦克残骸进行了扫射，然后爬升到300米高度返回了基地。

8月14日，第175中队的分队长C.亨曼（C.Henman）上尉，座机被德军高射炮击中起火，在法莱斯附近跳伞。为了压制德军的防空火力，掩护亨曼上尉，安布罗斯上尉对德军的防空阵地进行了扫射。但看样子这一举动似乎激怒了德国人。亨曼跳伞后藏在了灌木丛里，但德军把他找了出来，然后把他绑在树上准备执行私刑。幸运的是一名德国军官发现了自己的手下正在执行私刑，下令把他释放了。但是亨曼的麻烦远没有结束，不久后他又被另外一队德国士兵抓住，再次绑在了一棵树上，准备执行私刑。但又一名德国军官及时地出现，让他再次获救。接着，他被绑着送上了一辆卡车，跟着一个车队向东行驶。但车队很快就遭到盟军的空袭，为了避免在混乱战场中被击中，德国卡车司机在载有战俘的车顶上放了一个红色

"台风"正在使用火箭弹攻击诺曼底地区港口内的敌舰。

十字架标志，但这反而起到了反作用，因为这个标志很容易在空中被看到，更容易吸引火力。亨曼幸运地没有在空袭中受伤，而他的曲折经历在20世纪90年代被当成了战争中的文明案例进行了宣传。

8月16日，第146联队全体出动去攻击一座城堡。谢拉德在日记中称那个城堡在贝尔纳附近，但可能是个拟声词。那座城堡是德军的一个指挥部，谢拉德在日记中写道：

第263中队是联队最后一个出动的，而我则是第263中队最后一个出动的（座机JR382），我们中队挂载的是火箭弹。在目标上空，当我下降高度，进入30度角俯冲时，我看到目标已经被浓烟笼罩。突然浓烟正中央出现一个缺口，透过缺口我看到了一个貌似什么建筑的后院。我瞄准它作为目标，打出一波火箭弹齐射，然后拉起飞机加入编队。在任务后简报中，我们的联队长巴尔德温，问起第263中队是谁最后一个对目标发动攻击的。我告诉他是我，然后他问我是否看了攻击结果。我很迷惑，告诉他我当时忙于在空中周围的5个中队中寻找自己的中队，所以没有检查攻击结果。他跟我说："你把那个鬼地方炸飞了。"我肯定是命中了德军弹药库，那座城堡是德军的指挥部，里面可能存放了大量的弹药。

到8月16日，盟军把德军第七军和第五装甲军包围在法莱斯地区一个长宽各约56公里、伸进了卡昂及其南部的盟军控制区32公里的一个突出部中，并开始进行围歼作战，史称"法莱斯口袋"或"法莱斯开水锅"。第二战术空军下属各个"台风"中队继续支援盟军地面部队，彻底消灭包围圈中的德军。

第263中队对德军地面目标发动攻击时的照片，右上角1架"台风"正在朝目标发射火箭弹。

8月18日，包围圈内的德军彻底失去了抵抗能力，盟军开始进行"收割"。第263中队的谢拉德回忆道：

在一次时长45分钟的武装侦察任务中，我看到到处都是燃烧的德军车辆。而我们给这混乱的场面制造了大约12个残骸。从空中看到盟军正在围攻卡昂的景象确实是一件非常鼓舞士气的事情，这也表示我们打到了"胡恩"（意为野蛮人，英国人对德军的蔑称）的痛处。

第175中队的霍尔上尉回忆道：

我们在维穆迪耶斯南部攻击了大量的德军坦克和运输车，一名西印度籍飞行员的座机结结实实挨了一发德国人打来的炮弹，右侧副翼被击伤了四分之三，最后整个副翼都脱落了。飞机只能倾斜30度飞行，但是他安全返航——"台风"坚固的特性再次得到了体现。

第197中队在8月18日执行了一项特殊任务，攻击了德军用来轰炸马里博尔港内盟军船只的铁道炮。这门铁道炮只在夜间开炮，白天则隐藏在彭累勒维克附近的铁路隧道里。通过对目标区的仔细研究，盟军指挥官认为通过俯冲轰炸炸塌整个隧道几乎是不可能的，

8月18日，第181中队的"台风"正在使用火箭弹攻击"法莱斯口袋"中一条公路上的德军汽车。

最好的办法是炸毁隧道的两个出口,把德军的铁道炮封锁在里面。这需要飞机携带454公斤延时引信炸弹,进行超低空攻击,把炸弹准确地投到隧道口。

197中队出动8架"台风",分为两个4机分队,每个分队攻击隧道的一个出口,炸弹引信延时设置为11秒,炸塌隧道的两个出口即可。第146联队的联队长巴尔德温亲自带领一个分队执行这次攻击任务,另外一个分队由分队长史密斯带领。为了保证行动成功,第二战术空军事先出动了一批飞机去清扫地面上的德军防空火力。

史密斯带领的4架"台风"成功地执行了任务,自己无一损失,隧道口完全崩塌。但是巴尔德温带领的那一队飞机就没那么好运了,地面上德军的高射炮集中火力对他们射击,巴尔德温的座机被击伤,不过他们投下的炸弹还是成功地炸塌了隧道口。巴尔德温展示了自己高超的飞行技术,驾驶受伤的飞机降落在了B3基地。

"台风"中队虽然在8月18日取得了辉煌的战果,但对友军也造成了一定的伤害。"台风"和美国陆航的飞机误击了友军的地面部队,造成51人死亡,25辆车被毁。

193中队的达林在日记中记录了他们在法莱斯战役期间遇到的一些传奇经历:

内德的帐篷成了我们聚在一起侃大山的地方,他真是一块磁石,能吸引任何人。在内德烤土豆的时候,我们会轮流讲故事,讲得最多的还是一位名叫约翰的战友的故事。他被击落后,失踪了约10天,但有一天晚上突然出现在杂乱的中队帐篷里,经过一番畅饮和交流之后,我们簇拥着他去了内德的帐篷。约翰讲述了自己的经历,原来他在皮塞科斯附近(巴黎以西约160公里,卡昂以南约160公里)跳伞,并得到了当地一个法国农民的帮助。他给了约翰一套衣服,让他在农场干活。不久之后德国

在"法莱斯口袋"里被"台风"用火箭弹和炸弹炸翻的德军"黑豹"坦克。

人就到农场来搜查,约翰很害怕,但农民告诉他法国人和德国人关系不错,他应该跟法国人混在一起。于是约翰大胆地混到了法国人群里,并且教德国人打扑克,最后他还赢了7000多法郎(约合750美金,在当时是一笔不小的金额,美国普通士兵一个月的军饷是50美金)。德国人撤走后,他分给那名法国农民一些钱,并让他们记住这件事,以后有机会的话要为他证明这个经历。德国人实际上对约翰是"网开一面",然后"法师"(法国地下抵抗组织的俗称)就接手了剩下的工作,帮忙把约翰送了回来。

从诺曼底登陆到法莱斯战役结束,为了配合盟军地面部队的行动,"台风"中队坚定地执行了空中支援任务,延滞德国人的逃跑行动。但是在这段时间里"台风"中队也遭受了其作战史上最高的损失:光8月份就损失了超过90架飞机,绝大部分都是被德军地面防空炮火和小口径武器火力击落的。8月18日可以说是个高峰,光这一天就有17架"台风"被击落。

德国的防空火力配置非常完善,自诺曼底登陆后越来越多的盟军飞行员都开始感受

1944年9月,达林在B3基地时跟自己座机NB912的合影。

到了这一点。从0到2000米高度,德国使用20毫米和40毫米高射炮,超过2000米高度则使用致命的88毫米高射炮,更高的高度还有128毫米高射炮。

自从"台风"中队进入欧洲以来,就无时无刻不在德军的防空火力之中活动,有时候甚至是从起飞到降落都是沐浴在敌人的防空火力之下。不过"台风"的行动给对手也留下了深刻的印象,德国第2坦克师指挥官冯·吕特维茨后来评价盟军的对地攻击飞机时说:

(盟军)战术空军的对地攻击,特别是火箭弹攻击对战局来说是决定性的。"台风"冲下来,集中向坦克和车辆发射了数百枚火箭弹,而我们对

1944年8月27日,"台风"部队的地勤人员正在为飞机挂载火箭弹,准备出击。

此根本无能为力。

另外一名前德国坦克车长,在英国参观"台风"/"暴风"博物馆的时候说道:

我们最害怕的就是"台风",尽管地面防空火力密集,它们还是会对目标发动攻击,直到把目标完全破坏。它们反复地出现,造成我们士气低落,再也没能恢复。我幸运地活了下来,唯一的逃生手段就是从坦克里面跑出来,然后躲得远远的。

## 误击事件

1944年8月下旬,从诺曼底海滩登陆的盟军已经深入法国内陆,但是德军部队却依然固守着位于诺曼底海滩左翼的法国港口勒阿弗尔。从这里出发的德军鱼雷艇、布雷舰、微型潜艇和人操鱼雷,持续威胁着附近的盟军"桑树"人工港。这使得盟军不得不派出大量军舰,每天进行警戒和扫雷任务。其中一支在该区域内执行扫雷任务的舰队,是英国海军的第一扫雷舰队,舰队旗下拥有6艘哈尔"西恩"级扫雷舰,分别是"猎兔犬"号、"布里托马克"号、"轻骑兵"号、"火蜥蜴"号、"拾穗者"号以及"伊阿宋"号。自从诺曼底登陆开始以来,第一扫雷舰队的扫雷舰就一直在与布设水雷的德国人做斗争,为登陆舰队提供安全保障。

8月22日,第一扫雷舰队接到了新的命令:前出扫除位于勒阿弗尔港口外的德军水雷区,确保能够有充足空间,允许2艘"罗伯茨"级浅水炮舰和"厌战"号战列舰进入该地区,这些战舰将会为向勒阿弗尔推进的盟军部队提供炮火掩护。一连四天,隶属第一扫雷舰队的6艘扫雷舰都在勒阿弗尔港外忙里忙外,与各种五花八门的德军水雷做斗争。信号员L.菲顿回忆说:

尽管德国人想尽一切办法试图拖延我们的进度,但是事情的进展依然很顺利。在白天,我们会把所有水雷清扫一空。到了晚上,德国轰炸机会光临该区域,投下新的水雷,

其中一艘涉及勒阿弗尔误击事件的皇家海军扫雷舰"轻骑兵"号。

在诺曼底地区提供炮火支援的"厌战"号战列舰,第一扫雷舰队的任务是为它扫清勒阿弗尔外海的雷区。

让我们一天的工作前功尽弃。这些德国人简直想尽了一切办法来整我们:一些德国水雷被伪装成了一个浮标,你要靠到很近的地方才会发现;有的时候海面上会出现装满炸药的遥控快艇,把你吓得心惊胆战;而最为恐怖的莫过于在夜里出击的E艇(鱼雷快艇),这些快艇在黑夜里神出鬼没,迫使我们整晚没法睡觉。

1944年8月27日,第一扫雷舰队已经在勒阿弗尔港外德军水雷区奋战了整整六天。前一天,舰队中的"拾穗者"号扫雷舰被德军音响水雷炸伤,不得不脱离编队,返航进行修理,而编队旗舰"猎兔犬"号也出现动力系统故障,被迫返航。这使得第一扫雷舰队的可用兵力,缩减到四艘扫雷舰。在临时旗舰"伊阿宋"号带领之下,其余3艘扫雷舰继续在勒阿弗尔港外的水域进行扫雷行动。

正午时分,4艘扫雷舰正在勒阿弗尔外海进行扫雷作业。尽管清扫水雷是一项非常

一枚被拆弹人员取出引信的德军空投水雷,这种水雷可以在夜间通过轰炸机快速布设。

扫雷编队的临时旗舰"伊阿宋"号。

危险的工作，但是大多数扫雷舰的舰员们都已经跑到甲板上，安然入睡——他们必须争分夺秒地养足精神，好在夜间与神出鬼没的德军鱼雷艇对抗！"布里托马克"号上的水手，L.威廉姆斯回忆说：

这是完美的一天，大部分"布里托马克"号上的水手都跑到上层甲班晒日光浴，即使是在枪炮阵位和瞭望哨上的船员，也开始放松自己，稍作休息。

在不远处的天空中，16架来自皇家空军第263、第266中队的"台风"战斗机，组成了一个中等规模的空袭编队，他们今天的目标是5艘驶出勒阿弗尔港的德军鱼雷快艇。带领这支编队的飞行员，是第146联队的联队长巴尔德温。在高空中，巴尔德温看见了4艘军舰组成的编队，这些军舰身上涂有盟军的标准迷彩，而且也正确地回应了敌我识别信号。不过，巴尔德温还是心存疑虑，他联系了该区域的空中管制员，一连四次询问是否能发动攻击。管制员则回应称，该区域并没有盟军舰艇活动，要求巴尔德温发动攻击。在管制员的再三要求下，巴尔德温只好服从命令。他操纵着座机,带领编队中其他飞机从阳光方向俯冲，对下方的4艘军舰发动攻击。

下午1点30分，从阳光方向俯冲而来的"台风"编队，用20毫米机炮横扫了整支扫雷舰队。"布里托马克"号上的威廉姆斯回忆说：

瞭望哨突然大叫："左舷发现飞机！"大家立刻从床上跳起来，向天上四处张望。由于阳光非常刺眼，我们看不到任何东西。不久之后，瞭望哨再次报告说："是友方飞机！"这些飞机正在朝我们的战舰俯冲，机身上的黑白识别条纹清晰可见。我当时以为他们正在拿我们当做进行俯冲攻击练习的靶子，但是没想到这些飞机上的机炮却开始朝我们喷吐火舌！我大喊一声"趴下！"之后，便跑到了距离自己最近的一个船舱舱口寻找掩护。

遭到攻击之后，旗舰"伊阿宋"号上的厄利孔20毫米防空炮立刻朝"台风"编队开火还击。但巴尔德温迅速带领着编队脱离了高射炮射程。"伊

正在向己方扫雷艇进行机炮扫射和发射火箭弹的"台风"照相枪景象,照片中可以看到扫雷艇因为看到了己方飞机,所以还是直线向前航行,没有采取任何机动来躲避。

阿宋"号船员T.杰克逊回忆说:

我在中午开始休班,于是便到甲板下吃起了午餐。突然间,甲板上响起了战斗警报,爆炸声接连不断地传来。我立刻跳了起来,赶回位于舰桥以下的信号桥楼战位。当爬上甲板的时候,我看见一艘扫雷舰的情况非常不妙,它的舰员已经开始弃船逃生。正当我赶往爬上信号桥楼的梯子时,一架"喷火式"战斗机朝扫雷舰开火了(事后表明,这架"喷火"来自当天负责护航的波兰中队),这迫使我躲在了一个储物柜的后面。

遭到"台风"扫射的"布里托马克"号上,水手们正目瞪口呆地看着天上。他们认出了这些飞机是皇家空军的"台风",然后惊恐地发现这些飞机的机翼下正挂着威力强大的火箭弹。一旦这些火箭弹命中扫雷舰,所有人必定难逃一劫!

旗舰"伊阿宋"号反应过来,马上通过无线电不断拍发"我编队遭受友方飞机袭击!"的信号。这时候,巴尔德温带领编队折返回来,再次发动攻击。在这次攻击中,"台风"纷纷发射机翼下挂载的火箭弹。随着震耳欲聋的轰鸣声传来,呼啸而至的火箭弹先后命中了"布里托马克"号和"轻骑兵"号扫雷舰!"布里托马克"号的舰桥立刻起火燃烧,受损严重的船身开始向左舷方向倾斜,而"轻骑兵"号的上层建筑也燃起了冲天大火。身处"布里托马克"号上的水兵B.休斯回忆说:

"台风"发射的火箭弹摧毁了舰桥,制造了一场可怕的混乱。扫雷舰开始原地打转,并且逐渐沉没。所有军官都在火箭弹命中舰桥的那一刻死了,最后是一名军衔不高的士

一名法国潜水员在2002年绘制的"布里托马克"号扫雷舰残骸草图,可见船身损毁严重。

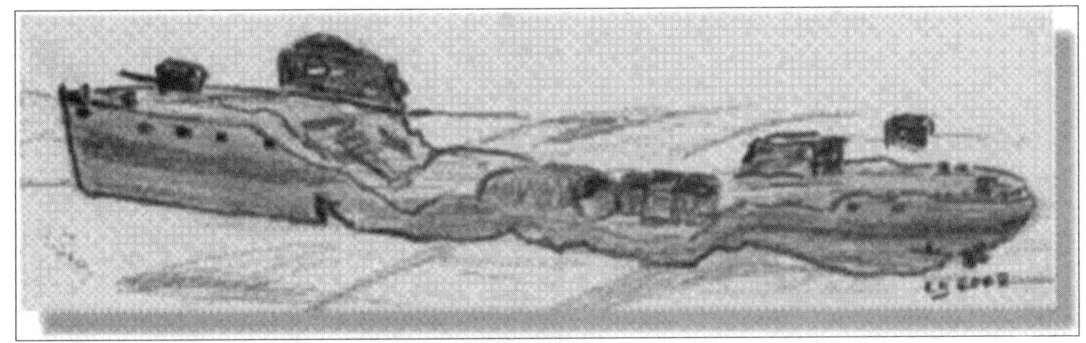

"轻骑兵"号的水下残骸草图，可见其上层建筑已经被火箭弹彻底轰飞。

兵命令我们弃舰逃生。我永远忘不了火箭弹那震耳欲聋的爆炸声。

1时35分，巴尔德温带领编队掉头，对扫雷舰编队发起第三次攻击。此时，坐镇旗舰"伊阿宋"号的舰长T.克里克中校终于醒悟过来。他向仍能机动的"火蜥蜴"号发出灯光信号，要求立刻抛弃扫雷具，同时进行"之"字航行，躲避这些杀红了眼的友军飞机。但还没等到"火蜥蜴"号提起航速，巴尔德温带领的"台风"编队已经杀到了跟前。他们发射的火箭弹，命中了"火蜥蜴"号扫雷舰。"火蜥蜴"号舰长H.金少校回忆说：

我们的厄利孔机关炮在遭到袭击的那一刻便开始还击，但是102毫米主炮的炮组成员，被机枪和机炮扫射压制得死死的，舰桥也被机炮弹横扫了一番。正当负责操作扫雷具的水手联系舰桥，询问是否要紧急抛弃扫雷具的时候，台风战斗机发射的第三轮火箭弹击中了舰尾。这些火箭弹在舰尾撕开了一个12米宽的大口子，卡住了我们的方向舵，并且使得扫雷具储存室烧了起来。

实际上，"火蜥蜴"号的舰尾已经被火箭弹彻底摧毁，失去动力的扫雷舰只能在停水面上，坐以待毙！

到了1时37分，眼看着三艘扫雷舰先后起火爆炸，作为旗舰的"伊阿宋"号只好向皇家海军指挥部发去无线电信息："三艘友舰被击中，即将沉没！" 3分钟后，巴尔德温中校再次带领"台风"编队发起第四次攻击。就像之前那

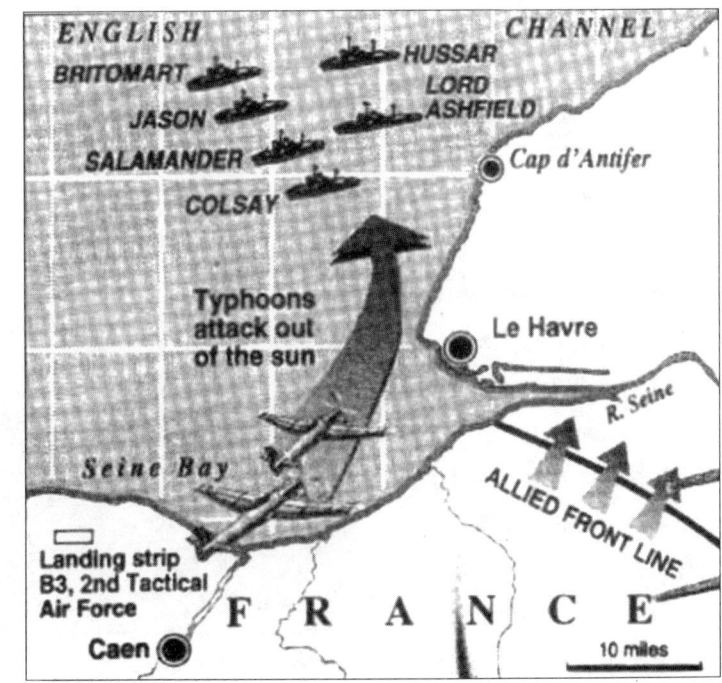

描述大致攻击过程的示意图。

样,"伊阿宋"号继续通过信号灯发出友军识别信号,但是依然被巴尔德温中校无视。打光了火箭弹的"台风",纷纷使用机炮扫射旗舰"伊阿宋"号,并且彻底打哑了舰上所有的防空炮。"大获全胜"之后,16架"台风"重整编队,喜气洋洋地朝着位于卡昂的B3空军基地飞去。

当"台风"攻击编队远去之后,站在"伊阿宋"号舰桥上的克里克中校,看到了一幅地狱般的景象:舰尾正在熊熊燃烧的"火蜥蜴"号正从"伊阿宋"号的前方驶过,不远处的"轻骑兵"号舰艏已经没入水中,"布里托马克"号则在一边打转一边沉没。为了抢救仍然浮在水面上的"火蜥蜴"号,"伊阿宋"号再次发出紧急电报:"请火速派遣力量前来救援!""伊阿宋"号舰员杰克逊回忆说:

我们目睹了一片惨烈的景象,海面上燃起了大火,漂浮在水上的幸存船员正不断哭喊,请求救助。大家放下了小艇,不断捞起水中幸存者,直至小艇坐满为止。皇家空军的救援部队迅速开始了一场大规模搜救行动,而一艘刚刚完工的海军护卫舰也赶到了现场,参与到救援工作之中。

死里逃生的"火蜥蜴"号,其舰尾已经被火箭弹彻底炸断。

祸不单行的是,岸上的德军岸炮部队察觉到英军扫雷编队的异样,他们瞄准了仍然在海面上漂浮的三艘扫雷舰开火射击。最初,德军炮击的精度非常差,但是在修正弹着点之后,炮弹开始落在扫雷编队的四周。尽管没有击中任何扫雷舰,但是这些炮弹却杀害了不少漂浮在水面上的幸存者!"轻骑兵"号的幸存者,舰长J.纳什中校回忆说:

德国炮弹开始落下,到处都是横飞的弹片,不少人

德军在勒阿弗尔海岸线建设的岸炮堡垒,这些堡垒对盟军舰船和地面部队造成了巨大的威胁。

被这些弹片杀死了,眼前的一幕如同地狱。最终德国人的炮击停下了,而我则被拖上了一个救生艇,然后被另外一艘赶来救援的扫雷舰救起。

最终,第三艘受损的扫雷舰"火蜥蜴"号得到了其他前来救援的舰艇的帮助,返回了诺曼底的"桑树"人工港。它的船尾已经凹成了一个大洞,完全失去修复价值。在这次误击事件中,78名英国水手在"台风"的攻击下殒命,另外149人不同程度受伤。对于"轻骑兵"号的水手T.罗杰斯来说,他的经历可谓是糟糕透顶,罗杰斯回忆说:

在"桑树"人工港登陆之后,包括我在内的幸存者被卡车送到了附近的海军陆战队帐篷里面。当大伙通过一个法国村庄的时候,当地村民以为我们是战败被俘的德国水手,于是对我们拳打脚踢。

事发两天之后,英国空军连同海军召开了一个军事法庭。在法庭上,"伊阿宋"号舰长克里克中校与发动攻击的巴尔德温中校发生激烈对质。当克里克中校质问巴尔德温为何在看见友军识别信号之后依然发动攻击的时候,巴尔德温表示是战区空中管制员要求他发动攻击。当高层官员们整理了事件的相关细节之后,双方终于理清了事情的原委:由于不同军种之间沟通不善,第一扫雷舰队在勒阿弗尔区域活动的消息没有传递到位。这最终导致战区空中管制员将扫雷舰编队误判成德军快艇编队,并且下令发动攻击,导致悲剧发生。

纵观整个勒阿弗尔误击事件,英国海军和空军之间的通信不畅,没有严格执行敌我识别规则,最终造成了这次严重的误击事件。这再次证明了在现代战争中,不同军种之间互相交换信息,并且在发动攻击前进行敌我识别的重要性。只有在严格执行敌我识别规则的情况下,才会避免类似的悲剧在日后再次发生。

> **FIVE VESSELS LOST**
>
> **MINESWEEPERS, TRAWLER, AND AUXILIARY**
>
> The Board of Admiralty regrets to announce the following losses in allied operations for the liberation of Europe. The next-of-kin of casualties have been informed:—
>
> MINESWEEPERS.—H.M.S. Loyalty (Lieutenant-Commander J. E. Maltby, R.D., R.N.R.), H.M.S. Britomart (Lieutenant-Commander A. J. Galvin, D.S.C., R.D., R.N.R.), and H.M.S. Hussar (Lieutenant J. R. Nash, M.B.E., R.N.R.).
>
> TRAWLER.—H.M.S. Gairsay (Lieutenant-Commander C. H. Homer-Lindsay, R.N.R.).
>
> AUXILIARY VESSEL.—H.M.S. Fratton (Lieutenant-Commander C. J. Cordran, R.N.R.).
>
> It is learned that Lieutenant-Commanders Homer-Lindsay and Cordran and Lieutenant Nash are survivors. Lieutenant-Commanders Maltby and Galvin are casualties.

为了不打击官兵的士气,英国军方高层将误击事件隐瞒起来,在报纸上仅仅宣称5艘扫雷舰"在战斗中损失",事情的真相直到半个世纪之后才公之于众。

# 第十章 "暴风"VS"高射炮"

## "高射炮"

在"台风"中队支援诺曼底战役的同时,"暴风"中队则在本土进行着防空作战。第3和第486中队在装备"暴风"之前都装备的是"台风",经常攻击在法国北部海岸代号"违规投球"的神秘建筑物群。根据盟军的侦察,从1943年底到1944年初法国北部海岸至少有16个"违规投球"工地正在施工。每个建筑群包含4座造型狭窄的建筑,每个建筑的尾端有独特的斜坡,因此获得了"滑雪场"的绰号。这些狭窄建筑实际上都是储存设施,尾端的曲斜坡就是发射坡道,同时也可以防止盟军的炮火或者是其他武器打进其内部。虽然当时执行打击任务的"台风"飞行员没有被告知这些建筑到底是用来干吗的,但在1944年5月8/9日晚,巴克利上尉无意中击落了1枚V-1导弹,解开了谜团。

英国空军和美国陆航很清楚V-1导弹带来的威胁,于是投入了大量的兵力,对V-1导弹发射阵地进行了持续不懈的攻击。到了1944年2月,德国人意识到这些看似坚固的永备发射阵地永远都不可能完工并保持正常运转了。因此德国人实施一个野战发射计划,使用简易发射技术,并充分利用大自然的伪装。凭借德国特色

盟军通过航空侦察在法国北部路易斯农场山发现的V-1发射阵地。

的高效率,到了1944年6月中旬,德国人具有了80个野战发射阵地。

V-1在德军的正式名称叫Fi 103巡航导弹,它是在76型高射炮目标仪器(Flakzielgerät 76)的名义掩护下开发的,通常缩写为FZG 76。Fi 103的整体轮廓类似一架小型飞机,总长8.35米,翼展5.38米,采用一台"百眼巨人"脉冲式喷气发动机驱动,安装在机身后上方,点火后会发出一种独特的咔哒声。Fi 103装有一个重达848公斤的阿玛托尔炸药战斗部,原始设计目标,是用来空袭英国首都伦敦。

这种粗暴且恐怖的武器只能瞄准伦敦的大致方位,然后通过发动机的设置来设定适当的飞行距离。它在英国民众和盟军部队里有各式各样的绰号——"潜鸟"(Diver,官方代号)、"比奇"、"无人飞机"、"机器人飞机"、"嗡嗡炸弹"和"飞行炸弹"等。还有一个代号反映了其出现的时间:"六月虫子。"不过,德国当局对本国民众宣称这种武器的名字叫"复仇武器1"号(Vergelstungwaffe 1),简称V-1。

皇家空军根据情报,在遭到V-1导弹袭击以前就部署了整体防御系统,设有三道防线。第一道防线是在海峡上空的战斗机巡逻区,第二道防线是英格兰南部海岸的高射炮防御带,从肯特郡中部一直延伸到伦敦南部郊区。最后一道防线是伦敦城边的气球阻塞带。整个系统根据气象条件、战斗机或者是高射炮各自负责的空域和高度,制定了复杂的协同规则。整个V-1防御行动的负责人是R.希尔(R.Hill)少将,他也是"暴风"飞行员,在拦截V-1作战期间因为坚持驾驶"暴风"执行巡逻任务而获得了不少赞誉。

对于德国人而言,整个计划并不是很顺利。虽然德国人在短时间内建起了大量具备发射条件的阵地,但是由于导弹本身供应紧张成了摆设。由于盟军持续不断战略轰炸的压力,导致导弹生产所需的各种基本部件开始短缺(诺曼底登陆之后这一状况变得更加严重)。德军计划中首批发射600枚V-1,但实际只发射了10枚,其中4枚飞到了英国海岸,只有1枚命中了伦敦郊区,造成6个平民死亡。

6月13日上午4时,驻纽切奇的第150联队被电话叫醒,但已经来不及起飞了,只能眼睁睁地看着两枚V-1导弹快速的从机场上空飞过。第150联队基地位置选得很好,正好位于V-1的航线上。根据观察,V-1的飞行高度在500-600米左右,速度为563-643公里/小时。第150联队随后出动了巡逻飞机,但并没有发现其他"潜鸟"。

接下来三天没有导弹从

第3中队的飞行员们正在学习有关V-1的知识,为截击作战做准备。

法国飞过来,但6月16日又出现了。第3中队的2架"暴风"在7时20分升空,30分钟后,罗兹军士就击落了"暴风"自参与拦截V-1以来的第一枚导弹,它被打得凌空爆炸并坠落在梅德斯通附近。然而不幸的是识别问题再次出现,罗斯的飞机被美国陆军的高射炮击中,万幸的是虽然机翼上被打出了一个大洞,但他在纽切奇安全着陆,不过飞机需要换掉整个机翼。截至当天结束,第3中队声称击落9枚V-1,第486中队声称击落2枚,参战的"喷火"中队也声称击落2枚。

第150联队的昼间截击行动在6月23日达到了一个顶峰,有超过24枚V-1导弹被"暴风"击落。成功不是没有代价,一些"暴风"被V-1爆炸的碎片击伤甚至击毁。此外,虽然其他防空部队做了很多识别"暴风"的努力,但是误击事情还是层出不穷。6月28日一架"暴风"就被己方防空火力击落。第3中队的多曼斯基军士,在追逐一枚V-1的时候就遭到友军火力攻击。最倒霉的飞行员可能就是第486中队的劳里斯少尉了,他在1个月内被误击两次,2架"暴风"被毁。

## 精益求精

面对V-1,"暴风"中队需要时间才能开发出最有效的战术,组织起最高效率的防御。时任第150联队联队长的比蒙特描述了他们在截击作战中面对的一些问题:

因为V-1的机身截面直径只有0.91米,弹翼翼展也只有5.38米,是从后方很难命中的小型目标,但又由于它的飞行速度很快,绝大部分战斗机只能从它的后方发动攻击。于是这就产生了一个问题,要想准确的命中它,就需要靠得很近,但它的弹头和燃料很容易被引爆,距离太近的话爆炸会波及发动攻击的飞机。我们一开始在360米的距离上开始攻击,结果浪费了很多机会,甚至多次丢失目标。后来我们接近到180米开火,成功率高了很多,但是导弹爆炸造成的火焰和碎片也给我们造成了不小的损失。

当时战斗机上的机炮和机枪都会进行协调,使其弹道在一定距离上形成交叉,以获取最佳的命中率。但是面对V-1这种小型目标后,就需要特别对待。由于180米容易给自身造成伤害,比蒙特把他的飞机射击弹道交汇点设置在了270米。通过实战证明了这一设置的有效性之后,他命令全联队的飞机都按照这个距离来设置,大幅度提升了命中率。此外,他还进行了夜间拦截战术的研究,但根据会议记录来看,夜间拦截并不容易:

夜间雷达指挥截击比白天更容易,因为在天气良好的夜晚,从16-24公里开外就能看到V-1导弹发动机喷出的火焰,

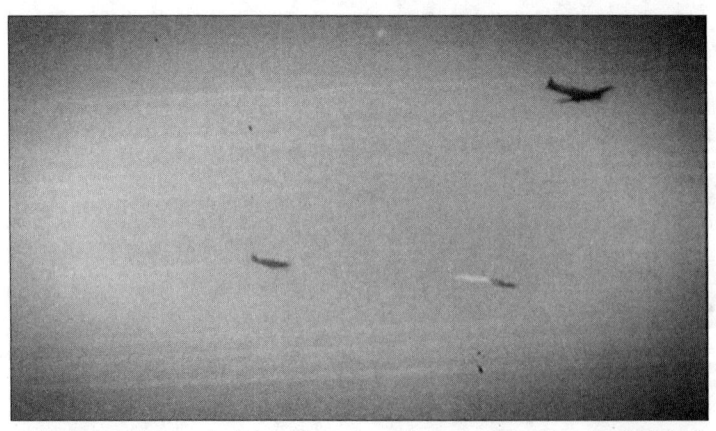

两架英国战斗机正在追击一枚V-1,一架正在发动攻击,另外一架在旁边掩护。

飞行员唯一要做的就是最大油门接近目标直到进入射程。但问题是，除了光之外飞行员没有任何其他参考可以用来判断距离，导弹发动机喷出的火光会变得越来越大，越来越耀眼。让飞机进入有效射程并不容易，很容易飞过头甚至是撞上了目标。

基于这个问题，英国的科学家们和空军协同开始寻找解决方案。6月22日，战斗机截击部队派出的一个"暴风"特遣队抵达纽切奇，专门开发对付V-1的夜战战术。夜间战斗机部队在此期间不得不使用"蚊"式夜间战斗机来执行夜间截击V-1的任务，虽然它速度不够快，很难追上V-1，但它们装备有机载雷达，可以在夜间轻松地捕捉V-1，并找到合适的射击距离。

6月24日，战斗截击部队开始进行"莫妮卡"设备的试飞。这种设备编号为AN/APS 13，本是装在轰炸机上的一种机尾警戒雷达，用来搜索德国空军的夜间战斗机。战斗机截击部队将其安装在"暴风"上，作为夜间距离指示器使用。这种设备重量只有11公斤，"暴风"的座舱空间很大，可以轻松把设备装进去，然后在翼尖上安装一个偶极天线即可。试飞显示AN/APS 13是有效的，而且很适合单座飞机使用。但它最大的缺陷就是在高度500米以下时，会受到地面杂波的影响，指示灯会被地面回波信号点亮。绝大部分"潜鸟"都是在500米以下飞行，导致该设备没有用武之地，飞行员只能依靠自己的技巧和判断来射击。

除了夜战的研究外，皇家空军的专家们很快得出了防守战斗机需要更快的速度才能最大限度的发挥它们对抗"潜鸟"的效率的结论。6月24日，皇家航空研究中心首席试飞员R.福克（R.Falk）联队长和其他三名工程师造访了纽切奇，探讨了提升"暴风"低空飞行速度的可行性。"暴风"的机翼表面光洁度、发动机功率和排气设计都是有潜力可发

第3中队的JN897，是H.J.巴利军士（H.J.Bailey）的常用座机，这张照片拍摄于1944年8月，当时在第122联队执行反"潜鸟"任务，取消了机翼的"登陆日"识别条纹，最大限度地降低飞行阻力，增加飞行速度。

掘的地方。改装散热器也曾被考虑过，但因为不切实际而被否定。

当时"暴风"的机翼上下表面都涂有用于识别的"登陆日条纹"，占了机翼总面积差不多一大半。涂料本身有重量，而且会造成阻力，如果油漆剥落，机翼上的层流也会被破坏。比蒙特联队长将他的座机JN751送回霍克-西德利公司，重新涂上了光滑的条纹涂装，结果低空速度增加了16公里/小时。因此，皇家航空研究中心的专家们建议第150联队弃用"登陆日条纹"，直接铲掉，或者是用更光滑的涂装。后一种方案因耗时耗力被认为不切实际，不过皇家空军也没有发布要求铲掉"登陆日条纹"的正式命令，完全靠部队自发行动。照片显示，1944年7月和8月，大多数参与截击V-1的"暴风"和其他战斗机都铲掉了"登陆日条纹"，只有个别飞机的机翼和机身下还残留有已经磨损了的条纹涂装。

皇家航空研究中心也对完全不使用任何涂装的"暴风"进行了试飞。结论是这样并不会让速度增加多少，相反良好的涂装会让飞机表面的气流更稳定，可以提升飞机的性能表现。但好处是可以增加飞机的可维护性，飞机频繁穿过V-1爆炸产生的火焰，涂装维护很困难，有时候只能在飞机重新加油和装弹的时候匆匆补漆。2架"暴风"在贝福特郡的克兰菲尔德被第2501维护梯队剥去了全部漆面，然后调给了第501战斗机截击中队。不过此时拓展试飞工作已经完成，压榨"暴风"性能的工作已经不再具有很高的优先权。

提升发动机功率可以通过提升增压比来实现，这一方案很快就得到了纳皮尔公司的批准。第150联队的两架"暴风"，JN738和JN763，被租借给皇家航空研究中心进行性能改进试飞。研究中心把机翼前缘进行了擦拭，剥离老涂装然后在涂上新漆之后，速度提升了8.85公里/小时，这还是在增压比为5.2公斤力/平方厘米

1944年6月22日，芬顿少尉的座机JN806在执行完反"潜鸟"任务后返航时，因为起落架未能放下，只好选择迫降。事后调查原因是液压油泄漏。芬顿很走运，在迫降中毫发无损，但他的座机"女王"却因此被除役。

的条件下获得的，因为试飞机（JN738）无法提供战斗中正常可用的6.3公斤力/平方厘米的增压比。换了JN735后，可以实现高增压比，但是在7.7公斤力/平方厘米的增压比飞行时，增压器爆炸起火。活塞和活塞环分解，造成"军刀"发动机卡死，试飞员E.布朗（E.Brown）少校不得不弃机跳伞。另外一架"暴风"，使用150辛烷值汽油，完成了7和7.4公斤力/平方厘米增压比试飞，速度增加了16~24公里/小时。如果增压比达到预计的7.7公斤力/平方厘米的话，速度可以提升32公里/小时。

"喷火"ⅩⅣ和"野马"Ⅲ也做了类似的改进来提升性能，并且跟"暴风"一起检测了1000米高度上的真实空速。"野马"和"暴风"JN763，速度达到了663公里/小时，而"喷火"则刚过644公里/小时。"暴风"真正的优势在于高巡航速度和俯冲加速度更快，更适合执行截击任务。根据纳皮尔公司的建议，"暴风"要提升增压比，必须配合150辛烷值汽油。

除了气动性能和发动机性能的提升外，研究中心还给"暴风"安装了罗拓尔螺旋桨，比"暴风"使用的哈维兰公司螺旋桨有更强的扭矩承受能力，能够更有效地发挥出发动机的输出功率。使用这种螺旋桨后，"暴风"发动机的最大转速从3700转/分钟提升到了3850转/分钟，最大增压比也从7.7公斤力/平方厘米提升到了9.1公斤力/平方厘米。

在其他细节上，"喷火"和"野马"中队都通过移除后视镜等设备提升了速度，而"暴风"唯一可移除的设备就是进气道中的过滤器，但这个东西在前线机场行动的时候被认为是必要设备，因此得以保留。"暴风"在这个过程中唯一真正修改了设计的地方就是排气管，安装了原计划给"台风"使用的排气管整流罩（这个整流罩在目前世界上唯一幸存的"台风"MN235上还能看得到），消除了排气管和周围整流罩之间的缝隙，可以让飞机的速度增加了约10公里/小时，但会产生过热问题，因此夏天低空满功率飞行有一定限制。

除"暴风"外，皇家空军也调动了其他高性能战斗机来执行此类任务，比如"喷火"ⅩⅡ和ⅩⅣ以及"野马"Ⅲ。这些高性能战斗机是截击V-1的主力，还有一些辅助和实验性的飞机，比如"喷火"Ⅸ、"流星"和"台风"。到了夜间，防御V-1的主力是装备了各式

1944年10月，第501中队的EJ764、EJ599、EJ589正在埃塞克斯海岸巡逻，猎杀路过的V-1。

"喷火"ⅩⅡ换上了格里芬发动机和新设计的机翼,速度有了很大的提升。

"野马"Ⅲ是采用梅林发动机的P-51B/C,基本跟美国版本一致,但皇家空军对座舱盖进行了改进,改成了整体式玻璃座舱盖,视野提升了不少,但后向视野仍然不是特别好。

各样"蚊"式夜间战斗机的中队。为了协调这些中队的行动,减少友军的干扰,皇家空军把V-1飞行航线空域划定成一个专门防空区,除了第11大队执行截击任务的飞机外其他飞机一概不得入内。专门防空区沿海岸部署有观察部队,在V-1导弹来袭方向发射信号弹,让雷达引导的截击战斗机能够更容易的找到目标。

经过一系列的战术和技术上的改进,不列颠防空部队拦截V-1的效率飞速提升,截至8月中旬,一共击落了632枚V-1导弹。不过此时高射炮弹的近炸引信和高性能雷达开始投入使用。雷达探测高速、低空小型目标的性能大大提高,引导装备近炸引信的高射炮,在对付低空目标的效率上开始胜过战斗机。当然,在不列颠防空部队不断进步的同时,德国人的火箭发射部队也在改进着自己的技战术,夜间发射行动变得越来越常见。

除了常规战术外,拦截"潜鸟"的飞行员们还开发了一种危险的战术。有些飞行员在追击"潜鸟"时,不知不觉打光了自己的炮弹。于是有些胆子大、技术高的飞行员就驾驶飞机跟V-1并排飞行,然后把机翼伸到导弹下面,突然改变飞机倾斜角,让机翼撬动导弹。这种突如其来的干扰通常足以导致V-1的陀螺仪失稳,致其坠毁。

## "潜鸟"杀手

6月24日第56中队正式开始接收"暴风"。在装备"喷火"IX的时候,第56中队只能执行诸如船队护航巡逻、气象侦察和护航等打杂任务。虽然他们在执行这些无趣的任务时也努力击毁了2枚"潜鸟",但并没有真正参与到拦截V-1的战斗之中。

6月28日,第486中队S.S.威廉(S.S.William)上尉的"暴风"遭到友军火力的打击,死里逃生。但他的僚机R.J.怀特(R.J.Wright)军士成了第一名牺牲的"暴风"飞行员,坠落在了比奇海德北部。虽然他曾报告过自己遭到了攻击。但他的死因被归咎于V-1爆炸产生的碎片。当天晚上,第501中队特遣队的6架"暴风"开始投入行动。E.G.丹尼尔(E.G.Daniel,前马耳他夜间战斗机王牌)中队长和J.贝里(J.Berry)上尉各击落了2枚"潜鸟"。

6月底到7月初,V-1的来袭频率是每天100-150枚,英国的防守行动也全面展开。"暴风"中队以双机小队为单位出动,整天包括夜间都在执行巡逻任务。每个中队的平均出动架次达到了30-40,甚至有时候能达到60。正常情况下,每次巡逻的时间长达一个半小时。但通常达不到这个时间,因为飞行员经常会很快打光弹药,或者是飞机因为V-1爆炸而受伤,不得不返航。在纽切奇总

击落"潜鸟"的战绩一般都涂在飞机上,而不是放在某个飞行员的名下,但飞行员们都记得很清楚哪个战绩是自己的,米勒上尉就在他的常用座机EJ558/SD-R上跟调查人员确定哪些图标是自己的战绩。

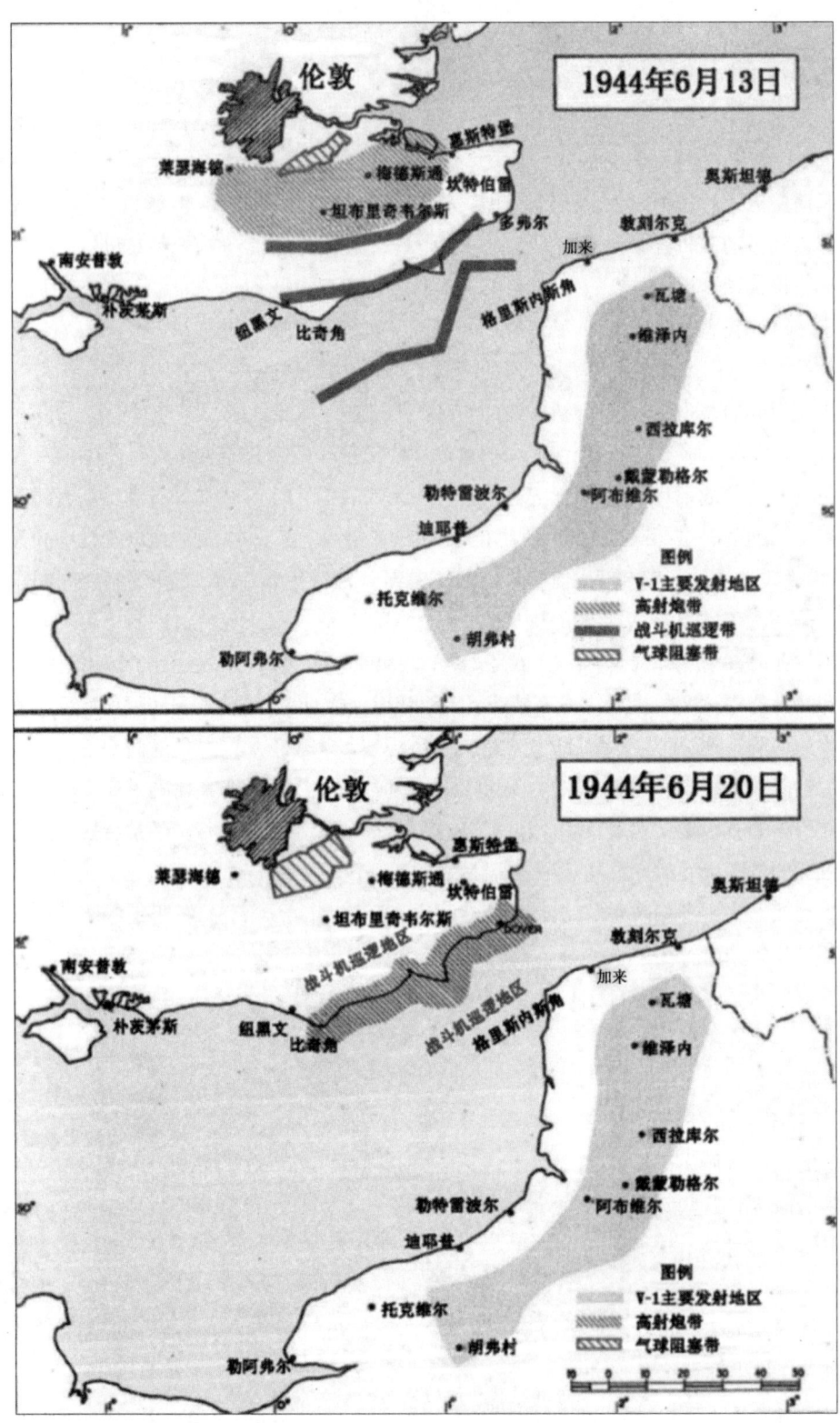

英国对V-1防御系统的变化,主要对战斗机巡逻地区和高射炮带进行了调整,取得了不错的效果。

有那么一群被"烤焦"的"暴风"在等着"压力山大"的地勤人员去修复。

由于英国防御系统复杂的协同规则和战场环境的瞬息万变,误击事件再次抬头。7月1日,第3中队的G.科什(G.Kosh)上尉在追击V-1进入云层后高速坠毁,皇家空军对这起事故的定义是"失控",但这一说法充满了争议,有人指出高射炮部队要为他的死亡负责。

7月2日,经过必要的训练之后,第56中队在纽切奇加入了反"潜鸟"的战斗。第二天,寇特斯-普利迪(Cotes-Preedy)上尉就宣称击落了一枚V-1。第486中队的W.L.米勒(W.L.Miller)上尉,因为在低能见度情况下发动机熄火而不得不弃机。由于座舱盖抛弃装置失灵,他只好手动将座舱盖打开,花了很长时间才得以安全跳伞。但米勒在降落的时候缠上了降落伞线束,肩膀受伤,而且着陆时撞到篱笆扭伤了脚踝。他在当地找了一名医生帮他处理伤口,然后意外地得到了一份账单。

7月3日,第3中队的S.多曼斯基(S.Domanski)军士又成了误击现象的牺牲者。他在云层上方的"无限制空域"飞行时被英军自己的高射炮击落,残骸坠落在西苏克赛斯普雷登附近的农田中,多曼斯基军士身亡。希尔少将在这件事之后花了很多时间、用了很大的功夫才平息了战斗机部队的怒火。

7月4日晚上,第3中队的比利时飞行员利尔德上尉和美国飞行员弗雷德曼(Feldman)上尉于21时升空执行巡逻任务。他们在任务中执行了第3中队的情报官专为拦截V-1编写的一套战术,虽然有一定的风险,但效果很好。在两人的战斗报告中提到了"喷火",主要是为了防止"喷火"飞行员抢占他们的战绩:

利尔德上尉被引导去拦截贝克斯希尔以南16公里上空,飞行高度752米、方位350度、指示空速643公里/小时的一枚"潜鸟"。他接近到距目标270米发动攻击,打了两个1秒点射,把那枚V-1打得直线下坠,21时8分在比奇以北19公里远的一块农田里坠地爆炸。随后雷达在黑斯廷斯南部发现了第二枚V-1,飞行高度457米,速度482公里/小时,方位340度。利尔德在地面雷达站的引导下接近到距目标180米,从正后方打了几个点射,那枚"潜鸟"于21时30分在黑斯廷斯以南6.4公里的海上爆炸。随后利尔德在没有雷达引导的情况下发现了第三枚V-1,飞行高度457米,速度514公里/小时,方位340度。他接近到距目标135米打了一个2秒点射,那枚"潜鸟"爆发出了一团火焰,在"暴风"前面头朝上往下坠落,并没有迸射出碎片,在约45米的高度上直接掉入海中爆炸,时间是21时45分,地点位于黑斯廷斯以南约6.4公里处。随后根据皇家观察军团的燃烧棒信号,利尔德又发现了第4枚V-1,航线在黑斯廷斯和贝克斯希尔之间,高度1000米,速度547公里/小时,利尔德接近到距目标180米打了一个2秒点射,打光了所有的炮弹并飞到了目标前面。目标未能被击落,于是利尔德寻求协助,但是在另外1架"暴风"赶过来的途中,那枚V-1侧倾并直接撞向了地面,于21时52分爆炸在黑斯廷斯以北24公里的地面上。

就在利尔德上尉即将飞过导弹的时候,他看到V-1的发动机和弹体之间有一些火焰,还有一些火焰渐渐从弹体的左侧喷了出来。此时1架"喷火"高速从上面冲了下来,飞到导弹后面但没有开火,利尔德的僚机弗雷德曼上尉看到了这一幕。不久后弗雷德曼在赖伊以南32公里处看到一枚"潜鸟",飞行高度609米,速度514公里/小时,方位320度。他接近到距目标360米,从目标正后方打了两个短点射,命中了目标但未能将其击落。然后弗雷德曼又接近到距目标180米打了两个短点射,这次目标的喷气发动机出现闪烁的火光,导弹也随之坠落,21时55分坠落在赖伊以南16公里处的海面上爆炸。随后在黑斯廷斯南边,弗雷德曼又发现另外一枚V-1,高度762米,速度482公里/小时,方位330度。他快速接近距目标270米,打了一个短点射,看到炮弹命中目标,V-1的喷气发动机开始冒烟,可以清楚地看到"潜鸟"的速度慢了下来。弗雷德曼再接近到距目标90米,打了一个3秒长点射,命中了目标的机翼和机身。"潜鸟"凌空爆炸,战斗部于21时57分坠落在黑斯廷斯以北6.4-8公里的地面上爆炸。

两人在22时8分着陆,68分钟的空中巡逻行动中,有50分钟都在进行截击战斗。利尔德在这个架次确认击落了4枚"潜鸟",但是弗雷德曼却只得到了1.5个,跟另外一名"暴风"飞行员L.G.艾弗森(L.G.Everson)军士分享了击落第2枚V-1的战果。利尔德的4个战绩,加上他之前的战绩,让他的反"潜鸟"总战绩达到了击落13枚、合作击落5枚。截至8月20日利尔德被调去指挥第164中队时,他的个人战绩为击落35枚,合作击落13枚,是反"潜鸟"头号王牌飞行员。

比蒙特的僚机威特曼,在拦截V-1的防空作战结束之前任务周期就完了,他回忆自己最后1个拦截V-1的架次时写道:

我抵达古德温沙滩上空,顺着河流十字交叉口飞,跟踪目标的航线。高度大概是304米,在薄雾层上,能见度尚可,差不多能看见目标。我全油门前进,很快就进入了开火位置。但正前方出现了气球阻塞墙。我对目标打了一个点射,发射了不到14发炮弹,把目标打成了碎片。过了几秒钟之后我在无线电中听到,巴特西的发电站好像被击中了,它就在我击落的那枚导弹坠落航线的正前方。当我调头返航去报告我的战果时,看到地面上的人们从房屋冲到街道上,对我挥舞双手,那一刻我明白了我的战果可以让他们士气高涨。

威特曼声称自己击落了14枚V-1(单独击落7枚,合作击落7枚),然而官方记录却是击落5枚,合作击落5枚。很多参战的飞行员都觉得他们的战绩遭到了不公平地修改,而威特曼有自己的说法:

战绩这个东西跟运气有关,还有一些"巧取豪夺",跟分数和奖励都是挂钩的,所以有些人喜欢虚报。声称战绩会在中队层面上进行修正,我是后来发现的,在司令部层面上也会进行修改。"水分"偶尔也会当做确认"击杀"处理,用来激励士气,或者是用来激励其他方面的东西,当然这是我们怀疑的,并没有确切的案例。那种只给一半确认战绩甚至是四分之一战绩的情况很常见,但有人经常会把合作"击杀"据为己有。

7月5日,J.色丹(J.Sheddan)上尉在执行任务时,散热器进气道卷入了另外一名飞行员射击抛弃的弹壳,发动机的冷却剂和润滑油泵损坏,导致发动机卡死。他别无选择,只能在东苏克赛斯附近的一片林地里迫降。色丹幸运地活了下来,但飞机完全解体,把一片树林都扫平了,他自己也因为受到了严重的撞击导致全身伤痕累累。更打击人的是,让他受伤

威特曼正走出他的座机 HN807 的座舱，他是一个美国人，却在加拿大空军服役，跑到英国来跟德国人作战。在空战中飞比蒙特的僚机，在前面提到的战斗中，他驾驶 JN743 击落了正准备攻击比蒙特的 1 架 Bf 109G，救了比蒙特一命。

的弹壳似乎是从联队长比蒙特的飞机那里飞过来的。对此比蒙特表达了自己的歉意，宣布跟色丹分享这一枚"潜鸟"的战绩，但色丹确信当时自己已经击落了那枚"潜鸟"，比蒙特只是抢人头的。第501中队特遣队的丹尼尔中队长当天也因为发动机故障，不得不在海峡上空约500米的高度上跳伞，结果失踪。

7月10日，皇家空军高层召开了一个会议，商讨高射炮和战斗机的协同问题。会议结论是，当高射炮在射击的时候，战斗机应该自行飞出高射炮火力空域，并自行承担风险。在这个决议形成之后，希尔少将提出，如果想提高他们在英格兰东南方向对V-1的防守效果，就有必要重新组织防御，根除战斗机和高射炮之间的冲突。大不列颠防空部队的副高级参谋G.H.安布勒（G.H.Ambler）少将认为如果高射炮沿着海岸部署，效果可能会更好。英国政府的电子通信科学顾问R.沃森-瓦特爵士（Sir R.Watson-Watt），也对这个方案进行了研究。

在经过了科学家团队的调查后，7月15日，空军对希尔少将下达了命令，将高射炮防空带从伦敦郊区转移到海岸地区，时间期限为两天。这样一来高射炮的火力范围就可以向海岸延伸出9000米，向内陆延伸4500米，拦截高度可达3000米。虽然战斗机被排除在这片空域以外，但是它们的巡逻空域实际上是变成了两片，一片在海峡上空，另外一片在高射炮带和伦敦阻塞气球带之间，这样一来，反而大大增加了对V-1的防御的纵深。这些措施都大大增强了英国本土的防空效能，不过从德国人的角度来看似乎没有任何意义，对他们发射V-1的行动没有任何影响，因为他们已经失去制空权，侦察机根本无法飞到英国上空，对英国发生的事情一无所知。

7月16/17日夜，第501中队特遣队的A.瓦格纳（A. Wagner）中尉在恶劣天气中撞山阵亡。第二天晚上，战斗机截击部队的指挥官C.H.哈特利（C.H.Hartley）联队长，驾机跟一架"蚊"式相撞，因为他们俩都在追击同一目标。哈特利成功地从他的座机"暴风"EJ530中跳伞，但是在着陆的时候脚踝受了重伤，不得不停止飞行8个月。"蚊"式的机组全部阵亡。

从7月17日开始，德军开

始减少了V-1的发射数量。原因是盟军加大了对加来海岸德国导弹发射阵地的打击力度，地面部队也开始突破诺曼底地区的德军防线，占领了部分V-1发射阵地所在的地区。英国方面也正好利用这一点重新布置了防御部署，7月17日白天，盟军没有派战斗机执行拦截V-1的常规巡逻任务。

18日白天，盟军一共成功拦截了17枚V-1，"暴风"包办了其中的9枚。战斗机的得分效率很快就上升到了重新部署之前的水平。7月22日，反"潜鸟"战斗机中队一共宣称击落了至少60枚V-1，比7月12日的单日最高纪录62枚只少了2枚。高射炮手们在新阵地上的战绩也在飙升，在引入了雷达引导射击系统和无线电近炸引信之后，他们的成功率在7月之后翻了3倍！不过并不是所有的战斗机中队都在重新部署防御体系后受益，比如第486中队，被分配到高射炮防空带后面巡逻，由于高射炮的效率成倍提升，新西兰人的目标就变得相对稀缺了。

尽管夜间截击风险很大，第501中队特遣队还是坚持出动，哪怕天气恶劣。7月23/24日夜，贝里一共击毁了7枚V-1，创造了单日击落"潜鸟"的数量记录。25日他又击落4枚。7月28日，在跟"潜鸟"战斗了一个月之后，第501中队的总战绩达到了50枚，其中至少有36.5%是贝里上尉一个人的成果！他的高效率令人难以置信，好几次都是一晚上打掉四五枚V-1。

29日凌晨，贝里在肯特郡西马林机场上空，为了在V-1落在下面的机场前将其摧毁，把距离拉近到30米才开火，结果导弹爆炸造成他的座机重伤。尽管付出了这么大的努力，贝里的这个战果却被皇家空军算作跟一个在900米距离上开火的"蚊"式机组共享。第501中队对此进行了义正词严的抗议。

在"暴风"忙于截击V-1的同时，霍克-西德利公司也

因为射击距离近，而且V-1上装有大量易燃易爆燃料和很重的战斗部，因此截击它们的飞机经常被波及。第3中队的头号V-1杀手R.W.科勒（R.W.Cole）在一次任务中其座机被爆炸的V-1产生的火焰烧掉了尾舵帆布蒙皮，陷入险境。科勒的最终战绩为击落24枚V-1，其中有4枚是合作击落。

由于在反"潜鸟"作战中表现突出，利尔德被提升为第164中队的中队长，该中队装备的是火箭弹型"台风"。照片中，他在格列-日珍得到了艾森豪威尔将军的接见。

在忙于解决"暴风"存在的问题,交付速度也慢慢提升上来,皇家空军可以组建更多的"暴风"中队了。空军最初的打算把"台风"中队全部换装成"暴风",但"台风"中队已经找到了自己新的定位,转型为战斗轰炸机,支援英国和加拿大陆军在诺曼底地区的战斗。因此,7月29日,驻西苏克赛斯郡怀斯特汉普内特(现在的古德伍德)的战斗机截击部队第501中队,就成建制地接收了"暴风",取代了已经完全过时的"喷火"ⅤB。随后第501中队花了几天时间去熟悉新装备,然后在8月2日离开纽切奇,移防曼斯顿跟其他"暴风"中队会合。

换装完成后,第501中队成了专在夜间拦截V-1的"暴风"中队,贝里被任命为新中队长。原第501中队的16名飞行员被调到驻西马林的第274中队(刚从北非和意大利战场回国的"喷火"中队),让原第274中队的飞行员们,包括王牌飞行员J.F.爱德华兹(J.E.Edwards)中队长都去休假。8月7日,第274中队开始接收"暴风",替换了原来的"喷火"Ⅸ。5天后,该中队开始执行反"潜鸟"巡逻任务,8月15日他们取得了第一个战果。

第274中队在接收完"暴风"后,把新飞机借给了装备"喷火"Ⅸ的第80中队,让他们每个飞行员都飞了一次来熟悉装备。8月25日,第80中队开始接收自己的"暴风",然后第二天就投入到了防空巡逻行动之中,9月6日换装完成,随后第274和第80中队都移防到了曼斯顿。第80中队之前装备的是小巧敏捷的"喷火",跟其他中队一样,换装"暴风"后一开始都不是很习惯。第80中队的中队长,西兰岛人B.史百德(B.Spurdle)在他的个人传记《蓝色竞技场》中写道:

在我们看惯了精致的"喷火"之后,"暴风"就显得特别壮硕,但它们的性能很好!我们发现"暴风"的巡航速度比"喷火"快了将近160公里/小时,爬升像火箭而且俯冲速度惊人。"暴风"是非常稳定的机炮平台,除了起飞略有偏航外,没有其他缺点,我们都很开心。

史百德曾在第74和第91中队服役,参加过不列颠之战和1941-1942年在英吉利海峡上空的战斗,1943年回到新西兰空军,在第16中队驻所罗门群岛飞"小鹰"。他在所罗门击落了1架"汉普"(盟军给零式32型战斗机的绰号)和1架"奇克"(零式战斗机的绰号),让他的战绩达到了击落10架,可能击落2架,合作可能击落1架,击伤9架,合作击伤2架。在担任第80中队的中队长后,史百德更是百尺竿头更进一步。

驻曼斯顿的第501、第274和第80这3个"暴风"中队,组成了第122联队,联队长是J.雷(J.Wray)。他是最合适的人选,因为他身兼"旋风"、"飓风"和"台风"战斗轰炸机的飞行经验,而且还飞过夜间战斗机。

到了9月份,"潜鸟"的

新西兰飞行员A.E.坎巴斯,他先是在第486中队服役,完成一个任务周期后去第3中队当了分队长。在截击Ⅴ-1的作战中,声称击落18枚。随后回到第486中队当中队长,继续执行截击V-1任务,1945年1月被高射炮击落牺牲。

数量开始下降，高射炮的拦截成功率达到惊人的80%。因此，9月7日，驻曼斯顿的第122联队被命令停止巡逻任务，并按照"分散待命"的方式分开部署。第150联队从9月份也停止了反"潜鸟"的巡逻行动，开始在荷兰上空执行武装侦察任务，寻找"大本钟"（V-2弹道导弹的绰号）及其相关目标。V-2导弹一旦成功发射，就没有任何防御手段可以阻止它以高超音速速度飞向目标了。唯一可以采取的对策就是寻找和摧毁V-2的生产线、储存仓库和发射场，但这些目标都有良好的隐蔽，难以捉摸。

6个已经装备"暴风"的中队里，只有第501中队还在执行防空巡逻任务，只要天气允许就会在夜间起飞，不过绝大部分时间都是无所事事。整个9月份他们只击落了6枚V-1——其中1枚还是跟"蚊"式合作击落的。9月23日，第501中队为了更好地对抗德国空军的He 111轰炸机在北海上空发射的V-1，移防布拉维尔湾，其他"暴风"中队则被调入第二战术空军的序列。一直到10月2日上午，第501中队才获准对德国莱茵地区发动了首次雄心勃勃的进攻行动。但这次行动让第501中队尝到了一点苦头，贝里中队长的座机FJ600在15米的高度上飞过荷兰北部时，被芬丹附近德军雷达站的轻型高射炮击中并起火。由于没有足够的高度跳伞，贝里坠机了。两名当地人把皇家空军头号V-1杀手从燃烧的残骸里拖了出来，但是他已经死了。

10月，V-1又重新活跃起来，第501中队当月击落了23枚"潜鸟"，11月击落12枚，12月击落8枚，到1945年1月，第501中队还击落了1枚。J.格洛迪克（J.Grottick）中尉在1945年3月27日凌晨最后一次击落V-1，让第501中队的总战绩超过80枚，格洛迪克后来描述当时的情景道：

那天晚上我被分配到座舱待命任务，这意味着我们要按照时间表轮流坐在座舱里，系好安全带并"监听"无线电，随时待命起飞。凌晨2时35分，我接到紧急起飞命令。起飞后，我朝西南方向飞并开始爬升。当晚的天气还不错，但是没有月亮。我没花多少时间就看到了一枚V-1喷出的火光，在约300米的高度上，速度非常快。V-1在我前方约3.2公里处向我的左侧飞去。我转弯然后从后面接近目标——我记得在我的俯冲到低空并最终接近目标时，我的速度达到了933公里/小时！我拉近距离，进入机炮射程之后我缩小了油门，然后在270米到180米的距离之间，我打了一个3-4秒的长点射。炮弹一下就命中了目标，然后火焰就从V-1身上喷

贝里是V-1最高击落王牌，击落了至少60枚V-1，绝大部分战绩都是在战斗机截击部队时飞"暴风"取得的。1944年8月16日，他和其他5名战斗机截击部队的同僚转到驻曼斯顿的第501中队，执行夜间截击"潜鸟"任务，后来被提升为中队长。1944年10月在荷兰上空执行攻击机场任务时被德军高射炮击落牺牲。

射出来，很明显导弹的陀螺仪失效了，它偏离了原来的路线，并坠落在了诺斯维尔德以北的地面上。

## 战果辉煌

1945年4月1日，皇家空军宣布针对V-1导弹的战斗结束，第501中队被派去执行昼间对地攻击任务。不过对于这个中队来说这次结束其实是真正的结束，短短20天后，1945年4月20日，该中队被解散。

"暴风"和"高射炮目标仪器"之间旷日持久的战斗结束了。那么"暴风"战斗机的表现如何呢？"暴风"击落V-1的数量没有比较精准的数字，因为各个中队和个人声称的战绩经常有变动，也没有最终的官方记录来进行确认。但是每个中队的最低战绩是普遍认可的，相对而言刨除了绝大部分水分。可以确定的是，"暴风"是盟军参与拦截V-1战斗的战斗机中战绩最高的。

第80中队开始投入防空巡逻行动1周后，V-1的大规模轰炸行动就基本上结束了，因此在V-1截击战中一无所获。

当然"暴风"中队也不是没有付出代价。在反"潜鸟"行动中，10名"暴风"飞行员殒命，至少31架"暴风"因为各种各样的原因被除役。其中至少有13架是因为发动机熄火——150号汽油和高增压比是否罪魁祸首没有定论，因为皇家空军并未对此进行调查。当然，除了"暴风"中队以外，其他战斗机中队也在对抗"潜鸟"的行动中发挥了重要的作用。

作为"暴风"成功的注脚，它的前辈"台风"的贡献也不应被忽视。唯一参加截击V-1作战的"台风"中队是驻曼斯顿的第137中队。它是还处于大不列颠防空部队麾下仅有的两个"台风"中队之一。这两个中队当时的主要任务是反船只，让登陆区免遭德国水面舰艇的袭扰，但是第137中队寻求并获得了截击"潜鸟"的许可，当然前提是他们已经完成了自己的主要任务。

1944年，从6月22日到8月4日，第137中队一共击落了30枚V-1，萨麦斯上尉（前第486中队"台风"飞行员）声称击落5枚V-1。澳大利亚人J.霍恩（J.Horne），在一次船只侦察行动中两手空空，不甘心的他带着火箭弹追击了1枚V-1。由于不能接近到机炮的有效射程内，霍恩抬起机头对他的小猎物打了8枚火箭弹。他观察到至少有1枚火箭弹命中了V-1，那枚"潜鸟"爆炸并螺旋坠入一片农田。这一经验立刻被执行反V-1作战的其他中队吸取，并很快进行了代号为"Z炮位"火箭弹测试，使用近炸引信取代了常规火箭弹引信。不过虽然实验取得了成功，但这种武器最终并未被采用，因为地面维护实在是太麻烦，在分秒必争的防御"潜鸟"的战斗中不太合适。

| 部队 | 击落的 V-1 数量 |
| --- | --- |
| 第 150 联队 | |
| 第 3 中队 | 288 枚 |
| 第 56 中队 | 70 枚 |
| 第 486 中队 | 223 枚 |
| 第 150 联队联队部 | 32 枚 |
| 第 122 联队 | |
| 第 274 中队 | 15 枚 |
| 第 501 中队 | 82 枚 |
| 战斗机截击部队 | |
| 特遣队 | 84 枚 |

## 附录:"台风"/"暴风"中队V-1王牌

由于拦截V-1高度困难且危险,因此皇家空军将击落5枚V-1及以上的飞行员也算作王牌飞行员,"台风"和"暴风"中队在英国本土的V-1拦截作战中产生了大量的王牌,主要还是归功于德国人发射的V-1数量庞大。由于V-1王牌数量众多,本书只收录击落10枚及其以上者。括号内的数量为合作击落数量,包含在总数量之内。

| 飞行员 | 单位 | 击落数量 |
| --- | --- | --- |
| J.贝里 | 战斗机截击部队/第501中队 | 60(1) |
| R.范.利尔德 | 第3中队 | 44(9) |
| R.P.比蒙特 | 第150联队 | 31(5) |
| R.H.克莱普腾 | 第3中队 | 24 |
| A.R.摩尔 | 第3中队 | 24(1) |
| R.W.科勒 | 第3中队 | 24(4) |
| O.D.伊格尔森 | 第486中队 | 23(3) |
| R.J.卡莫克 | 第486中队 | 21(1) |
| H.R.温盖特 | 第3中队 | 21(2) |
| J.H.麦考 | 第486中队 | 20(1) |
| K.斯莱德-贝茨 | 第3中队 | 20(1) |
| R.戴兰德 | 第3中队 | 19(2) |
| J.R.库伦 | 第486中队 | 18(4) |
| A.E.坎巴斯 | 第3中队 | 18(4) |
| H.J.贝利 | 第3中队 | 14(2) |
| D.J.马克拉斯 | 第3中队 | 14(3) |
| R.J.罗伯 | 战斗机截击部队/第501中队 | 13 |
| R.E.巴克利 | 第3中队 | 13(1) |
| R.J.丹兹 | 第486中队 | 13(4) |
| M.J.A 罗斯 | 第3中队 | 12(1) |
| S.B.费德曼 | 第3中队 | 12(3) |
| M.F.爱德华 | 第3中队 | 12(5) |
| E.L.威廉 | 战斗机截击部队/第501中队 | 11 |
| H.N.斯威兹曼 | 第486中队 | 11(1) |
| J.欧康诺 | 第486中队 | 10(1) |
| H.肖 | 第56中队 | 10(1) |
| J.M.胡珀 | 第486中队 | 10(3) |
| G.K.怀特曼 | 第3中队 | 10(5) |

# 第十一章  横扫欧陆

## "市场-花园"行动

1944年9月份,盟军继续向东进攻。随着英国本土防空压力的降低,越来越多的"暴风"中队也开始被派到前线执行任务。而"台风"中队在欧洲大陆上空已经战斗近半年了。

9月10日,第122联队联队长史百德带领第80中队和第274中队,跟美国陆航第9航空军的一队B-26"侵略者"轰炸机联合攻击了德军位于荷兰吕戈登的机场。16架"暴风"低空穿越北海,然后在荷兰海岸线爬升,史百德中队长在战斗报告中记录道:

在特尔赛尔岛附近,我们急速爬升到约4200米的高度上飞跃这个小岛。在我们右侧下方,是蜿蜒的须德海长堤,尽头几乎是直接指向巨大的吕戈登的机场。

在目标进入视野之后,我们开始解散编队,每4架飞机为一个分队,以并列队形,依次脱离大编队俯冲下去。"抛弃副油箱!"我命令道,所有的副油箱都扔了下去。德军的大口径高射炮开始拦截我们,但是他们把定高引信设置得太高了,炮弹都在我们上面高得多的地方爆炸,我们此时高度表显示在1220米,速度是724公里/小时。德军小口径高射炮的弹道像溪流一样从几十个位置流向我们,但这却让我们兴奋起来,完全无视它们,迅速搜索了机场的周围,并搜索了停机坪和机库寻找敌机。

他们发现机场上有6架Bf 109刚刚回到基地,于是马上发动攻击,至少有2架Bf 109被击落。此外还有1架德军的双发飞机在机场边缘被击落。在停机坪上,德军一辆加油车也在火焰中飞了起来,高射炮阵地和机库遭到了"暴风"20毫米机炮的扫射。几架"暴风"被德军高射炮击伤,不过只有第274中队的J.A.马洛伊(J.A.Malloy)中尉的座机损失,他迫降在北海,很快就被一架盟军的空中搜救飞机救走了。

1944年9月11日,第150联队下属的第3、56和486中队,被安排去给一个"哈利法克斯"和"兰开斯特"混编轰炸机编队护航。这个轰炸机编队一共有340架飞机,任务是攻击位于德国鲁尔工业区盖尔森基兴的燃油储存设施。在比尔蒙特的指挥下,36架"暴风"带着副油箱在纽切奇升空。这次攻击的目标远在德国腹地,对于"暴风"而言是最大航程行动,如果途中跟敌方战斗机交战,或者是副油箱被高射炮击伤,都必须返航,否则都有可能无法返回基地。"暴风"机群在起飞后,迅速爬升到了5500米的巡航高度。在进入德国领空看到莱茵河后,第150

联队扔掉了副油箱,准备迎接战斗。轰炸机群准时抵达目标上空,穿过了密度不断增大的高射炮弹幕墙,对目标投下了炸弹。这次行动中虽然轰炸机编队遭受了一定的损失,但第150联队毫发无损,在经历了2小时10分钟共960公里的飞行后成功着陆,有些飞机着陆的时候油箱都已经空了。

9月13日,第150联队再次出动,目标是摧毁位于海牙北部的V-2发射阵地。V-2的发射阵地隐藏在茂密的森林之中,而且仅有坐标定位,没有视觉参考物。第150联队只好对那片森林进行地毯式轰炸,结果可能是V-2被炸毁并引发了殉爆,造成了大规模的爆炸,这说明第150联队的攻击还算是比较精准的。不幸的是,第3中队的新任中队长K.威格尔斯威思(K.Wigglesworth),在攻击中可能击中了一枚即将发射的V-2,他的飞机被随之而来的V-2殉爆产生的冲击波所吞噬,被卷得倒扣过来,直接撞上了地面。

随着盟军地面部队的推进,第二战术空军的行动基地也随之前进,距离前线只有一步之遥,但保持在德军炮兵射程以外。1944年9月17日,盟军发起"市场-花园"行动。这个行动的目标是切断德军的撤退路线,并引诱其他德国部队来解救,然后予以围歼。盟军计划在荷兰的格雷夫和奈梅亨投下美国伞兵部队;在安亨投下英国第1空降师。为了给这次空降作战铺路,"台风"中队出动了超过100架次去攻击德国位于两地的防御阵地。在空降兵力成功着陆之后,"台风"中队建立了一个"出租车临时停放处"系统(详见附录)来支援空降部队。在"台风"抵达战场后,会攻击一切

隐藏在树林之中的V-2机动发射阵地,给盟军的搜索和打击增加了不少难度。

市场-花园行动中的盟军空降部队。这个行动计划虽然很好,但由于深入敌后的伞兵缺乏重武器,再加上天气变化无常造成盟军的空中支援不能持续,最终导致行动失败。

可攻击的目标,然后还会在空中盘旋一小会儿等待预计或者随机出现的目标。"台风"的行动在9月17日持续了1整天,但是第二天天气恶劣,让"台风"和其他盟军飞机的出动架次大幅度降低。最终英军因为缺乏空中支援被击退,安亨被德军重新夺回,"市场-花园"行动宣告失败。虽然盟军付出了惨重的代价,但是这次进攻经过格雷夫和奈梅亨打通了进攻荷兰的道路,盟军再次夺取安亨也只是时间问题。

为了更好地支援前线作战,第175中队在9月17日当天进驻荷兰的安特卫普机场,霍尔回忆道:

降落在一个前民用机场的感觉很棒。工程部队把炸弹弹坑都修复了。我们完全可以自己滑行到分配给我们中队的区域,不过德国的大炮很快就在艾伯特运河另外一边开始对我们进行炮击,距离约6.4公里。

地勤人员都躲在地堡里,我们也是慌不择路,飞机里的东西什么都没拿,跳出飞机就朝战壕里跑。炮击持续了一段时间。一直到23日,德军不但继续炮击机场,还用炮火封锁我军朝埃因霍恩前进的道路。我的飞机(MN986)被炮弹直接命中而且起火。我的那架飞机可是第一批装备4叶螺旋桨的"台风"之一,飞行性能很好,而且飞行时间只有9小时45分。起火后不久,它就爆炸了,翼下挂载的一些火箭弹飞了出来。一枚火箭弹命中了机场另一端的小卖部,炸死了经常和我们喝茶的几个人。燃烧的飞机残骸里残存的火箭弹和20毫米炮弹时不时地还会爆炸,我有一个20毫米炮弹的纪念品,它是大火和爆炸后残存的一大块金属坨。

我们并没有坐以待毙。9月17日傍晚，我们顶着德军的炮火起飞发动了两次攻击，第一次是在引导员的引导下对封锁埃因霍恩的德军炮兵阵地进行攻击。目标区有大量的德军高射炮，但我们还是成功炸毁了目标，引导员对攻击效果很满意。第二次是对沃根斯瓦德村的德军进行攻击。9月22日，我们成功地攻击了德军的安特卫普1号要塞，那里有大量的高射炮。派迪·摩尔被击中，还好坠落在友军战线这一侧，他自己走回了机场。

9月18日，第193中队进驻到法国-比利时边境城市里尔郊外的维尔德维尔机场。当时盟军已经占领了整个法国北部，但是因为前进速度太快，部分德军还在战线后面进行抵抗，达林回忆当时的情况道：

我们经常从前线机场出动，完成任务后就回到英格兰本土机场；或者从英格兰本土机场出动，完成任务后去前线机场降落，一切都取决于任务强度。9月18日我们从维尔德维尔机场出发，完成任务后飞往本土的费尔伍德机场，由于当时费尔伍德机场上空能见度太差，所以我们决定先飞去坦米尔过夜，第二天再飞回驻地。我们排成漂亮的紧密编队，穿过仍在敌人手中的波隆飞往英格兰。为了安全起见，中队长决定爬升穿过云层飞行，避开德军的防空火力。当我们穿过云层时，中队长在电台里呼叫各个小队的队长，让他们各自编队，不要再重组中队编队，然后各自飞向坦米尔。3个小队继续往上爬，但有1架飞机却下降高度去海平面飞行，那架飞机的飞行员就是内德。没人知道内德要去哪里，当我们在坦米尔降落时，内德失踪了。第二天早上8点，一架"安森"（盟军运输机）降落在机场，内德从中跳了出来，他穿着他最漂亮的蓝色外套，背着公文包。他告诉我们他因为发动机故障，不得不迫降，但不幸的是，他正好迫降在了德军和我军之间的"无人地带"，因为他当时穿着自己最漂亮的蓝色制服，双方正在激战的士兵肯定都以为皇家空军可以在周末穿着笔挺的西装飞行！盟军派出一支巡逻队找到了内德，然后把他送到了运输机司令部。内德就这样又一次奇迹般地死里逃生。

第193中队的情报官麦克布莱德也记得这件事：

这是内德在任务周期结束前遇到的第4次事故，而且这一次比他的前三次事故更加惊险、曲折。当时在海峡上空，云层厚达8级，我们中队先是以紧密编队飞行，但不久之后就因为编队无法保持，以小队为单位各自飞行。内德在飞行中发现自己的陀螺仪在转动（这意味着他的飞机在侧倾）。突然他俯冲到云层下方约300米高度上。他明白自己已经无法回到英格兰，所以就选择返回欧洲大陆。不幸的是，他在穿过敌军控制的海岸线时，遭到了敌军防空火力的拦截，一发40毫米高炮炮弹在他的机尾爆炸，他的飞机瞬间失控。因为他在座舱里穿着自己最好的衣服，所以他决定不跳伞，迫降飞机。此时他的高度只有山顶那么高了，于是他控制飞机，沿着山坡切线冲了下来，一直冲到加拿大部队前线的腹地，让他有足够的时间穿着漂亮的衣服从座舱中走出来。然后他就躲进了附近的炮弹坑中，盟军巡逻队冒着德军的迫击炮火力将他救了出来。

在"市场-花园"行动期间，第150联队的"暴风"除了为轰炸机护航，也被赋予了类似"台风"的对地攻击任务，主要是压制安亨、奈梅亨和格雷夫大桥附近的德军高射炮火力,此外位于瓦伦湖、舍夫恩和斯凯尔特河口德军高射炮阵地也遭到"暴风"的扫射。第150联队在"市场-花园"行动中对地攻击表现不错,但也损失了3架飞机。

9月下旬,盟军在攻占了法国北部之后,荷兰就敞开了大门。盟军迅速地修建起前线机场,装备"台风"的第123和143联队进驻位于埃因霍恩的B78机场,第121联队被安置在沃克尔的B89机场。第二战术空军旗下的第83和84大队现在是相互配合的关系,83大队下属的"台风"中队主要装备火箭弹,负责为前进中的地面部队进行空中支援;而第84大队下属的"台风"中队主要装备炸弹,重点照顾那些被盟军包围和绕过去还在顽抗的敌军。

由于"暴风"中队距离行动区域太远了,9月19日,第150联队的联队部搬到了诺福克的马特拉斯克,不过因为天气原因4天后才抵达该地。9月19/20日,第80和274中队被调到了柯提肖,第3和56中队则在两天后也移防马特拉斯克。第3中队在安顿好之后就出动为美国陆航"解放者"轰炸机护航,W.戴维斯(W.Dvies)上尉因为发动机起火而阵亡,其座机坠落在大雅茅斯112公里开外的外海上。

## 继续进攻

"暴风"的飞行员都很热切地期望能够调去前线作战,许多人希望能够在以后的空战中大展身手。9月28日命令终于下来了。第150联队旗下的第3、56和486中队离开了英国海岸,调往布鲁塞尔附近的赫林贝亨B60机场;同时他们将脱离第150联队,加入第122联队的序列。第122联队本来是由第501战斗机截击中队、第80中队和第274中队组成,后来都独立出去,第122联队调入3个"野马"中队。皇家空军轰炸机司令部的昼间轰炸行动需要"野马"战斗机,因为它的航程有优势,很适合为轰炸机护航。因此,"暴风"中

1944年9月1日,在比利时被"台风"炸毁的德军火车,这种火车一般都配备有"高射炮车厢",但在"台风"的压倒性火力面前,2门20毫米高射炮差不多只有挨打的份儿。

1944年9月28日，第486中队进驻布鲁塞尔附近的赫林贝亨B60机场，3天后他们又搬到了沃克尔B80机场，在那度过了1944-1945年的冬天。照片中站在卡车头的人就是中队长艾尔芒格，最近的那架"暴风"V编号JN803，挡风玻璃下涂有26枚V-1战绩。

队和"野马"中队进行了一次驻地交换，"野马"飞到马特拉斯克加入第150联队（当时该联队依然隶属于大不列颠防空部队），而第3、56、486中队则移防B60，加入第122联队。"暴风"飞行员终于有机会去跟德国战斗机一决高下了。

"暴风"中队在登陆比利时后不到24小时，就参加了第一场战斗。第56中队的中队长寇特斯-普利迪，带领中队在奈梅亨上空执行巡逻任务，在向东飞行时看到皇家空军的"喷火"正在和至少20架Fw 190战斗。寇特斯-普利迪追上1架正在俯冲脱离战斗，准备飞向一片薄云寻找掩护的Fw 190，对其发动了攻击，他在战斗报告中写道：

我在阿纳姆-奈梅亨地区率领第56中队执行巡逻任务，高度在2400米，位于奈梅亨南部。空情监视人员命令我们转向东飞，因为那个方向有"汉斯"的飞机正在升空。当我们抵达埃梅里希上空时，看见一些"喷火"正在跟约20架敌机交战，高度跟我们相同。我们接近混战时，我看见1架Fw 190脱离了战斗并朝下面的薄云俯冲下去。我跟我的4号僚机一起追击下去，然后在距目标约90米以30度提前量打了一个点射。我看到有2-3发炮弹命中了敌机的右翼翼尖。敌机开始爬升并且开始做跃升失速倒转机动，而我距目标从90米到27米又打了一个长点射，观察到炮弹命中了敌机的发动机整流罩和座舱。敌机上冒了浅灰色的烟，它的发动机看样子是停转了，然后就开始下坠。我不得不急转弯脱离追击航线，因为另外一架"汉斯"跟在了我后面。我再也没有看到被我击中的那架敌机，但是"红色4"号机确认它垂直下坠并且在距离地面只有15米高的高度上爆炸了，没看到飞行员出来。接着我看见1架"暴风"在不到30米的距离上对另外1架Fw 190开火，敌机被打得凌空爆炸，最后坠落在草地上，飞行员也没有跳伞。在当天的战斗中，我一共看到5架"汉斯"飞机在天空中燃烧。

同时，加拿大飞行员D.内斯（D.Ness）上尉击落了2架敌机——1架也是试图俯冲脱离战斗时被抓住，另外1架是经历了4分钟的缠斗后才被击落，内斯在自己的战斗报告中写道：

我飞的是"蓝色2"号机。当我的分队进入混战时，我对从我前面飞过的3架"汉斯"开炮，但都没有命中。我把发动机转速推到3500转，拉近到距离敌机270米，然后继续缓慢且沉稳地拉近跟敌机之间的距离。敌机发现我之后做了一个破-S机动俯冲下去。虽然敌机的俯冲加速让它稍微拉大了一点我们之间的距离，但我仍能追得上他。敌机俯冲穿过薄云，我们也跟着冲了下去，当我们穿过云层时，看到敌机就在我前方约270米处，提前量约20度，依旧在大角度俯冲。我对敌机打了一个短点射，但提前量不足，未能命中目标。随后我接近到距敌机约90米，以3/4环10度提前量打了一个3秒点射，看见炮弹命中了敌机的右侧机身。敌机未能改出俯冲，最后撞在一片田野上爆炸了。

然后我爬升到900米，看到另外1架Fw 190在我下方300米处，正在朝德军控制区俯冲逃跑。我很快就追上了它。就在我继续拉近距离，约320米时，敌机突然一个急转弯转向我，我也跟着转弯乘机拉近了距离，在距敌机180米以20度提前量打了一个2秒点射，但没能命中。接下来我们进行了长达4分钟的转弯格斗，大部分时间里高度都只有一树之高，那个"汉斯"明显急于逃跑回家，无心恋战。我发现我的飞机转弯性能有优势，可以在转弯时干掉敌机。于是当我和敌机再次进入转弯机动时，我调整好提前量对敌机打了3个短点射，观察到炮弹命中了敌机的右翼，而且有一大块碎片从它的左翼上撕裂掉了下来。此时我注意到我和敌机都拉出了水汽尾痕，这说明我们俩已经进入了很极限的转弯之中。随后"汉斯"做了一个跃升失速倒转机动，我也立马做了同样的机动。当我再次追上敌机后，从它后面发动了最后一次攻击，随后我看见敌机的座舱盖掉了下来，然后敌机飞行员跳伞了。降落伞打开后，敌机在无人驾驶的情况下转了一圈

内斯是第56中队最成功的"暴风"飞行员之一，取得了击落5架，合作击落1架的战绩，1945年1月份因战功荣获优异飞行十字勋章。

之后直接向我冲了过来，我进行了躲避机动，敌机从我身边飞过直接坠向了地面。

A.R.摩尔（A.R.Moore）在反"潜鸟"战斗中战功卓著，被调到第56中队当分队长，在这场战斗中也击落了1架敌机。他在当天的战斗报告中写道：

我当时飞的是"黄色1"号机，我在自己的高度（1800米）上看到一架Fw 190从右向左从我前面飞过，我立马转弯追了上去。敌机做了一个破-S机动，进入了俯冲。我也跟着俯冲下去，毫无困难地接近到距敌机只有45米，然后打了一个4秒长点射，观察到炮弹命中了敌机发动机和座舱之间的部位。一大块碎片从敌机尾部撕裂飞了下来（这点得到了雷恩中尉的确认）。"汉斯"随后进入了大角度俯冲（70至80度），我把飞机拉向一边，然后看到瓦特少尉在向敌机射击，有炮弹命中，敌机俯冲到高度约600米时，我脱离了战斗。

瓦特少尉战斗报告确认了摩尔上尉说法：

我飞的是"蓝色4"号

机。我从我的分队中脱离，跟1架"暴风"（摩尔上尉的座机）组成双机小队，他当时正在追击1架Fw 190并朝它开火。我看见他打出的炮弹命中了敌机，敌机尾部有一大块碎片飞了下来。那架Fw 190马上进入俯冲，摩尔上尉的"暴风"脱离了攻击航线，然后我就跟了下去，在敌机正后方约135米距离上打了一个长点射。我看见炮弹命中了敌机的发动机和座舱，然后敌机冒出了大量的浓烟，但没有着火。敌机没有采取任何躲避机动，而是继续以60度的大角度向下俯冲。我跟着它俯冲穿过了一片薄云坠地，然后脱离了战斗。

由于摩尔和瓦特都没有确认敌机坠毁，其他飞行员也没有提供敌机坠毁的相关证词，因此这个战绩被算作摩尔跟瓦特合作可能击落1架Fw 190。此外，第56中队在这场战斗中还有可能击落2架、击伤1架Fw 190的战绩。这场战斗对于刚刚进入欧洲大陆作战的"暴风"中队而言是一个完美的开局，也确认了预期中"暴风"对Fw 190的优势。

"暴风"面对Bf 109体现出了巨大的优势，9月30日的战斗就证实了这一点。第486中队的S.S.威廉上尉在阿纳姆上空巡逻的时候遭遇了Bf 109，他在战斗报告中写道：

我驾驶着"绿色1"号机在阿纳姆南部上空巡逻，高度1500米。我发现1架Bf 109在约100多米的高度上向南飞。我立刻呼叫中队长并且报告了敌情，然后带着我的分队冲了下

曾经在英吉利海峡横行一时的德军Fw 190A系列，到了1944年底已经完全不是"暴风"的对手，一直到Fw 190D系列出现，才略微扳回一城。

去。就在我脱离编队时敌机也发现了我们，转向我并小角度爬升，让我失去了绕到敌机后面的高度优势。经过了2圈半的急转弯之后，我对敌机取得了约70米的高度优势，很显然在转弯中Bf 109损失的高度更多。而敌机并没有放弃，仍然在试图转到我的后面去。我在距敌机540米，以90度提前量对它打了一个2秒点射，但没看见炮弹命中目标。随后我暂时失去了"汉斯"的视野，因为我的提前量过大，它现在在我的机头下方。当敌机再次出现在我的视野中时，它已经退出了转弯，正在进行小角度爬升。敌机的右侧散热器中喷出了乙醇，然后发动机起火了。随后敌机慢慢降低了高度，飞行员在120-150米的高度上跳伞。那架敌机最后坠毁在了一片树林里，并且发生了爆炸，中队里的其他飞行员都证实了我这个战绩。

在这场战斗里，"暴风"展示了对Bf 109的压倒性优势，虽然并没有用机炮击落Bf 109，但始终处于优势位置，榨干了Bf 109的最后一点动力，导致其增压器起火并坠毁。

9月29日"台风"中队大批出动，执行一次纯粹的威慑行动。加拿大的地面部队当时正在跟驻布伦港的德军进行停战协商，让平民逃离战场。在协商即将结束的时候，"台风"在城镇上空盘旋组成了"出租车临时停放处"，其气势足以迫使守军投降——虽然德军有些高射炮炮手忍不住开了几炮。

在安特卫普落入盟军之手后，"台风"和"暴风"部分中队转移到了位于德尔纳的B70机场。但是这个机场正好在德国对盟军占领的城市和安特卫普码头发射V-1巡航导弹的飞行航线上，白天经常可以看到3到4枚V-1导弹从机场上空飞过，晚上更多。虽然V-1瞄准的绝大部分都是机场后面的目标，但是还是有一些，可能是偶然也有可能是有计划的，会落在B70机场附近，而且随着盟军不断向前进攻，导弹的弹着点也不断地随之而移动，距离B70机场越来越近。有些导弹的弹着点都离机场非常近，落地后产生的爆炸足以震动房屋，但幸运的是B70机场没有损失飞机。德国人的导弹轰炸让第486中队的飞行员们认为在天上飞比待在地面上还要安全。与此同时V-2导弹也对盟军造成了严重的威胁，至少有1枚命中了B70机场的地勤维护区，造成一些人受伤并摧毁了正在修理的飞机。

在第3和第486中队登陆欧洲大陆时，两支驻曼斯顿的"暴风"中队，第80和第274中队，先是移防位于诺福克的柯提肖，然后又分别被调到安特卫普德比纳的B70基地和格雷夫的B82基地，最后于10月1日加入了装备"喷火"的第125联队。当时第二战术空军的机场空间分配还一团糟，造成了"暴风"中队的分散部署。

第122联队也在10月1日进行了调动，移防沃克尔B80基地。它是荷兰最靠近前线的基地，经常遭到德国空军的骚扰。第122联队在这里跟121联队共用一个机场，121联队下辖4个使用火箭弹的"台风"中队。B80基地对于"暴风"而言是一个全新的、更加苛刻的环境。在被摧毁的这个前敌军机场上，几乎没有任何可用的东西。冬天的到来并没能改善"军刀"发动机的表现，每隔4个小时就启动一次的通宵执勤制度仍然是标准程序。"暴风"在地面上也要求细心对待，战后皇家空军中央战斗机部门出版的空战战术摘要中写道：

"暴风"在8机出动的架次中，就算是条件最好的时候发动机也是喜怒无常的，总需要一架备用机。"暴风"的滑行很困难，因为必须保持发动机有足够的转速来让飞机达到足够的速度，同时还要摆动机头来观察前方。在启动飞机和真正的起飞之间要有充分的时间来进行检查。为了确保安全起飞，需要把发动机转速拉到3000转/分钟以上，直到排气管中的所有油烟彻底排除。即便如此，在经过5-10分钟的地面运行后，"暴风"的发动机还是经常以彻底死火而告终。

10月的第一个星期，"暴风"中队连续取得空战胜利。10月2日，第122联队的联队长比蒙特获得了他在二战中的最后一个战绩。这次战斗展现了"暴风"无与伦比的俯冲性能，比蒙特在追击Fw 190的时候，俯冲达到了820公里/小时指示空速，并在这个速度上稳定开火，比蒙特在战斗报告中写道：

我率领第56中队在奈梅亨地区巡逻，方向东南，高度3350米。我看见4架"喷火"从7点钟方向向我的编队俯冲过来，很快他们就超过了我们，并且继续以很大的角度向下俯冲，此时我又看到了另外一个飞机编队，我确认它们是Fw 190，原来"喷火"早就发现了敌机并发动了攻击。我命令中队解散编队并向Fw 190发动攻击。Fw 190也试图反击，但无法转到我们的后方，于是集体做了一个破-S机动，然后通过副翼转向直奔东北方向一个云洞而去。此时我们差不多飞到了奈梅亨南部上空，我在约3350米高度上开始俯冲追击，然后到

1944年10月，第274中队的飞行员们在战机前的合影，站在正中间的是中队长J.R.西普（J.R.Heap），前排最左边的就是后来的"暴风"头号王牌飞行员费尔班克斯，确认击落12架敌机，后来成为了中队长。前排最右边的是前面提到过的科勒，后来当上了第3中队的队长。

1500米高度时接近到距我最近的那架敌机270米，此时我的飞机指示空速达到了820公里/小时。我在距敌机正后方约270米的距离上打了2个4秒点射，敌机带着火焰和浓烟垂直俯冲到了760米高度。我的指示空速达到了850公里/小时，我拉起飞机时，失去了敌机的视野，但我向左转避开一片低云的时候，看见下面有一大团火焰在地面燃烧。纳尔戈驾驶的"红色2"号机看到了敌机在空中着火，"红色3"号机看到了地面上敌机残骸燃烧的大火。由于云层条件（7/10，底高450米，顶高2740米）我无法确认敌机坠毁的具体位置，只记得这场战斗发生在奈梅亨东南到东北部，敌机是灰绿色涂装，十字架标记很明显。

后来比蒙特在他的自传《欧洲上空的暴风》一书中对那场战斗进行了更为详细、精彩的描写：

我在无线电里呼叫了"目视发现目标，190直接飞向左边，做急转弯跟上他们"的命令后，敌机编队的长机冒出了白烟，显然是向我们编队左侧开火了。敌机没能击中我们，从我们编队的左侧高速鱼贯而过，然后敌机编队的长机向右半滚，进入近乎垂直的俯冲，它的僚机也跟着它做了相同的动作。敌机这一举动让它们成了"暴风"飞行员眼中最完美的目标，因为我们在速度和俯冲性能上有全面的优势！我向左滚转，进入俯冲，追着敌机下降高度，并且打开瞄准器开关，我事前已经把瞄准距离设置为180米，跨距27米。我在无线电里命令道："下降高度跟上他们，开始攻击！"

我在前面的"鸭群"（英国飞行员对德国战斗机编队的俗称）里选择了距我最近的那架Fw 190作为目标，还有1架Fw 190就在我的左侧，距离我非常近，但它速度没我快，正在被我甩开。很明显它正在拼命地追赶其他敌机，并没有注意到我。如果他试图朝我开火的话，我只能寄希望于我的僚机能够解决它。

在这种近乎垂直的俯冲中，我们的高度下降了2100多米，我追上目标之后在约270米的距离上打了一个短点射。炮弹命中了目标，我观察到浓烟从敌机的翼根处冒了出来。那架Fw 190努力拉起机头想退出垂直俯冲，但失败了。在超过804公里/小时的速度下，我轻松地向右滚转脱离攻击航线，然后艰难地改平飞机，因为俯冲角度和速度都很大，从散云中看过去，田野和树木都在快速地放大。随后我的左下方出现了闪光和烟柱，那架Fw 190坠毁在克里夫附近，撞地时由于速度很快还产生了白色的球状冲击波，向四周扩散。我的僚机确认这个战果然后说道："当你朝它开火的时候我们中队的总战绩超过了510（含V-1）架！"

赶跑Fw 190编队后不久，第56中队发现了1架Me 262，比蒙特带队进行了追击，但是那架飞机速度超快，很快就把他们甩在了后面。

当天晚些时候，第486中队在巡逻时看到了3架德国Me 262喷气式战斗轰炸机，它们扔下了炸弹并很快拉开了跟"暴风"之间的距离。尽管第486中队拼命追击，也无法进入机炮最远900米的有效射程。在正常空战中，螺旋桨飞机想追上喷气式飞机基本上是不可能的。想要抓住喷气机（"暴风"飞行员们将德国的喷气式飞机称之为"老鼠"）需要在战术上进行一定的考量。

在追逐Me 262之后，第486中队的"暴风"出现了燃油不足的状况。B.M.霍尔（B.M.Hall）上尉的座机EJ693，不得不在距离机场仅

3.2公里处迫降。他的降落非常成功,没有受伤。EJ693事后被送到第151维修部队去维修,虽然品相良好,但是修复价值不高,因此被该部队留下当做发动机测试平台使用了。这架飞机最终被捐赠给了荷兰的代尔夫特技术学院,作为压力测试样品对学生展示了多年。后来EJ693的机身幸存下来,是现今存于世上的"暴风"V中最大的一部分,目前是战斗机收藏家K.威克斯(K.Weeks)的藏品,他现在正在以这个机身为基础进行一个雄心勃勃的"暴风"修复计划。

德国人在遭到沉重打击后当然不会善罢甘休,他们也一直在尝试对盟军发动反攻。第274中队所在的B82基地在10月2日迎来了Me 262的"问候",虽然仅投下了一枚炸弹,但造成一名联队副官和一名厨师身亡,另外还有好几个人受伤。

除了空战外,"暴风"还执行了很多扫射任务,攻击了很多火车,第122联队的3个中队都取得了不俗的战绩。第486中队在10月6日击毁了至少6列德军的火车,但是也付出了巨大的代价。R.J.卡莫克(R.J.Cammock)上尉是反"潜鸟"的顶级得分手之一,

击落过20枚V-1。他在当天随第486中队进行对地攻击行动时被德军的高射炮命中,坠毁时撞上了一列火车。他是"暴风"部署到欧洲大陆后牺牲的第三名飞行员。相比起空战,防空炮火对"暴风"飞行员的威胁更大。在打击了一个夏季的"高射炮目标仪器"之后,他们现在全部都成了"高射炮目标"。

"暴风"中队的常态任务是为攻击莱茵机场的"台风"中队进行护航。莱茵机场是盟军空中力量的重点打击对象,因为这个机场是德国空军申克突击队和第51攻击(战斗)机联队3大队的驻地(这两支部队在1944年10月合并),装备有先进的Me 262战斗轰炸机,凭借其高速性能不断地给盟军制造麻烦。此外该机场还驻有

德国空军第51攻击(战斗)机联队的Me 262经常以小编队袭扰盟军的机场,让"暴风"不得不在1944年的最后3个月里持续地执行防空巡逻任务。照片中这架"暴风"属于第1中队,编号9K+YH,机头涂成白色,迷彩涂装,安装了2个ETC503炸弹挂架。

在德军Me 262喷气式战机偷袭B82机场后,盟军找来很多当地人帮忙修复机场。

斯佩林突击队，装备有当时盟军还没见到过的Ar 234侦察机，可以为德军提供前线情报保障。

10月6日，第56中队再次遭遇Fw 190，为积分榜上再添两个战绩。第56中队的8架"暴风"在起飞后执行扫荡任务时，被引导去攻击一队Fw 190，敌机有30多架，飞行高度约7600米，当时正在跟"喷火"交战。有2架Fw 190脱离了跟"喷火"的缠斗，俯冲到了超低空，但马上遭到第56中队的攻击。"暴风"以852公里/小时的速度接近目标，经过约16公里的追逐终于追上了德国战斗机。在遭到打击之后2架Fw 190解散编队各自逃生，但"暴风"也分头追击，然后迅速将2架Fw 190击落。击落了其中1架Fw 190的澳大利亚飞行员A.S.米勒（A.S.Miller）在当天的战斗报告中写道：

我飞的是"黄色3"号机。地面空情监视报告在7600米有30多架敌机，而我们的高度只有2100米，正在奈梅亨地区执行扫荡任务。于是我们开始爬升，然后我就看到2架Fw 190在我们前方垂直俯冲下来，后面跟着1架"喷火"。我和"黄色4"号机跟着敌机从2100米的高度以接近80度的角度俯冲了下去。俯冲中我的速度达到了852公里/小时，稳步接近目标。随后敌机和我都在超低空改出俯冲，向东直线飞行。我继续追击敌机，追了约16公里，然后在敌机正后方约270米的距离上打3个点射，但没能击中敌机。炮弹飞到了敌机前方的田野上，溅出了一道道灰柱。敌机看到我的攻击后立刻向左急转弯并且略微爬升。我乘机切进敌机的内圈并在距敌机180米以20度提前量打了一个长点射，"汉斯"被我打得倒扣过来，肚皮朝天坠入了一个村庄里，导致几座房子着火，那个村子大概位于戈赫镇北部。

L.杰克逊（L.Jackson）是"黄色4"号机的飞行员，他追击了另外1架Fw 190并将其击落。他在战斗报告中写道：

我飞的是"黄色4"号机，我跟着"黄色3"号机一起追击2架Fw 190到超低空。我就在他左后方约270米处。当我超过"黄色3"号机时，我也看到了他攻击的那架敌机坠入一个村庄。第二架Fw 190打算跟我拼死一搏，向我转过来并爬升到了约120米高度上。当敌机试图做跃升失速转向机动时，我咬住了敌机的尾部，然后对敌机打了一个1秒点射，看到炮弹命中了敌机的尾部。敌机倒扣过来然后垂直坠入了一片农田，撞地的时候发生了爆炸。

"暴风"中队分散部署的情况只持续了一个星期，1944年10月7日，第80和第274中队从第125联队调离，加入了驻沃克尔的第122联队，这样第122联队就成了一个拥有5个中队的大联队。

10月12日，第122联队的联队长比蒙特任务周期结束，但他做了一个错误的决定。"大黄蜂"（比蒙特的绰号）决定完成最后一次任务，这种愿望在其他飞行员身上已经被证明是致命的错误了。下午2时55分，他从沃克尔升空，率领第3中队去攻击莱茵地区的一列静止不动火车。那列火车两头都有车头，而且中间有至少18节车厢。当"暴风"出现在列车头顶时，上面搭载的德军部队从车里一拥而出。8架"暴风"开始从头到尾扫射这列火车，在看到火车上只有稀疏的防空炮火后，比蒙特带领他的手下又对列车进行了第二次攻击，这打破了他自己在简报时强调的原则——只攻击一次。在第二次攻击中，火车的一个车头被打爆炸了，失去了行动能力，攻击目的已经达到，但此时比蒙特又一次打破了自己的原则。他在自己的弹药打光之后，又带着还有弹药的飞机发动了第三次攻击。

根据其他飞行员的描述，在第三次攻击中，德国打开了一个装有高射炮车厢的盖子，防空火力大大增强，而且幸存的德国步兵也开始用轻武器拼命地对空中射击。比蒙特的临时座机EJ710（他自己的座机当时正在修理）散热器被命中，乙醇和发动机温度开始飙升，比蒙特不得不把座机迫降在了敌占区内。虽然迫降很成功，但他很快就被德军俘虏了，以战俘的身份度过了战争余下的岁月。战后，他再次跟霍克-西德利公司结缘，成了一名试飞员，前后担任了"堪培拉"轰炸机、"闪电"战斗机、TSR-2攻击机和"狂风"战斗机的首飞试飞员。

第122联队损失了联队长的第二天早上，"暴风"中队终于品尝到了击败Me 262的胜利果实。为了限制德军第51攻击（战斗机）联队的行动，盟军建立了常规空中巡逻制度，以期能够随时拦截德军飞机。第3中队的科勒上尉在执行巡逻任务时，得到相邻友军的警告，说一架敌机正在4267米的高度上向他那个方向飞过去。随后他就发现上方有一道尾气正在快速的接近，并确认那是1架Me 262，科勒在战斗报告中描述了跟那架喷气式战斗机之间的战斗：

我迅速拉起机头，然后在敌机从我上方约30米迎头越过的时候打了两个长点射，但没能命中敌机。我的飞机被卷入到了那架262的尾流之中，把我的机头拍了下来。改平飞机后，我做了一个180度转向，开始追击敌机。我在772公里/小时的速度上做了一个小角度俯冲，但发现"汉斯"正在慢慢拉开我们距离。敌机继续做小角度俯冲飞出了几公里，然后突然垂直爬升了约240多米，然后再次改平。这次爬升对他的速度毫无益处，我保持直线飞行拉近了我们之间的距离。随后"汉斯"开始右转，我又乘机把距离拉近了一点。

我继续追击，把我的僚机都甩掉了，飞了几英里之后看到那架262的两台发动机都喷出了一些黑灰色的烟，而且右边的那个还出现了火光。喷出烟雾持续了5秒钟然后消失了。敌机继续直线平飞，略微掉了点高度。我感觉我追了他差不多有60多公里远，当敌机稍微放慢了速度后，我飞到了敌机前面。但我的高度比敌机略低（在约3000米），我相信敌机飞行员看不到我，觉得自己已经摆脱了我。随后我略微爬升并减速，接近到距敌机450米的正后方打了一个短点射，但是没能命中。我继续接近目标，一直到130米，再次从它正后方打了一个短点射。这次炮弹准确地命中了敌机。敌机立刻发生爆炸，就像一只瓢虫一样，大量的碎片飞散出来，包括一条看起来足有1.8米长的板子。我转弯避开这些碎片。当我转回来时，看到飞行员已经打开了降落伞，而那架262已经进入了尾旋之中，机体整体看起来还完整。

比蒙特击落被俘后，雷担任了第122联队的联队长，手下有5个"暴风"中队，兵力强盛，1天可以出动150架次。照片是雷和他的座机EJ750的合影，他就是在这架飞机上于空战中击落了德军Me 262喷气式战机。

第122联队驻沃克尔时出动的"暴风"机群。

当天下午,第80中队的A.西格尔(A.Seager)上尉也差点取得成功,他在没有被敌机飞行员发现的情况下接近了1架Me 262,发动了两次攻击,虽然观察到炮弹两次命中目标,但是那架Me 262最终还是逃脱了,未能确认是否被击落。

比蒙特的继任者是J.雷(J.Wray),他先是从G.佩奇(G.Page)手中接过了第125联队,然后带着原第125联队里的第80和第274中队来到了第122联队,并当联队长。10月13日,更多的结束休整的飞行员到位,其中有已经战功赫赫的新西兰人J.蒂勒(J.Thiele)上尉,他被分配到了第486中队;随后在J.H.艾尔芒格(J.H.Almunger)中队长任务周期结束后,接替他指挥第3中队。蒂勒在接手第3中队后,个人功勋已经非常引人注目了,得过杰出服役勋章和二级优异飞行十字勋章。他的不同寻常之处在于,这些功勋都不是作为战斗机飞行员取得的。蒂勒曾是轰炸机飞行员,驾驶"威灵顿"、"哈利法克斯"和"兰开斯特"轰炸机完成了两个任务周期,而且在行动训练部队当过教官和航渡飞行员。为了实现自己飞战斗机的愿望,在反"潜鸟"作战期间,他设法调到了战斗机部队飞"喷火"ⅩⅡ,开启了自己的"暴风"生涯之旅。

雷的手下现在有5个"暴风"中队,可以让整个联队的出动能力达到一天150个架次。虽然绝大部分都是防御性巡逻任务,但几乎每次巡逻都会演变成"武装侦察"行动。飞行员们在巡逻过程中发现德军的运输车辆,都不会放过,顺手收拾掉。

在此期间,德国空军的进攻行动显得比较稀疏,一直到10月21日,第3中队在巡逻中才再次遭遇3架正在飞往沃克尔的Me 262。发现"暴风"后，Me 262扔下了炸弹逃跑，坎巴斯在追击过程中奋力击伤了其中1架Me 262。

## "台风"的地位

1944年10月6日，装备"台风"的第193中队进驻比利时的安特卫普B70基地，遇到了离奇的事件，达林回忆当时的情景道：

内德和我想休息一下，但中队长要求我们去找一些闲置的房子，准备据为中队所用。我们需要一些日用品，所以就去了安特卫普镇准备采购。我们俩逛了一圈商店，一开始我们跟法国人讲弗兰芒语和法语，但发现那里的法国人基本上都会讲英语。后来内德说："看看有没有动物园，我们去看看吧。"但当地人说动物们都已经被吃掉了！我们决定去狮屋看一下，但令人惊奇的是里面关的不是狮子，都是人！而且里面所有的人，无论是男人还是女人，全部都是秃顶，身体佝偻得像猴子一样。事后我们调查才知道，这是安特卫普当地人对跟德国人合作过的人的惩罚手段！我和内德被震撼到了，匆忙离开了那里，当晚我俩找了个酒吧好好放松了一下。

1944年10月24日，第175中队攻击了位于荷兰马西斯的一座工厂，那个工厂有一根很高的烟囱，可以充当德军的观测岗。这对附近的澳大利亚部队造成了很大的压力，因此必须要"好好照顾"这根烟囱。地面有人投出了指示烟幕弹来帮助"台风"飞行员们定位目标。这次行动第175中队出动了8架飞机，霍尔是编队里的3号机。当他们抵达目标上空时，发现烟雾太浓把目标都笼罩了。中队长命令他们变换成右向梯形编队，并发出自己要俯冲的信号，但是并没有说明他只是进行火箭弹发射前的情况检查，而不是带头发动攻击。霍尔上尉回忆当时的情景道：

我对目标集火齐射了火箭弹，取得了不错的效果。中队中其他飞机也跟着我发起了攻击，烟囱被炸毁，工厂也被

第193中队当时的飞行日志。

炸成了一片废墟。当我们重新编队的时候，才看到中队长和他的两架僚机并没有发射火箭弹。在我们返航的时候，他指了指我然后摇了摇头。在我们降落并关闭发动机后，他冲向我并对我说要为这个事情背锅，当时犯了严重的错误的飞行员在皇家空军一般被称之为"拿起一口黑锅"的人，因为他当时很确定地观察到加拿大的部队已经占领了那座工厂！我觉得很不爽，就问他为什么在执行正常进攻程序的时候没有做出明确的指示。我当时说的是："是的你发出了信号，但如果我连瞄准目标的时间都没有，哪还有时间看你做了什么。"

在事后简报中，他认真地跟联队长进行了交谈，他们俩都时不时地瞥我一眼。在情报官到来之前，联队长说看起来我们要背黑锅，他已跟总部说派人去看看目标区到底是哪边的部队。他要等到有回复了再决定采取下一步行动，轮到我发言时情报官来了，我告诉他攻击行动全部都是按照正常程序进行的，如果中队长有什么疑问，他就应该警告我们，不然我就得眼睛一直盯着中队长，干不了其他事，这在任务中显然是不可能的。简报结束后，一名下士进来拿着一份文件找联队长。他看完之后给中队长看，中队长把内容念了出来："打得漂亮，加拿大的部队现在已经攻过了目标区。"我们悬着的心终于落了下来，联队长的简评让我们摆脱了困境。

几天后在一次任务简报上，中队长又提到了这件事，我保持沉默，他问我如果再发生这种事情怎么办，我回答说我确信他知道我会怎么办。9月初，中队长的任务周期到期，L.坎普贝尔接替了他的位置，他是一个很不错的小伙子，我给他飞僚机，直到他熟

第146联队第263中队的"台风"正在德国卡尔南部朝一个农场建筑物发射火箭弹。

悉中队的情况（包括正确的信息，正确的流程，真实的情况等）为止。

霍尔上尉在后来的行动中座机被德军防空炮火击中，但"台风"的坚固性给他留下了深刻的印象：

"台风"坚固无比，1944年11月10日，我在戈赫-韦塞尔-戈尔德恩地区执行武装侦察任务，搜寻德军的运输机动车辆。我们放过了两辆德军卡车，转而搜寻高价值目标。在韦塞尔上空，我带领中队对一座工厂发射了火箭弹。后来在戈赫上空我们遭遇了德军猛烈的防空火力。我们爬高了一点，然后掉头回去检查是否真正地摧毁了那个工厂，因为此时烟雾和灰尘已经散去。在飞往工厂途中，一枚88毫米炮弹在我飞机的正下方爆炸，飞机看起来像是被朝上扔出了约15米。左边的机腹的"D"形门，也就是主起落架舱门被炸

盟军高空侦察机拍摄到的一幕，火箭弹已经从"台风"的翼下射出，飞向农场的建筑（左）。随后火箭弹命中了目标（右）。

飞，机身上也被弹片打出了很多的孔，飞机的左翼下沉。但飞机除了向左下降的趋势外，液压系统和主起落架都没有受损。我很快恢复了对飞机的控制，由于阻力增大，我为了保证速度我不得不加了点油门，除了降落的时候机头上仰角度比平时略高外，其他部分控制响应都很好。

由于"台风"在盟军地面部队进攻方面发挥了很大的作用，因此在很多盟军士兵眼里，"台风"就成了开路先锋和救命恩人。战后《时代》杂志的读者来信栏里，前盟军地面部队的人员对"台风"飞行员们表达了崇高的敬意。一名在装甲部队服役过的老兵在来信中写道：

我们步兵对1944年9月初在诺曼底"台风"发射火箭弹摧毁敌军的先锋部队表示赞赏。随后在穿过西北欧洲时，"台风"获得了极大的成功。当时我在第7装甲师的侦察团，也就是第8轻骑兵团。我们有一套程序，就是当我们无法抵挡"虎"式坦克或者是88毫米反坦克炮时，我们就呼叫"台风"，看着它们用火箭弹摧毁障碍，然后我们就继续前进。感谢皇家空军，挽救了很多人的生命，并让我们保持了对蒙蒂的进攻势头。

"台风"飞行员舍瓦德，从报纸上剪下了这篇报道，保留下来作为纪念，此外他对自己的经历记忆犹新：

我觉得这篇文章非常好，来自士兵们的感谢——这可不常见，这让我想起了我在布鲁塞尔的酒吧里，一些加拿大陆军的士兵走过来问我："你是台风飞行员吗？"在得到肯定的回答之后，他们对我竖起大拇指并说道："兄弟，你要喝什么尽管说，你们干得太漂亮了，多次救了我们的命！"

## 喷气式战斗机

10月底，西北欧进入了严酷的冬天，天气在"台风"和"暴风"的作战行动中扮演着越来越重要的角色，能见度很低的天数开始越来越多。随着装备"喷火"IX的加拿大第126联队移防沃克尔B80机场，使其部署的战斗机和战斗轰炸机总数达到了约200架。对于德国空军第51攻击（战斗）机联队来说沃克尔机场这个大型目标实在是太过诱人了，10月28日，5架Me 262渗透到沃克尔机场上空扔下了集束炸弹，不过仅造成了轻微的损失，第486中队执行巡逻任务的"暴风"对来袭飞机进行了追击，但未能进入有效射程。

第三天，沃克尔B80基地再次遭到Me 262的袭击，"暴风"联队决定对Me 262实施报复，第274中队的两个分队紧急起飞，一个分队去攻击阿克莫尔机场（诺沃特尼突击队的驻地，装备有Me 262的战斗机型号），另外一个去攻击莱茵机场。第274中队对攻击时间点进行了精心的选择，他们并不急于追击Me 262，而是跟踪它们，等到那些"注射器"（当时对德军喷气式飞机的戏称）在没有燃油返回基地的时候逮住它们。其中一个"暴风"分队跟踪Me 262抵达了阿克莫尔机场上空，但是发现德军早有防备，第54战斗机联队9/12中队紧急起飞了十几架Fw 190D-9去拦截他们，接应己方飞机，面对敌机的数量优势，"暴风"分队明智地选择了撤退。

去莱茵机场狩猎的分队由D.C.费尔班克斯（D.C.Fairbanks）上尉带领，在城镇和机场上低空追逐战中，Me 262得到了德军高射炮良好的保护，费尔班克斯的分队不但没有占到便宜，反而有3架"暴风"被高射炮击伤。

第80中队接收的"暴风"V EJ705,由皇家澳大利亚空军飞行员驾驶,在座舱前下方涂有一个加拿大标识——一只跳跃的袋鼠,这架飞机在第80中队一直用到1945年3月11日,那天在启动的时候发动机起火被烧毁。

随后"接线板"来临,"台风"和"暴风"中队的飞行行动中断了好几天。所谓"接线板",是盟军对能见度为零,飞机不能升空作战的天气的称谓。11月2日,天气好转,"暴风"中队恢复了空中巡逻。当天下午,第274中队在德比纳和奈梅亨之间空域攻击了3架Me 262,虽然声称取得了击落1架,击伤1架的战果,但这场空战也再次证明了Me 262是极难击落的目标。第二天,也就是11月3日,第122联队联队长雷好运来临,他驾机升空进行试飞时,发现了自己下方约600米处有2架Me 262。敌机也发现了雷,于是准备逃跑,雷抓住机会俯冲下去,追上了距离他最近的那架Me 262,在540米距离上开火,打得敌机掉落了一大块碎片。那架Me 262马上倒扣过来,垂直地掉入云层之中。

由于没有看到敌机坠毁,也没有友军作证,雷的这个战绩后来被判定为"可能击落",最后又被降级为"击伤"。不过战后研究显示,当天德国空军诺沃特尼突击队第3中队的德拉托夫斯基二级下士被击落,对比起来看,他似乎就是雷的炮下亡魂。德拉托夫斯基曾在10月13日被第3中队的科勒上尉击落,但跳伞生还,只受了轻伤,这次又被雷击落,最终难逃宿命。

11月19日"暴风"中队对莱茵机场的尾随攻击行动就成功得多了。第486中队通过尾随战术,成功地抓住了两架正在滑向跑道的Me 262,把它们打得千疮百孔,其中一架还有明显的拉烟迹象,两架Me 262都被判定为击落。

第274中队的费尔班克斯上尉在11月19日就比较倒霉了,他在攻击一列德军的火车时,飞机左翼前缘被大口径炮弹击中,炮弹爆炸产生的气浪把飞机掀得倒扣过来,还点燃了机翼油箱，发动机也爆发出了火焰。火势在朝后蔓延，最终点燃了费尔班克斯座机的方向舵帆布蒙皮。他非常冷静地面对这种状况，迅速地把发动机供油切换为由右侧机翼油箱，并设法改平飞机，熄灭了发动机的火势。随后费尔班克斯抛弃了座舱盖，找到了飞往沃克尔的航线，最终安全着陆。事后，费尔班克斯因为其临危不惧的表现被授予了优异飞行十字勋章。

11月26日第486中队的泰勒-卡农上尉跟另外一名飞行员合作击落了1架Ju 188。2天后，11月28日，摩尔上尉在白天遭遇了2架罕见的He 219夜间战斗机。摩尔很快就追上了目标，其中1架敌机没有采取任何躲避机动，很快就被摩尔击落。另外一架也被摩尔击中，但是逃入了云层之中，摩尔未能证实其坠毁，因此这个战绩只能被算作"可能击落"，最后还被降级为"击伤"。战后调查表明，这两架夜间战斗机隶属于德国空军第1夜间战斗机联队I大队。

"暴风"中队在欧洲大陆头两个月的行动付出了相当大的代价，第122联队损失了21架"暴风"和10名飞行员，其中有7人是被高射炮击落的，3人是被德国战斗机击落的，5人被俘。此外还有至少8架飞机是因为发动机熄火而损失，第274中队的中队长J.R.西普（J.R.Heap）因此牺牲，分队长A.贝尔德（A.Baird）被提拔担任第274中队的中队长一职。

11月27日，第84大队大队长兼146联队的联队长吉拉姆接到命令，要求第146联队全体出动，去摧毁位于阿姆斯特丹的藏有抵抗组织花名册的盖世太保总部。第146联队计划在当天12时30分到13时30分发起攻击，因为这个时间段附近学校的学生都放学回家吃午饭了，可以最大限度地避免误伤。这次行动由吉拉姆联队长亲自指挥：第263中队的4架"台风"，每架携带两枚454公斤炸弹，由中队长R.D.罗特（R.D.Rutter）带领，负责炸毁盖世太保的大楼。舍瓦德上尉和两名加拿大飞行员，汉密尔顿（Hamilton）少尉和伍德瓦尔德（Woodward）少尉，飞机不挂炸弹，负责掩护第263中队的4架飞机。其他的几个

1944年12月，皇家加拿大空军的W.佩格纳（W.Peglar）中尉在完成自己任务周期前跟费尔班克斯座机EJ762的合影，随后获得了优异飞行十字勋章。他原来被派到美国陆航第355战斗机大队第354中队服役，声称击落4架敌机，然后回到英国空军第274中队。图中费尔班克斯的飞机在11月19日被击伤后已经修复，但机身上仍然有烟熏的痕迹。

1944年11月30日拍摄的盖世太保在鹿特丹总部被轰炸后的航空照片。

"台风"中队也各自分配了任务，有的执行压制防空火力的任务，有的任务是对炸弹轰炸后幸存的盖世太保建筑发射带有纵火战斗部的火箭弹，以期彻底消灭目标。第263中队在这次攻击中展现了相当高的攻击精度，4架"台风"投下的8枚454公斤炸弹直接穿透了盖世太保大楼的正面，在大楼内部爆炸，将其彻底摧毁。11月30日，第146联队又对盖世太保位于鹿特丹的总部发动了攻击，同样将其彻底摧毁。

## 低空猎手

12月份，"暴风"中队的行动重点从防空巡逻变成了主动进攻。12月3日，第80中队的D.加兰德（D.Garland）上尉在武装侦察任务中击落了1架难缠的Me 262。此后，"暴风"中队因为开始深入德军腹地活动，跟德国空军之间的空战开始变得多起来，其中第56中队的表现最为突出。12月8日，第56中队在莱茵北部执行武装侦察任务时遇到了至少12架Fw 190。第56中队声称在战斗中击落1架Fw 190，击伤1架。瓦特上尉在当天的战斗报告中写道：

我驾驶"红色3"号机去居特斯洛/姆斯特尔执行武装侦察任务。飞到莱茵地区时地面空勤管制人员警告我们空中有敌机。几分钟后，中队长在无线电里说在我们右前方3.2公里处有10-12架"汉斯"正在以横队向西南方向飞。我们小角度向敌机俯冲过去，同时抛弃了副油箱。当我们距离敌机编队还有约700米时，敌机也发现了我们，编队突然朝四周散开了，其中一些飞机扔掉了机腹副油箱。随后我注意到在我上方约500米的薄云中有3架敌机，我并不认为它们是我们刚追击的那个编队里的飞机，因为它们还在朝西南方向直线飞行。我确认上面的敌机是Fw 190，然后爬升摸到了敌机编队中位置比较靠后那架飞机的尾部。穿过薄云后，我在距离敌机约330米，以15度提前量打了一个长点射，但没看到炮弹命中目标。我继续慢慢地拉近跟目标之间的距离，然后从135米开始打了一个长点射。那架"汉斯"在我打出这个点射时开始转弯，但我牢牢地把它套在了瞄准器中。我没有看到很多炮弹命中敌机，但当我追到距离敌机很近的时候，一团火焰带着巨大的黄色闪光从敌机发动机后面的翼根处喷发出来。随后敌机倒扣过来，机腹朝天并开始进入尾旋。为了避免跟敌机相撞，我不得不脱离攻击航线。随后我因为躲避机动过于激烈，也陷入了尾旋，掉了大约500米高度。当我改出尾旋时，我看到了挂在降落伞上的德国飞行员，而敌机则在地面上燃烧。

2天后，12月5日，沃克尔的"暴风"巡逻机在奈梅亨地区截击并追击了2架Me 262，杰克逊（Jackson）军士击伤了其中1架，他打出的一个点

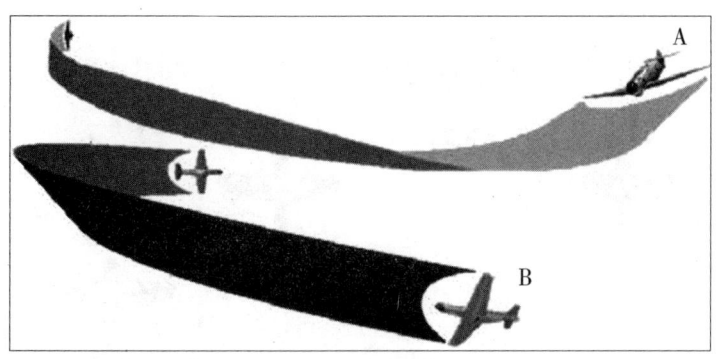

急转弯是空战中最常用的机动，在B发现A俯冲下来攻击自己时，立刻急转弯躲避，A也进行急转弯追击，双方就进入了转弯格斗之中。

射把目标打得冒出了一团棕色的烟雾，虽然未能确认击落目标，但看起来他似乎对那架喷气机造成了致命的伤害。根据德军当天的记录，W.罗斯（W.Roth）少尉未能返航。

12月11日，第56中队再次得分，红色分队攻击了一列停放在莱茵郊区的德军火车，黄色分队负责掩护，发现了在目标区上空盘旋，伺机对红色分队发动攻击的Bf 109，黄色分队果断对敌机发动了俯冲攻击，中队长P.R.圣昆汀（R.P.San Quantin）和H.肖（H.Shaw）少尉各击落1架敌机，圣昆汀在当天的战斗报告中写道：

我驾驶"黄色1"号机在莱茵、奥斯纳布吕克和明斯特上空执行武装侦察任务。我们分队的任务是给红色分队提供高空掩护，他们当时正在扫射1列火车头。我们在目标区上空盘旋，我发现3架Bf 109从红色分队正后方爬升上来。但它们似乎不是想攻击红色分队，而是想攻击我们。我警告了分队其他飞机注意敌情，然后就命令编队散开朝敌机冲了过去。我选择敌机编队中位置最靠后的那架敌机作为目标，然后跟它在1200-1500米高度上展开了空中格斗。由于我没有抛弃副油箱，所以无法切入"汉斯"的内圈。在经过一系列的机动后，我们变成了几乎迎面相向的局面。我在约70米距离上以20度提前量对敌机打了一个点射，看到炮弹命中了敌机的机身。当"汉斯"爬升转弯从我身边飞过时，我一个急转弯拉到了它的后面，看到有两大块碎片从敌机身上飞了下来，其中一块我认为是座舱盖。随后敌机开始俯冲，然后在大约700米的高度上进入了坡度比较平缓的尾旋。当我准备继续跟踪敌机时，发动机却熄火了，我这才意识到我忘记切换油箱了。此时我已经看不见敌机了，但"红色3"号机看到它穿过云层（云层底高约为300米）的一个缝隙，撞击地面并腾起了白色的烟雾。

红色小队在发现敌情后，也迅速地投入了战斗，肖少尉在战斗报告中写道：

我驾驶"红色3"号机。当我们扫射完火车头拉起来之后，我看到中队长刚刚提醒过我们要注意的2架Bf 109，正在1200-1500米高度上跟黄色分队缠斗。我们爬升向敌机飞去，途中我看到一块敌机的碎片落了下来，然后1架Bf 109进入了尾旋，最后坠毁。就在此时我又看到1架"暴风"从另外1架Bf 109后方发起了攻击，2架飞机都在急转弯。我也急转弯切入那架Bf 109的内圈，但它设法脱离了战斗并转向逃跑了。我试图拉近跟敌机之间的距离，但敌机向左转，朝一片云层俯冲过去。我追到敌机后上方约360米处打了一个短点射，但没有命中目标，我只好继续拉近我跟敌机之间的距离。在距敌机正后方270米距离上，我打了一个相当长的点射，还是没能命中目标。此时敌机马上就要冲进云层了，我舍不得放弃目标，继续追击。当我冲进云层时，距离敌机只有135米。在"汉斯"进入云层后，我注意到一条灰白色的尾迹，我认为那是敌机给发动机加注乙醇提升功率留下的，于是就跟着这条尾迹追击。当敌机从云层中出来时，立刻向左转，而我则向右转，接着我做了一个破-S机动改变方向，利用俯冲加速度迅速地追上了敌机，从它的左侧以很小的提前量在非常近的距离上对它打了一个点射。我没有观察到炮弹命中敌机，然后我从敌机下方穿过，同时注意到敌机的速度慢了下来，勉强撑着在转弯。我转了一圈回来后看见那架Bf 109在滑翔，很明显它是想迫降。我并没有乘机对敌机发起最后的攻击，最后我看到它撞在了地面上，身后拖了一道长长的白烟。那架敌机看起来像是迫降在了公路旁边的一条沟里，发动机从机身上脱落。

12月14日，第56中队的8架"暴风"在执行扫荡任务时遭遇了4架Bf 109，一举击落3架。红色分队的长机J.D.罗斯（J.D.Roth）上尉拿下1架Bf 109，他在战斗报告中写道：

我带领8架飞机在莱茵地

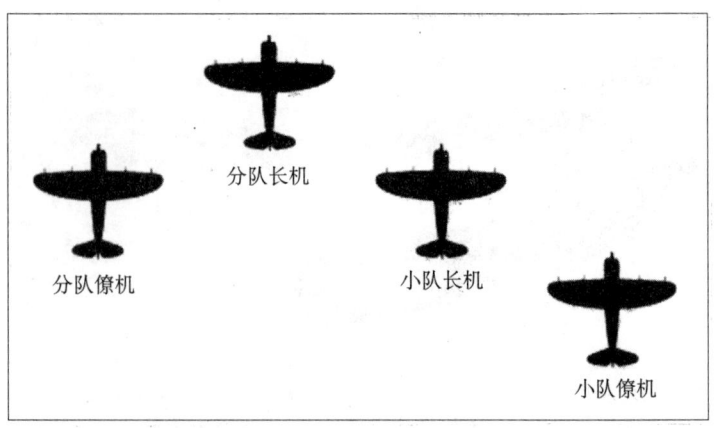

"四指"编队顾名思义就是4架飞机的位置像人手的四根指尖的位置，是二战中最流行的编队方式，以灵活多变而著称。

区上空扫荡。地面空勤管制报告说有敌机从东北方向接近。于是我命令中队改变航线前去拦截。在莱茵镇南部约9公里处，发现了4架Bf 109正在向南飞，航线跟我们的航线交叉，但高度比我们低了约900米。我带领红色分队抛弃副油箱展开了攻击，留下黄色分队在高空提供掩护。当我们攻击开始时，"汉斯"正在以四指编队飞行，然后向左进入了低速的盘旋。当我们开火时，敌机编队向右急转弯躲避。我选择敌机编队中的2号机作为目标，它紧紧地跟在敌机编队中1号机的正后方飞行。我紧紧地跟在目标后面，在约270米的距离上以45度提前量开火，一直打到距离只剩27米。我看到炮弹命中了敌机的座舱和发动机之间的部位。敌机转了一个急弯，然后半滚向地面垂直俯冲而去，撞地爆炸，飞行员没能

跳伞。接着我就想去攻击"汉斯"的1号机，但是没有开火就退出了攻击航线，因为我的风挡溅上了油，挡住了前向视野。在我拉起飞机的时候，我看到内斯上尉在攻击另外1架"汉斯"。碎片从敌机身上剥离下来，最后直接撞向了地面并起火燃烧。随后我四处观察，看到1架"暴风"垂直俯冲下来并且快速接近另外1架Bf 109，并在敌机后面约360米处开火。我看见那架"暴风"打出的炮弹命中了敌机，敌机左翼起火燃烧。最后"暴风"脱离了战斗而"汉斯"飞行员跳伞了，降落伞打开。那架Bf 109最后冲进了镇子南部郊区的房子里。我击落1架Bf 109，并确认中队其他成员击落了另外2架Bf 109。

加拿大人内斯上尉给自己的成绩簿加了分，击落了1架

Bf 109，这也是他个人的第3架战绩，他在当天的战斗报告中描述战斗过程道：

我驾驶"红色2"号机，分队在发动攻击时，我做了一个半滚转向"汉斯"编队中的4号机，它落在了敌机编队最后面。敌机发现了我的动向，右转弯向我飞过来，然后突然向左滚转做了一个破-S机动朝地面俯冲而去。在"汉斯"开始滚转的时候我向它打了一个1秒点射，距离180米，提前量15度，看见炮弹命中了它的左翼。在俯冲中，我从正后方接近到距敌机只有60米，打了一个长达4-5秒的点射。我看到我打出的炮弹弹道覆盖了敌机，然后敌机就突然变成了一个大火球，飞行员没有跳伞。此时我看到另外1架Bf 109在我左侧飞行，高度跟我一样。我转向它并且快速接近，接近到45米打了几个点射，然后打光了弹药，因为我接近目标速度太快，冲到了敌机的右前方。我立刻左转想躲开敌机，但Bf 109自然不会放过这个机会，开始追击我。

那架Bf 109跟我整整转了3圈，我都没能摆脱它。此时我的飞行高度只有约15米，已经在失速的边缘。我呼叫队友支援，但因为天空中有雾霾没人看得见我。不得已，我退出转弯，俯冲到贴地高度，开始超低空飞行并开始做蛇形机动，想让"汉斯"无法获取我的准确视野。Bf 109当然不愿善罢甘休，追了过来。因为它的加速性能很好，一开始敌机和我之间距离甚至还缩小了，但是当我把飞机速度加上来之后就逐渐把距离拉开了。敌机追了我24-32公里，最后我利用爬升优势在我爬升时将其甩掉了。

肖少尉也在3天前刚击落过1架Bf 109，这次战斗中延续了自己良好的状态：

我飞的是"红色3"号机，罗斯是红色分队的长机，攻击发起后，我选择敌机编队的3号机作为目标。"汉斯"做了一个破-S机动然后下降到了超低空，我做了个俯冲机动很轻松地追了上去。在下降的过程中我看到1架Bf 109坠落在田野上爆炸。追到距离敌机正后方约360米距离上，打了一个短点射，一团红色的光芒从敌机的翼根处喷发而出。"汉斯"猛地拉起机头，我也跟着爬升上去，然后在约130米距离上以1又3/4环提前量又打了一个点射。敌机翼根的红光已经变成了一团火焰，我这次打出的炮弹又击中了它的左翼翼

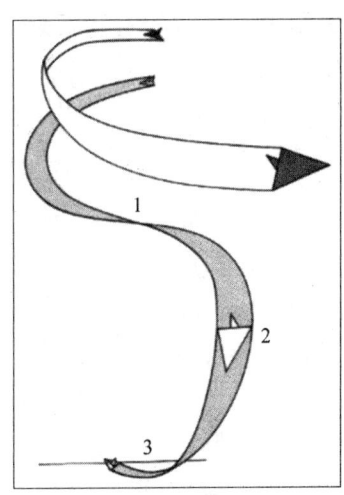

半滚-俯冲机动，在美国称之为破-S机动，由于德国两款战斗机Bf 109和Fw 190的爬升和俯冲性能都很优秀，因此德国飞行员经常使用这个动作来摆脱盟军飞机的攻击。但在低空性能优异的"暴风"面前根本没用。在空战中正确地使用破-S机动，就可以有效地摆脱敌机的追击，但面对俯冲性能比自己更好的对手，这一招就失效了。

根。敌机飞行员跳伞，而我脱离攻击航线，但没有看见敌机坠毁。

这场战斗也是第56中队装备"暴风"后自投入空战以来首次大获全胜，显示了"暴风"在低空对Bf 109压倒性优势。虽然有1架Bf 109短暂地获得了优势，但最终还是没能追上低空高速性能优异的"暴风"。

## 突出部战役

1944年12月16日，德军

在阿登地区对盟军发动突然袭击。德军利用极度恶劣的天气，有效地避开了盟军的空中打击。虽然德国空军只能出动少量的飞机支援进攻行动，但盟军也一样只能出动少量飞机去阻止德军的进攻。第80中队的飞行员们急切地想在空战中有所斩获，顶着恶劣天气出动，但没有发现任何敌机，只好摧毁了德军的5列火车和运输车，1座雷达站和一个工厂来泄愤。伪装良好的德国高射炮让第122联队的对地攻击行动蒙受了不小的损失，2架"暴风"被击落。加拿大人J.M.威士顿（J.M.Weston）上尉的座机冷却液泄漏，没有返航；还有挪威人J.B.吉尔赫斯上尉，座舱区域被高射炮命中，然后从约60米的高度上俯冲撞上了地面，当场阵亡。

12月17日，天气转好，双方战斗机可以放手升空作战。第122联队首先派出第3中队，上午10时出动了8架"暴风"，执行防空巡逻任务，但有1架因为机械故障返航。在巡逻过程中，罗兹军士在林根东部发现了1架Bf 109，在追击的过程中又发现了另外5架敌机，他咬定最早发现的那架敌机，经过短暂地追逐后将其击落。罗兹军士在当天的战斗报告中写道：

我当时驾驶的是"红色2"号机，紧急起飞赶往莱茵地区。在飞过莱茵镇区之后我们分队攻击了镇子东北部的一列火车，之后我们爬升转向东北方向进行扫荡，此时发现1架Bf 109正在接近"红色1"号机的后方，距离约540米。我警告了"红色1"号机，然后向左急转弯转向了"汉斯"。我和敌机几乎是迎头相向，斜线距离只有135米。敌机做了一个180度转弯，而我毫不费力地就切入了它的内圈。"汉斯"继续朝东南方向飞，俯冲并做了一个不太剧烈的S形躲避机动。我再次轻松地追上了敌机，此时3架Bf 109迎头从我的正下方穿过，我对它们打了一个短点射，但没看到炮弹命中，于是我继续追击之前那架Bf 109。在追击过程中我一共看到5架其他敌机，但我始终盯着最初的目标。我把跟目标之间的距离拉近到约360米，然后以5度提前量打了几个短点射，一直打到180米，在这

正在第151维修部队维修的EJ722，这架飞机是第80中队加兰德上尉的座机，他在1944年12月3日声称击落1架Me 262。

个过程中敌机一直都在进行躲避机动。我观察到有一两次点射命中了目标，敌机的翼根处冒出了浓烟。我继续接近到距目标约135米，又打了2个长点射。在打第2个点射时，敌机的机身下面发生了大爆炸，那应该是它没有及时扔掉的副油箱被我打着了。此时我们的高度只有约70米，敌机以45度侧倾角直接撞上了地面。

随后第3中队又在奈梅亨附近发现了8架敌机，把其中1架打成重伤，但其他敌机都逃掉了。返航时，罗斯扫射了德军一艘驳船，结果在躲避高射炮的时候飞机受了重伤。他在无人护航的情况下设法把飞机飞回了基地。

在第3中队起飞10分钟后，第274中队也紧急起飞了8架"暴风"去莱茵地区进行扫荡。10时30分，费尔班克斯上尉击落1架Bf 109，15分钟后又击落1架；W.J.希伯特（W.J.Hiebert）上尉也击落1架，他在战斗报告中写道：

当时我飞的是"红色3"号机，去莱茵地区执行扫荡任务。返航途中，我们中队在埃梅里希东南部向西飞，高度1000米。突然我们遭遇了3架Bf 109，高度跟我们一样，但航向是东南。一场空中格斗在一座小镇上空展开，我们遭到了大量德军小口径高射炮的攻击。我看到费尔班克斯上尉发动攻击后，1架Bf 109坠落爆炸，然后看到另1架Bf 109在1200米高的云层中钻进钻出，我追了上去，而敌机选择俯冲并进行S形躲避。我追到敌机后面360-450米的距离上，就在我准备开火的时候，敌机突然大角度俯冲，向霍尔登附近的地面冲去。我没有对敌机打出一发炮弹，但它自己坠毁了，飞行员未能跳伞。

又过了15分钟，在上午11时，费尔班克斯发现两架Bf 109对头飞过来，他立刻向敌机发起了攻击，但机炮出了故障，未能将敌机击落，但他在空中戏弄了对手一番。他在战斗报告中写道：

1架Bf 109已经被1架"暴风"咬住了，于是我去追击第2架敌机。这架敌机继续紧贴着云层上方（高度约1200米）直线平飞。我迅速从它后下方接近到约130米的距离并开火，但是我只有左翼的机炮能正常工作。打了几个点射之

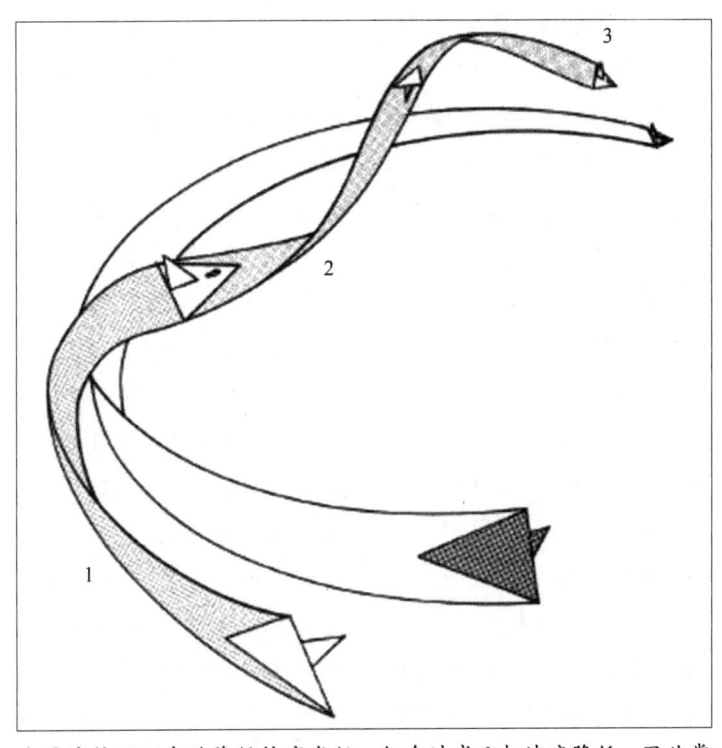

向量滚转可以有效降低转弯半径，但会造成飞机速度降低，因此常用于有速度优势的攻击者。费尔班克斯驾驶的"暴风"在速度上对Bf 109有优势，因此通过这个机动轻松拉近了跟目标之间的距离，而且速度也没有损失太多。

后，看到有炮弹命中了敌机的右翼。敌机向右做了一个小角度转弯然后继续往前飞，我做了一个向量滚转机动再次拉近跟目标之间的距离，然后再次开火，一直打到弹药打光为止，但都没有命中。随后我追上敌机并在他下方待了几秒钟——敌机的飞行员进行了搜索但没有发现我！最后我爬升到敌机上方，敌机飞行员看到了我，我对他打了一个手势然后返航了。

费尔班克斯在12月17日一个上午就击落了2架Bf 109，击伤1架，是当天效率最高的"暴风"飞行员。

面对第3中队和第274中队的精彩表现，第56中队也不甘示弱。12月17日上午第56中队本来打算去莱茵地区扫荡，但被召回奔赴海尔蒙德地区。第56中队发现该地区没什么"生意"可做，于是又去了莱茵地区。在格拉夫附近，第56中队发现4架Bf 109从云层中向自己冲了过来，飞行员们马上转弯飞向敌机，然后发现了更多的敌机。接下来就发生了一场一边倒的战斗，3架Bf 109被击落，均由第56中队的飞行员合作击落。

罗斯上尉先跟肖少尉合作击落1架Bf 109，然后在追击第2架Bf 109的时候被摩尔上尉"抢了人头"，他在战斗报告中写道：

我飞的是"红色3"号机，当我们正在格拉夫地区向东北防线飞行时，我注意到4架Bf 109从云层中冲了下来，我立刻在无线电里呼叫并且转向了敌机。"汉斯"看我们转向他们后向右急转弯，想再次占据优势位置。我也跟着一个急转弯，此时我看到1架敌机转到了1架"暴风"的后面。我立刻放弃追击自己原来的目标，转向了那架正在追击我方"暴风"的敌机，在距敌机360米以45度提前量开火，一直打到270米，看见炮弹命中了敌机的左侧翼根。敌机只好脱离了攻击我方"暴风"的航线并朝地面飞去，而我则追了上去。在追逐过程中，我在超低空接近到距离敌机只有90米，开火后我看到更多的炮弹命中了敌机，敌机的左侧翼根红光闪现，而且冒出了黑烟。"汉斯"见状剧烈爬升，想摆脱我，此时我注意到"红色2"号机（肖少尉）在我上方攻击了那架敌机。肖少尉在非常近的距离上开火并取得命中，敌机翻转并坠毁爆炸，飞行员没有跳伞。

随后我在战场上盘旋，看到另外2架Bf 109正在700米高度上向东北方向飞。我立刻爬升攻击，"汉斯"俯冲逃跑，我选择其中1架敌机追了上去，在180米距离上、以10度提前量开火，一个长点射命中了敌机的发动机附近部位。"汉斯"爬升逃跑，摩尔上尉从上方冲了下来并超过了我，我向右转弯脱离了攻击航线，摩尔上尉追到距离目标只有27米然后开火，敌机起火，爬升然后尾旋俯冲坠落，飞行员在尾旋中跳伞。这场战斗我跟肖少尉合作击落1架Bf 109，跟摩尔上尉合作击落1架Bf 109。

肖少尉的战斗报告确认了跟罗斯上尉合作击落1架Bf 109：

我飞的是"红色2"号机，在战斗中1架Bf 109爬升向我冲来。我跟它缠斗在一起并绕到了它左后方，斜距约135米打出了点射。我的炮弹命中了敌机的座舱区域，碎片乱飞。敌机左边的起落架落了下来，随后向左翻转，进入了垂直俯冲，撞上了地面爆炸。由于在我之前罗斯上尉已经攻击过那架Bf 109，因此算作我和罗斯上尉合作击落。

摩尔上尉在战斗报告中写道：

我飞的是"红色1"号机，带领中队去莱茵地区扫荡。穿过莱茵河后，地面空勤管制报告说"汉斯"在海尔蒙德地区，我问了一下是否需要我们帮忙，然后地面空勤管制就命令我们立刻赶往海尔蒙德。但我们赶到海尔蒙德地区上空后却没有发现敌机，盘旋了十分钟之后，我命令中队经奈梅亨前往莱茵地区。在接近格拉夫时，几架敌机从云层中向我们的右后方冲了下来。罗斯上尉一开始报告有4架Bf 109，但当我们转弯前去攻击敌机时，更多的敌机冲了下来。在转弯格斗中，我抓住了1架Bf 190，经过了短暂的纠缠，"汉斯"半滚并俯冲向地面，它从我的视野消失。于是我只好爬升到1000米高度上，然后看到3架"暴风"在我下方，约300米高度上追击1架Bf 109。我向那架敌机俯冲过去，因为我的高度比其他"暴风"高，所以我的速度也比他们快得多，很快就追到了敌机正后方约27米的距离上，打了一个2-3秒长的点射，我看到炮弹命中了敌机的翼根、座舱以及机腹中线挂载的副油箱。随后敌机的副油箱着火了，开始剧烈爬升，最后整个座舱区域都起火了，在约1000米高度上进入了尾旋，飞行员跳伞。这架

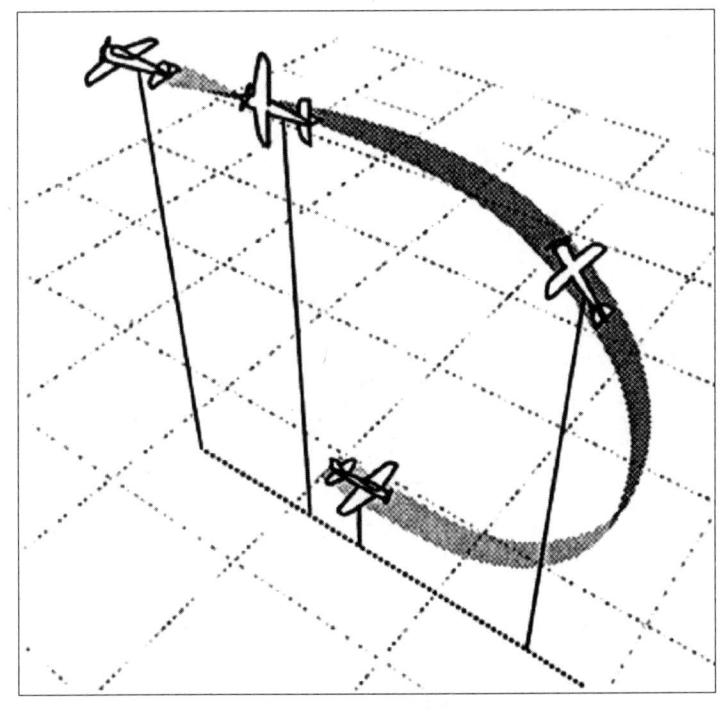

"殷麦曼回旋"，皇家空军称之为垂直半筋斗，垂直爬升然后改变航向，就像是反过来的破-S机动，德国战斗机普遍爬升性能良好，经常使用这一招来摆脱盟军战斗机的追击，但在低空，"暴风"的爬升性能同样优秀，因此这一招就不好使了。

飞机先被罗斯上尉攻击过，所以算作我跟罗斯上尉合作击落。

3人合作击落了2架Bf 109，但战斗仍未结束，德国空军在格拉夫空域的Bf 109足足有18架之多，第56中队的绿色分队赶来支援红色分队，杰克森军士和瓦特上尉在战斗中合作又击落了1架Bf 109，科瓦特上尉在战斗报告中写道：

我带领绿色分队，正在往东飞向沃克尔。我听见红色小队报告说格拉夫附近有Bf 109，立马转向前去支援。当我们抵达格拉夫东部时，我看见1架

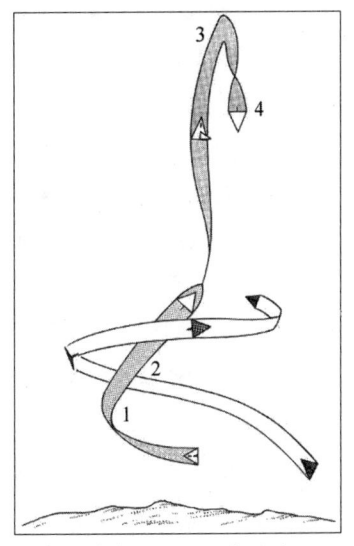

垂直爬升除了可以用来防守，还可以用来进攻，例如此图中垂直爬升机动，就可以扭转自己在转弯中的劣势地位，反守为攻。

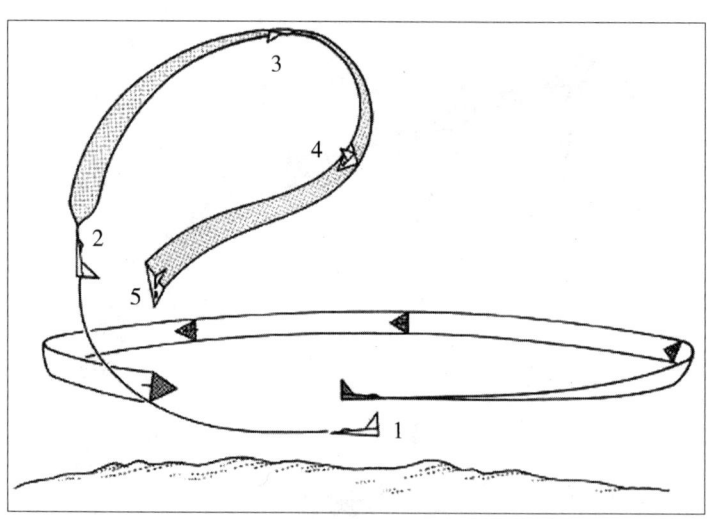

在对头态势中,也可以利用垂直爬升,然后再利用筋斗机动,获取有利位置。

Bf 109在900米高度上向东北方向飞。我接近到敌机正后方约270米,然后打了一个2秒点射,一大块碎片从敌机的座舱附近掉了下来。敌机遭到攻击后立马向左转,带着黑烟俯冲到了超低空。在抵达超低空后敌机又剧烈爬升,另外1架"暴风"(杰克森军士)从我的左侧追了过去,接近Bf 109并打了一个长点射。敌机的发动机开始燃烧。在杰克森军士脱离攻击航线后,敌机还没有坠落的意思,于是我又在距敌机正后方约230米打了一个长点射,敌机开始燃起大火,但它一直在爬升,最后在约1200米高度上进入尾旋,飞行员跳伞。敌机螺旋下坠,最后坠落在东格拉夫河南边的一块农田中间。

杰克森军士的战斗报告如下:

在格拉夫地区上空,我看见一架向东飞的Bf 109被2架"暴风"击落。随后又看到1架Bf 109从我的机头下方穿过去向北飞,1架"暴风"在它后面追击。我转向那架Bf 109并从它左侧发动了攻击。此时那架敌机开始带着黑烟剧烈爬升,我很轻松地就追上了它,在它的正后方约180米处开火,看到炮弹命中了它的发动机和左翼翼根,敌机的发动机开始起火燃烧。在我脱离的时候敌机的副油箱和座舱盖都抛弃下来,我认为敌机必死无疑,就脱离了攻击航线。敌机一直在爬升,随后我看到科瓦特上尉对敌机发动了最后一击,敌机烧成了一团大火,飞行员跳伞。

在第3、第56和第274中队于莱茵地区上空鏖战的同时,第122联队的联队长雷听说维尔特地区有德国的喷气式战斗机出现,于是在没有接到"爱德华"(第83大队指挥中心)命令的情况下起飞,带着1架僚机到维尔特地区去狩猎。在维尔特上空,雷在762米的高度上转向南飞时,突然发现2架Me 262穿过了他的航线,向西飞去。雷立刻对敌机的长机展开追击,而他的僚机则去追击另外一架Me 262。转弯改平飞机后,雷本以为会看到Me 262用惯用的小角度俯冲机动逃跑,但不知道为什么,Me 262的飞行员选择了左转,一直转到航向向东,然后才俯冲进入超低空飞行。雷乘此机会俯冲接近敌机,但敌机还没进入雷的机炮的有效射程,就在超低空开始剧烈抖动,最后左翼翼尖撞到了建筑物,坠毁在莱茵附近,让雷白捡了一个击落Me 262的战绩。

12月17日下午,第56中队的表演还未结束,再次出动8架"暴风"对明斯特地区进行扫荡,遇到了2架罕见的He 219夜间战斗机。当时敌机正在朝附近的一个机场飞去,其中1架He 219见势不妙逃跑了,另

地勤人员正在沃克尔给飞机加油，背景那架飞机是EJ548，肖少尉的常用座机，他用这架飞机击落了5架敌机，成为第一名"暴风"王牌飞行员。佩顿上尉（击落6架，可能击落1架）也使用这架飞机击落了3架敌机。这架被两名王牌飞行员使用的战斗机在1945年1月16日损失，在执行扫射任务时撞上了地面目标爆炸时飞溅的碎片，当时的飞行员肖被俘，在战俘营里度过了战争的最后几个月。

外1架遭到了第56中队黄色分队的攻击，左侧发动机被打熄火。敌机试图降落在明斯特机场，但是黄色分队没有给它机会，再次发动俯冲攻击，最终把1架He 219击落坠毁在建筑物废墟之中。

随后，第56中队红色分队的3架"暴风"正在列队准备攻击一列火车，大约25架Bf 109出现在他们上方。摩尔上尉果断放弃攻击火车，立刻对敌机编队发动突然袭击，在敌机还没反应过来之前迅速击落其中的1架，然后高速脱离战场返航。摩尔上尉在战报中描述了

当时的战况：

我带领红色分队在明斯特-帕德波恩地区执行扫荡/武装侦察任务，高度为900米。在刚飞过明斯特时，黄色分队的1号机报告说1架敌机在超低空迎面向我们飞过来。我没有看到敌机，于是告诉他带领黄色分队下去攻击敌机，而我带领红色分队在高空掩护。下面肯定是发生了战斗，但我没有看到，之后空中再也没有看到黄色分队的飞机，直到战斗结束返航才在机场看到他们。此时我的分队也出了问题，4号机因为机械故障提前返航，分队只剩下3架飞机。我决定带着他们去扫射明斯特-莱茵铁路，我之前看到铁路上有火车，然后再返航。当我们在明斯特以北900米高度上向东飞，准备去攻击火车时，我看见一个约由25架敌机组成的大型编队出现在我们右侧，高度比我们高了约300米。我立刻认出来那些敌机是Bf 109，所以我果断带队爬升对敌机编队展开了攻击。敌机编队在遭到攻击后散开了，开始跟我们进行格斗。我挑选了1架朝云层飞去的Bf 109作为目标，接近到90米打了1个长点射，看见炮弹命中了它的座舱和翼根部位，敌机立刻进入了尾旋，坠落在明斯特北部。由于我们寡不敌众，所以我告诉2号和3号机利用云层和低空的掩护脱离战斗，各自逃跑。此时我的飞机后面跟了五六架Bf 109，我利用飞机优异的低空高速性能轻松地甩掉它们并返回了基地。

红色小队的2号机J.A.博斯利（J.A.Boseley）军士也随即跟Bf 109"玩了一把骰子"，学长机在击落1架敌机后高速脱离了战场，扬长而去。他在战斗报告中写道：

当摩尔上尉报告发现Bf 109时，我转弯并向敌机爬升过去。敌机散开了，我对其中1架敌机打了几个短点射，但没有命中目标。敌机立刻半滚并俯冲到超低空。我跟着俯冲了下去。在接近地面时敌机开始向左急转弯，我也跟着敌机转弯，在经过几次转弯机动后，我们的高度逐渐拉升到了150多米。"汉斯"突然向下俯冲，我也追了上去，然后它又拉起向右做了一个跃升失速转向，从我前面穿过，但我能跟上它的动作。此时我跟敌机之间的距离只有45米，我稳稳地打出了个点射，"汉斯"炸成了一团火焰，螺旋坠入地面爆炸。在战斗过程中摩尔上尉命令我返回基地，我看到敌机坠地后就立马加速，甩掉了追击的敌机成功返航。

"红色3"号机是由J.亚历山大（J.Alexander）上尉驾驶，他现在发现自己被9架德国战斗机包围了。在一连串"摇摇欲坠"的机动后，他击伤了1架敌机，然后逃跑并安全返回了基地。虽然没有照相枪证据和目击者，但他很容易就说服了中队情报官相信自己战绩的真实性，因为敌机上飞落的碎片直接插入了他座机的机翼前缘，就在两门机炮中

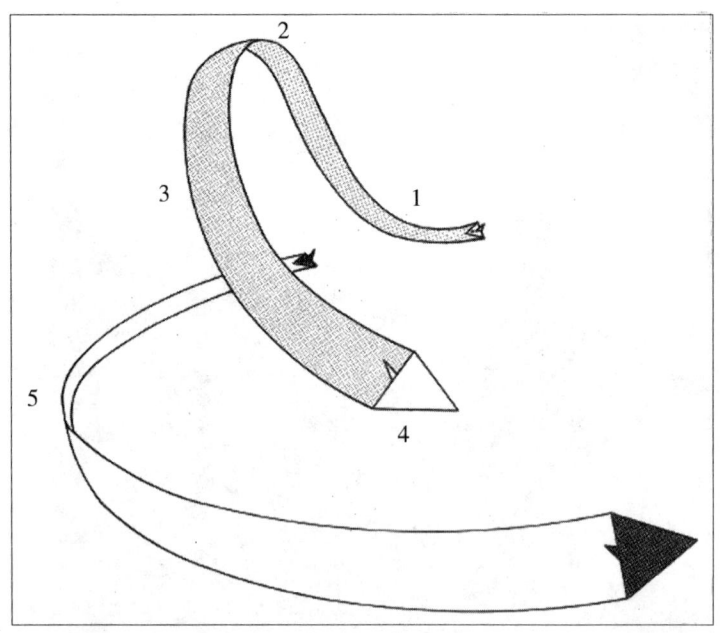

跃升失速转向机动也是德国战斗机惯用的空战招数之一，亦被称之为"殷麦曼转弯"。但在低空空战中在"暴风"面前这一招也没用，"暴风"的转弯性能很好，能够紧跟德国战斗机的动作，使其无法逃脱。殷麦曼转弯可以降低飞机的转弯半径，获得良好的射击位置，无论是进攻还是防守都可以使用。

间！12月17日，第122联队一共击落10架敌机，而自己无一损失。

12月17日之后，天气再次恶化，厚厚的浓雾限制了所有飞行行动，盟军只能进行有限的防空巡逻。第80中队的中队长史百德在12月18日的巡逻任务中差点得手：

在比勒菲尔德附近的一次武装侦察行动中，我们干掉了德军3台火车头和后面带的车厢，2辆牵引车和拖车，以及一个快速部署部队兵站和营房，最后把一座工厂的屋顶炸了一个大洞。随后发现4架新型长鼻子Fw 190在比勒菲尔德上空盘旋！我乘其中1架正准备着陆的时候飞到了它后面，然后带着刚才没有找到敌机的怨气一次又一次地按下了射击按钮，直到弹药耗尽！但未能将其击落，我激动的情绪失控，完全失去了理智，我试图用翼尖去撞击敌机的机尾，就在我即将撞上它的时候，"汉斯"放下了襟翼，那架190朝上一跃，我从他下方超了过去，敌机的螺旋桨在我的右翼翼尖处切出了2个大缺口。那个飞行员肯定受到了很大的惊吓。

第十一章 横扫欧陆 | 249

"台风"中队在"暴风"中队在空战中大开杀戒的同时，继续兢兢业业地执行着"舔地"任务，但误击现象成了"台风"部队挥之不去的噩梦。盟军使用的"台风"识别方法总体来说是成功的，但也造成了不少的问题。比如把螺旋桨整流罩涂成白色，这虽然方便了友军识别，但也成了德军高射炮手极佳的瞄准参考物。第175中队的霍尔上尉在回忆中表达对"友军火力"的不满。

12月15日早上，我们在克隆南部执行搜寻运输车辆的武装侦察任务，返航的时候遭到

1944年12月13日，驻沃克尔"暴风"联队的飞行员正在给当地的荷兰小朋友分发糖果，第122联队的飞行员和地勤，省下了自己几个星期的糖果，并且拿出了自己的工资给孩子们办圣诞节晚会。

为了方便识别，"台风"的螺旋桨毂涂成了白色，区别于Fw 190常用的黄色。但这样做却对对地攻击造成了不利的影响，白色的机头成了德军防空火力瞄准的参照物，皇家空军在发现这一点后很快就把机头涂成了比较暗的颜色。

了"暴风"的俯冲攻击。12月18日，我们刚刚攻击了阿登东部的德军目标正在返航，周围空中有大片的云层，又遭到了"喷火"的俯冲攻击。两次误击都是因为多云我们没看到友军飞机，不过好在友军两次都在最后关头及时识别了我们，黑白相间的识别条纹涂装帮了大忙。

12月31日，我带领中队在圣维特和亚琛南部执行武装侦察任务，打击公路上的德军运输车辆，每架飞机携带2个远程副油箱和6枚火箭弹。目标区的天气没有想象中的好，半路上还在法国上空时，我们2点钟方向，距离约1.6公里出现了好像是"野马"的一个中队，高度比我们高1200-1500米。我们继续飞行并对他们保持观察，如果他们是美国人，就得假设他们的肾上腺激素已经飙升，因为他们看起来不会识别任何飞机，就算飞机上涂有盟军标志——总之他们就是想打点东西下来。"野马"略微改变了航线，飞到了我们的5点钟方位。我已经等不及发生风险才采取行动，于是命令飞行员们扔掉了远程副油箱，并让他们做好右转弯逃跑的准备。就在我们刚刚扔掉副油箱时，"野马"半滚朝我们俯冲下来。我们在正确的时机右转然后从他们下方跟他们对向错了过去。此时我确认了那些飞机是美国"野马"，他们没有掉过头来追击我们，而是继续往前飞，很明显他们也认出了我们。我们回到任务航线上，但是因为过早丢掉了副油箱导致我们在目标区上空待的时间变短了，而且天气变得越来越糟，能见度几乎下降为零，我们找不到目标，只好带着火箭弹返航，任务失败。在任务后的简报上，我报告了"野马"攻击事件和我们是如何正确应对的。情报官把这件事情上报了盟军空军司令部，但是我们得到的回应是当时并没有美国飞机在那片空域行动过。

1944年圣诞节，第175中队出动到马尔蒂莫对德军的机动运输车辆进行武装侦察。霍尔的僚机是B.默林（B.Merlin）准尉，10个月之前曾在法国上空被击落，然后被法国抵抗组织解救。诺曼底登陆之后，第175中队移防法国的B5基地，默林开着一辆"桶车"，带着一条阿尔萨斯犬跑了回来。这条狗是一名德军少校的宠物，该少校被法国游击队打死后，默林收养了这条狗。归建后，默林先回英国进行了"台风"的熟悉性训练，1944年11月再次回到第175中队。

在攻击德军卡车时，第175中队的"台风"遭到了德军轻型高射炮的反击。默林的飞机发动机腹部被击中，导致乙醇大量泄漏。攻击结束后，霍尔命令中队返航，但默林的飞机能不能飞回基地还是个大问题。霍尔决定留下来为默林护航，让他尽可能地穿过战线回到己方控制区上空。途中默林一直问霍尔他们是否已经接近了战线，但实际上他们距离战线还有相当长一段距离。虽然默林的飞机还有足够的高度，但发动机下方已经开始喷出火焰了，失去动力只是时间问题。霍尔多次命令默林跳伞，但他拒绝了。很快默林的飞机失去了动力，不断地掉高度，他只好收起起落架进行了机腹迫降。默林的"台风"冲进了高大灌木丛之中，植物、树木和泥土被撞得漫天飞扬，最后爆炸成一团火焰。霍尔绕着坠机地点盘旋了几圈，没有发现什么动静，于是他爬升并发出无线电信号，来指示事故发生地点。霍尔回到基地后，在报告中声称默林还活着。

第二天上午，默林准尉满脸烟灰地走回了基地。他降落的地方距离德军控制区仅有约550米，飞机撞击地面时他解开了安全带，左侧机身在飞机残骸滑行时撕裂，他被惯性扔进了一条干水渠里，飞机残骸又朝前滑出很长一段距离才停下来，正因为这样默林避开了飞机的爆炸。霍尔在空中没看见默林，因为茂密灌木丛在被飞机劈开之后又合拢了。

落地后不久，默林听到了一些噪声，然后看见了一名英国士兵，默林爬向了他，提醒他保持安静并跟着他一起朝己方阵地爬行。燃烧的"台风"残骸中炮弹还在时不时地爆炸，碎片不断地从他们身边飞过。默林回到基地后，被送回国进行了修整，然后调到另外一个战区。霍尔对默林养的那条阿尔萨斯犬印象不佳，因为他的手曾被这条狗咬过。

## 圣诞节

圣诞节前夕天气好转，12月24日，第122联队的记分牌又开始跳动起来。在支援阿登地区盟军的任务中，第3中队在马尔梅迪西北发现了10架Bf 109，并果断发动了攻击。蒂勒上尉在战斗中击落了1架Bf 109：

我驾驶"红色1"号机，带领中队在尤利西-马尔默迪上空巡逻。地面空勤管制报告说在圣维特地区上空，高度7620米有敌机。我们中队刚遭到过"雷电"的俯冲攻击，2号机被误击受伤返航了，我手下只剩下3号和4号机，而且3号机还出了故障，不能抛弃副油箱。所以我只好跟"红色4"号向高空中约10条向南移动的蒸汽尾迹爬升。当我们爬升到6100米时，敌机转向北，朝我们飞过来。我们继续接近目标，最后确认那10架飞机是Bf 109，高度比我们高600米。敌机也看到了我们，解散编队散开来。我选择两架冲向我的敌机作为目标，继续爬升，并绕到了它们后面。当我接近到敌机后方约230米时，其中一架敌机突然停止转弯，转而再次爬升。我追了上去，在它正后方约45米打了一个点射。我看到碎片从敌机的右翼飞了下来，然后整个机翼外侧都出现了褶皱。随后敌机向右转，发动机冒着白烟进入了尾旋。我没有追着敌机去观察它是否坠毁，因为另外1架敌机绕到了我的尾部，我要赶紧摆脱纠缠，不过第274中队的人看到那架敌机坠毁了。

"红色3"号机的飞行员是R.德埃兰德（R.Dryland）上尉，战斗结束后没有返航，但他2天后回到了沃克尔。德埃兰德声称自己因为副油箱无法抛弃，所以落单了。不过他碰到了1架Fw 190D-9，对其进行了俯冲攻击并将其击落。德埃兰德的说辞并没有有效证据的支持，不过德国空军当天的战报显示第54战斗机联队Ⅳ大队确实损失了1架飞机，但不能确认是否就是德埃兰德击落的。德埃兰德"击落"敌机后，也被德军的高射炮击伤，不得不在敌军控制区迫降。成功迫降后德埃兰德藏了起来，躲过了德军巡逻队的搜索，一直等到天黑，才设法穿过德军战线，遇到了美军巡逻队。

第274中队的E.D.麦凯（E.D.Mackie），也在12月24日击落了一架Fw 190。麦凯在第243中队飞"喷火"的时候就已经是王牌飞行员了，战绩为击落敌机15架，合作击落2架，可能击落2架，击伤7架，合作击伤1架，主要是在北非和西西里取得的。他作为编外人员进入第274中队，学习"暴风"的飞行和指挥经验，做好接手第80中队的准备，第80中队的中队长史百德的第5个任务周期即将结束，回国之后将由麦凯接替。

第274中队在巡逻时，麦凯发现一个"台风"编队遭到1架Fw 190的攻击。麦凯果断俯冲下去，飞到了Fw 190后下方位置，准备对其发动攻击。那架Fw 190见势不妙立刻爬升

1944年底开始,"暴风"V在空战中遇到的主要对手就是Fw 190D-9,因为改用直列发动机,这种型号相比其他Fw 190的机头要长得多,因此盟军将其称之为"长鼻子"。这种飞机虽然低空性能也很优越,但依然不是"暴风"V的对手。高空性能虽然比"暴风"V好,但高空盟军有"喷火"、P-47等其他高空性能优秀的战斗机对其进行压制。

逃跑,但很快就被麦凯追上。麦凯利用飞机剧烈爬升到顶端,快要失速的短暂瞬间,对敌机打了一个2.5秒的点射。随后麦凯改平飞,第274中队的另外一名飞行员看到那架Fw 190掉了一个翅膀,然后螺旋坠落在了埃因霍恩附近。根据战后记录对比,那架Fw 190的飞行员应该是霍普特曼·沃尔夫冈-高斯,德国空军第3战斗机联队13中队的中队长,空战"专家"。他刚刚击落了2架第440中队的"台风",然后就被麦凯击落阵亡,最终战绩锁定在了28架。

圣诞节当天,第122联队没有休息。联队长雷率领第80中队升空执行巡逻任务,R.韦尔兰(R.Verran)上尉攻击了德国空军的一种新型飞机——Ar 234双发喷气式侦察轰炸机。根据德国方面的记录,这架Ar 234投入使用的第二天就被击伤,驾驶员阿尔弗雷德·弗兰克上尉设法把受伤的飞机迫降在荷兰的特赫机场,但最后这架飞机被判定为没有修复价值,被德国空军除役。虽然德国空军最终损失了这架飞机,但盟军在战争结束前并不知道它的命运,因此韦尔兰的这个战绩被判定为击伤敌机1架。

在圣诞节下午,第486中队的J.斯坦福德(J.Stanford)上尉和R.D.布雷姆内(R.D.Bremner)少尉在亚琛附近击落了1架Me 262。那架Me 262先后被布雷姆和斯塔德福击中,虽然受了伤,但还是表现出了惊人的速度。两架"暴风"轮番对其发动了多次攻击,都未能将其击落。不过德国飞行员最后还是不得不放弃了他的飞机,因为受伤的飞机越来越不稳定,要保命只能跳伞。这架Me 262算作斯坦福德和布雷姆内合作击落。布雷姆内少尉在战斗报告中写道：

我飞的是"绿色3"号机，在亚琛上空，高度3350米。我看见1架Me 262从3960米高度向我们俯冲下来，我向左急转弯，绕到了它的正后方并跟着它俯冲下去。敌机在2700多米高度又猛地拉起，爬升到3300多米，向左转半滚之后开始向右侧俯冲。随后敌机从我前方约450米距离穿过，我以2环提前量向它打了一个点射，但没有看到炮弹命中。

我又转弯跟在它的正后方，然后在距敌机540米打了一个2秒点射，这次我看到它的左侧发动机有白色蒸汽喷出来。我又在它正后方打了一个点射，距离720米，但没有命中。接着Me 262增加了俯冲角度，然后很快飞出了我的射程，我改平飞机在敌机上方飞行，然后四处观察，看到我们中队其他飞机正在扑向它，最后敌机倒扣过来，飞行员跳伞。

在布雷姆内少尉攻击过后，斯坦福德上尉继续追击那架Me 262：

我当时飞的是"绿色2"号机，跟中队在尤利西-马尔默迪地区上空巡逻。当我们飞过亚琛南部时，我发现1架Me 262在向西飞，距离我们只有约1350米。中队朝敌机爬升过去，但是我因为迎着太阳，刺眼的阳光导致我们失去了敌机的视野。当我再次看到敌机时，它正从阳光中飞出来，并高速向北飞去。我立刻转向敌机追了上去，在极限射程上开火。我一直向敌机射击，打到距离敌机只有360米，我看到敌机左侧发动机有碎片飞下来。在敌机从我前方穿过时，我看到几个红色的火球从敌机

1944-1945年冬，地勤人员正在B80基地维护"暴风"，条件十分恶劣，连帐篷都没有，工作都是在露天条件下进行的。

身上喷了出来，而且它的速度也慢了很多。我乘机绕到敌机的正后方，而敌机开始向左转弯。我接近到540米再次开火，敌机则由转弯改为平飞，在我开火的同时又带着白烟开始俯冲。敌机的速度开始快起来，我在它正后方紧追不舍，打了几个短点射，但都没有命中。Me 262后来做了一个很慢的滚转动作，我在它改平直飞的时候再次向它开火，随后敌机倒扣过来，飞行员跳了伞，但降落伞并没有打开。我看见敌机在亚琛北部约11公里处坠地爆炸。

从这场战斗可以看到活塞式战斗机想要在常规空战中击落喷气式战斗机是多么的困难，需要团队合作和精湛的飞行技术，再加上一点运气才能做得到。

12月27日早上，第274中队在巡逻任务中击落了2架Bf 109。E.特威格（E.Twigg）准尉首开纪录：

我飞的是"蓝色2"号机，中队长麦凯飞的是"蓝色1"号机，他在亚琛上空发现了2架飞机，以横队在我们上方约300米处向东飞。我在"蓝色1"号机后方约90米处飞行，"蓝色1"号机确认两架飞机是Bf 109后在无线电里通知了我们。我接近到敌机编队中左边的那架的正后方，距离约270米，略微带点提前量向它射击，但没能命中。那架Bf 109做了轻微的S形机动来躲避，然后继续平飞。在这个过程中，我接近到距敌机只有180米，从正后方打了1个1秒点射，看见炮弹命中了它的座舱和发动机部位。敌机开始冒出白烟，然后向左转，我追了过去。突然敌机停止了拉白烟，并且转到了我的后面，我们进入转弯格斗，转了2圈后，我看到敌机冒出了黑烟，然后改平直线飞行，并掉下来两块黑色的碎片，接着就向左做了一个小角度转弯，掉了高度然后就直接向地面坠去，最终撞地爆炸。

打下这架Bf 109后，蓝色分队继续巡逻任务，然后再次遭遇敌机。J.马罗伊（J.Malloy）上尉在随后的战斗中也拿下一分：

当我驾驶"蓝色3"号机向南飞，去马尔默迪上空执行巡逻任务时，我注意到马尔默迪上空高射炮火力很密集，随后就看到8-12架飞机在超低空向东飞。"蓝色1"号机立刻向左转90度，抛弃副油箱去追击那些飞机，随后我认出那些飞机是Bf 109。我接近2架敌机的尾部，但是发现另外1架敌机从我的尾部追过来。我立刻急转弯跟后面那架敌机进行格斗，在这个过程中我拼尽全力向敌机以2环的提前量打了2个短点射，第一次没有命中，但第二次命中了敌机的座舱和发动机部位。在我飞到敌机前面的时候我看到有碎片从敌机上掉落下来，它的发动机整流罩整个都被撕掉了。敌机继续做小角度转弯并且看样子是打算迫降。但就在它马上降落的时候飞机突然侧倾，右翼擦到了农田，然后改平继续飞行。我看敌机没有坠毁就冲下去又赏了它一个短点射，并且观察到炮弹命中了目标。我没有看到敌机飞行员离开飞机，此时又有1架Bf 109爬到了我的上方，我准备攻击它，但右侧机炮卡住了，而且左侧副油箱也没能扔下去，导致我转弯困难，再加上我已经飞到了鲁尔区的边缘，那里有大量的德军高射炮，实在不是一个表演"英勇无畏"的好地方，于是返回了基地。

午后，第80中队声称在扫荡任务中击落了4架Fw 190，而自身无一损失。根据德国空军方面的记录，第54战斗机联队第14中队当天确实损失了4架飞机。第80中队的飞行员R.W.A.麦克凯尚（R.W.A.MacKichan）上尉在战报中详细描述了当天的战斗：

我带领中队去帕德波恩地区扫荡，当我们飞到明斯特上空时，接到通知说Bf 109和"喷火"正在莱茵地区上空交战，让我们前去支援。我们从南边接近莱茵，然后向莱茵北部的机场扫荡过去。在我们飞到距离西北方向的机场还有约9公里处时，"黑色2"号机报告说10点钟方向发现了4架飞机，距离我们约1.6公里，航向西北。然后我们看到敌机向左转，我带领中队飞到敌机的正后方并跟踪它们，在它们转弯的时候确认了敌机是Fw 190。"汉斯"此时也发现了我们，扔掉了副油箱，继续进行左转爬升机动。我们也跟着敌机做同样的机动，然后用了几秒钟时间来占据有利位置，而敌机则开始试图绕到我们后面去。"汉斯"的编队长机向我们编队里位置最靠后的"黑色4"号机开火。我命令编队散开，并向左急转弯，对"黑色4"号机后面那架敌机打了2个1秒点射，但没有命中目标。随后我们和敌机陷入缠斗，我俯冲到在我下方的1架敌机后面，它先做了S形机动，然后向左转躲避。我在距敌机180米以20度提前量先打了一个1秒点射，然后又打了一个2秒点射，看到炮弹命中了敌机的发动机和座舱部位，接着敌机发动机整流罩里冒出了棕色的烟和小团的火焰。敌机飞行员抛弃了座舱盖，而火焰立马蔓延进他的座舱里。敌机最后向左俯冲下去，飞行员跳伞。在盘旋中我看到敌机坠毁在莱茵机场北部9公里处，就在多特蒙德运河西侧。随后我看到另外1架敌机在我前方，我向它俯冲而去，快速接近目标，但看见另外1架"暴风"已经在跟它交战，"汉斯"被打得直接撞向了地面，坠落在普兰特鲁内机场西南角。

W.G.多普森（W.G.Dobson）准尉是"黑色2"号机的飞行员，在当天的战斗报告中写道：

我接到报告说有4架敌机在我们上方600米向左转，转到我们的左侧。当敌机想要急转弯到我们的尾部时，我向左急转弯绕到了敌机长机后方，距它540米打了一个1秒点射，提前量达到了60度，没有看到炮弹命中目标。我继续接近到距离敌机只有270米，而"汉斯"开始做剧烈的躲避机动，先做S形机动，然后向左爬升转弯，最后半滚并盘旋下降。快接近地面的时候"汉斯"又拉起到150米，然后朝西北方向直线平飞。我紧紧地跟住敌机，接近到270米，以5度提前量打了一个3秒点射，看见炮弹命中了敌机的座舱。在我开火的同时，"汉斯"向左转弯180度，随后就一边转弯一边向地面飞去，在普兰特鲁内东南约3.2公里处撞进了一片树林并爆炸。

"黑色4"号机的飞行员D.S.安吉尔（D.S.Angier）上尉也击落了1架Fw 190：

我当时飞的是"黑色4"号机，在编队的最后面。我们跟着"汉斯"向左转，敌机编队的长机从我左侧飞到了我的正后方，并向我开火，但打偏了。我向左急转弯，然后飞到敌机编队中位置最靠后那架"汉斯"尾部，距离180-270米。敌机见势不妙，向左转弯想摆脱我，我追着它并以15度提前量打了一个0.5秒点射，但没能命中目标。敌机随后以更大的角度向左转，我乘机又对敌机打了一个3秒点射，提前量从20度扩大到80度。敌机看起来开始抖动了,而且我看见1发炮弹命中了它的右翼中部。随后"汉斯"改平了飞机,看样子飞行员已经快控制不住飞机了。接着敌机又向左急转弯,一边飞一边在抖动,我接近到敌机正后方135-180米,打了一个2秒点射,提前量从10度扩大到20度。我观察到1发炮弹命中了它的右翼,1发命中了机身上部座舱前面的位置,还有1发打中了左侧下机身,靠近座舱前面的位置。"汉斯"在左急转弯中倒扣过来,接着我就看见降落伞出现在了敌机下方。

黑色分队击落了3架敌机,还有1架被白色分队收入囊中,加拿大飞行员J.W.加兰德(J.W.Garland)也在此战中有所斩获:

我是白色分队的长机。战斗开始后,我出其不意地左转飞到了1架"汉斯"的后面,距离只有135米。敌机开始做S形躲避机动,我以20度提前量打了一个1秒点射,然后看到炮弹命中了敌机两侧的翼根,大部分炮弹都打在了右翼翼根。随后我看到1架敌机迎头接近我,所以我脱离了攻击航线,然后转向迎面而来的这架敌机,打了一个2秒点射,但没能命中目标。此时另外1架"暴风"前来攻击这架敌机,而我看见我之前攻击的那架敌机正在向左盘旋,已经转了差不多一圈,所以我向右盘旋,然后跟它迎头相对,从360米到100米,以10度提前量打了一个2秒点射,看到炮弹命中了它的左翼中部和机身左侧,好像造成敌机的弹药殉爆,产生了巨大的闪光。随后敌机从我左侧穿过,向东北方向俯冲而去,我看见3块碎片从它的左翼上掉了下来,然后敌机就直接向地面坠去。

与此同时,第486中队的中队长泰勒-卡农,正带领8架"暴风",在"肯威"(地面空勤管制的绰号)的引导下飞往明斯特地区执行武装侦察任务,抵达目标区后,他们在约3000米的高度上,发现自己被德国战斗机包围了。中队下方有15架敌机,上方还有一个更大敌机编队。第486中队遭遇的是德国空军第54战斗机联队Ⅲ大队,拥有60架Fw 190D-9和Bf 109。第486中队别无选择,立刻一头扎进由Fw 190和Bf 109组成的混编编队,跟敌机展开了混战,声称击落4架敌机,可能击落1架,击伤1架。中队长泰勒-卡农在战斗报告中写道:

我带领中队在帕特波恩上空扫荡和武装侦察,"肯威"建议我们去明斯特地区猎杀德国飞机。我们在3000米高度飞行,然后发现12点钟方向有两大群"汉斯"——1个由15架Bf 109和Fw 190组成的编队,高度2700米,还有1个约20架Bf 109和Fw 190的编队在高空掩护,高度约4300米。我带领红

德国空军第54战斗机联队1944年装备的Bf 109G-6,性能已经落后"暴风"很多,再加上飞行员大都是菜鸟,所以在空战中哪怕是数量有优势,也占不到什么便宜。

色分队俯冲冲向15架Bf 109和Fw 190组成的编队，同时绿色分队爬升去迎战敌机的高空掩护编队。在敌机编队散开后，我抓住了1架Fw 190，从它尾部180米开火，我看到炮弹命中了敌机，同时我拉起飞机避免和目标相撞。我看见那架Fw 190在空中爆炸。在经过一系列混战后，我设法重组了中队并返航。

红色分队的肖特少尉击落了1架Fw 190，他在战斗报告中写道：

我飞的是"红色2"号机，在明斯特上空我们遇到了30多架Bf 109和Fw 190。我们分队俯冲然后拉起，飞到了下方拥有15架敌机的那个编队正后方，高度比敌机略低的位置上。我选择其中1架Fw 190作为目标，在它正后方距离180米，以5度提前量打了一个2秒点射，然后看见大块的碎片和灰烟从敌机的机身下方飞了出来。此时1架Bf 109飞到了我的尾部，并且向我开火，我不得不向左急转弯躲避，由于失去了太多速度进入了尾旋。我没有没有看到那架Fw 190的最终结局，但史密斯上尉看见它着火，飞行员跳伞。

在红色小队跟下面那个敌机编队战斗的同时，绿色分队也对上面那个敌机编队发起了进攻，绿色分队2号机飞行员E.W.坦纳（E.W.Tanner）上尉在战斗报告中写道：

我们分队爬升攻击上面那个敌机编队。我悄悄接近敌机编队中掉队的1架敌机的后方，然后认出它是Fw 190，而且带着副油箱。我在敌机正后方180米以5度提前量打了一个短点射，但没有命中。"绿色4"号机（史密斯上尉）在很近的距离上从我身边飞过，然后在约45米距离上对那架敌机开火，随后那架Fw 190在空中爆炸。此时"汉斯"的编队已经被打散，所以我爬升观察战况，然后1架长鼻子Fw 190在方位60度距离180米从我前方穿过。我以2.5环提前量对其开火，看到炮弹命中了它的尾部，一大块碎片从敌机身上飞了下来。我看见那架Fw 190翻转过来，然后大角度向地面俯冲而去。斯坦福德上尉和丹兹上尉看到那架敌机垂直向地面坠去，没有尾翼，而且机身上不断有碎片飞下来。我跟着分队漫无目的地盘旋了1圈之后，就爬升去打高空的德国飞机编队的主力。我发现1架Bf 109正在追击1架"暴风"，所以我

向敌机俯冲过去，从360米开火一直打到135米，炮弹命中了敌机座舱下面的部位，敌机机头猛烈下坠，而且好像在抖动，接着就直接往下坠去。随后我又跟其他4架敌机交战，没能追击那架Bf 109，但是"绿色4"号机（史密斯上尉）看到它从自己的正前方坠落下去。后来我们脱离了战斗，并重组编队返回了基地。

坦纳在这场战斗中的战绩后来被确认为击落1架Fw 190，可能击落1架Bf 109。K.A.史密斯（K.A.Smith）上尉在战斗中并没有意识到自己给坦纳上尉的第一个目标一个绝杀，当然也有可能他们一开始选择了同一个目标：

我飞的是"绿色4"号机，接到攻击命令后，我从敌机上方编队的正后方杀了进去，在比1架Fw 190略高的高度上，距其360米以半环提前量打了一个点射，但没能命中。随后我继续拉近跟敌机之间的距离，在进入180米后，用满环提前量射击，一直打到距离敌机只有18米。那架Fw 190爆炸了——我无法避开，只能向右急转弯。在这个过程中，我的高度从1200米掉到了600米，然后我看见1架Bf 109向下

坠落。空战还在继续，在进行剧烈爬升机动躲避1架Fw 190对我的攻击时，我看见肖特少尉正在俯冲攻击1架Fw 190，然后看见那架Fw 190向地面做了一个转弯俯冲机动，座舱盖脱落，飞行员跳伞了。

虽然第486中队在这场数量处于绝对劣势的战斗中取得了击落敌机4架，可能击落1架的佳绩，但有一定的运气成分，因为德军第54战斗机联队第Ⅲ大队刚刚重整完编队准备返航，而且很多飞行员都是菜鸟。第54战斗机联队10中队的"专家"皮特·科伦普（总战绩31架）也击落了英军第486中队的1架飞机，编号EJ627，飞行员是豪尔（Hall）。科伦普声称自己击落了2架"暴风"，但皇家空军只承认损失1架。

12月29日第122联队触了霉头，在执行武装侦察任务时多次遭遇德国空军大规模战斗机编队。当天早上，在莱茵附近爆发了第一场遭遇战。第3中队遭到了20多架Fw 190和Bf 109的攻击，在战斗过程中德军又有一个20多架规模的编队前来支援，让第3中队陷入了苦战之中。

在战斗中，蒂泰上尉在摆脱了攻击他的敌机后，锁定了1架落单的Bf 109，将其击落。虽然击落了1架敌机，但第3中队损失惨重，两名从1943年就在中队服役的老兵，而且都是击毁V-1的王牌飞行员，都未能返航。这两人分别是K.斯莱德-贝特斯（K. Slade-Betts）上尉和爱德华（Edwards）上尉，爱德华之前被德军第6战斗机联队Ⅲ大队的Bf 109通过俯冲攻击击落，受了伤，刚从医院回到中队。根据战后调查，爱德华在座机坠毁在施佩莱附近时阵亡。而斯莱德-贝特斯跳伞成功，但后来在莱茵机场被德军安全部队抓住并枪毙。这种现象在当时非常普遍，很多盟军被俘空勤人员都被德国人私自执行

虽然飞机性能已经落后，但德国空军里那些经验丰富的"专家"还是能给"暴风"造成很大的威胁，科伦普就在12月17日下午的大混战中击落了1架"暴风"。

从左到右：斯威兹曼（击落1架，合作击落2架，可能击落1架，可能合作击落1架，击伤2架，合作击伤1架）、坎巴斯（击落4架，合作击落1架，可能击落1架，合作可能击落1架，击伤2架，合作击伤1架）和泰勒-卡农（击落4架，合作击落1架，可能击落1架），这三个人都是在飞"台风"上表现很好，在"暴风"上也发挥稳定的飞行员。3人中只有斯威兹曼作为第3中队的中队长完成了自己的第2个任务周期，坎巴斯和泰勒-卡农在领导第486中队的时候牺牲。照片中3人正在战术板上商讨出击保护救生艇的任务，拍摄时间可能为1943年7月15日。

死刑。

29日下午第56中队的8架"暴风"在达默西以南跟50多架德国飞机展开了一场大混战。战斗中2架"暴风"被击落，飞行员未能返回。但第56中队也击落了4架敌机，佩顿上尉击落了2架，让他战绩达到5架，成为王牌飞行员。

加拿大空军第143联队的两个"台风"中队在12月29日也参加了空战，第439中队在攻击地面目标的时候遭到了德国飞机的俯冲攻击。负责掩护的第168中队马上进行反击，由于第439中队的"台风"带着火箭发射架，在机动性上处于劣势，但"台风"还是维护了其荣誉，以自身损失3架的代价，击落3架敌机，第439中队的加拿大飞行员B.劳伦斯（B.Laurence）上尉，一人就包办了其中2架。

30日，飞行行动再次因为天气而中断。第122联队12月的空战战果还是相当丰厚的，在空战中击落了33架敌机，自身只损失了9架飞机、飞行员7名（有2名成为战俘并幸存）。

## 底板行动

1944年新年，德国空军针对盟军的空军基地发动了一次大规模的空中突击。基于集中兵力的原则，对盟军进行主动进攻，从而削减盟军的攻击能力。这种想法有点类似第一次世界大战的战术思维，当时各国的想法是：与其让"贫血步兵"在潮湿、老鼠出没、充

### "底板"行动德国空军出动情况

| 部队 | 飞机型号 | 目标 | 损失 |
|---|---|---|---|
| 第1战斗机联队 I／II／III 大队（共69架飞机） | Bf 109G<br>Bf 109K<br>Fw 190A<br>Fw 190D | 圣丹尼斯<br>维斯特姆 | 22架 |
| 第3战斗机联队 I／II／III 大队（共65架飞机） | Bf 109G<br>Bf 109K | 埃因霍恩 | 17架 |
| 第6战斗机联队 I／II／III 大队（共64架飞机） | Bf 109G<br>Fw 190D | 沃尔克尔 | 至少12架 |
| 第26战斗机联队 I／II／III 大队（共60架飞机） | Bf 109G<br>Bf 109K | 布鲁塞尔-艾弗尔 & 赫林贝亨 | 20-22架 |
| 第54战斗机联队 III 大队（共17架飞机） | | 同上 | |
| 第27战斗机联队 I／II／III 大队（共55架飞机） | Bf 109G<br>Fw 190D | 布鲁塞尔-斯布克 | 29架 |
| 第54战斗机联队 IV 大队（共17架飞机） | | 同上 | |
| 第77战斗机联队 I／II／III 大队 | Bf 109K | 安特卫普-德尔纳 | 11架 |

上表中机场里"台风"/"暴风"中队的部署/损失状况

荷兰，埃因霍恩B78机场

165架"台风"。包括英国空军第137、168、181、182、247、438中队，加拿大空军第439、440中队。141架"台风"在空袭后被除役。

荷兰，沃尔克尔B89机场

146架"台风"和"暴风"。"台风"中队有第174、175、184中队，"暴风"中队4个。11架"台风"在空袭后被除役。

安特卫普-德尔纳B70机场

162架"台风"，外加3个皇家空军法国"喷火"中队。10架"台风"在空袭后被除役。

"底板"行动中德国空军第53战斗机联队正在热机准备出动的Bf 109G-14。

满恶臭的战壕和防空洞里不断被消耗，还不如驱使他们去进攻。现在的德国空军的情况就与之类似，想通过一次主动进攻，将盟军的飞机消灭在机场上，来缓解自己飞机和飞行员不断被消耗的不利状况，削弱盟军空中力量对德国陆军的压力，赢得一丝喘息之机。德国空军这次行动的代号是"底板"，从字面上理解都是在地面上使用的一种平铁板，类似于英国"大满贯"的意思，就是要孤注一掷。

"底板"行动当天，英军124和123联队的驻埃因霍恩，距离德军最近，所以遭受的损失最大。但驻沃克尔的"台风"和"暴风"中队的运气不错，客观因素让他们避免了严重损失。德国空军负责攻击沃克尔机场的编队，因为目标航线的混淆和负责导航的资深飞行员被盟军高射炮击落，导致大编队在途中分散，不得不解散成小编队就近攻击了附近的盟军机场，而非事先计划中的沃克尔机场。埃因霍恩的B78、黑施、B88和海尔蒙德的B86机场（这个机场当时还在建设中，实际上没有飞机）都遭到了额外的攻击。不过，最终还是有一小队德军飞机在约9点钟空袭了沃克尔（数量不超过9架），当时3个"暴风"中队已经升空执行搜索-摧毁德军列车的行动，他们很快被召回保护机场。

第3中队的R.波廷杰（R.Pottinger）上尉在低空搜索目标时被德军高射炮击落。接到命令返航后，第3中队逮住了德国空军第6联队正在搜索沃克尔机场的一些飞机。"暴风"飞行员们自然不会

放过这等良机,马上发动攻击,击落了2架Bf 109和1架Fw 190。罗兹军士为自己的战绩表再添一分:

当时我驾驶"红色3"号机,去帕德波恩/比勒菲尔德上空执行武装侦察任务。中途我脱离了自己的分队去攻击德军的火车,后来加入了蓝色分队。我们返航飞到基地东边时,地面空勤管制报告说"汉斯"的飞机在德比纳地区,可能在超低空飞行。我们转向南,飞到海尔蒙德上空西北部时,我看见了盟军高射炮火力,随后我看到10架敌机在超低空攻击地面目标。我围绕着高射炮火力圈盘旋,然后识别出下面的飞机是Bf 109。我选择其中1架敌机作为目标,向它俯冲过去。此时敌机在超低空已经飞出了高射炮的射程,我接近到距离目标180米,以5度提前量对敌机打了一个短点射。我不能确定炮弹是否命中了目标,但是我看见敌机拉出了浓浓的黑烟(也有可能是从增压器里冒出来的)。我意识到自己打过火车,弹药已经所剩无几,所以我接近到敌机正后方不足90米的距离上,用剩下的弹药打了一个长点射。就在点射要结束时,我看见几发炮弹命中了敌机的机身,但敌机并没有表现出受到严重伤害的样子。我继续跟着敌机飞,然后呼叫我们分队中其他还有弹药的飞机前来料理这架敌机。但那架"汉斯"突然做了一个左急转弯(此时它似乎还开火了),然后拉升到450米高度上倒扣过来,随后飞行员跳伞了。

第486中队在去汉诺威的途中被召回,然后在海尔蒙德上空截击了敌机。中队长坎巴斯逮住了1架Fw 190,在他猛烈的火力之下,那架Fw 190在撞上地面时爆炸成一团火焰。

斯布克B58基地,第3208地勤突击队正在使用暖气管从预暖车把热气导进"台风"的散热器,使其化冻达到可以使用状态。

随后他又发现1架Bf 109在朝东飞，准备加入一个更大的德军编队，坎巴斯用尽了所有的弹药将其击落。之后坎巴斯带领红色分队返回了基地，在接近沃克尔机场时发现了另外1架Fw 190正在扫射机场，B.特洛特（B.Trott）追上敌机，在约130米的距离上打了一个短点射，打断了敌机的一侧机翼，导致敌机侧翻俯冲撞在了地面上。

与此同时，第486中队的绿色分队也参加了战斗，追击3架向北飞往埃因霍恩的敌机。G.奥佩尔（G.Hooper）上尉在芬拉伊附近击落其中1架，然后他也遭到了1架Bf 109的攻击。Bf 109似乎并没有打算跟奥佩尔纠缠，看到没能击落奥佩尔，就打算逃跑。但奥佩尔怎肯善罢甘休，他追了上去将那架Bf 109击伤。不久之后，色丹上尉根据盟军向北射击的高射炮弹道找到了2架Fw 190和1架Bf 109（可能就是跟奥佩尔的战斗中幸存的那架），击落了其中1架Fw 190。

第56中队当时正飞往奥斯纳布吕克-帕德博恩一线执行武装侦察任务，攻击了途中的5列火车。在无线电里听到了基地上空的骚动之后，第56中队火速回防沃克尔。虽然错过了敌机最多的时间，但是第56中队还是逮住并击落了1架Bf 109，是由内斯上尉和肖少尉合作击落的，内斯上尉在战报中写道：

我驾驶的是"红色2"号机。我们中队先是在明斯特上空执行武装侦察任务，攻击了几列火车，通过无线电我们得知第486中队正在离基地不远的地方跟"汉斯"战斗，于是马上返航。我们散开编队然后俯冲赶往交战空域，但在沃克尔东部约900米高度上，没有发现敌机。我俯冲到超低空继续搜索，然后看到2架"暴风"在基地东南部追击1架Bf 109G。敌机向右急转弯，而"暴风"停止追击并返回了基地。我距离那架"汉斯"约1.6公里远，从它后面慢慢地追了上去。敌机向南飞去，到海尔蒙德东北部，我接近到了那架敌机的后面450米处，瞄准敌机的前方，打了一个短点射，迫使他转弯。但敌机不为所动，依然直线平飞。我接近到270米瞄准敌机又打了一个短点射，但没能命中目标。我继续接近到180米，打了第三次短点射，看到炮弹命中了敌机的机身，敌机的发动机里冒了黑烟，速度也慢了下来。我继续在敌机正后方拉近距离，但浓烟造成我无法观察命中结果，而且敌机上喷洒出来的油也溅到了我的风挡上，于是我向右急转弯并且向上爬升了15米，准备再次发动攻击。但就在我向右转弯的时候，敌机也转弯飞向了我，所以我不得不做一个"剪刀"机动再次飞到它的尾部。当我找射击位置的时候，另外1架"暴风"从敌机正后方90-135米发起了攻击，命中了目标，敌机的发动机停转，直接朝下面的田野滑翔下去，进行了机腹迫降，但向左偏并撞上了一些树，坠机位置就在海尔蒙德以东、温莱以南的地方。我们在敌机坠机现场盘旋确认时，遭到了友军猛烈的攻击，迫使我们不得不赶紧撤离现场。

那架突然出现将Fw 190击落的"暴风"是肖少尉驾驶的，他在战斗报告中写道：

我飞的是"红色3"号机。在返回基地时，我在无线电上听到在机场南部超低空有"汉斯"，我在沃克尔东部俯冲到超低空，然后向南飞，看见1架飞机在超低空向东南方向飞，跟我的航线交叉。我接近那架飞机后，确认它是Bf 109，并看到1架"暴风"在它后面追击，于是就跟在友军飞机的后上方观察。我看到那架"暴风"对敌机打出短点射,命中敌机时我距离敌机约450米。我看到"汉斯"飞机上冒了黑烟,而那架"暴风"脱离了攻击航线,Bf 109则乘机转向了他。随后那架"暴风"向左转,准备再次攻击目标,而我接近到距离敌机180米,向右转切入敌机内圈,以接近2环的提前量开火,在瞄准器中我只能看到敌机的机头。提前量减小时我看到我的炮弹道就在机翼前方,这说明虽然我的位置无法观察到炮弹是否命中目标,但提前量是正确的。完成射击动作后,我向左转弯并爬升,同时看到敌机的发动机整流罩撕开了,火焰从发动机后部冒了出来。Bf 109的飞行员推开了座舱盖,敌机向左转弯并逐渐减速,螺旋桨低速旋转。敌机飞行员试图迫降,但在接地的时候撞到了一丛树上,翻滚并解体了,我没有观察到敌机飞行员爬出来。突然我们遭到了其他"暴风"的攻击,我向西飞撤离了现场。

第274中队在机场遭到攻击后才升空,然后也飞往帕德博恩想看看还有没有什么机会,不过最终经历了一趟无所事事之旅。最后升空的是第80中队,加兰德上尉声称击落了2架Fw 190,使其总战绩达到

1945年1月第122联队几个指挥官的合影,从左到右:刚刚接手第80中队的麦凯、第3中队中队长蒂勒、不知名陆军军官、第122联队联队长P.G.詹姆森上校和第486中队中队长坎巴斯。

了4架,距离王牌还有一步之遥。

在整个"底板"行动中,英军第122联队的总战绩是确认击落10架敌机,而自身损失了波廷杰上尉,被德军俘房。没有飞机因德军的攻击损失在地面上。

"台风"中队在"底板"行动当天也取得了空战战绩。第439中队的劳伦斯上尉在天气侦察任务返航途中,带领4架"台风"攻击了一群Fw 190。虽然他声称击落了2架德国战斗机,但最终只被认定击落1架,可能击落1架。如果他的这两个战果都得到确认,那他就可以成为从登陆日到胜利日在空战中表现最好的"台风"

飞行员,击落了3架敌机。此外H.弗雷泽(H.Fraser)上尉在当天的空战中也驾驶"台风"击落了2架Fw 190(其中1架是Fw 190D-9)。

除了荷兰境内的盟军机场,法国的梅茨-弗莱斯卡蒂机场,还有勒库洛特、圣特隆和阿舍的3个比利时盟军机场,也遭到了德国空军的攻击。

为了这次野心勃勃而又孤注一掷的新年冒险行动,德国空军集中了800架飞机,成果虽然显著,但却未能阻止盟军前进的步伐。德国空军的战术成果约为:地面摧毁280架盟军飞机,击伤100架,击落约80架。损失为:300架飞机被击落,170名飞行员阵亡,67

"底板"行动让盟军损失惨重,但盟军强大的造血和补血能力,令损失在不到一个月的时间内就恢复了。

埃因霍恩机场被德军炸毁的"台风"残骸。

德国空军在这次行动中也损失惨重,失去了最后的抵抗能力。盟军士兵正在检查坠毁的德军战斗机残骸。

名飞行员被俘。虽然表面上德国空军取得了一定的优势,但是盟军有大量的飞机和有战斗经验的飞行员来补充损失,而德国人的损失是无法补充的。这是德国空军最后的疯狂,执行"底板"行动任务的德国空军飞行员很多飞行时间还不足60个小时。他们得保持编队跟着一个经验丰富的长机飞行(这种飞行员在当时的德国空军中已经很少了),导航甚至依靠德国地面部队点起的火堆。德国战斗机兵种总监阿道夫·加兰德对"底板"行动的评价是:"在这次赌博中我们失去了最后的底牌。"

## 地勤轶事

二战期间,不要说普通民众,就是很多在皇家空军服役过的人都没有听说过皇家空军还有一支叫维修突击队的部队。所谓维修突击队,指的是由技术人员,比如钳工、装配工、飞行机械师、弹药员、机电员、设备修理工、无线电技师、雷达工程师等组成的一支可以执行作战任务的部队,从诺曼底登陆开始,在欧洲大陆参战的每个英国空军战斗机中队都配属有维修突击队。

战斗机中队在盟军的登陆作战成功之后,就要马上在前线机场行动。但一般而言地勤人员和设备要在盟军地面部队或者是英国空军的警卫部队确保机场安全之后才会登陆,开展工作。皇家空军认为这样效率太慢,如果空军机场建设中队和工程部队能够随登陆部队一起登陆,快速修建机场,并能自发组织防御,那效率就高太多了。因此,空军组建了维修突击部队,对技术人员和工程人员进行了严酷的作战训练,使之可熟练使用步枪和斯登冲锋枪,甚至火炮,并会修建各种工事,具备完善的地面防御作战能力。在登陆行动中,维修突击部队佩戴联合行动徽章,跟作战部队一起去抢占机场。

盟军在登陆后使用的大部分野战机场基本上都是临时跑道,一般就叫着陆场,用可以互锁的正方形打孔钢板铺成。之所以打孔是为了降低重量,让运输船可以多装一些。维修突击部队在野战机场上作业时,不分军衔高低,一律住在帐篷里,指挥官也没有特权。

诺曼底登陆成功之后,因为沙尘会堵住"台风"的汽化器,沃克斯公司在接到部队反馈后马上为"台风"开发了空气滤清器,然后让"台风"中队轮流飞回英格兰去安装这

在飞机机翼下挂啤酒桶再飞到前线,算是皇家空军的一条不成文的规矩。有比较贪心的部队为了能多带点儿,甚至朝副油箱里灌啤酒,当然代价就是啤酒会有汽油味儿。

个设备。在回程时,每架"台风"都在炸弹挂架上携带了2个82升啤酒桶,皇家空军虽然名义上不容许这种行为,但实际上睁只眼闭只眼。

在皇家空军的俚语里,地勤人员会根据其专业得到一个"草帽"(basher)后缀。G.T.罗伯特(G.T.Robert)二等兵,是仪器维修员,在新斯科舍和英国本土待了2年半,后来因为要顶替伤员,诺曼底登陆后被派往欧洲大陆为"台风"中队服务。罗伯特介绍他在为"台风"服务的经历时说道:

我是二等兵仪表"草帽",仓库管理员叫仓库"草帽",以此类推。但无线电操作员不叫摩尔斯"草帽",而是叫摩尔斯"胡蜂"。我绝大部分时间都在修损坏的"台风",主要工作是重新布线,同时也兼顾基地周围高射炮的维护工作。

A.卡基克(A.Carkeek)是第184中队的一名机械师,回忆在欧洲大陆的工作时道:

"台风"的发动机并不好伺候,启动困难,而在冬季晚上必须每隔一段时间运转一次以保持温度。中队在从B5机场移防博韦和安特卫普后,在进驻后的第二个星期,德国地面部队就带着88毫米炮前来进攻机场。德军的炮兵阵地距离机场只有1.6公里,可以打得到机场上的所有东西。在德国人的第一轮炮击中,我们中队损失惨重,1架"台风"报废,还有数架受伤。当时我们正在维护飞机,有人跑过来警告我们要找掩体,于是所有地勤人员一哄而散。在德国的第二轮炮击中,1架"喷火",1架"台风"和1架"雷电"被击毁,这3架已经在跑道上,处于随时可以起飞状态,因此成了德军的首要打击目标。不过幸运的是3名飞行员都安全逃出了飞机。到傍晚,总部命令4架"台风"起飞去攻击炮击我们的88毫米炮阵地。我们先起飞了1架"奥斯特"观察机去侦察,然后起飞了4架"台风",使用火箭弹打掉了88毫米炮的阵地,此后我们就再也没遇到麻烦了。

弹药员遭遇意外的可能性比其他工种要高得多:机载枪炮、炸弹或火箭弹都有过在作业时发射或爆炸造成伤亡的情况。G.埃里斯(G.Ellis)是第3029维修突击队的弹药员。他在日记里写道:

我们在诺曼底登陆之前被选中为"台风"服务。"台风"飞行员训练发射的火箭弹,装的都是混凝土战斗部,而不是高爆战斗部。装载火箭弹时,需要先把它们放到滑轨上去,然后把一小段弯成

"U"形的粗铜线插进安装架里，作为火箭弹的止动件。接着我们用一个5针检测灯放进接线插座里。如果灯泡点亮了，我们就知道座舱里的开关是开着的：这就是飞行员的失误了。飞行员把火箭弹发射开关关掉之后，我们才把火箭弹的点火铜线装上，否则点火铜线一插上，火箭弹就直接发射出去了。

在第184中队抵达荷兰沃克尔B80基地后，卡基克就亲眼目睹过火箭弹挂载事故，他回忆道：

11月份我们遇到了一次严重事故，一个同事因为4枚火箭弹爆炸重伤不治。当时中队派出了8架主力和1架备用机准备行动，但在起飞之前任务被取消了，所有的飞机都返回了疏散区，弹药员们开始卸载火箭弹。我看见二等兵K.沃尔夫雷斯（K. Wolfreys）在1架"台风"上作业，在卸载左翼上的火箭弹时，估计是出现了电路上的失误，4枚火箭弹突然自己发射飞了出去。肯被火箭弹尾部喷出的火焰烧伤，被送到了埃因霍恩的医院，但是不久后还是伤重不治。

G.乔治（G.George）是一名发动机装配工，回忆起在诺曼底工作的情景时说道：

我们不能奢望有加油车，"台风"用的高标号汽油（100号）装在9升油桶里，通过两栖载具（DUKE，盟军戏称其为"鸭子"）运上诺曼底滩头，然后再用卡车运到机场。我们要给飞机加油的话，就要站在飞机的机翼上一罐一罐地朝飞机油箱里倒。这种油罐是封装的，需要在罐子上开一个十字形开口才能把油倒出来，我们配发的突击型匕首经常就用来干这个了。汽油还不能直接倒进油箱里，要倒进一个包有鹿皮内衬的正方形漏斗，滤掉因为潮湿造成的凝结物。

这种原始的加油方式在野战机场是常态，"台风"需要将近50个油桶才能加满，这可是个体力活。英国的地勤人员对于缴获的德国空军小油桶评价很高，虽然容量只有5升，但使用方便，而且重量轻、体积小，适合长时间作业。

另外一个诺曼底老兵，J.克莱伯恩（J.Clabbrun），是一名下士弹药员，回忆当时的工作道：

我们跟上级打报告说需要一种可以让"台风"快速转向的设备，因为它们停放在跑道上时是德军的主要目标，一旦遭到攻击，要快速转移到掩体里，不过后来不了了之。维护"台风"的准备工作很重要，火箭弹，20毫米机炮弹链和测试工具，统统都要提前准备好。中队出动时，第一架"台风"启动发动机后，我们先测试各个系统是否正常，再给它挂上8枚火箭弹。第一架飞机开始滑行时，吹起的灰尘会马上笼罩后面的飞机，我们就在沙尘之中为第二架飞机进行地勤作业，直到它也启动发动机，螺旋桨把沙尘吹走。因此，我们要做好在沙尘暴里工作的准备，我缴获了一些德军装具，比如野战帽，两边有护耳，可以保护我的耳朵，此外还有防毒风镜和围巾来保护我的眼睛和嘴巴。

有一天，加拿大人正在大帐篷里组织一场电影。我们在等待电影的开始时，有些人闯进来说空中有一场格斗，喊我们出去观看。我们跑出去后看到了1架"喷火"正在追击1架Bf 109。Bf 109做了一个非常急的转弯，翼尖都带出了水蒸气云。但是它完成转弯之后正好飞到了1架"台风"前面，"台风"当然不会放弃这个大好机会，对其打出一个点射，并命中了目标。德国飞行员迅

1945年春第440中队的"台风"正在埃因霍恩机场进行发动机维护。

速地倒扣飞机然后跳伞，落在了附近的一块地里。加拿大人蜂拥而去，我们以为他们想去俘虏那个德国飞行员，但是他们没有把他带回来，而是抢了他的鲁格手枪就回来了，留下一脸迷茫的德国飞行员站在地里。

G.本瑟姆（G.Bentham）

是第6263梯队的一名发动机装配工，为第257、263和266中队服务过，回忆道：

把"台风"整流罩从散

地勤人员正在为"台风"更换主起落架轮胎，如果爆胎飞机会立马偏向翻滚，非常危险。

热器上拆下来需要两个人。最大的问题是拆卸乙醇/润滑油/进气道组件。要先把油抽干，但是还会残留一些在集油器里，需要弄出来。为了把残油搞出来，要拆开集油器，残油就会像一条直线直接流下来，有些会落在我们身上。洗掉这些脏机油唯一的办法就是用汽油，这对于我们的工作环境而言，是十分危险的举动。"台风"使用柯夫曼药筒启动，发动机进气道经常回火，导致进气道起火，所以我们要有人拿着灭火器时刻待命。实际上我们自己也很危险，汽油洗过的衣服一点就着，所以我们经常打赌某架飞机是否可以只用一个药筒就能启动。

在诺曼底滩头B3基地时，本瑟姆和另外一名发动机装配工创造了维护发动机的记录。1架"台风"在上午9时起飞时，遇到了主油路开裂问题，飞行员设法在发动机卡死之前降落。本瑟姆和他的同事在维修车间忙了一天一夜，连吃喝都是其他人帮忙送过去的，完成修理和测试之后，那架"台风"在第二天上午9时又能起飞执行任务了。

一天晚上，一个粗心的弹药员在接线时串了线，带有两枚破甲战斗部火箭弹意外发射，从本瑟姆的帐篷穿了过去。当天正好是本瑟姆的半个休息日，但他在加班，给1架飞机换螺旋桨。如果他当时在宿舍休息的话，可能会被火箭弹尾焰烧到。

"底板"行动的前夜，本瑟姆值夜班，定期地发动6架"台风"的发动机保证它们在冬天的温度。半夜时分机场遭到了德军的轰炸，本瑟姆英勇地进行了反击："我站在飞机中间，用配发给我的布伦机枪朝敌机猛烈开火。"

# 第十二章 走向胜利

## 空中优势

"底板"行动之后,天气再次恶化,严重地遏制了双方的飞行行动。第122联队在此期间更换了联队长,雷回国休息,P.布鲁克(P.Brooker)接替了他的位置。布鲁克战前和不列颠之战期间都在第56中队飞"飓风",这项调动让他跟老部队重聚,再说第122联队联队长这个位置,除了布鲁克几乎没有更好的候选人了,他曾任教过战斗机指挥官学校,

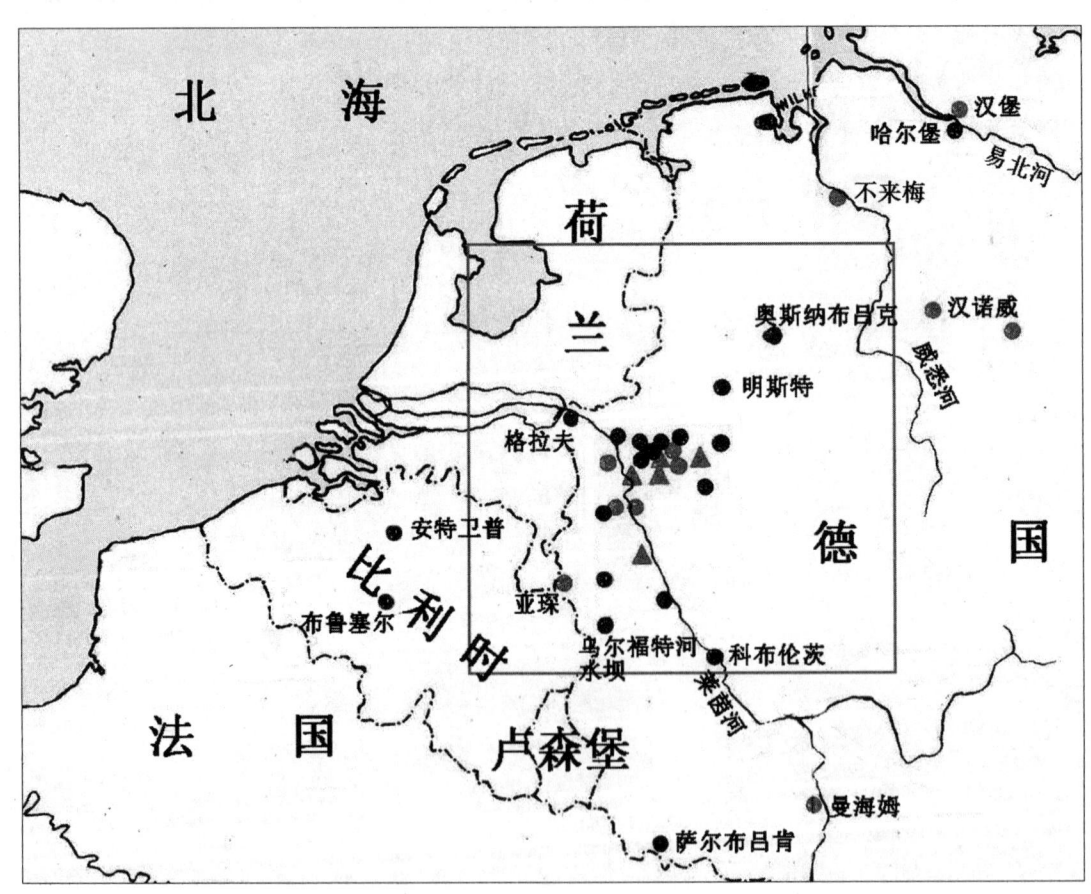

第122联队和第135联队主要活动空域,实际上就是德国的鲁尔工业区。"暴风"负责争夺这个地区的制空权,主要对手是德国精锐的第26战斗机联队。

并且在诺曼底登陆期间指挥装备"台风"的第123联队,有丰富的前线指挥经验。

1945年1月4日,天气好转,第122联队主动出击,打击德军的运输车和火车,并找德国空军飞机寻战。费尔班克斯上尉此时已经晋升为第3战斗机中队的分队长,他带领第3中队出动,去帕特波恩地区执行扫荡任务,拿下了他个人的第四个战果(飞"暴风"以来的第三个)。费尔班克斯在当天的战报中写道:

我驾驶"红色1"号机,在帕特波恩地区执行扫荡/武装侦察任务。地面空勤管制呼叫我们,说友军正在亨格罗地区跟敌军混战。但我对这个地区不熟,于是询问谁能引导我到亨格罗东部空域。在途中,我看到3架"喷火",正在编队搜索敌机,但没找到什么目标。我在这个空域巡逻了几分钟,在1800米高度上向西飞,看到1架"喷火"在我左下方,高度约1500米,正在从低云中向上爬升,1架飞机绕到了他的后面,我认出那是Fw 190。我在无线电中警告了"喷火",然后俯冲到敌机后方。敌机在我还没进入有效射程之前就看到了我,然后半滚俯冲去低空。我也做了同样的机动,然后在约240米高度上改平飞机,看到敌机在我左前方约720米处。我扔掉副油箱并开始追击敌机,等我距离敌机约270米,高度比它略低的时候,敌机突然剧烈爬升并向右急转弯,这让我有机会快速拉近跟敌机之间的距离,在约90米距离上开火。我看见炮弹命中了敌机的右翼,一些小碎片从敌机右翼上飞了出来。随后我超过了敌机,然后半滚俯冲,防止敌机对我进行追击。敌机也做了同样的动作,它的俯冲加速性能在机动开始阶段比我的飞机更好,飞到了我前面,并拉开了距离,敌机看样子并不想恋战,而是急于脱离战斗。但很快我又追上了敌机,距离它约315米,位于它正后方,高度比它略高。敌机见无法摆脱我,就又向右做了一个急转弯爬升。这让我有机会再次拉近到90米以内距离并开火。炮弹再次命中了敌机的右翼,在转了大约半圈之后,敌机飞到了我的机头下方。分队2号机说他看见我打出的炮弹命中了敌机的右翼翼根,座舱的旁边。敌机做了个滚筒机动,让我飞到了前面,于是我重复了刚才的动作,半滚俯冲躲避,而敌机并没有跟上来,做了一个副翼转弯,然后在约240米高度上改平,随后就发生了爆炸。我从俯冲机动中改

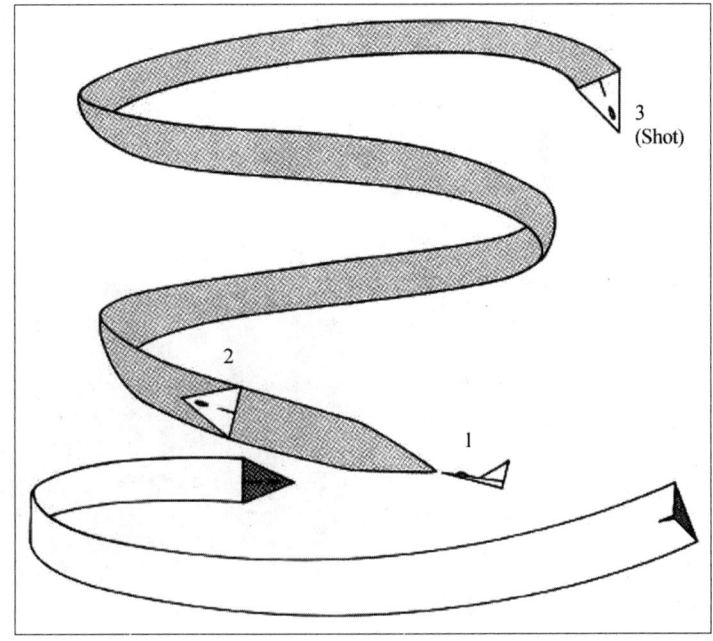

垂直螺旋爬升也是德国飞行员常用的防守战术之一,在转弯中爬升,让自己反守为攻。在费尔班克斯的这场战斗中,对手就使用了这一招,但在性能有优势的"暴风"面前,这些都是徒劳的。

出并爬升回来之后，分队其他成员报告说另外1架Fw 190转到了我们2号机尾部。我马上急转弯去追击那架敌机。那架敌机在约450米距离上向"红色2"号机开火，我追击它到720-900米距离上时，它进入了低空云层之中，敌机从我的视野中消失。

第56中队当天出动去明斯特地区执行扫荡任务，出动了6架飞机，分为红、黄、蓝3个双机小队。"红色1"号机的飞行员，加拿大空军的J.H.赖安（J.H.Rayan）上尉击落了1架Bf 109：

我飞"红色1"号机，带着6架飞机到帕特波恩-比勒菲尔德-明斯特地区执行武装侦察任务。在奥斯纳布吕克上空，黄色和蓝色两个小队攻击了1列火车，而我带着"红色2"号机在高空掩护。在我们重组编队时，我发现东边有2架飞机在盘旋，距离我们约1.6公里，高度比我们略低。我把情况报告给了我的手下，然后带着"红色2"号机绕到了那2架敌机的后面，各自选择1架敌机作为目标。我选择了"汉斯"的2号机作为目标，从270米到90米打了一个3秒点射，提前量很小。我看见几发炮弹命中了敌机的左翼翼根，有些碎片从敌机上飞了出来，可能是座舱盖。那架109开始做小幅度的S形机动，但它的螺旋桨只是在勉强转动，看起来敌机飞行员是想迫降。我脱离了攻击航线，等我再转回来时，看见敌机飞行员在约1000米高度上跳伞了，敌机最终坠落在一片开阔的田野上。

内斯上尉将另外1架Bf 109击落，这也是他个人第四个战果，距离王牌只有一步之遥。通过战斗报告可以判断，内斯的对手是德国空军的一名"菜鸟"飞行员，技术粗糙，毫无斗志而言：

我飞的是"红色2"号机，我们中队去明斯特地区执行武装侦察任务，在攻击了一些火车头后返航。在返航途中，"红色1"号机报告说发现了2架敌机，于是我就跟着他向右转，飞向敌机。随后我看见2架Bf 109在500米高度上盘旋。"红色1"号机选择距离最近的那架敌机作为目标，而我选择了另外1架。经过短时间的格斗，就在我进入距离敌机约90米的开火位置上时，"汉斯"害怕了，做了一个副翼转弯，然后抛弃了座舱盖。我跟着他下降了约600米高度，然后他又爬升了起来，我注意到此时敌机飞行员的身体已经有一半在座舱外面了。我以10度提前量从135-45米对敌机打了一个短点射，看见炮弹命

第80中队的"暴风"EJ705，相比其他部队，第二战术空军对飞机涂装的管理比较严格，飞机上基本没有涂飞行员女朋友或者老婆的名字的，只有代表飞行员国籍的徽章，比如照片中这架飞机就有一个袋鼠徽章，代表飞行员是澳大利亚人。这架飞机已经有击落3架Bf 109和1架Fw 190的战绩。

中了敌机的右翼，与此同时敌机飞行员也完成了跳伞动作，敌机坠毁并爆炸在一片开阔的农田上，那名飞行员一直等到约300米的高度上才拉伞绳。

第80中队1月4日的任务是去比勒菲尔德地区执行扫荡任务，取得了击落1架Fw 190D-9、击伤2架的战绩。N.J.兰金（N.J.Rankin）少尉在当天的战斗报告中写道：

我驾驶"黑色2"号机，在比勒菲尔德上空执行武装侦察任务，中队在奥斯纳布吕克西南32公里处向东飞行。地面空勤管制报告说"汉斯"在莱茵东北部，"白色4"号机报告说6架长鼻子Fw 190在我们左侧600米上方，并且正在以纵队向右盘旋。黑色分队长机命令我们发起攻击，我向左做了一个爬升转弯，接近到敌机长机右后侧450米距离上，敌机发现我之后则半滚然后螺旋下降。我追了上去，注意到下方有2架"暴风"已经跟在了那架"汉斯"的屁股后面，其中1架从其正后方开了火。敌机为躲避攻击拉起来爬升到760米高度，然后开始向东小角度俯角俯冲。我前面的"暴风"脱离了攻击航线，我乘机接近到敌机正后方540米，然后打了一个1秒点射，但没有看到炮弹命中目标。在我慢慢拉近跟目标之间的距离时，"汉斯"向下俯冲进入了10/10云层，随后在约60米高度上改平。我失去了它的视野一小段时间，因为云层遮挡了我的视野。飞出云层之后，我看见敌机在我前面270米直线平飞。我快速接近（指示空速833公里/小时）到距离敌机不到180米，在敌机也开始向右小角度转弯时，以2-3度的提前量打了一个1秒点射。我看见至少有15发炮弹命中了敌机的座舱和座舱下的右侧机身部位，敌机右翼下垂，直接坠落在达默湖东南约16公里处。

第181中队的"台风"在用火箭弹攻击德国诺德亨铁路上的火车。

在兰金上尉攻击那架Fw 190D-9之前，他的队友克鲁克（Crook）军士已经将其击伤，因此这架敌机算作两人合作击落。

1月5日，第263中队发生了一起严重事故。中队长舍瓦德接到地面部队请求，准备率领8架"台风"起飞执行对地攻击任务，全部挂载了炸弹。但即将起飞时接到命令说地面部队已经攻占目标，任务取消，但为了了解敌情，削弱德军的力量，命令舍瓦德起飞执行武装侦察任务。换成武装侦察任务的话，就要把炸弹卸掉，提升飞机的机动性和速度。一架"台风"在进行卸载炸弹作业时发生了事故，炸弹直接落在了机场上爆炸，炸伤了4架正在等待起飞的飞机，造成的破坏比有些德军的空袭还严重。地面空勤管制建议舍瓦德取消这次行动，但是为了减少陆军士兵的牺牲，舍瓦德还是带领剩下的4架飞机起飞，按照地面部队的请求，对一些道路和建筑成功地进行侦察和扫射。

此后天气再次恶化，阻碍了双方在阿登地区的空中行动。第122联队顶着恶劣的天气在明斯特地区出动了若干架次，但颗粒无收。恶劣的天气导致6架"暴风"失去了飞行能力，在英国的大队支援部队得到了14架全新的"暴风"，但由于天气原因没能送到沃克尔。

1月13日，第486中队被命令去给位于阿登的美国第一集团军提供空中支援。当时的天气状况还是非常差，云层也非常的低，第486中队出动的"暴风"不得不在不到200米的高度上飞行。当他们飞过美军的运输公路上空时，遭到了美军防空火力的攻击，8架"暴风"中有5架被击中。其中2架"暴风"不得不迫降在美军控制区，一名飞行员跳伞（在降落伞降下的过程中还遭到了射击），还有两架受了重伤，不得不进行仪表着陆。中队长坎巴斯的座机也被击伤，他着陆后冲进了美军指挥所一通大骂，后来被宪兵"请"了出去。

1月14日，天气晴朗，万里无云。第122联队出动猎杀火车，第3中队在执行任务的过程中，费尔班克斯上尉击落了1架Bf 109和1架Fw 190。Bf 109打算偷袭费尔班克斯率领的红色分队中的1架"暴风"，费尔班克斯发现其举动后，机动到敌机后面，干净利落地将其击落。费尔班克斯在战斗报告中写道：

我飞"红色1"号机，去帕德波恩地区执行扫荡和武装侦察。我们在埃克隆附近攻击了一列火车。当我完成攻击动作，在火车附近穿过铁路线，拉起机头跟在"红色3"号机后面开始爬升时，我看到1架飞机在附近超低空飞行。我在无线电中呼叫敌情并发出了警告，然后继续向左爬升转弯。那架飞机接近到"红色3"号机后方约720米处，我认出那是1架Bf 109，我告诉"红色3"号机急转弯躲避，他按照我说的向右急转弯，我乘机滚转调整方向飞向敌机。我拉近跟敌机之间的距离，并跟着它做转弯机动，一直接近到敌机后方180米距离上。此时敌机放弃了追击"红色3"号机，并降低了转弯率。我乘机在180米距离上以15度提前量打了一个1秒点射，看见炮弹命中了敌机的机身和右翼散热器。敌机立刻拉出了灰烟，发动机也停转了，速度掉了下来，我飞到了敌机前面。当我找位置打算再次发动攻击时，看到敌机在约100米高度上滑翔，看样子是想迫降。我从敌机的正后方再次发动攻击，观察到炮弹命中目标，然后我猛地拉起飞机并滚转脱离，看到敌机飞过一片小树林，进入尾旋并翻转过来，随后在50-70米的高度上一头扎向地面。

5分钟后，费尔班克斯又发现一架Fw 190正沿着铁路飞行，于是毫不留情地将其击落：

我们继续执行任务，在高空掩护蓝色分队，他们在雷塔尔西南俯冲攻击1列火车。攻击完成后，我看到蓝色分队向左转弯爬升，与此同时我发现1架飞机沿着铁路朝雷塔尔飞去，于是我立刻追了上去。那架飞机在超低空飞行，我紧追不舍，但距离太远，我认不出那架飞机的具体型号。我追着敌机飞越了雷塔尔上空，拉近了距离后我认出那是1架Fw 190。我很快就追上了"汉斯"，当我距离敌机还有720-540米时，它做了一个右急转弯。我没能跟上它的动作，然后在其后方约30米处飞过了头。我收小油门并继续转弯，转了1圈半之后，就在我看来可以切入敌机的内圈时，它突然改平直线飞行，然后开始爬升，略微左转。我乘机接近敌机并以20度的提前量在180米距离上打了一个2秒点射。一开始我没有观察到炮弹命中，于是降低了提前量又打了一个长点射。这次我观察到很多炮弹命中了敌机的主翼、机身和座舱部位。当我接近到距离敌机只有约50米时，一大块碎片从敌机身上脱落下来。我拉起飞机躲避这块碎片，然后失去了敌机的视野。我马上就恢复了对飞机的控制，此时我看到敌机机头朝下从约500米高度直接坠了下去，撞在地面上爆炸了。

第56中队在1月14日的任务是去帕德波恩地区执行武装侦察任务，在空战中击落了2架敌机，佩顿上尉首先拿下了1架Fw 190：

我们出动了6架飞机，分为两个3机分队，我飞"黄色2"号机，在帕德波恩地区执行武装侦察任务。红色分队在B3168区俯冲攻击了1列火车，黄色分队在高空掩护。"黄色1"号机（赖安上尉）首先报告发现了2架Fw 190，高度300米，正飞往居特斯洛。他俯冲去攻击敌机小队中的长机，而我选择僚机作为目标，但它俯冲到超低空，继续按照原来的方向飞行。我因为俯冲下来加速很快，所以很快就拉近了跟敌机之间的距离，在敌机正后方我从450米开火，一直打到54米。炮弹命中了敌机的右翼并使其起火。我向右拉起以免跟Fw 190相撞，敌机略微爬升并继续向东北方向飞去。于是我再次进入敌机的正后方位置，准备再次进行攻击，但此时我看到敌机的火势正在快速蔓延。在飞到比勒菲尔德上空约600米高度上时，"汉斯"飞行员抛弃了座舱盖跳伞，飞机在一团大火中坠落。

赖安上尉和休少尉合作将敌机小队中的长机击落：

我当时飞"黄色1"号机，发现2架Fw 190正飞往居特斯洛。我半滚俯冲下去然后选择了"汉斯"的长机作为目标。我在俯冲中就开火了，距离约320米，但没看到炮弹命中目标。于是我继续快速接近目标，而Fw 190则向左急转弯。我在圈外侧，逐渐拉近跟敌机之间的距离。此时另外1架"暴风"对敌机进行了一次迎头攻击，然后从我下方穿了过去。我看见敌机左翼中弹并拉出了烟。距离足够近之后，我从90米开火一直打到45米，"汉斯"拉起了机头，然后就在空中爆炸了。一个降落伞在爆炸中心打开。敌机坠毁在居特斯洛以西约13公里处。

第486中队1月14日在明斯特上空执行武装侦察任务，C.J.麦克唐纳德（C.J.McDonald）上尉在任务中击落了1架Bf 109：

我驾驶"红色3"号机，飞行高度2100米，在明斯特地区上空执行武装侦察任务。我们接到报告说敌机正从北方低空飞过来。我看见"红色2"号机大角度俯冲，然后看到在约70米高度上有2架飞机，我认出它们是Bf 109。"红色4"号机跟着我冲了下去。就在我要追上敌机的时候，"红色2"号机也高速飞过来。我飞到那架Bf 109后面约450米位置上，然后略微侧了一下机身以免跟"红色2"号机相撞，而2号机在我前面右转并降低了一点高度，让出了攻击航线。我再次拉近跟敌机之间的距离，然后在180米距离上，以5度提前量打了一个1秒点射。我看见一些炮弹命中了敌机座舱周围的区域，然后敌机冒出了一些烟，还有一些碎片飞了下来，机头略微下垂。此时我已经从敌机身边飞过，飞到了它的前面。我拉起机头向左转弯，观察战果，结果看到1架Fw 190正拉起机头，在360米距离上以90度提前量向我开火，接着又转弯到了我后面。我继续转弯并抛弃了副油箱，打算跟敌机进行缠斗，但等我转过来之后空中却1架敌机都没有了。

## "暴风"的行动方式和战术

"暴风"在行动中实际使用的战术跟战术手册有很大不同，因为这些战术都是根据实际情况开发出来的，因此要了解"暴风"的战术使用，最好的方式是总结经验，比如第二战术空军战后在中央战斗机机构完成的报告。

"暴风"在第二战术空军执行的主要任务是武装侦察，因为它速度快、火力猛、航程远而且视野好，可携带两个204升副油箱，滞空时间长。此外，扫荡和护航任务也是"暴风"的特长。总体而言，"暴风"的最佳表现在高度4500米以下。

副油箱一般都用于赶路，原则上讲在攻击前是要抛弃的，副油箱如果被高射炮命中的话，可能会导致大爆炸。但在实际运用中，这些副油箱一般都不会被丢弃，副油箱爆炸这一现象似乎从未出现过，通常在整个飞行过程中都会带着，当然在发动攻击的时候飞行员们会把它关闭。保留副油箱大大减少了飞机的任务周转时间，而且对性能影响也不是很大（一般来说会降低9-16公里/小时的飞行速度）。

### 编队飞行

武装侦察一般由8架飞机执行，起飞前以双机小队为基本单位，在跑道上排成右梯形队形。8架飞机可以在3分钟之内全部升空，升空之后很快形成紧密编队。编队时，首先起飞的小队以直线飞行爬升到300米左右高度，然后顺风调头，减小油门平行于跑道飞行，这样就可以减少后面起飞的小队追赶自己的角度和距离。在这个过程中，4个双机小队汇聚成两个"四指"分队，也就是"战斗队形"。

### 穿越战线

在天气良好的条件下，"暴风"会在2100-2400米的高度上穿越战线，并保持这个高度一直到目标所在地区。领航小队会下降到1200米的高度上去搜索目标，而其他飞机则在他们后方1500米的高度上等待，所有飞机都对着太阳方向飞行，留心试图进行拦截的敌机。进行几次攻击后，一个小队会跟领航小队换位，直到弹药即将耗尽，整个编队会爬升到2400米以战斗队形返航。此时要注意不能把弹药全部打光，因为返航的途中也可能遭遇德国飞机。

多云天气对飞行技术要求很高，"暴风"会以紧密的"四指"编队爬升通过云层，直到进入2400-2700米的净空，然后散开以战斗编队飞行。根据导航确定是否抵达目标区（根据飞机速度、航向、时间等推算），然后通过云层中的缝隙来定位目标。在下降高度通过云层时，再次组成密集编队，然后分成两个4机分队单独行动。如果云层高度低于300米，编队就爬升去其他地方或者返航。主要云层和地面之间只要有150-300米高度，就可以让"暴风"有效地执行攻击任务。在恶劣天气下执行任务，最重要的事情是让各个小队要保持联系，这需要飞行员们能在云中稳定飞行，并在攻击中遵守纪律，接到停火命令后，就立刻收拢爬升飞回到云层上方返航。

### 返航

返航途中穿越战线后，"暴风"编队会快速降低高度，在进入进场环形航线时会变成首尾相连的紧密直线队形。因为同一个基地会有多个中队同时行动，环形航线纪律是要严格执行的。在等待着陆准许期间，以紧密单纵队形围绕基地飞行，降落时拉开小队之间的距离或者是变成梯形编队。长机的责任之一就是在编队分成4个小队之后，尽可能快地带领整个编队入场，以避免浪费时间或者是再飞一圈。这在飞机燃料所剩无几时非常重要，长机要牢记其他小队的燃油余量可能比他自己的要少，因此他们需要调整油门来保持在编队中的位置。

在长度为488米的跑道上，第4架飞机着地的时候，第1架飞机正好驶离跑道尽头，每架飞机抵达跑道尽头后就180度转弯驶离跑道。飞行员会在地勤的引导下滑行到跑道尽头，但由于第二战术空军修建的临时跑道或修复的跑道状况不佳，经常会造成碰撞事故。由于可能爆胎和转弯，双机同时着陆是不允许的。

"暴风"执行的武装侦察任务基本上都超出了盟军雷达的覆盖范围，有时候甚至会超出无线电通信范围。在这种情况下，重要信息要依赖中继通信。除了地面引导的指挥之外，"暴风"中队还可以使用无线电导航服务，但一般都鼓励飞行员自己导航返航，以便训练他们在超出无线电通信范围时的导航能力。

### 对手

在战斗机对战斗机的战斗中，"暴风"面对的主要对手是Bf 109G/K和Fw 190。对付这两种战斗机"暴风"都没有什么太大压力，虽然爬升率比不上德国飞机，但是转弯性能与其持平，而俯冲性能要好于对手。Fw 190D-9的数量从1944年12月开始增加，这是一个很难对付的对手。此外被认为是二战最好的活塞发动机战斗机之一的Ta 152，也是"暴风"的劲敌。不过第二战术空军的"暴风"联队很走运，因为Ta 152的数量并不多，而且服役时间也很晚，只在最后几个星期里出现过。

空战是否能够取得胜利，最终还是取决于飞行员是否能够利用飞机的优点，并成功避开弱点。战斗报告显示，1945年3月7日埃文·麦凯驾驶"暴风"遇到了Fw 190D-9，战斗发生在约900米高的净空，没有其他飞机的打扰。麦凯的"暴风"发动机转速保持在3750转/分钟，增压比+11，整整转了三圈之后才得到开火的位置。此时Fw 190D-9违反了不改变倾斜角的黄金法则，将油门推到最前减小油门（德国战斗机的油门朝前推是减油门，朝后拉才是增大油门），退出了转弯并进入了一种类似尾旋的机动，掉过头来跟麦凯的"暴风"形成了迎头的姿态。这个机动Fw 190D-9连续做了4次，最后一次时德国飞行员还试图对"暴风"进行提前量射击。每做完这个动作后德国飞行员都试图俯冲逃跑，但是每次都被麦凯追上，于是故伎重演，想再次逃脱。经过10分钟的僵局之后，又有2架"暴风"赶了过来，打乱了那名倒霉的德国飞行员的节奏，最终其被麦凯击落。在这场战斗中，"暴风"充分地利用了自己的优势，但Fw 190D-9巧妙地避免了自己的劣势，让战斗陷入了僵局。

Me 262是个更难对付的目标。就算是有高度和俯冲加速的优势，"暴风"还是追不上Me 262。不过第二战术空军遇到的绝大部分Me 262都是战斗轰炸机型号，一般而言不会主动攻击"暴风"编队。"暴风"对付Me 262的战术是先定位其基地，然后在白天多次造访，以期在Me 262起飞或降落最脆弱的时候逮住它们。这种战术取得了不错的战果，但德国人很快用自动化高射炮把驻有Me 262的机场整个包了起来。

### 打运输车

德国运输车主要通过挡泥板和后车顶来识别，需仔细计划并快速执行攻击。首先利用敌方没有空中掩护的优势，通过大半径转弯接近目标，同时降低高度，在这个过程中排好攻击编队。接着编队在不超过500米的高度上以正常速度飞行，稳定飞机并确认目标在视野中之后，"暴风"攻击编队就以25-30度俯角俯冲，在大约180米的高度上，距目标450米开火。攻击移动目标的提前量从0度到90度，最理想的提前量是设置在运输车辆前方30度，命中率最高，毁伤效果最好。

脱离攻击航线时要全油门，在低空飞行约30秒，然后转弯避开后面飞机的火线。一般来说，"暴风"只会对目标进行一次攻击，除非有多个目标而且没有高射炮的威胁，才会进行多次攻击。在前线地区，德军的高射炮特别集中，重复攻击的风险非常大。"暴风"在攻击地面目标前需要一些考量，因为德军经常会设置假目标，用高射炮包围的假冒运输车和火车头引诱不谨慎的飞行员上钩。

机炮在攻击运输车、行军车队和火车头时效果特别好。扫射的精度比炸弹或者是火箭弹精度高得多而且可以沿着车队一路打过去。火车头在遭到攻击时经常会爆炸，但是车厢的破坏度就取决于里面装的是什么东西了。德国的火车至少会有1个高射炮位，但一般都多达3个，1个在火车头后面，一个在火车中间，一个在火车车尾。一些"暴风"中队会使用一种特殊的战术来对付这种高度危险的目标。一个分队4架飞机会排成单列队形，与目标同向飞行，然后根据长机的命令转弯90度飞向目标，每架飞机之间的间距大概是135米，然后1号机攻击火车头，2、3、4号机各负责压制一个高射炮位，这个战术效果很好，但要求经验丰富的飞行员相互之间紧密配合才能成功。

麦克唐纳德没能亲自看到自己攻击的那架敌机坠毁，但他的队友胡珀上尉看见了，成为他战绩的见证人。

第122联队在1月14日一共击落了7架敌机，除了上述战果外，其他2架战果中还有1架He 219夜间战斗机，是第56中队的H.A.克拉夫茨（H.A.Crafts）上尉击落的，当他正准备去攻击一列火车时，那架He 219出现在了约300米的高度上，克拉夫茨果断放弃攻击火车，干净利落地将其击落。

但好日子总是很短暂的，接下来的8天都不适合出动。一直到1月22日，第122联队获得一次空战胜利。第56中队的W.R.麦克拉伦（W.R.Maclaren）少尉在空战中击落了1架Bf 109；

麦克唐纳德在1944年9月加入第486中队之前,已经在北非和意大利有过258小时的作战经验,在"暴风"的任务周期结束时,他的战绩为击落1架Bf 109、1架Fw 190和1架Ju 88,被授予优异飞行十字勋章,照片上是他跟座机的合影,使用当时罗拓尔螺旋桨。

当天我们中队起飞两架飞机执行天气·机炮试飞,我是长机。当我们在居特芬以东约700米高度飞行时,我看见我们后方的公路上有1辆卡车,我做了一个大直径盘旋打算去攻击它。就在我转弯时,看到2架Bf 109出现在了我5点钟方位,距离约800米,从低空朝太阳方向剧烈爬升。我打算把敌机的情况报告给我的僚机,但无线电出了故障。"汉斯"很快就爬到了我们上方1000米处,而且占据了太阳光方向的有利位置,似乎要对我们发动攻击。我认为跟着敌机爬升没用,所以干脆俯冲下去攻击那辆卡车,希望敌机能来追我。敌机果然上钩了,等它们接近到我后方时,我突然向左急转弯并爬升。1架"汉斯"向左急转弯追击我,另外1架向右转弯准备截击我。转了一圈之后,我飞到了刚刚右转的那架"汉斯"的尾部,而左转的那架敌机不知道飞到哪里去了。

被我抓住尾巴的敌机在超低空继续转弯,并进行了轻微的躲避机动。我穷追不舍,接近到约270米,在10度提前量下打了一个短点射,看到一些炮弹命中了敌机的翼根。我一边把同敌机之间的距离拉近到45米,一边又打了几个点射,看见更多的炮弹命中了敌机,其中一些炮弹打在了座舱周围。敌机向左进入滚翻,撞在了田野里并爆炸,我从上面飞过。我转弯打算给敌机残骸照相,但僚机呼叫我爬升重整编队,于是就放弃了。

除了空战外,在对地攻击行动中,第122联队还打掉了1个集装箱、1架滑翔机、1条驳船和1座工厂,以及大量的德军运输车和火车。不过这些战果跟后面几天相比,只是一道"开胃菜"罢了。

1月23日,第122联队在空战中大开杀戒。当天清晨,第80中队和第274中队在居特斯洛地区跟Bf 109以及Fw 190交战,第80中队击落1架Bf 109和2架Fw 190,可能击落1架Fw 190。A.西格(A.Seagar)上尉在战斗中击落1架Fw 190D-9,可能击落1架,他在战斗报告中写道:

我是白色分队的长机,

第122联队在对地攻击行动中击毁的德军列车。

带队在奥斯纳布吕克地区执行武装侦察任务。当我们在奥斯纳布吕克东南约16公里处飞行时,我看见1架敌机在北方6.4公里处向我左侧飞过来。我立刻俯冲并向左转,饶到敌机后方,接近到只有180米距离上,确认了那是1架长鼻子Fw 190。我对敌机打了一个2秒点射,看到几发炮弹命中了敌机的机身和座舱区域,以及左翼的翼根。敌机有碎片飞了下来,并抛弃了座舱盖。随后"汉斯"猛地拉起,速度很快慢了下来。敌机飞行员在约500米高度上跳伞,而飞机则螺旋下降,在博姆特机场附近撞地爆炸。

击落第1架敌机后,我向左转弯180度,看见了我的左侧有另外两架Fw 190,在超低空以纵队向北飞。在它们航线跟我平行时,我向左做了一个180度转弯,同时向敌机俯冲下去,而敌机也似乎发现了我,右转朝东飞去。当我接近敌机编队中右边的那架敌机时,它向右转弯,而我则乘机把距离拉近到180米。敌机继续在超低空向东飞,然后做出了剧烈的S形躲避机动。我追着敌机打了3个2秒点射,看见炮弹命中了敌机的左翼中部,但没有造成致命伤害。我继续追击并慢慢地拉近跟敌机之间的距离,此时敌机已经擦着地面在飞了。我又打了一个3秒点射,看见炮弹命中了敌机的机身,敌机的机尾处掉落了几大块碎片,副油箱起火,拉出了黑烟。敌机做了一个略微爬升的动作,而我却不得不向左急转弯躲避,因为我看见一些曳光弹从我身边飞过,我猜想是另外1架Fw 190在我后面攻

1945年1月，第274中队的"暴风"在沃克尔B80机场的雪地上起飞。

击我。转弯后我才发现曳光弹是地面高射炮发射的，改平飞机后，我失去了"汉斯"的视野。

由于西格上尉没能确认敌机坠毁，中队中其他人没有看到这场战斗，因此他当天的战绩只能算击落1架Fw 190，可能击落1架Fw 190。

西格的僚机，年轻的库克军士在战斗中沉着冷静、炮术精准，拿下双杀，击落1架Fw 190和1架Bf 109：

我是"白色2"号机，在长机向两架Fw190俯冲下去的时候我也跟了下去。敌机此时位于我的右手边，我追击过去的时候它向右急转弯躲避，我乘机把距离拉近到540米，飞到了它的正后方。"汉斯"发现了我，于是向左转爬升，我跟了上去。但是此时另外1架"暴风"从高空俯冲下来，冲向了我的目标，我不得不俯冲躲避以免相撞，短暂地丢失了敌机的视野。当我再次看到敌机时，它就在我上方约100米处，正在转弯。我向左急转弯并爬升，切入了敌机的内圈，在约180米距离上打了一个0.5秒点射，提前量达到了90度。打完之后我跟敌机之间的距离只剩下13米，敌机凌空爆炸，在一团大火之中坠落，坠毁在赫斯勃机场附近，我爬升重新加入分队。

随后，我们朝东南方向飞去，在居特斯洛附近右转时，我看见1架Bf 109正在我前方约400米朝西北方向飞，高度只有70米。我立刻左转俯冲追了上去，改平飞机时跟敌机之间的距离只有180米，正好在它的正后方。我对敌机打了一个0.5秒点射，看见炮弹命中了敌机的机身。敌机凌空爆炸，略微左转然后坠地，发生了剧烈的爆炸。

第274中队也在战斗中击落2架Fw 190和1架Bf 109，另外可能击落1架Bf 109。红色分队的L.伍德（L.Wood）上尉为第274中队首开纪录，击落1架Fw 190：

我是红色分队3号机，在居特斯洛地区执行武装侦察任务。我们分队刚刚攻击完1列火车，爬升到1500米，我注意到20多架Bf 109和Fw 190从左侧向我们冲过来。我在无线电里警告分队其他人，然后转弯冲向敌机编队。但此时两架Fw 190绕到了我的后面，其他的敌机则散开编队，躲避我的攻击。我跟长机塔尔波特组成2机小队，然后攻击了1架Fw 190。我在敌机后方135米距离上开火，此时敌机正在剧烈爬升，我的提前量达到了50度，看到曳光弹直接飞进了敌机的座舱和发动机里。敌机上飞散下来大量碎片，发动机和座舱燃起了大火，带着浓烟直接俯冲坠向地面，飞行员没有出来。因为之前已经攻击过3列火车，我的弹药快用光了，只剩下1门机炮还有炮弹。在后面的缠斗中我用仅剩的1门机炮对1架Bf 109打了一个1.5秒的点射，但没能命中。

蓝色小队的长机G.曼恩（G.Mann）上尉跟Bf 109交战2次，击落1架，可能击落1架：

我驾驶"蓝色1"号机在1500-1800米高度急转弯飞到1架Bf 109后面，敌机飞行员发现了我，半滚盘旋下降躲避。我追了上去，敌机在约270米高度上改平，然后进入剪刀机动，先向左然后向右急转弯。几秒钟后敌机似乎认为已经摆脱了我，于是改平直飞，我飞到它正后方180米距离上开火，敌机立刻爆炸成一个火球。

我们继续在居特斯洛上空向西飞，我看见2架Bf 109在红色分队左边向他们飞去。我带领蓝色分队向右转，越过红色分队去俯冲攻击Bf 109的长机。敌机看到我之后就做了个半滚俯冲机动，从1500米下降到300米，随后改平平飞一小段时间，我乘机在它后方300米以30度提前量打了一个点射，但没能命中。敌机发现立刻爬升并左急转弯，试图摆脱我，我紧盯着它以15度提前量再次开火，但还是没能命中。敌机再次半滚俯冲下降到300米，我穷追不舍。敌机改平，我对它打出了仅剩的弹药，看到炮弹命中了其右翼，敌机发生了剧烈的爆炸，然后慢慢朝左翻滚，最后带着从右翼蔓延过来的火焰垂直坠落下去。我飞到敌机前面，失去了对它的视野，没能看到敌机坠毁在地面上。

由于未能最终确认敌机是否坠毁，所以曼恩上尉第二个战果也只能算作可能击落。澳大利亚空军的飞行员C.G.斯克里文（C.G.Sciven）少尉在此战中击落了1架Fw 190，他在战斗报告中写道：

我飞的是"蓝色3"号机，混战开始后我的左翼副翼中弹，进入尾旋坠落下去。在1200米高度上我改出了尾旋，看到2架Fw 190在我前上方，正在进行向左急转弯机动。我乘机爬升上去追上它们，在360米距离上对其中1架敌机开火，但因为提前量计算错误，没能命中目标，而且我拉杆过度，敌机被机头挡住，失去了视野。敌机遭到攻击后立刻半滚俯冲，到超低空后才改平。我追了上去，在敌机后方360米距离上开火，一直打到机炮冒火，此时我距敌机只有45米了。敌机没有下坠的迹象，我不甘心，继续跟着敌机飞。后来敌机拉出了白烟，我从敌机上方超过了它，看到敌机的左翼翼根处起火。随后敌机拉升到700米，飞行员跳伞，敌机坠毁爆炸。

两个小时后，第3中队在比勒菲尔德以西遇到了10架翼下带有火箭发射器Fw 190，估计是准备执行支援德军地面部队的任务。第3中队果断抓住机会，击落其中4架，击伤2架。刚刚进入第3中队的王牌飞行员 B.瓦西里亚基斯（B.Vassiliades）上尉确认击落2架，击伤1架：

1月23日约上午10时45分，我带领蓝色分队，在3000米高度向西飞。在明斯特以西约24公里处，我发现了10多架Fw 190在超低空朝东北方向飞去。我命令分队对它们发动俯冲攻击。我选择敌机编队中位置最靠后的那架敌机作为目标，在约220米距离上打了一

翼下带火箭发射架的Fw 190，德军当时也开始使用火箭弹作为对地支援武器，甚至是防空武器。

个0.5秒点射，把敌机打得凌空解体。

随后我继续对前面的另外1架敌机发动攻击，接近到180米开火，看到炮弹命中了敌机。但就在我进行攻击时我注意到另外1架敌机也在攻击我，迫使我不得不急转弯躲避，但机尾还是中弹了。在我急转弯的时候我看到我刚攻击的那架敌机急速翻滚下降，然后在不到20米高度上改平逃跑了。

缠斗中我又跟上了另外1架Fw 190，看见它的两翼下有火箭发射架。我对敌机开火两次，然后飞到了它前面，但敌机似乎没有要转弯来追我的意思，于是再次转弯飞到了敌机后方，在不到90米距离的位置上开火，看到炮弹命中了敌机的机翼和机身。敌机突然猛地转弯并坠落，撞地爆炸。虽然我还有机会攻击另外2架Fw 190，但因为没有弹药了，只好返航。

瓦西里亚基斯是个希腊

瓦西里亚基斯虽然是个富二代，但在作战中毫不含糊，在加入第3中队时就已经是王牌飞行员。

裔富二代，具有"百万富翁花花公子"的称号。瓦西里亚基斯之前在第19中队飞"野马"Ⅲ，1944年8月遭德军高射炮击落后被俘，但他设法逃了回去。休整后又回到了前线。加入第3中队时，他的战绩为击落敌机5架、合作击落2架，可能击落1架，换飞"暴风"后瓦西里亚基斯继续了自己神勇的表现。

J.S.B.怀特（J.S.B.Wright）上尉是红色分队成员，但跟自己的分队失散了，于是加入了瓦西里亚基斯上尉率领的蓝色小队，在战斗中取得了击落1架、击伤1架Fw 190的战果：

1月23日上午约10时45

分，我们红色分队执行完武装侦察任务返回基地，从汉诺威向西飞。途中我跟红色分队里的其他飞机失散了，所以加入了瓦西里亚基斯上尉率领的蓝色分队。瓦西里亚基斯上尉报告说下方有飞机，航向向东北，然后他就转弯并命令我跟上。我紧紧地跟着他，在接近敌机的过程中，我们识别出敌机是Fw 190，带着火箭发射架。我选择了瓦西里亚基斯上尉左边的一架敌机作为目标。敌机在发现我之后左转躲避，我追了上去，对它打了一个0.5秒点射，看见炮弹命中了它的机翼、机身和发动机，随后敌机就起火了。因为四周都是敌机，我没有等着去看目标坠毁，不过蓝色分队的其他成员确认了它在半空中解体。随后我注意到在我左侧前方还有另外1架Fw 190，我追了上去，冒险在低空从城镇上空飞过。我拉近了跟敌机之间的距离，但没有开火，因为我遭到了地面德军高射炮的集火射击，根本无暇瞄准目标。穿过城镇后，我接近敌机打了一个0.5秒点射，看到炮弹命中了敌机的机翼和机身。敌机拉出了灰烟，我打算追上去了结了它，但却发现没有弹药。我跟着敌机飞，看到它滑翔了若干圈之后，迫降在了明斯特西北的

一片田野上，我用照相枪拍下了整个过程。此时我发现汽油快用完了，于是返航了。

虽然怀特上尉打中的第二架敌机确实落地了，由于无法判断那架迫降的飞机是否会被修复，所以第二架战绩被严格地判定为击伤，而非击落。

与此同时，第56中队正在汉诺威地区执行武装侦察任务，他们在自己编队下方发现了1架Me 262，飞行高度只有约100米。F.L.麦克劳德（F.L.Macleod）上尉和他的僚机R.V.丹尼斯（R.V. Dennis）上尉，从2000多米的高度上俯冲下来，凭借在俯冲中累积的速度在长达10分钟的追逐后，终于追上了喷气机。他们对Me 262轮番攻击，使其起火爆炸，在准备降落的时候坠毁在一片农田里。麦克劳德上尉在战斗报告中写道：

我驾驶"黄色3"号机，去汉诺威地区执行武装侦察任务。在阿克梅尔机场附近，我们看见有"喷火"在攻击Me 262。我看见1架Me 262在超低空穿过机场向东飞，就和僚机丹尼斯上尉冲了下去。当我们向超低空俯冲时，我们和敌机之间的距离是4.8公里，正在进行略微向左转的机动。我

们依靠俯冲获得的速度达到了1028公里/小时，牢牢地盯着"汉斯"，一直向东追击。那架Me 262也发现了我们，做了一些躲避机动，这反而给我们机会拉近了跟它之间的距离。追了大约10分钟，我们跟敌机之间的距离拉近到了900米。敌机向左小角度转弯，让我们再次有了拉近距离的机会。通过切弯，我们把距离拉近到只有约130米。我以30度的提前量对敌机打了一个短点射，但没有命中。我的指示空速此时有890公里/小时，跟着Me 262在转弯。我继续加大机头转弯角度，把提前量加大到40度再次开火，打了一个3秒长的点射，看到炮弹命中了敌机的机身中部，敌机出现了闪光和火焰。随后我脱离了攻击航线，看到敌机机身和右侧发动机都起了火。那架Me 262越过一片田野，看样子好像是要迫降着陆。机尾接地后，敌机又拉升起来，然后一头扎进另外一块田地里爆炸了。

丹尼斯上尉在战斗报告中写道：

我飞的是"黄色4"号机，在追击Me 262的过程中在麦克劳德上尉的右边略微靠后的位置。我们逐渐把跟敌机之

间的距离拉近到360米时,那架Me 262开始转弯。我保持自己在"黄色3"号机右后的位置,但是由于左转弯机动导致我被拉到了后面。我看见麦克劳德上尉第一次开火没有命中目标,敌机略微减小了转弯角度,我又追了上来跟麦克劳德并排飞行,飞到了敌机正后方约130米距离上并对其开火。我开火后,敌机的右侧发动机发出了火光,但我觉得我在开火的同时"黄色3"号机也开火了。我飞到了敌机前方,看到它正在掉高度,机身上拉出了黑烟,右侧发动机冒出了火焰。我向左转弯盘旋,看到敌机想迫降,飞越田野,机尾在约3米高度上触地,由于田野中没有篱笆,所以它冲进了另外一片田里然后爆炸了。

在这场战斗中,"暴风"展示了自己优异的低空高速性能。不过这也跟Me 262的缺点有关,由于发动机容易喘振,Me 262不能做大迎角转弯机动,而小角度的转弯虽然可以让自己保持速度,但却给了速度相差不大的"暴风"拉近距离的机会,最终被"暴风"击落。这架Me 262如果选择持续爬升,可能结局会有所不同。

午后,第80中队,在中队长麦凯的率领下,在布拉姆舍上空击落2架Bf 109。R.J.霍兰(R.J.Holland)上尉和R.H.安德斯(R.H.Anders)上尉合作击落了1架Bf 109,一开始被判定为可能击落,后来得到了其他飞行员的确认。霍兰上尉在战斗报告中写道:

我飞"白色4"号机,在奥斯纳布吕克上空执行武装侦察任务。我们在阿克梅尔机场以南4.8公里上空向左盘旋时,黑色分队长机报告两架敌机在超低空从西边接近机场。我们继续左转,然后俯冲对敌机发动攻击。我选择左边那架"汉斯"作为目标,接近到它正后方230米距离上打了一个点射,一直打到距离90米。敌机飞下来一些碎片,并冒出了白烟。"汉斯"开始慢慢朝左转,而我飞到了敌机前面。

Me 262采用的Jumo 004发动机,轴流式设计,对气流稳定性要求很高,因此Me 262在飞行过程中要尽量避免比较大角度的转弯,否则会造成发动机进气不稳定,产生喘振,这样一来就限制了Me 262的战术性能。

"白色3"号机继续对那架Bf 109进行攻击,敌机迫降在了阿克梅尔机场东南9公里处,遭到了另外2架"暴风"的扫射,被彻底摧毁。

"白色3"号机的飞行员是安德斯上尉,他给了那架Bf 109致命一击:

我飞的是"白色3"号机,战斗开始后我向左边那架敌机俯冲下去,而敌机则向右转弯进行躲避。我咬紧敌机,在距离约720米时,敌机向右转90度,正好从我机头正前方穿过。我乘机以60度提前量对敌机打了一个1.5秒点射,距离从270米缩短到90米,提前量在开火过程中降低了10度。我看见至少1发炮弹命中了敌机的左翼翼根,它的尾部拉出了白烟。我飞到了敌机前面,马上向左急转弯,想飞到它后面再次进行攻击,但看到"汉斯"向左转坠落在田野上。

按照皇家空军的惯例,迫降的敌机只能算可能击落,不过那架Bf 109在迫降后又遭到了其他"暴风"的扫射,被彻底摧毁了,所以才给霍兰和安德斯上尉的战绩从可能击落改为击落。

另外1架Bf 109则是F.R.朗(F.R.Lang)少尉和D.L.普莱斯(D.L.Price)上尉合作击落的。朗少尉在战斗报告中写道:

我飞"黑色3"号机,对右边那架敌机进行了俯冲攻击。我在它正后方360米的距离上打了2个2秒点射,距离拉近到了130米。我看见炮弹命中了敌机的机身和左翼,然后向左急转弯以免超过了敌机前面,看到敌机在遭到"黑色2"号机的攻击后坠毁。

普莱斯上尉在朗少尉脱离之后,给了那架Bf 109致命一击:

我驾驶"黑色2"号机,在"黑色3"号机脱离了攻击航线后,我在敌机正后方180米距离打了一个4秒点射,看见炮弹命中了敌机两翼的翼根和座舱后机身部位,"汉斯"最后撞进了一个小镇上的一栋房子里。

1月23日下午的最后一场空战发生在4时到5时,第56中队和第486中队在莱茵上空又击落了6架敌机,其中第56中队击落2架Fw 190和1架Bf 109。在战斗中佩顿上尉一马当先,击落了1架Fw 190:

我是"红色3"号机。我们中队当天执行的是武装侦察任务,刚到奈梅亨上空地面空勤管制就警告我们说"汉斯"正在莱茵地区活跃。我们立刻把航线改为去莱茵,然后就在莱茵上空看到一个20多架Bf 109和Fw 190组成的大型编队,位于我们编队10点钟方向,距离约3.2公里,高度比我们略高。敌机好像并没有表现出有明确编队的样子,队形显得比较散乱。"红色1"号机带领中队飞向敌机,抛弃了副油箱并命令我们开始攻击。我看见在敌机大编队的左侧有4架Fw 190,于是就向它们冲过去。Fw 190发现我们之后,就俯冲到了超低空。我选择其中1架作为目标跟着俯冲下去,把距离拉近到只有800米。在俯冲中我没能进一步接近目标,但在敌机改平时我迅速地拉近了跟它之间的距离,此时我的指示空速达到了611-627公里/小时。我的僚机(福瑞曼准尉)跟我并排俯冲下来,与我一起追击敌机追了3分钟。当我们飞到了目标后方360米处进入有效射程时,敌机突然爬升到了900米,做了一个半滚机动后再次俯冲到超低空。我在这次俯冲中迅速接近敌机并在它正后方90米距离上打了一个短点射,看见炮弹命中了

佩顿的最终战绩为击落6架,比内斯的为击落5架、合作击落1架略高。1945年4月24日,在战争马上就要结束的时候他被德军防空火力击落,当了一个多星期的战俘。

敌机的右侧翼根。"汉斯"再次剧烈爬升,我看见它右翼的机炮在自动射击,可能是我的炮弹打坏了它的机炮击发装置。随后敌机抛弃了座舱盖,飞行员跳伞,但我并没有看见降落伞打开,敌机最终坠地燃烧。

黄色分队的W.R.麦克拉伦(W.R.MacLaren)上尉在战斗中也击落了1架Fw 190:

我是"黄色4"号机,接到报告说敌机在我们10点钟方向。我跟着长机飞向敌机,在混战中,我在2800-3000米高度上飞到了1架Fw 190的后面,敌机当时正在做右转弯机动,并没有发现我。我在270米距离上以40度提前量开火,但没有命中。敌机发现了我,立刻向左滚转改变了侧倾角,正好从我机头前方穿过,我在无提前量的状态下又对敌机打出一个点射,距离约130米。这次我看见炮弹命中了敌机的腹部,敌机的副油箱飞了下去,还散落了一些碎片。随后敌机进入了垂直俯冲,我正准备追上去对敌机再进行一次攻击时,"红色2"号机(亚历山大准尉)报告说敌机的飞行员跳伞了。

"黄色3"号机的飞行员是澳大利亚空军的V.L.特纳(V.L.Turner),在战斗中击落了1架Bf 109:

我飞的是"黄色3"号机,看到敌机后,跟着中队爬升飞向它们。此时一些Bf 109G从敌机编队中脱离,单独半滚俯冲向了超低空。我跟上其中1架Bf 109,在不到300米高度抓住了它,在90米距离上以45度提前量打了一个短点射。我看见炮弹命中了敌机的左翼翼根,敌机飞行员拉起并跳伞。我向左转弯躲避以免撞上敌机,然后看到密集的高射炮火力从我身边飞过,有些炮弹击中了敌机。那架Bf 109倒扣过来然后直线往下掉落,坠地爆炸。

那架Bf 109在被特纳击伤后,遭到了德军高射炮的"补刀",这种情况在前线低空空战中经常出现,双方都存在识别问题。事实上,Bf 109G在面对"暴风"时的正确战术选择应该是爬升而非俯冲,但高空可能还有"喷火"在等着他们。

第486中队的6架飞机在中队长坎巴斯的带领下,在奥斯纳布吕克和明斯特上空执行武装侦察任务,发现了40多架Bf 109,但分别在高空和低空。坎巴斯命令中队分成两个3机小队,他带一个小队攻击在高空的敌机,另外一个去攻击在低空的敌机。坎巴斯自己在战斗中击落了1架Bf 109:

当我们中队在莱茵机场上空2900米高度上飞行时,有人报告说有大约20架敌机在300米高度上围绕莱茵机场盘旋,看样子是准备降落。我们正准备下去捞一笔的时候,我看见在约3300米高度上出现了另外20多架敌机,从右向左向我们的航线上飞过来。我认出那些敌机是Bf 109,机腹挂有副油箱。我带领中队剧烈爬升,向左转弯,绕到敌机编队的正后方,而敌机也向左急转弯躲避。我咬住1架Bf 109的尾巴,然后用满环提前量打了一个短点射，命中了敌机的座舱和机翼。敌机的副油箱着火，进入尾旋失去控制，坠毁在莱茵机场北边。此时敌机编队的长机切入了我的内圈，我转了两圈都没能把它甩掉，只好拉杆到底，然后蹬舵降下机头，接着用副翼控制飞机进入俯冲。我进入俯冲机动时的速度是643公里/小时，在俯冲过程中加速到933公里/小时，然后再垂直爬升到3000米。在这个过程中敌机对我进行了攻击，它打出的炮弹击中了我的右翼弹药盒，导致副翼卡住，无法再继续战斗，因此我重组中队返航。

坎巴斯可能是遇到了一个经验丰富的德国"老鸟"，虽然最终利用"暴风"优异的低空俯冲-爬升性能甩掉了敌机，但还是被击伤。

绿色小队去攻击低空的敌机，J.H.斯塔福德（J.H.Stafford）上尉和贝利准尉合作击落了1架Bf 109：

我是"绿色3"号机，接到命令后我看见"绿色1"号和"绿色2"号半滚俯冲下去追击低空的Bf 109，我也跟着下去了。在俯冲到莱茵机场南几公里处时，我的指示空速已经超过了红线。我对1架正在盘旋的Bf 109打了1个全提前量点射，但炮弹都从它身边飞过，没有命中。我在飞过机场的时候扫射了建筑物，然后看到1架Bf 109在约2000米高度上，2架"暴风"在它上面。我向那架Bf 109爬升过去，而它则进入了大角度俯冲，我迅速拉近了跟敌机之间的距离，以1环20度提前量开火，打到提前量减少到5度1/4环，看到炮弹命中了敌机的右翼和机身。敌机随后倒扣过来，然后在莱茵机场以北8公里处撞地爆炸。

这架Bf 109已经被"绿色2"号机贝利准尉击伤，在面对斯塔福德时只能做略微左转弯这样的轻微躲避动作，这架Bf 109算是斯塔福德和贝利合作击落。

第122联队在1月23日的空战中一共击落了21架敌机，另有可能击落2架，击伤8架，而

1945年1月，第80中队的"暴风"NV657在沃克尔机场，由于天气恶劣，低温甚至都能将座舱盖冻脆，所以只好用毛毯把座舱盖盖起来。

自身仅有几架飞机受轻伤。此外，第122联队还在对地攻击中摧毁或者击伤了超过30列火车，可谓战果辉煌。

1月24日，第80中队在莱茵机场附近执行武装侦察任务，击落2架Bf 109。霍兰上尉继23日击落1架Bf 109后，再接再厉：

我们中队出动10架飞机执行武装侦察任务，巡逻时发现3架Bf 109在我们下方超低空向西飞行，正在接近莱茵机场。我们俯冲下去攻击敌机，在俯冲过程中我注意到一架Bf 109从机场起飞朝南飞去。我改变了目标，马上对那架刚起飞的Bf 109发动了攻击，但它也发现了我，进行了躲避机动。我追到距敌机360米，随着不断增大的提前量打了几个短点射，但没有命中，在这个过程中距离缩小到了180米。我继续追击，在130米距离上打了一个1.5秒点射，还是没有命中目标。"汉斯"开始向右小角度转弯，我拉近到90米距离以5度提前量又打了一个0.5秒点射，炮弹终于命中了敌机的机身，它坠毁在机场南部。

黑色分队的普莱斯上尉也击落了1架Bf 109：

我是"黑色3"号机，向正在接近莱茵机场的3架Bf 109俯冲下去。敌机发现我们之后解散了编队，但没有远离机场。我对2架"汉斯"进行了攻击，但都没能命中目标。最后我接近了在机场西侧朝北飞的1架敌机的尾部，从它正后方230米以20度提前量打了2个3秒点射，一直打到距离缩短到130米。我看见炮弹命中了敌机的机身座舱附近区域和右翼翼根部位，它拉出了黑烟，随后冒出了火光，最终坠毁在了机场北侧。

之后几天，因为天气恶劣，第122联队没有什么战果。2月份开始，随着天气的好转，"暴风"部队战绩板上的数字又开始跳动起来。2月1日，第274中队的希伯特上尉带领中队去奈梅亨执行武装侦察任务，遭遇了1架独狼Fw 190，将其击落：

我带领蓝色分队出动，飞往奈梅亨。我们朝065度方位飞了12分钟，在云层上飞行一段时间后，我决定降低高度。冲出云底后，我们继续在600米高度向原目的地飞行了一小段时间。突然我看见一道黄色的闪光从我前下方飞来，从我身边飞过，我立马转弯躲避。

除了"暴风"我没有看到其他飞机，所以我俯冲到超低空去观察，然后看到了1架Fw 190的影子，高度约300米。由于副油箱出了故障，我只能扔下1个，但我还是决定对敌机发动攻击。我爬升到了敌机的后面，从它正后方230米距离上打了一个3秒点射，但没能命中。我略微侧了一下机身来调整弹道，而敌机则抖了一下机尾，可能是以为自己被地面己方高射炮攻击了，所以抖机尾以展示自己身份。敌机抖完尾巴后继续直线平飞，我抓住这个机会，再次对敌机倾泻火力，直到多枚炮弹命中了敌机才善罢甘休。敌机的机身发生了爆炸，俯冲向地面，摔成了碎片并燃起了熊熊大火。

2月2日，第3中队的怀特上尉驾驶1架"暴风"单机对8架Bf 109进行了攻击，取得了击落1架Bf 109、击伤2架的战绩，全身而退：

我驾驶"红色2"号机，去布雷曼南部约32公里处执行武装侦察任务。在前往目标地区过程中，因为天气实在太差，所以我们把航向改变为东南，在明斯特上空的云层中找到了一个缝隙，围绕那个缝隙观察地面情况。我发现明斯特机场的跑道上有几架敌机,但我的无线电可能有问题,向其他飞机报告敌情后没有得到回应。几分钟后,我看到有敌机在我1点钟下方朝南飞。我再次报告了敌情,然后准备俯冲下去查看情况。我向右转准备俯冲,发现没有人跟着我,可能是我报告的情况其他人还没收到,中队中的其他飞机都左转去攻击公路上的一辆卡车了。我没有注意到这一点,继续把目光锁定在那些未确认身份的敌机上。

在我靠近敌机的过程中,我看到它们抛弃了副油箱,转向东北方向,此时我认出它们是Bf 109。我在无线电里报告发现了Bf 109,当然还是没有回应。我决定对敌机发起进攻,因为中队的其他飞机都在我身后,如果我不拦截敌机,他们就会遭到敌机的攻击。我选择敌机一个4机小队中最右侧那架敌机作为目标,但敌机看到了我在接近它们,于是解散了编队。此时我又注意到另外一个Bf 109的4机小队在左边,加上刚才那个4机编队,敌机的数量一共是8架。在我试图绕到敌机的尾部时,敌机解散了编队并试图找位置来攻击我,所以我也不得不放弃攻击,急转弯躲避。我发现敌机并不是很想进入混战,而是想利用云层的掩护逃跑,于是我抓住机会追击敌机。在追击过程中我击中了其中1架敌机,但另外1架Bf 109也飞到了我的尾部,我不得不急转脱离。在转弯格斗中我飞到了敌机的尾部,在非常近的距离上打了一个2秒点射,看见敌机冒出了烟。此时另外一个小队的敌机重组了编队,并对我发起了攻击,我不得不进入云层寻找掩护。在飞出云层之后,我发现1架Bf 109正在围绕另外1架Bf 109盘旋,而后者看起来正在试图迫降,敌机编队中的其他飞机都散开了。我打算找位置去攻击那架正在盘旋的敌机。随后我看见地面有爆炸和火光,原来那架迫降的Bf 109撞了树林之中并起火。我继续对那架盘旋的敌机进行攻击,有几发炮弹命中了它。敌机表现出要失控的样子,而且机炮也出了问题,一直在朝地面开火。我看着那架Bf 109,心想它肯定会坠毁,但出乎我意料的是它恢复了控制,并且改平了飞机。于是我打算上去

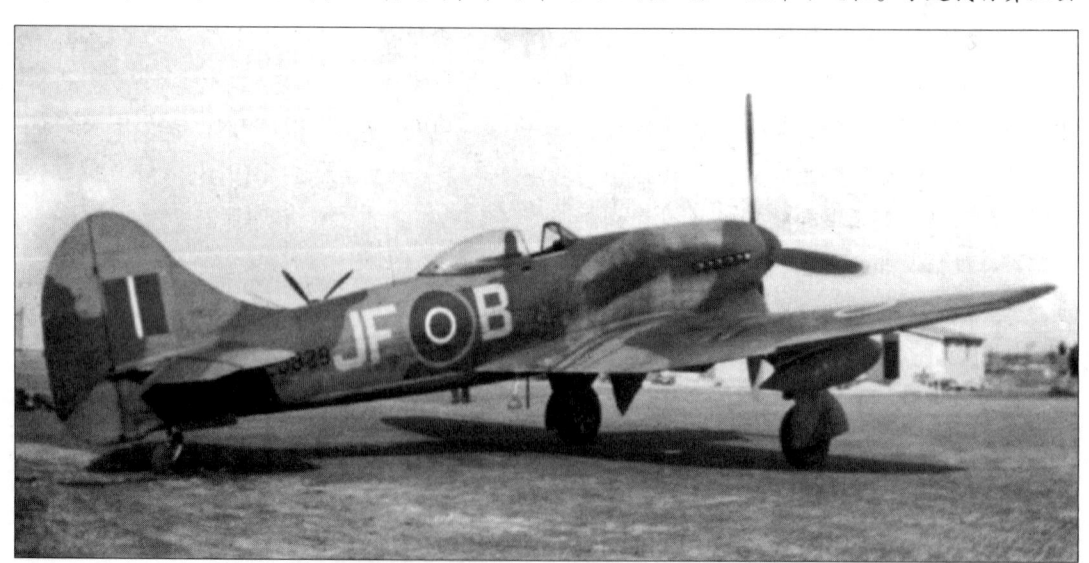

1945年初"暴风"的涂装,第3中队的EJ829,多个王牌都使用过这架飞机,包括瓦西里亚基斯。照片中飞机的螺旋桨毂被涂成了黑色,但还保留着"登陆日"条纹。

补刀,但当我接近到距离敌机非常近,自认为万无一失的时候,我才发现我的弹药打光了。敌机继续直线平飞,而我只能眼睁睁地看着。在返航过程中,有架Bf 109追击了我,但很快被我甩掉了。在这场遭遇战中,我对很多架敌机开了火,但最终只击落了1架Bf 109,击伤2架。

接下来一个星期天气再次恶化,莱茵地区上空相对平静,直到2月8日,第274中队出动在奥斯纳布吕克地区执行武装侦察任务,才再次有所斩获。第274中队当天出动8架飞机,发现敌机后,分成了两个4机分队,红色分队负责高空掩护,而蓝色分队负责攻击敌机,在战斗中击落了3架Bf 109。斯塔克上尉在战斗报告中写道:

我是蓝色分队长机,我们在莱茵上空2400米高度向西飞。我发现12架Bf 109在约600米高度围绕莱茵机场盘旋。我在无线电中向其他人报告了这个情况,然后带领我分队中的3架飞机俯冲下去。我以15度提前量从1架敌机尾部发动攻击,但没能命中。我接近到36米,又以5度提前量对目标打了一个1秒点射。我看见几发炮弹先是命中了敌机的座舱和发动机,随后是座舱盖和发动机上部整流罩。敌机的螺旋桨飞了出去,带着黑烟起火坠落,在机场西部约1.6公里处坠毁。

"蓝色2"号机的飞行员T.萨瑟兰(T.Sutherland)上尉也击落1架敌机:

我跟着"蓝色1"号机下去攻击12架Bf 109。敌机马上散开,我去追击敌机编队中左侧那个小队的4架飞机,对它们的4号机在270米距离上以50度提前量打了一个2秒点射。打完之后另外1架Bf 109向我俯冲下来,但他看样子又改变了主意,没有对我进行攻击,飞向了别处。所以我又把注意力集中到了我之前攻击的那架敌机身上,此时我看见它倒扣过来,然后拉着黑烟进入了尾旋,最后它消失在了我的下方。

萨瑟兰没有看到敌机坠地,但是"红色3"号机的飞行员希伯特上尉看见敌机盘旋下坠,最后坠毁在了机场的西北角,确认萨瑟兰击落了那架敌机。

"蓝色3"号机飞行员W.F.莫斯(W.F.Mossing)也打下1架Bf 109,他在战斗报告中写道:

我跟着"蓝色1"号机俯冲攻击敌机,追击了2架敌机,它们之间的距离很近,只有约7米的样子。跟这2架敌机绕了2圈之后,我飞到了其中1架敌机的尾部,接近到90米距离,以提前量30度打出了1个0.5秒点射,但没有命中,于是我再次接近到约70米距离,又打了1个0.5秒点射,击中了它的右翼。敌机上有碎片飞散了下来,立即拉着烟进入了尾旋,这时另外1架Bf 109飞到了我尾部,所以我不得不躲避。

莫斯同样没能看到他刚才攻击的那架Bf 109坠毁,但红色分队的克拉克准尉看到了敌机盘旋下降并坠毁在了机场,帮他确认了战绩。

在经历了秋季的防御性巡逻和冬季恶劣天气中的行动经验后,第122联队在1945年初的行动非常具有进攻性,主要行动目标是瘫痪德国的铁路网和飞机场。这是一个很重要而且很吸引人的任务,但同时也非常危险,大量的飞行员因为高射炮火而损失,而非在空战中被德国空军击落。

为了保护自己的机场,德国空军在空中遇到"暴风"时,就出动优势兵力跟"暴风"交战。但"暴风"凭借着自己优异的性能,多次以少量兵力对德国空军的大型编队发起攻击,并且取得了不俗的战绩。此时德国空军无论是飞机性能还是飞行员素质,都在无可挽回地衰败,彻底失去了制空权。

在这种情况下,连早已不负责制空任务的"台风",甚至都能在空战中咬德国空军一口。2月14日,第439中队的弗雷泽上尉拿到自己的第3个战绩,显示了在适当的环境下,"台风"也能击落Me 262。当时第439中队的4架"台风"在攻击了1列火车后,开始重整编队,L.谢弗(L. Shavr)上尉和弗雷泽发现了2架Me 262战斗轰炸机(隶属于德军第51攻击/战斗机联队I大队),弗雷泽后来在《Me 262战斗日志》中回忆当时的战斗道:

当我们两个在寻找分队中的3号机和4号机时,发现2架Me 262从云层中出现并跟我们同方向飞行(向西),正在爬升。谢弗在无线电中报告说敌机在我们2点钟方位的下方,我果断地下达了攻击命令。我们转弯并以超过60度的俯角向敌机俯冲下去。半路敌机发现了我们,向左急转弯朝他们下方约500米高的云层飞去。距离敌机360米时谢弗跟我并排飞行,在我右边约65米处。两架Me 262之间的间距也是差不多65米,一前一后,前后距离也差不多是65米。我们在俯冲中速度超过了804公里/小时,飞机开始剧烈地抖动起来。

我对左边那架敌机开火,但没看到炮弹命中。谢弗在不到90米的距离上攻击了另外1架Me 262。我们接近敌机的速度太快了,以至于发起攻击时跟敌机之间的距离都非常近了。我再次射击,此时谢弗的目标在另外一边爆炸,形成了一团黑烟。后来谢弗说他从那团黑烟里面飞了过去,一些敌机碎片飞进了他的散热器。我距离目标约90米再次开火,观察到炮弹命中了敌机的左侧发动机和机身。在接近到45米时,我又打了一个点射,敌机的左侧发动机带着一大块机翼

弗雷泽上尉在底板行动期间就击落过2架Fw 190(其中1架Fw 190D-9),2月14日又击落了1架Me 262,成为登陆欧洲以来在空战中表现最好的"台风"飞行员之一。

脱落了,从我前面掉了下去。我拉起飞机避免跟Me 262的碎片相撞,但飞进了云层之中,过了几秒后才以45度角从云底俯冲出来。我改平飞机并拉起盘旋爬升到500米,看到敌机在撞击地面时炸成了碎片,它携带的炸弹殉爆产生了气浪一

第609中队正在使用火箭弹攻击斯图加特南部的一个火车站。

样的波纹。

虽然已经到了1945年2月，但"台风"被友军怀疑成是敌机，而遭到野蛮、鲁莽射击的现象还是非常普遍。2月14日，第121联队的查普曼少尉，就被美国陆航的"雷电"击落。

除了被友军击落外，欧洲北部上空恶劣的天气，也是"台风"飞行员们的死敌之一，第175中队的霍尔上尉回忆因为天气造成的事故道：

阿什曼（座机JR376）在1945年2月27日阵亡，那次行动可能永远都不会公之于众。当天因为天气不好，所以没有给第175中队安排任务，中队处于待命状态。不过最终还是有命令下来，大家都不是很想出动，于是都安静地等待任务分配。上头要求我们出动4架飞机去施泰因胡德湖地区看看能不能逮到一些在公路上移动的目标。这个任务从一开始看起来就有一定的风险，所以决定找3个经验丰富的飞行员跟中队长一起出动。我已经参加过120次行动，而阿什曼参加过103次。一般来说参加100次任务就等于完成了一个任务周期，可以回国休息一段时间，但是有时候替换飞行员会迟

到，因此我们的实际完成任务次数经常会超过规定。中队长L.坎普贝尔说我们没必要再参加任务，因为我们的任务次数已经达标。但我和阿什曼都拒绝了他这个提议。挑选出执行任务的三人中，出任务次数最低的是安斯利少尉。除了给常用的机炮装满炮弹外，我们还挂了6枚火箭弹和1个远距离巡逻副油箱。起飞后，我们朝一个粗略的目标航向爬升，在阴天天气中靠仪表飞行，航向不是很精确，因为就算是正常行动飞机也会因为低空气流的扰动而振动，造成仪表指示失准。

我们爬升到约1800米的高度上才飞出云层并重组编队，安斯利给中队长当僚机，而阿什曼和我则在他们左侧。我们在阴云密布的情况下设定了去目标区的航线。在抵达目标区之后我们扔掉副油箱，然后俯冲闯进阴云之中。但是我们没能在安全高度冲出云层（这是一个非常冒险的动作，因为仪表显示有延迟），所以只好拉起飞机爬升冲出阴云。等我们再次爬上云层之后队形都散乱了，而且计数只有3架飞机，阿什曼不见了。再次冲进阴云中显然是不可能的了，当时的云层还是很密，冲进去也无济于事。中队长和我返回了基

第175中队的霍尔上尉，他被同僚们誉为是勇气与快乐兼具的人。而对于自己成功的飞行员生涯，他自己的名言是："10%的经验，90%的运气。"

地，而安斯利头脑发热降落在了埃因霍恩。几个月后，阿什曼的飞机在当时的目标区被发现，他在俯冲的时候撞在了小山上。我们其他三个人都幸运地俯冲到了山谷之中，否则我们整个分队都完蛋了。

无论是飞行员还是地面雷达引导站的人，在战斗中都会感到紧张，而那些所谓的技术专家，则毫无紧张感。他们绝大部分是电子电路研发者，远离伤脑筋且会催人泪下的日常战斗，但他们的研究却对战斗结果影响巨大。因此这些博学的科学家位高权重，用实验决定着飞行员的生死。霍尔和他的座机"台风"JR517，在行动周期即将结束时就落入了那些研究员之手，他们研究一种

秘密装备，以阻止德军乘着天气恶劣，盟军飞机无法出动时大量出动补给车辆的行动。霍尔回忆道：

1945年2月初，上面安排我去见几个研究员，他们研究了一种雷达，可以在恶劣天气中为"台风"指示攻击目标，这样"台风"就可以执行非常规任务了。

我得在正常行动的间隙找合适的时机对新装备进行实战测试。这项研究实际上就是给飞机上增加了一个特殊的无线电电话收发频道，然后飞机在大队部的雷达指挥下飞行，根据陀螺仪设置航线的高度、速度和转弯率，让飞机抵达特定的目标点，然后以设定的角度俯冲，在设定的高度发动攻击。要验证这种设备的实用性，第一步就是进行短距离飞行来校准雷达设备。在战术制定的讨论中，我强调就算是在大队部雷达的控制支援下，飞机在恶劣天气中的起飞和降落都是非常困难的，更别提盲飞攻击目标了。我们的损耗率已经非常高了，如果我们引入这套新导航系统的话，损耗率估计还会增加。

然而，军令如山，1945年2月10日还是进行了第一次雷达引导试飞，持续了18分钟。我尽了我最大的努力去跟着无线电指示飞行，但是没能抵达控制员描述的预定目标点。我从来没有对其他人提到这个项目，但是有人泄露了秘密，因此中队其他成员都跟我开玩笑，让我一定不要把那个新系统搞成功。我总是尽我最大的努力去配合实验，但是对我而言飞机的速度看起来是主要问题，大队雷达控制发出转弯命令后，不精准的转弯率总是导致最后在朝正确的目标点俯冲

第175中队一名飞行员执行任务返航后跟自己飞机受伤部位的合影，机翼外侧被德军高射炮打出了一个大洞，可能是被20毫米高射炮直接命中的。

的时候有误差。我十分确定整个实验的目的是为了未来进行宣传，吓唬德国人，说"台风"具备在恶劣天气中能对公路和铁路线上的特定目标进行攻击的能力，以减少德国人的行动。

1945年3月11日，我在大队雷达控制的引导下进行了最后一次雷达校准试飞，这次飞行持续时间15分钟，当天晚些时候又进行了一次85分钟的雷达导航演习。我总是在每次练习后抱怨，因为大队控制雷达在发出"演习结束"的命令后就关掉了导航系统，从来不给我设置一条返回基地的航线，经常让我花大量的时间自己找方向。这些试飞是不计入行动次数的。在第175中队驻沃克尔的时候进行了最后一次实验，我在完成了122次行动后，被调到了驻顿富德的第83地理割部队，为轮替的"台风"飞行员提供一些行动训练，然后带领轮替飞行员驾机飞往欧洲大陆。每次我带新飞行员到沃克尔的时候，我都会询问我曾参加的那个项目现在进度怎么样了，但是被告知那个项目再也不会继续了，因为胜利已经在望。

1945年2月底，第122联队失去了它在第二战术空军序列中唯一一个"暴风"联队的地位。1944年12月中旬，第84大队第135联队下属的第33和222中队，从欧洲大陆撤回英国本土，移防康维尔的普雷丹纳克，把"喷火"IX换装成"暴风"。虽然"暴风"产量的短缺和恶劣的天气导致飞机交付推迟了，但最终两个中队还是完成了换装和训练，并在2月21日重返前线，进驻赫伦-日泽的B77基地。他们在普雷丹纳克的位置则有第135联队的另外两个中队（第349和第485）取代，不过这两个中队换装"暴风"的计划最终因为飞机短缺而流产。除了第二战术空军的高消耗率外，"暴风"飞行员的缺口也很大，皇家空军

第84大队的"台风"编队飞过荷兰上空，他们将会和加拿大陆军联合行动，对德军展开攻击。

第222中队飞行员合影,第二排左起第3人和第4人是中队长H.C.里格比和E.B.里昂,这两个人正在交接。

成立了新的"台风"/"暴风"训练部队,也就是驻诺森伯兰郡的米尔菲尔德的第56行动训练中队,这支部队拥有装备"暴风"的优先权。

## 跨过莱茵河

2月21日,第二战术空军参加"号角"行动,这个行动的主要作战目标是在盟军第21集团军渡过莱茵河之前扫荡德军所有的后勤运输设施和装备。第122和135联队的主要任务是在德军控制区上空巡逻,攻击发现的所有随机目标。第274中队在扫射德军地面目标时,顺手收拾了1架倒霉的Ju 88。

相比"暴风"中队,"台风"中队在2月21日的战果分量就重得多了。第175中队的霍尔分队长带领中队的6架飞机在黑克地区上空执行武装侦察任务。根据情报,那里曾发现过V-2导弹的储存和发射设施。第175中队接近目标区后,注意到靠近铁路有一些建筑,建筑旁有一片空地,一枚已经竖起的V-2正在排放出蒸汽,到了发射的最后阶段。他们立刻变成梯形编队然后背对太阳光对V-2发射阵地进行俯冲攻击,周围的德军高射炮立刻对他们进行反击。在霍尔和他的两架僚机完成攻击后,他扭头观察战果时看到了一场极其壮观的爆炸,但第175中队也遭受了损失:

当我们重组编队的时候,蓝色分队的长机J.斯威夫特少尉失踪了。不管是他的两架僚机还是其他人,都没有看到他到底发生了什么事。我猜想他是在V-2的爆炸中遭到了波及,后来我们发现他是被高射炮击落了,在距离目标区很远的地方坠落,而他本人也被德

正在发射的V-2导弹,因为它是弹道导弹,当时根本没有办法拦截,只能通过打击其发射阵地来解决。V-2使用的是液体燃料,被击中后很容易产生大规模的爆炸,因此低空攻击V-2是风险很大的任务。

国人抓住,成了俘虏。

2月22日,"号角"行动上满了发条,第3中队长驱直入,杀到宁堡平原上空。但是他们遇到的不是德国人,而是美国陆航第9航空军的"野马",他们把"暴风"误认为是Fw 190,不过"暴风"直接加速甩掉了美国飞机继续执行任务。当第3中队抵达施泰因胡德湖附近目标上空时,他们遇到了1架孤零零的B-24"解放者",于是分出几架"暴风"为它护航,其他飞机则继续执行扫射地面目标任务。在清理了目标之后,第3中队的红色分队在莱茵河附近遇到了2架Bf 109,击落了其中1架,将另外1架击伤。但是这场空战被另外10架Fw 190看在了眼里,乘机对正在恢复编队的红色分队发动了攻击,1架"暴风"被击落。但德国战斗机也并不是全身而退,因为黄色分队加入了战场,击落了1架Fw 190,并将其他飞机赶跑。击落Fw 190的圣昆廷在战斗报告中写道:

我驾驶"黄色3"号机执行武装侦察任务。我们在宁堡-卡肯布吕克上空碰到了红色分队,他们正在盘旋,寻找合适的攻击目标。我们打算离开时,我发现近10架敌机在我们下方约300米跟红色分队开始缠斗,此外还有4架敌机在交战空域上空巡逻掩护。黄色分队的飞行高度大概是2400米,跟那4架正在巡逻的敌机高度相同。我把情况报告给了黄色分队长机,但他没有回应,"黄色2"号机有回应,他表示会去料理那4架敌机中的2架,并让我去跟另外2架敌机交战。经过一个大范围转弯机动后,我们都没能找到合适的开火位置,敌机发现我们后停止了转弯,然后剧烈爬升,这让我有了找到开火位置的机会。我在180米距离以1环提前量对目标开火,打了一个3秒点射,但没看到炮弹命中目标。敌机做了一个半滚转弯机动,我乘机接近到它正后方130米距离,无提前量又打了一个3秒点射，看见炮弹击中了敌机的机翼和机身。敌机着火了，螺旋下降最后坠毁在一片开火的田野上，燃起了大火，飞行员没有跳伞。此时我完全跟编队中其他飞机失散了，油压也降到了50，散热器温度高达130度，油温也达到了95度，已经无法再进行高强度飞行，于是我决定返回基地。

在把德国空军的飞机赶走之后，第3中队再次遇到了第9航空军的"野马"。美国飞行员再次大意地将"暴风"识别为德国飞机，并进行了攻击。不幸的是，这一次格林上士驾驶的"暴风"被击落。格林的飞机当时已经被德国高射炮击伤，他正在努力地挽救飞机飞往基地，却不幸被友军击落身亡。自那以后，第122和第135联队都接到了警告，除了要警惕德国空军之外，还需防着点美国陆航的战斗机。

相比第3中队的曲折经历，其他中队则顺利得多。第274中队在莱茵附近击落了2架Fw 190D-9，全部由费尔班克斯包办（详情见后文）。紧接着第486中队又在布拉姆舍附近击落了2架Bf 109，斯塔福德上尉首先拿下其中1架：

我飞"绿色1"号机，带领中队在埃因贝克地区执行武装侦察任务。在明斯特南部飞行时，我看见1架Bf 109在超低空朝北飞。我们的高度在2700米，我带着中队俯冲下去追击敌机，看到附近有更多的Bf 109。我在那架Bf 109正后方540米距离上开火，但因为我俯冲速度太快，很快就超过了敌机。敌机向左急转弯绕到了我的尾部，跟我进入了转弯格斗。不久后我又成功地绕到了敌机的尾部，并对它打了几个短点射。那架Bf 109从转弯中改出并进入俯冲想逃跑，而我紧紧地咬住它的尾巴，在俯冲过程中向它开火，敌机又猛地拉起机头爬升躲避我的攻击。此时我看见敌机上掉落下来2块碎片，并拉出了一条细细的黑烟。等我拉起机头追上敌机跟它并排飞行时，我看到敌机的座舱盖已经打开，飞行员正蜷缩在座舱里。我超到了敌机前面，然后看到敌机飞行员的降落伞在空中打开，而那架Bf 109则翻滚过来，俯冲向地面，最后在树林中爆炸。

绿色分队里的另外一名飞行员——埃文斯上尉在目睹斯塔福德的战斗过程后，发现了另外1架Bf 109，并成功地将其击落：

我跟着"绿色1"号机俯冲到不到600米高度，看见1架Bf 109的飞行员跳伞，飞机坠毁在一片树林里，随后我们中队爬升准备继续执行巡逻任务。在爬升过程中我看见1架Bf 109在600米高度，在我上方从左向右穿过我的飞行路线。我马上转向敌机跟它交战，那架Bf 109做了一个水平急转弯机动飞向我，但我稳稳地保持了优势位置，在270米距离上以1.5环提前量对它打了一个短点射，然后观察到敌机的左起落架放下来了，但依旧在转弯，转了大约90度向我飞过来。我以2.5/3环提前量再次对敌机打了一个1.5秒点射，随后我改平飞机观察炮弹是否命中。我看到碎片从敌机上飞了下来，我拉起飞机去躲避碎片，而那架Bf 109则向左俯冲，坠落在了农田的一角，爆炸成一团火焰。

2月22日下午，第274中队重回莱茵地区，击伤了1架Me 262，击落了1架Ju 88，此外还击毁了地面上停放的1架Ju 188。

2月23日，第122和第135联队继续出动，继续对莱茵地区进行扫荡。第33、56和222中队在执行任务过程中遭遇了一个由16架Bf 109组成的大编队，双方进行了混战，三个"暴风"中队共击落敌机4

在解放比利时港口安特卫普的战斗中,盟军派出了"台风"前去瓦解德军的防御。这是从登陆艇上拍摄的照片,"台风"攻击德军阵地,腾起了巨大的烟柱。

架,不过代价是1架"暴风"被击落,1架被击伤。

3月24日,第274中队的中队长费尔班克斯击落了他个人战绩中的第12架敌机——1架单独出动的Fw 190,该机闯入了他最喜欢的狩猎场,被其猎杀。这架飞机也是他最后一个确认击杀。

第3中队的L.C.埃文斯(L.C.Ewens)是该中队的一名菜鸟,2月24日第一次执行作战任务,他先是执行了一次机炮测试任务,摧毁了一艘驳船,然后在第二次出动中被分配给分队长B.汉弗莱克

(B.Humphries)上尉当僚机。第3中队的这次出动很成功,在武装侦察任务中击毁了8个火车头和4艘驳船,击伤2艘。但埃文斯在朝1艘驳船俯冲的过程中,由于没能适应"暴风"加速很快的特性,他拉起飞机的时机稍微晚了一点点:

我像疯了一样拼命地朝后拉操纵杆以避免撞上地面。突然一瞬间,我看到一些枞树树梢从我头顶上面掠过,我这才反应过来自己实际上已经在树权中飞行了。当时我的脑海中已经浮现了一个非常愚蠢的

想法:"可怜的埃文斯,你完了。"但很快我惊奇地发现自己的飞机还在继续飞行,不过也仅仅是还能飞而已。

埃文斯的飞机已经被树枝擦伤,随着发动机温度的逐步上升,他不得不将受伤的"暴风"飞回沃特尔机场进行机腹迫降。当他抵达机场时,第41中队1架被德军高射炮击伤的"喷火"ⅩⅨ也正好抵达机场,飞行员T.伯恩利(T. Burne)上尉手臂和胸部受了重伤——他在苏门答腊跟日军战斗机的搏斗中已经失去了一

条腿。但伯恩利无私地放弃了进场路线，让埃文斯的"暴风"先行着陆，随后他才着陆。事后，伯恩利因自己的勇气和无私赢得了杰出服役勋章。

埃文斯可以说是第二战术空军中的典型"菜鸟"飞行员。二战中期，英国的飞行员培训计划在经过几年的高速发展后，已经达到了超速运转的状态，从飞行学校成功毕业的飞行员数量已经超过了前线职位的空缺。因此，很多人在完成行动部队的训练课程后无法进入一线作战部队服役，而是进了二线辅助部队，比如轰炸机联络或者是天气侦察中队。

埃文斯在完成训练课程后就在天气侦察部队飞了很长一段时间的"喷火"，他认为自己需要运气和坚持不懈才能跟大量有经验的飞行员竞争，进入一线作战中队。

埃文斯在第83大队的大队长哈瑞·布罗德赫斯特少将访问驻比利时天气侦察部队基地时抓住机会，和另外一名天气侦察飞行员想办法获得了面试的机会，并阐述他们对作战行动的看法。布罗德赫斯特少将被他们的热情所打动，就问他们想飞什么飞机，他们立刻回答道："暴风！"于是他们俩就被送往第83大队在韦斯特兰内特的地理交割部队，学习换装课程，最后被分配到第3中队，跟一群经验丰富的"老鸟"们一起执行任务。

第486中队在2月24日的空战中表现出色，击落了2架Bf 109。其中1架是中队长泰勒-卡农的战果：

我带领中队去菲嫩堡执行武装侦察任务，"肯威"命令我们去莱茵-奥斯纳布吕克地区，因为那里有敌机出没。在阿克梅尔附近，"蓝色1"号机报告3架飞机在东南方向超低空飞行，并对其展开了攻击。我俯冲下去确认"蓝色

埃文斯的座机EJ765，他第二次驾驶该机执行任务就死里逃生，用一个起落架迫降。照片中这架飞机已经送回英格兰进行维修，1945年9月才修好，后来在第20地勤部队封存，当成零配件储备。

2月24日，第3中队的中队长科勒带领中队其他飞机在武装巡逻任务中攻击了一列德军火车，图为科勒座机照相枪拍摄的图片。

1"号机报告的情况。在"蓝色1"号机对自己的目标开火时，我看见1架Bf 109在160米高度飞过机场。我马上追了过去，距离敌机540米开火，而敌机剧烈爬升想甩脱我，但它的这个机动让我能够进入它的正后方位置。接着我看见敌机抛弃了座舱盖，飞行员跳伞，而飞机向左做了一个急转弯，然后直接冲向了低空，撞地爆炸燃烧。我重整了中队编队，继续在该地区上空巡逻，但再没有跟敌机交战。

"蓝色1"号机飞行员N.J.鲍威尔（N.J.Powell）也将自己的目标击落：

我飞"蓝色1"号机，报告敌情后我就俯冲下去，认出3架飞机是Bf 109，我追上其中1架正在飞越机场的敌机作为目标。在我接近敌机时，它向左急转弯，我乘机从360米到180米以20度提前量，对敌机打了一个点射，看见炮弹命中了它的发动机和座舱，机身里冒出黑烟和火焰。此时我们的飞行高度大约是160米，随后我急转弯飞向太阳方向，再次寻找攻击位置，与此同时我看见那架Bf 109坠毁在了树林里，燃起了大火。然后我左转去追击另外1架Bf 109，但看见中队长从那架敌机后面脱离，而那架敌机则直接坠向了地面。

第135联队刚刚换装"暴风"的第222中队（绰号"三倍数"）和第33中队也在2月24日首次驾驶"暴风"参加行动。两个"暴风"中队在新联队长、新西兰人H.M.曼森（H.M.Mason）的率领下，去扫荡普朗特伦机场。在飞到机场上空后，他们逮住了一个正在准备起飞的Fw 190D-9编队，至少有9架飞机。当时那些飞机的发动机已经启动，正准备起飞。第222中队立刻对敌机发动攻击，第33中队则负责高空掩护，取得了击毁敌机2架，可能击毁3架，击伤3架的战绩。第135联队在作战日志里记录这件事时显得特别高兴，因为他们击毁那些飞机是德国空军第26战斗机联队的，该联队在"底板"行动中有3架Fw 190扫射了第135联队的基地，造成了不小的损失，第135联队这次算是报了一箭之仇。

2月24日午后，第80中队发现了一个梦寐以求的高价值目标——一个炼油厂，而且周围只有少量的高射炮保护。第80中队对目标倾泻了所有的火力，炼油厂里面的油罐、火车和井架，全都燃起了熊熊大火。下午，第56中队再次攻击炼油厂，点燃了剩下的运输车和储油罐，彻底摧毁了目标。虽然战果辉煌，但第56中队的飞行员们却对这次任务有一些失望，因为好点燃的目标都被第80中队先打了，第二次攻击的目标起火很慢，让他们没什么成就感。

2月25日，第33中队的I.G.S.马修斯（I.G.S.Mathews）中队长率领8架"暴风"前往声名狼藉的莱茵地区执行扫荡任务，遇到了德国空军第27战斗机联队的至少15架Bf 109！第33中队聪明地绕到了敌机编队的后面，然后将其打乱，把大规模编队混战变成了几场相对独立的战斗，充分发挥了自己优势。第33中队此战击落敌机4架，击伤4架。马修斯在战斗报告中回忆道：

我带领2个分队（共7架飞机）去莱茵执行进攻性扫荡任务，我飞的是"红色1"号机。我们在莱茵西南16公里处，向东北方向飞。途中我看见至少15架Bf 109，在我们前方分成4个小队并排飞行，距离不到200米，但高度比我们低了约600米，飞行方向跟我们一样。我靠近敌机编队左边的那个4机小队，确认了敌机型号，然后就带领红色分队向右转去攻击敌机编队右边那个敌机小队，把其他敌机交给了后面的蓝色分队。在我们接近敌机的过程中，敌机也发现了我们，于是向左急转弯躲避我们的追击。我飞到敌机编队右边那个敌机小队的尾部，但此时敌机编队中间那个小队飞到了我的尾部，导致我也不得不机动躲避敌机的追击。我脱离

了分队，跟1架落单的敌机进入了转弯格斗。我追着敌机飞了大约1.6公里，随后它突然爬升并左急转弯。我接近到距离敌机270-360米，对它打了一个1秒点射（1又3/4环提前量），命中了它的右翼。随后我拉升起来转了一圈又对已经失去机动能力的敌机打了一个点射，击中了它的左侧机身下部。敌机垂直拉起机头，抛弃了座舱盖，飞行员跳伞。

L.C.吕克霍夫（L.C.Luckhoff）上尉在战斗中击落了2架敌机：

我飞"红色3"号机。在听到中队长的呼叫之后，我看见一排敌机以小队为单位左转向我们飞来。我追上其中1架正在做大半径转弯机动的敌机，然后跟它进入了转弯格斗。转了两圈之后，我把敌机赶到了低空，迅速拉近了跟它之间的距离。敌机爬升到300米然后向右转弯，我乘机接近到270米，在转弯中以2.5环提前量对它打了一个点射。敌机倒扣然后进入俯冲，倒转撞地，散架了但没有着火。

我返回战场飞到另外1架Bf 109的背后，它正打算脱离战斗。在我能接近它之前，另外2架"暴风"飞到了它的尾部，发起了攻击，我只好放

弃。此时我又看到1架Bf 109正在脱离战场，于是我追了上去。在600米高度上我跟着它追到超低空，快速拉近距离并且不断地朝敌机射击。我们飞过了一个小镇（恩斯赫德）的边缘，德军的高射炮向我开火，但我并没有放弃。我打出的炮弹击中了敌机的两翼和机身，在我打出最后一个点射之后，敌机滑翔坠毁在一块田野上，最后撞上了一棵树。此时德军的高射炮还在不断地向我射击，我快速脱离现场返回了沃克尔。

A.W.鲍尔是蓝色分队长机，跟在红色小队后面，对敌机编队发起了攻击。他击落1架敌机，击伤1架。他在战斗报告中写道：

我带领蓝色分队。在我们追上敌机编队左侧那个小队时，敌机的整个大编队都在向左转，因此敌机编队左侧的那个小队实际上跟我们形成了对头的态势。对头而过之后，我绕到敌机小队长机的后面，它转了一圈之后飞到了"蓝色3"号机的后面，我看见它对"蓝色3"号机开火，于是我迅速占据了射击位置，对它打了一个2秒点射（1又3/4环提前量）。与此同时"蓝色3"号机拉起爬升躲避敌机的攻击，敌机则进入了小坡度左转弯机动，而且还掉了高度。我因为接近敌机的速度太快，无法再次开火，从它身边飞了过去，不过我看见敌机继续下降最后坠入了1.6公里以外的一片树林。

在我拉起飞机的时候，看到左翼有曳光弹飞过，所以我立刻向右急转弯。敌机看到我转向它，向左急转弯飞向了太阳方向，准备逃跑。我追着敌机转弯，距离敌机270米开火，以满环提前量打了一个1秒点射，看见炮弹命中了敌机的尾部。随后另外1架敌机出现在了我的尾部，我只好机动躲避，未能确认被我击中的那架敌机的最终结果。

第33中队在装备"暴风"后首次空战就大放异彩，但也付出了一定的代价，A.哈蒙（A.Harmon）上尉被击落，然后被德军俘虏。吕克霍夫上尉击落第2架敌机时，被德军高射炮命中，虽然他成功地把飞机降落在最近的盟军机场沃克尔，但最终飞机还是报废了。

第56中队在2月25日执行武装侦察任务的过程中也击落了2架Bf 109。丹尼斯上尉所在的红色分队遭到了Bf 109的俯冲攻击，在经过一番苦战后，他击落了1架Bf 109：

在巡逻过程中，我看见4点钟方向机翼上方的阳光中有闪光，并快速向我们接近。我在无线电中大喊"向左急转弯！"然后就进行向左急转弯机动，跟编队中的其他飞机失去了联系。随后我爬升到2100-2400米，发现自己飞机

第33中队很晚才到欧洲。在参加行动的第4天，南非飞行员吕克霍夫就击落了2架Bf 109，但在返航时被德国的高射炮击伤，这张照片就是他返航后拍摄的，座机EJ880座舱旁边被击中，吕克霍夫死里逃生，在座舱中神情凝重。

发动机的增压值和发动机转速已经达到极限,飞机开始左倾,快到了失速的边缘。此时2架Bf 109向我转过来,我们3架飞机在转弯中形成了互相在各自120度方位的情况。我发现"暴风"能够在转弯中抓住Bf 109,并获得一点优势。跟2架敌机纠缠了2-3分钟后,我的战友终于出现了,1架Bf 109翻转退出转弯,然后跟着另外1架"暴风"俯冲下去,留下1架继续跟我缠斗(那架俯冲下去的Bf 109后来被麦克劳德上尉击落)。此时,敌机已经绕到了我的后面并开始接近我,但不知道什么原因,敌机滚转退出了转弯机动并小角度爬升。这让我有机会绕到敌机的尾部向它开火,看着射击提前量我猜想敌机飞行员的心思,他应该是知道我已经在失速的边缘,于是想通过爬升来诱导我失速,然而"暴风"的性能超出了他的想象。我打出的炮弹直接把敌机的机尾打掉了,敌机开始上下震荡,然后进入了水平尾旋。敌机飞行员跳伞,降落伞打开了,但破了一大块,我觉得他的下降速度已经超出了安全着陆的范围。

俯冲到低空的1架Bf 109被麦克劳德上尉抓住击落:

我飞的是"红色4"号机。中队前往伊尔德塞姆执行武装侦察任务,分成了2个小队。当我们在明斯特以南24公里处飞行时,"红色2"号机报告发现敌机,在我们6点钟方向上空约300米高度盘旋。我们立刻向左急转弯并且爬升前去攻击。当我们距离敌机编队约900米时,我看见1架Bf 109从大编队中脱离朝南飞去。我跟着它俯冲下去,"汉斯"开始做剧烈的躲避机动,此后约8分钟,我们都在高速中机动,最后敌机向左俯冲飞往超低空。我在俯冲转弯中接近到敌机左后方约130米处,对它打了一个长点射,看到炮弹命中了敌机的发动机和座舱。敌机燃起了大火,我脱离了攻击航线,最后敌机撞地爆炸,坠毁在科埃斯费尔德东南约16公里处,飞行员没有跳伞。

2月28日,"暴风"联队却迎来了当月最大的损失。当天上午,第274中队的中队长费尔班克斯率领6架"暴风"出动执行武装侦察任务。上午8时,在奥斯纳布吕克以东约16公里处,他们遭遇了40多架德国战斗机——报告上写的是Bf 109和Fw 190混编队,不过实际上是德国空军第26战斗机联队III大队,该大队刚刚换装Fw 190D-9战斗机。6架"暴风"在巨大的数量劣势下,直接冲入了德国空军的编队之中。很快每架"暴风"后面都紧紧地跟着好几架Fw 190D-9。在激烈的战斗中,"暴风"飞行员只能对自己的目标打短点射,无暇观察结果,所以在战报中他们声称击伤了5架Fw 190D-9。最终,6架"暴风"中有4架逃脱了敌机的追击返回了基地,但是费尔班克斯没有回来。有人说看到他击落了1架Fw 190D-9,然后和思朋斯上尉一起失踪了。最后两人都被确认被俘。费尔班克斯在战斗中最后的无线电呼叫是"我后面有5架敌机!"他的座机NV943被敌机打成重伤,几乎失控,只好在敌占区上空跳伞。

总的来说,2月份对"暴风"中队而言并不算太好。虽然在空战中一共击落了30架敌机,但是在行动中也损失了31架飞机,其中只有7架是被敌方战斗机击落的,另外17架被高射炮火击落,还有7架是因为自身发动机熄火而坠毁。不过相对的好消息是,这31架"暴风"的飞行员中,至少有21人幸存——16人被俘,5人逃脱并穿越战线返回,只有10名飞行员阵亡。总体而言两个"暴风"联队的战斗力并没有大的损失，飞行员和飞机很快就补充到位，这跟同期德国空军的糟糕状况形成了鲜明对比。

2月28日的战斗过后，第二战术空军针对"暴风"在对地攻击和在空战中总是遇到寡不敌众的情况，发布了禁止"暴风"进行对地攻击的命令，而且只允许16架以上的"暴风"编队进入敌方控制区。这项禁令并没持续几天，但是各部队都认真执行了。

3月2日早晨，第222中队在执行扫荡任务时战绩斐然。G.W.瓦利（G.W.Valley）发现了1架Ar 234，他立刻对其发起了攻击，当他在900米距离上对Ar 234开火时，发现另外1架Ar 234在他下方跟自己同向飞行。于是他果断改变主意，转而攻击新目标，因为之前的目标距离太远，不太可能取得战果。他接近到敌机后方180米打了一个2秒点射，打得那架Ar 234凌空爆炸。瓦利在战斗报告中描述那场空战道：

我驾驶"黄色3"号机，在林根地区执行进攻性扫荡任务。当时我们飞行高度900米，接到地面空勤管制的警告说12点钟方向下方有敌机。随后我看见有一种类似霍萨滑翔机的飞机从右向左在我们编队下方穿过，并认出那架飞机是德国空军最新型的"阿拉多"喷气式战斗机。我俯冲并左转，追到距离目标900米，以10度提前量打了一个1秒点射，但没有命中。随后我观察了一下四周和下方，发现另外一架喷气式飞机在我下方飞行，方向跟我相同。于是我降低高度飞到它尾部，接近到180米，从正后方打了一个2秒点射，看到敌机发生了巨大的爆炸，红色的火焰喷发出来。

这两架Ar 234是德国空军第76攻击机联队9中队的，瓦利在击落其中1架后，黄色分队的分队长在无线电里向他呼叫"向左脱离"，然后他就发现约12架Bf 109气势汹汹的前来报复：

我向左急转弯后，高度差不多在700米，看到12架Bf 109试图对我进行俯冲攻击。1架敌机迎头对我开火，我也开火反击。随后我再次向左急转弯，而敌机向右急转弯。我与敌机拼命地转了6圈，结果敌机转不过我逃跑了。我追上去以20度提前量对敌机开火，看到炮弹击中了敌机。敌机开始在超低空用S形机动躲避我的攻击，而我把提前量增加到30度再次开火，随后敌机的螺旋桨就停转了，又转了一会儿弯后就坠毁了。我爬升上去想继续参加战斗，看到有2-3个降落伞在空中飘，但等我返回战场时，却再没有看到其他敌机。

瓦利在很短的时间内就击落1架Ar 234，1架Bf 109。而他的战友们在跟Bf 109大编队战斗，黄色分队的长机特尼上尉拿下其中1架：

我飞"黄色1"号机，我看见Ar 234在我们下方300米，高度约700米从右向左掠过。我俯冲下去以30度提前量打了一个0.5秒点射，但看到"黄色3"号机位置更好，所以我脱离了攻击航线，此时我发现12架Bf 109从我们5点钟方位杀了下来。在那架Ar 234爆炸的时候，我呼叫3号向左急转弯躲避敌机的攻击。与此同时我向左转360度，绕到了1架Bf 109的尾部。它使用了剧烈的躲避机动，而我追着它打了好几个点射，中途我还遭到了其他敌机的攻击，但我都躲开了，牢牢地盯住目标。最终我看到我打出的炮弹击中了敌机，敌机拉出了黑烟，倒扣过来机腹朝天。我又对它开了一次火，然后看到敌机飞行员跳伞。此时我看见上空有6架飞机在进行转弯格斗，互相咬尾，形成了一把雨伞状的圆圈。

在高空跟敌机交战的是第222中队红色分队的飞机,队长是麦考利夫上尉,他在战斗爆发后击落了1架Bf 109:

我是"红色1"号机,"红色3"号机报告发现1架Ar 234,我看到敌机从黄色分队下方穿过。我的飞行高度是1500米,在林根东部约9公里处。黄色分队俯冲下去攻击Ar 234,红色分队继续在高空掩护。过了一会儿,我听见"黄色1"号机报告说高空有敌机。我看见2400米有至少12架Bf 109从云层中冲了下来,向我们接近。我爬升左转,飞到了敌机上方约400米处,此时敌机也看到了我们,分出一部分兵力转向我们飞来。我继续转弯,带领红色分队在2400米高度跟6架敌机交战。我绕到1架敌机的尾部,它爬升朝太阳飞去,我追上去,在180米距离以15度提前量开火,敌机起火拖出了浓烟,向左转然后俯冲逃跑,"红色2"号机的索尔特军士看到它坠地爆炸。打下这架敌机后,我继续跟另外2架敌机交战,"红色3"号机和"红色4"号机后面追了3架敌机。此时我们分队分成了2个双机小队,各自为战,跟敌机进行了长达4分钟的空中格斗。"红色3"号机(贝格上尉)找机会爬升到跟我交战的2架敌机中间,并把领头的敌机击落,剩下那架敌机俯冲下去打算逃跑,我追了上去。此时我看到又有1架Ar 234在约180米高度上向北飞。我放弃追击那架Bf 109,转而去追击Ar 234,追到距离敌机约630米时,我的指示空速高达724公里/小时,但没能进一步拉近距离。我在机炮的极限有效射程上打了2个短点射,然后观察敌机会采取什么新行动。敌机继续按照原来的航线飞行,在飞过一片树林时,我遭到了高射炮的攻击。此时那架Ar 234开始左转,我也跟着左转,然后又飞到了刚才飞过的那片树林上空。我为了躲避高射炮,爬升到了1200米,围绕一顶德国飞行员的降落伞盘旋,然后3架Bf 109飞过来保护它。这正中我下怀,我马上绕到1架敌机的尾部准备攻击,但突然1架"喷火"从云层中冲下来,把我的目标打成了一团火焰,另外2架敌机见势不妙立马俯冲逃跑了。

麦考利夫上尉在这场战斗中的战绩后来被判定为击落1架Bf 109,可能击伤1架Ar 234。"红色3"号机的飞行员V.W.贝格(V.W.Berg)上尉也拿下了1架Bf 109,他在战斗报告中写道:

在"红色1"号机发出"左急转弯并抛弃副油箱"的命令后,我立刻执行了,并且爬升到2400米,在"红色1"号和"红色2"号机攻击敌机时跟着他们后面转弯,为他们提供掩护。"红色1"号机击落了1架Bf 109,另外1架Bf 109看样子是想螺旋下降,我左转向它打了一个短点射,但没看到炮弹命中目标。随后我跟着"红色4"号机俯冲下去,转到了那架Bf 109的后面,但没能找到射击机会。因为"红色1"号机呼叫说还有大量的Bf 109在高空太阳光方向,于是我向右转脱离攻击航线然后剧烈爬升回到2400米高度。爬升到2400米后,我向左转,正好有1架Bf 109从我上方略高的地方穿过,我直接拉起机头,做了一个转弯筋斗机动飞到了它的正后下方,在差不多135米距离上打了一个4秒点射,看见炮弹命中了敌机的发动机和座舱的右侧,随后看见敌机爆炸并喷出了一大团黑烟,掉了不少碎片。敌机拉出了黑烟,座舱里喷出了火焰,起落架也放了下来,最后在一团大火之中坠毁。

第33中队的中队长布朗常用座机是EJ886，并在该机上拿到了自己的第一个战果，1945年2月25日击落了德国空军第27战斗机联队的1架Bf 109。1945年3月26日，他又击落了1架Fw 190。

此战第222中队可谓大获全胜，击落了4架Bf 109和1架Ar 234。当天下午，第222中队再次出动，瓦利上尉又击伤了1架德国空军的喷气式飞机，但很遗憾未能扩大战果。

第二战术空军在3月2日对其下属所有联队发布了一道命令，禁止在莱茵河以西进行对地扫射行动，因为莱茵西岸的德军已经被肃清，对地扫射行动容易误伤友军。此时盟军对德国本土进攻的方案也已经明确，将在3个星期后对莱茵地区的德军发起总攻。

3月3日天气不好，"暴风"中队没有出动。3月4日，第122联队全体出动在莱茵地区上空巡逻，遭遇了4架Fw 190D-9，在兵力占优的情况下费了很大的劲才把这4架敌机全部击落。战斗过程超乎想象的困难，在二战已经打到这份儿上算是难得一见的情况，那4架Fw 190D-9很可能全部是德国空军宝贵的"专家"们驾驶的。

3月4日一个非常有名的王牌飞行员加入了"暴风"王牌飞行员之间的竞争，他就是自由法国飞行员P.克洛斯特曼（P.Clostermann）上尉。在此之前，他已经在第341和第602中队完成过一个令人瞩目的任务周期，驾驶"喷火"战斗机取得了击落7架，可能击落2架，击伤7架敌机的战绩。他在阿斯顿镇进行"暴风"换装训练时差点坠机殒命，现在他以编外飞行员的身份来到了沃克尔并加入了第274中队。

3月5日，克洛斯特曼就驾驶"暴风"取得了战果。他驾驶"暴风"EJ893执行"机炮测试"任务，很多飞行员经常以这个任务的名义去进行自由狩猎，克洛斯特曼也不例外。途中，克洛斯特曼遇到一个正在被4架Bf 109追击的"台风"分队，当时敌机以纵列编队飞行，马上就要对"台风"发动攻击了。时不我待,克洛斯特曼马上向Bf 109俯冲过去,在敌机编队解散时抓住其中1架,打了3个点射,然后先脱离躲进云层里。过一会儿克洛斯特曼飞出云层,发现他刚才攻击过的那架敌机正在地面上燃烧。

3月7日,第56中队的佩顿上尉跨入王牌飞行员行列。他在莱茵地区执行完一次成果颇丰的对地攻击任务后,用两个短点射击落了1架Fw 190,总战绩达到了5架,他在战斗报告中写道:

我驾驶"黄色1"号机,在莱茵-不来梅地区执行扫荡任务,我们接到报告说在恩斯赫德-莱茵地区有敌机,经过搜索后我看见8架Fw 190在3650米高度飞行,位于我们右上方。我们掉头向西飞接近敌机,此时敌机编队正在毫无目的地乱转。我带领黄色分队爬升去攻击敌机,但途中"黄色2"号机报告有2架敌机从我们后面杀了过来,不得不向左急转弯躲避。转弯时我看见1架Fw 190在我下方,我果断俯冲下去接近敌机,在敌机进入机炮射程之内时,它突然剧烈爬升并转弯。我抓住机会以30度提前量对敌机打了2个短点射,看见炮弹命中了敌机的发动机。我跟着敌机爬升并保持提前量,准备找机会再次发动攻击,这时我看到Fw 190的飞行员跳伞了。我改平飞机,敌机慢慢进入了垂直俯冲,我追着敌机俯冲下去用照相枪记录了我的战果。

红色分队中来自澳大利亚空军的特纳上尉,也在这场战斗中击落了1架Bf 109,他在战斗报告中写道:

我驾驶"红色3"号机,在莱茵西部接到报告说有Bf 109在我们上面,随后我就看到6架Fw 190从3650米向我们中队的后方冲了下来。我左转90度,看见1架Bf 109正垂直俯冲飞向超低空。我也做了半滚俯冲机动,追着它降低到了600米高度。敌机改平并朝东南方向飞去,我追击敌机正后方,在约540米距离对它打了一个短点射,但没有看到炮弹命中。我继续接近到270米,在它正后方打了一个长达5秒的点射,这次看到多发炮弹命中了敌机的机身。那架Bf 109左转180度,看起来有乙醇和汽油泄漏了出来的样子,还有1块碎片从敌机机身上飞落。接着那架Bf 109在600米高度进入了垂直俯冲,又掉落了很多碎片,最终坠毁在了一片田野上。

3月9日,第3中队的瓦西里亚基斯上尉、第56中队的佩顿上尉,以及第80中队的麦凯中队长这3名王牌飞行员各

自由法国王牌飞行员克洛斯特曼,这张照片是他和他的"暴风"V座机合影,座舱下方涂有座机的名字"伟大的查理"(Le Grand Charles),右前方是他的战绩,他的总战绩为33架。他一开始在第341中队服役(也就是著名的自由法国"阿尔萨斯"中队),1944年12月加入第274中队飞"暴风"。

击落了1架敌机。第56中队特纳上尉拿下了自己的第3个战绩，成了王牌飞行员的潜在竞争者。

3月14日，第222中队在奎肯布鲁克机场上空又逮到了1架Ar 234，麦考利夫上尉和麦克里兰上尉合作将其击落，麦考利夫在战斗报告中描述了当时的作战过程：

我刚刚左转掉头打算进行第二轮巡逻时，看见前方约2.4公里处，有1架Ar 234正在朝西南方向飞。我们追过去之后，敌机向最低空俯冲躲避我们，我们也一起追了下去。我在450米距离上对敌机打了两个短点射，敌机向左转躲避，我的僚机麦克里兰上尉也对它开火。此时敌机正穿过奎肯布鲁克机场上空，我一直追着它打，最后敌机突然俯冲一头扎入地面，爆炸起火。

麦克里兰上尉补充了更多的细节：

我们的飞行高度是2100米，那架Ar 234飞行高度为1500米，距离2.4公里。我们在奎肯布鲁克机场偏北的上空左转向西南方向飞，去追击敌机。敌机发现我们之后就俯冲到超低空去躲避，我乘着敌机左转的时候在450米距离上对它打了两个短点射。随后我就脱离了攻击航线以躲避奎肯布鲁克机场附近的高射炮火力，没看见敌机坠地。

两名飞行员在报告中都没有说观察到自己打出的炮弹命中目标，但敌机最后撞地坠毁，所以也有可能是在被追击的紧张状态下，飞行员操作失误，自己撞上了地面。

3月17日，"暴风"联队进行了重组，第274中队被调往第135联队，驻赫伦-日泽B77基地，这一调动让第135联队重新恢复了4个中队的实力，联队里的两个"喷火"中队则撤回本土的普雷达纳克去换装"暴风"。

欧洲北部春季的天气非常恶劣，而且持续时间特别长。

1945年3月份，第274中队飞行员们的合影。手持中队徽章图版者就是中队长希伯特，他驾驶"暴风"取得了击落敌机4架的战绩。他之前在第124和第126中队飞"喷火"的时候就已经有击落敌机4架、合作击落2架、击伤2架的战绩。中队里另外一名驾驶"暴风"击落4架敌机的就是克洛斯特曼了，左起第三个就是他。

在恶劣的天气状况下,德国飞行员们在遭遇"暴风"时,往往会利用恶劣的视野条件逃脱。3月21日,第33和第274中队在执行任务时遭遇20多架Fw 190D-9和Me 262,但受制于视野,只能眼睁睁地看着德国飞机巧妙地躲进云层之中,两手空空。

随着盟军地面部队逼近莱茵河东岸,德国空军撤退到了境内纵深机场行动。此时,即便是德国空军在本土升空作战,也将面对盟军压倒性的空中力量。盟军也因为在同一片空域单位和飞机太多,面临着指挥协调和识别问题。第122联队3月21日的日志显示:

我们的中队又一次面临着巨大的困难,那就是在充满了第三帝国上空的盟军飞机里,找到自己正确的位置。

3月22日下午3时30分,第56和第80中队第三次出动,在莱茵和明登-达莫上空进行扫荡。当他们接近莱茵时,发现了德国空军第26战斗机联队Ⅱ大队的12架Fw 190D。这些敌机是紧急起飞去截击美国第九航空队的B-26"掠夺者"轰炸机中队的。然而事与愿违,他们还没见到美国轰炸机,就先遭到了英国空军"暴风"的攻击。第56中队在战斗中击落4架敌机,第56中队当天带队出击的米尔恩(Milne)上尉在战斗报告中描述当时的战斗道:

我带领"纳尔戈"中队(第56中队的绰号)在达默尔湖-明登地区执行联队扫荡任务。"铁路"中队(第80中队的绰号)跟我们一起,他们中队的长机负责指挥整个编队。我们在第80中队的左侧飞行,藏在太阳光照射下的方位,为他们提供掩护。我们飞到赫斯勃地区上空时,接到报告说12点钟方向有敌机,高度跟我们一样。在距离我们3.2公里远时,那些敌机向右转,第80中队转弯跟了上去。我们从第80中队转弯航线后方穿过,然后进入了敌机正后方距离约900米的位置。我们认出敌机是Fw 190,有长鼻子(Fw 190D-9)的也有短鼻子(Fw 190D)的。我马上给第56中队下命

1945年3月21日,麦凯中队长带领第80中队的16架"暴风"起飞,为皇家空军电影部队提供宣传片拍摄服务,麦凯的座机是NV700。

令,让他们抛弃副油箱并发动攻击。我接近到1架Fw 190的正后方540米距离上,进行远程射击,看见炮弹命中了敌机座舱周围的机身和机翼部位,碎片从敌机身上飞落下来,它倒扣之后开始解体。我向左转躲避敌机的碎片,我的僚机(黑尔斯准尉)报告说"汉斯"飞行员跳伞了,敌机俯冲坠地。我又挑了1架Fw 190作为目标,打了几个点射,但没什么效果。在战斗中我看见1架敌机垂直坠入达默尔湖,飞行员在附近跳伞。

第56中队的J.T.霍奇(J.T.Hodges)上尉在这场战斗中击落了1架Fw 190,他在战斗报告中写道:

我飞的是"黄色3"号机,我们分队在红色分队的后上方。在米尔恩上尉发动攻击之后,敌机开始四散飞开。我左转并俯冲去追击1架正在俯冲逃跑的Fw 190。"汉斯"采用了俯冲转弯机动,我追着它并拉近了距离,在敌机正后方360米距离打了一个长点射,但没能命中。敌机察觉到自己遭到攻击后,猛地向右急转弯,让我飞过了头。此时我看见3点钟方位下方,约2700米高度上,有1架Fw 190正在追1

3月22日在空战中击落敌机后,第56中队的飞行员霍奇上尉在自己的飞机座舱里拍照留念。

架"暴风"。我立刻下降高度去追那架正在攻击我战友的敌机,接近到约220米,以15度提前量开火,一直打到了距离敌机只有45米才停下来。我看见敌机倒扣过来,机腹上剥落了大量的碎片,向左螺旋下降并抛弃了座舱盖,随后进入了角度高达70度的俯冲,飞行员在1800米跳伞。敌机最后坠毁在赫斯勒机场东北约16公里处。

红色分队的特纳击落了驾驶"暴风"以来的第4架敌机,距离王牌飞行员又进了一步,他在战斗报告中写道:

我飞的是"红色3"号机。空中格斗开始后我选择1架Fw 190作为目标,并从它正后方发动了攻击。敌机半滚并俯冲到超低空,向东北方向飞去。我追了上去,并在非常低的高度上接近目标距离540

米;敌机也发现了我,于是向右急转弯想摆脱我。此时我看到另外1架Fw 190正在从后方逐渐接近我,但我不打算放弃眼前的肥肉,于是我跟两架敌机进行了转弯格斗。几分钟后,我终于抓住机会,在1架敌机正后方180米,以10度提前量打了一个短点射。打完之后我就立刻向左急转弯躲避后面那架Fw 190对我的攻击,但我转弯之后却没有看见它,而被我击中的那架Fw 190最后坠毁在达默尔湖东北约16公里处。

第56中队的新兵P.C.布朗(P.C.Brown)军士也在战斗中击落1架Fw 190,他在战斗报告中写道:

我飞"红色4"号机。在米尔恩上尉发起攻击后,我看见1架敌机向右急转弯。我略微左转爬升追了上去,而"汉斯"对此毫无察觉。我接近到距离敌机只有45米,打了两个短点射,看见炮弹命中了它的左翼。此时敌机终于反应过来,做了一个剧烈的滚转机动,然后从我下方俯冲下去。我向右转然后下降高度去追击那架Fw 190,看见黑烟从它的左翼冒出来,但此时我却不得不停止追击,因为我发现我的飞机开始漏油,原因是我的右翼副油箱又没关闭。最后我看到敌机在达默尔湖以南9公里处以60度角向下俯冲，未能改出，撞上了地面。

第80中队在这场战斗中击落了2架敌机，击伤2架。G.A.布什（G.A.Bush）上尉在战斗报告中写道：

我飞"黑色3"号机，跟第56中队一起在达默尔湖上空执行扫荡任务。当我们在林根机场东南9.6公里向东北方向飞时，接到报告说在我们1点钟方位有敌机，高度比我们略低，航向跟我们差不多。中队向右转前去调查，与此同时敌机编队也向右转，这让我们可以进入敌机正后方位置，并识别出它们是Fw 190，编队中大概有12架飞机。敌机发现我们之后再次右转并抛弃了副油箱，试图甩脱我们，但这给了第56中队直接进入它们正后方的机会，随后就爆发了激烈的混战格斗。在对1架敌机进行俯冲攻击后，我看见另外1架敌机在我下方盘旋，于是我俯冲下去切入它的内圈，"汉斯"发现之后进行了剧烈的躲避机动，但我始终牢牢地咬住它，在270米距离开火，打了一个短点射，但没有观察到炮弹命中。敌机随后转变为S形机动，而我抓住机会在130米以40度提前量打了一个短点射，敌机立刻爆发出一团火焰，并落下了一些碎片。我左转盘旋，最后看到敌机坠毁在了赫斯勃东北9公里处。

另一架Fw 190是R.C.库珀上尉打下来的，他在战斗报告中写道：

我飞的是"黑色4"号机。攻击发起后我对1架敌机进行了俯冲攻击，但没有什么明显效果。于是我拉起飞机，垂直爬升到1200米，看见另外1架"汉斯"正在做失速转弯机动，于是我从它正后方接近。敌机发现我之后开始做左转爬升机动，我对它打了两个提前量点射，但都没能命中。我继续拉近距离，一直接近到敌机正后方90米，打了几个长点射。我没有观察到炮弹命中，因为当时我们都朝着太阳飞行，但我估计有炮弹击中了敌机的机身下部。敌机随后做了从右向左半滚，翻转并俯冲出了我的视野。"黑色2"号机目睹了战斗过程，看到敌机最后坠毁，帮我确认了这个战果。

虽然第56和第80中队声称一共击落了6架敌机，但根据德国方面的记录，第26战斗机联队的第5和第6中队在3月22日的战斗中共损失5架"多拉"，4名飞行员阵亡，1名飞行员受伤。作为回应，德国空军飞行员声称击落2架"暴风"，但实际上参战的两个"暴风"都毫发无损。

第222中队也在22日下午

3月份，第486中队的"暴风"正在从沃克尔机场起飞，由于机头前视野不佳，所以在滑向跑道的时候，机翼上都会坐一个人，帮飞行员指示方向，等进入跑道起飞点之后，再跳下来。

上演好戏。他们出动后遭遇了11架Fw 190，击落其中3架。G.F.J.钟宝特（G.F.J.Jongbloed）上尉首先拿下1架Fw 190，他在战斗报告中写道：

我飞"蓝色3"号机，在克洛蓬堡上空，高度约2750米，收到报告说12点钟方向上方有敌机。几秒钟后我看见4架Fw 190（短鼻子）在约2100米高度从右向左从我们前面穿过，向西北方向俯冲而去。

"蓝色1"号机（瓦利上尉）左转去追击敌机，而我在他右侧为他的尾部提供掩护，我看见另外1架Fw 190追着瓦利上尉，于是我赶过去跟它交战。那架敌机随后通过猛地拉起机头让我飞到了它的前面，而我则急转弯想再次抓住它，我们进入了急转弯格斗，高度逐渐降低。一开始Fw 190占据了优势，但随着高度的降低，优势开始慢慢回到我这边，因为它的盘旋率在不断地下降。最后我们的高度降低到了约150米，我拉起机头略微爬升，然后对敌机俯冲，在270米距离以1.5环提前量打了一个1秒点射，看见炮弹命中了敌机的机尾。敌机通过急转弯调转头来，我们形成了迎头互射态势。我又对目标打了两个点射，观察到第二次点射命中了敌机。敌机从我身边穿过，倒扣过去，随后一个半转直接向地面坠去。

曾击落过Ar 234的瓦利上尉，在战斗中击落了1架Bf 109，把自己的战绩提升到了3架，他在战斗报告中写道：

我驾驶"蓝色1"号机，当敌机开始俯冲的时候，蓝色分队左转，然后跟着敌机下降高度，识别出敌机是Fw 190。蓝色分队跟在4架敌机后面，不断地拉近距离。我对分队其他飞机发出发动攻击的信号，然后选择了敌机编队中右边那架作为目标，在360米距离打了一个短点射，看见炮弹命中了敌机的右翼和机尾，碎片从它身上飞散下来。敌机下降到树梢高度躲避，我追了上去又对它打了一个短点射，命中了它的右侧机身。敌机为了摆脱我，拉起机头打算爬升逃跑，我乘机把距离拉近到只有45米，再次打出短点射，造成敌机发动和右侧机身起火。敌机飞行员只好抛弃了座舱盖并跳伞，飞机坠毁爆炸。

唐纳德上尉也在战斗中击落了1架Fw 190，他在战斗报告中写道：

我飞"红色4"号机，在我们跟着敌机俯冲之后，我的长机"红色3"号机（索罗古德上尉）报告说我左边有1架Fw 190，我悄悄地飞到它的正后方，在90米距离开火，受到惊吓的"汉斯"略微左转并俯冲，然后又向左转。我追了过去，对敌机打了几个短点射之后，它最终进入俯冲，坠毁在一条道路的中间，位于奎肯布鲁克南边约4.8公里处。

3月24日，盟军开始实施"战利品"行动，对德军发动了大规模地面和空中突击，强渡莱茵河。盟军出动了包括4000架运输机、滑翔机对德军实施了大规模空投作战，另外出动了约1200架战斗机的兵力执行掩护和制空巡逻任务。

第122联队当天的主要任务是防空巡逻，偶尔离开巡逻路线攻击一些地面目标。在"战利品"行动之前，盟军已经对德国机场进行了大规模的轰炸，此时战区上空根本看不到德国战斗机。第135联队的任务也是巡逻，并在24日早晨造访了德国北部的机场，第274中队的J.B.斯塔克（J.B.Stark）中尉和R.C.肯尼迪（R.C.Kennedy）中尉在扫射行动中被德军高射炮击中阵亡，这说明虽然德国空军的飞

"战利品"行动中的盟军空降机群投下了空降部队。总体而言由于组织和掩护到位,比"市场-花园"行动要成功得多。

机威胁不大,但攻击与机场相关的目标还是有很大风险的。

"台风"在"战利品"行动中主要执行"出租车临时停放处"任务,为地面部队扫清障碍。有些中队还执行更危险的任务,比如压制防空炮火,不过只有几架"台风"被击落,而且被击落的绝大部分飞行员在盟军控制区上空跳伞。

第146联队下属的第266中队在"战利品"行动中的主要任务是在德国前线后方为空降部队清扫出一个登陆场,该中队在当天的战斗报告中写道:

我们所有飞机齐射火箭弹对德军进行直接打击,把目标地区打成了废墟。随后我们又接到了压制德军高射炮的任务,以双机编队为单位行动,相互配合轮流攻击:一架飞机吸引德军高射炮的火力,而另外一架则搜索高射炮发射的闪光,一旦发现就对其进行俯冲攻击,弹药打光之后两架飞机互换角色,继续搜索攻击高射炮。

谢拉德分队长觉得3月22日是史诗般的一天,1500架飞机和1300架滑翔机,装载着伞兵、步兵、车辆和弹药挤满整个天空的场景,让人心生敬畏,他后来回忆道:

数百架飞机都拥挤在约1.6公里大小正方形范围内,飞行高度也差不多,在高射炮和地面炮火造成的灰色/棕色云朵里穿行。当我方飞机被烟雾淹没时,我们都觉得它们撑不下去了,但过了一会儿它们又突

3月24日，第182中队的帕蒂森上尉在驾驶"台风"RB202执行压制高射炮巡逻任务时被德军高射炮击中，液压系统全部损毁。由于无法回到埃因霍恩B78基地，他只好降落在了比较近的荷尔蒙德B86基地。因为起落架无法正常放下，他只好进行了机腹迫降，照片就是迫降后被拖车拖离跑道时拍摄的。

然出现在前方的某个地方。

谢拉德当天一共出动了4次，他先参加攻击了一个党卫军司令部的行动，随后他又执行了空中测试和武装侦察任务，最后又执行了反高射炮火力巡逻任务。在盟军强大的空中力量的保障下，"战利品"行动比"市场-花园"行动要成功得多。

第二天，3月25日，德国空军有了一些反应，早上第222中队执行巡逻任务时遇到了7架Bf 109，击落其中4架，自己则无一损失。H.E.特尼（H.E.Turney）上尉在战斗报告中描述当时的战斗情况道：

我飞"蓝色1"号机，高度3960米，在索斯特南部向东飞。我看见3架Bf 109在我们8点钟方向，高度270米，在贝库姆南部朝东北方向飞。我立刻下降高度并且向红色分队报告了敌机的位置。在我接近敌机后，我发现实际上是7架Bf 109，其中4架以"四指"编队飞行，还有3架组成"V"字形编队，位于"四指"编队的右后方。我打算攻击左边"四指"编队的长机，并且呼叫"蓝色2"号机盯着另外3架敌机。我发动攻击后，目标向左急转弯躲避，而另外3架敌机则转向我飞来。我紧跟目标，随着不断增大的提前量打了好几个点射，高度也从超低空上升到了150米。我看见炮弹命中了敌机的机尾，我跟着敌机飞到了一个小镇上空，突然遭到了地面德军防空火力的袭击。我脱离攻击航线并爬升到上方，看到敌机飞行员在约300米高度跳伞，降落伞打开了。敌机在小镇北郊坠毁爆炸，"蓝色3"号机也目睹了敌机的坠毁。

之后我爬升并呼叫其他"暴

风"跟我重组编队。当其他飞机过来跟我重组编队时,我警告他们在9点钟方向约2400米高度上有1架敌机隐藏在太阳光之中。在敌机转向我们6点钟方向时,我认出那是1架Bf 109,于是在敌机降低高度时带领编队左转。敌机下来之后看见自己没有任何机会,就放弃了攻击,打算逃跑,我们绝不可能让嘴边的猎物逃掉,于是追了上去。"红色1"号机(马特上尉),"蓝色3"号机(里德上尉)和我都对那架敌机进行了轮番攻击。我并没有观察到我们打出的炮弹命中敌机,但敌机爬升且飞行员跳了伞,最后这架飞机算我们合作击落。

特尼击落的第2架Bf 109的飞行员很可能是个新手,在面临对手3架"暴风"的轮番攻击下,认为自己必死无疑,所以在自己尚未被真正击落之前,就跳伞逃生了。这一幕也正是当时德国空军飞行员士气的真实写照。

"蓝色2"号机的飞行员G.W.马歇尔(G.W.Marshall)上尉在战斗中击落了1架Bf 109,他在战斗报告中写道:

我跟着"蓝色1"号机俯冲下去,看见了2架敌机。"蓝色1"号机正在攻击其中1架敌机,那架敌机左转弯。另外1架敌机右转并且俯冲到了超低空只有约30米高度上,随后敌机又向左转,我追上去以90度提前量开火,然后就飞到了敌机前面。我向左转弯并剧烈爬升到270米,看到敌机还在继续左转弯,于是我向左俯冲并转弯,用4环提前量对敌机打了几个短点射。虽然我没有观察到炮弹命中敌机,但敌机速度下降很快,然后我观察到敌机发动机拉出了一道灰色的细烟。敌机改平飞了一小段时间,然后慢慢向左转,围绕云层边缘飞行。我毫不留情地追着敌机继续开火,最后敌机在做了一个剧烈的向右翻滚机动后,坠毁在了一片田野上,"红色3"号机(达什伍德上尉)看到了我的战斗过程,并确认了我的战果。

"红色3"号机飞行员R.P.达什伍德(R.P.Dashwood)上尉除了确认马歇尔上尉的战果外,自己也在战斗中击落了1架Bf 109:

在蓝色分队冲下去之后,过了几秒钟我也向右转冲了下去,看见"蓝色1"号机前面有2架敌机,而"蓝色2"号机,正在追击1架Bf 109,我在约270米高度上盘旋为他提供掩护。那架Bf 109扭来扭去地转弯躲避攻击,最后我看到它速度慢下来并拉出了灰色的细烟。"蓝色2"号机还跟在敌机后面,最终敌机坠毁在贝库姆东北约6.4公里处。

随后我右转爬升后,跟"红色1"号机和"红色2"号机组成编队,爬升到1200米高度。我朝右边太阳方向看了一眼,看见1架Bf 109正在4点钟方位、比我略高的高度上对我进行攻击,距我只有90米,敌机发射的曳光弹从我身边飞过。敌机完成攻击后向左急转弯脱离,我也转弯跟着它向8点钟方位飞下去。我飞到了敌机后方,在追到距离敌机720-900米时,敌机进入了小角度俯冲,我继续追击,在下降到约400米高度时追到了它正后方360米处,对它打了一个2秒短点射。敌机发现我之后向左急转弯躲避,而我继续拉近跟敌机之间的距离,在180米以满环提前量打了一个2秒点射,然后略微减小提前量让敌机在我的发动机整流罩上方视野中出现,以观察攻击效果。我看见碎片从敌机上飞落,从我身边飞了过去,随后敌机进入了小角度俯冲,在约270米高度上飞行员跳伞,最后敌机坠毁在一片农田的正中央。

由于3月份天气整体不是特别好，再加上上面提到的两个禁令，限制了空战胜利战果的产生，飞行员们只好去扫荡地面目标，因此"暴风"部队在3月的空战战果远逊于2月，

## 联队行动报告（第121联队，1945年3月26日，"战利品"行动）

B100基地 1945年3月26日从早到晚 第85号战报

**战况**

英国第2军和美国第9军的桥头堡阵地已经按照计划建立，正在向德军纵深推进和重新集结兵力，美国第9军的桥头堡甚至已经深入敌军战线14.5公里。

盟军在雷马根地区建立了一个48公里宽、32公里深的突出部。这个大突出部上还有两个小突出部，一个朝前深入到莱茵，然后朝南发展；另外一个是巴顿将军的部队正在迅速地朝北扫荡，然后向东朝法兰克福进攻。如果天气理想的话，雷马根地区的进攻行动将会取得巨大的进展。

今天先执行了两次武装侦察任务。起飞前进行了严格的检查，4名飞行员轮流检查每一架飞机的驾驶舱，直到所有飞机都没有问题，告警灯全部熄灭为止。天气总体不错，但下午的几个架次因为战区上空有厚雨云而受到影响。

今天的出动架次达到了联队历史第二高——192架次。飞机可用率很高而且损失很小，只损失了1架"台风"。维普尔准尉的飞机被高射炮击中，他的降落伞在落地时才打开，不过只是受了一些皮外伤。

### 3月26日战绩

| 中队 | 坦克 | 运输车 | 支撑点 | 行动中的德军 | 疑似目标 | 德军指挥部 | 德军占领的建筑 |
|---|---|---|---|---|---|---|---|
| 174 | 1-2 | 9-7 | 4 | 1 | 1 | | |
| 175 | | 1-0 | 9 | | 1 | | |
| 184 | 2-1 | 6-26 | 4 | | 3 | | |
| 245 | 1-2 | 7-1 | 7 | | 1 | | |
| 总计 | 4-5 | 23-34 | 24 | 1 | 6 | 1* | 1* |

\* 对德军指挥部和德军占领建筑的攻击，是表中各中队联合实施的。

今天最出彩的一次战斗就是沃克尔上尉带领第184中队出击的那一场。他们的任务是攻击一个铁路十字路口附近建筑里的德军自行火炮，但在空中他接到地面引导员的警告说我们的地面部队跟敌人之间的距离很近，从空中看过去发现我们的战线距德军仅有30多米。沃克尔声称发现了一门自行火炮并将其摧毁，然后又带队从低空对德军阵地进行了3次攻击，对德国人占据的建筑造成了非常可观的伤害，其中一栋建筑发生了大爆炸。步兵营指挥官发来的信息称沃克尔的攻击非常成功，让支撑点内的德军完全失去了抵抗意志，我们的地面部队直接冲进去把他们都俘虏了。

其他飞行员也取得了不错的战绩，联队长基普摧毁了2辆坦克，和一些自行火炮及弹药运输车，以及5辆运输车，击伤1辆。特克罗夫特少尉（第184中队）摧毁了3辆运输车和1辆坦克，击伤了6辆运输车和1辆坦克。总体而言，绝大部分架次

第121联队和124联队的飞行员们正在商讨如何进行联合行动。

没有取得什么大的战果,这说明我们的地面部队已经取得了巨大的优势。

第174中队战报

第174中队今天出动了44个架次,跟其他的中队一起,继续在敌军控制区上空寻找并猎杀目标。第174中队的地勤人员用自己有限的人力保障了整个中队的飞机可用率,他们任劳任怨,时刻保持着最高的效率和解决问题的探索精神。

感谢地勤人员,让我们在地面上的时候就对德军取得了巨大的优势,是你们这些有荣誉感的勇士把中队送上了天空。

第175中队战报

我们早晨的目标是一辆藏在木质掩体里的坦克,但是我们只打中掩体,未能摧毁坦克。德国人击落了乔克·维普尔。他当时想穿过莱茵河再跳伞,但在跳出飞机时膝盖卡在了前风挡上,不过好在在他的圣徒和星期天新闻里星座分析保佑下,他在约300米的高度上摆脱出来。降落伞在快到地面时才打开,虽然不是很舒服,维普尔好歹免于难。跟陆军的兄弟们大喝一顿之后,他当天上午就回到了中队。

下午,第175中队继续在战场上空尽自己的职责,用福尔摩斯一般体察入微的"显微镜眼"和鹰一般犀利目光去找出一些德国佬。由于飞行高度不高,尼努斯的左副翼和尾翼被德军的防空炮火打掉了一大半。他设法正常降落在了基地,做好了每一个细节,最后居然自己把飞机滑行到了维护梯队那里。在出动架次间隙,地勤人员给他们的单兵掩体加上了盖子,增强防御能力,实在没什么东西加就给上面弄一层防雨布。

我们频繁地在莱茵河上空穿梭,机场一直播放着一首一战期间粗制滥造的歌《三个德国军官》来消遣。相对天空上的紧张,地面上的生活实际上还是挺安静的。

### 第184中队战报

我们经历了非常成功的一天，比别的中队出动了更多的架次，发射了更多的火箭弹，体现了我们飞行员和地勤人员之间的配合比其他中队领先。一开始我们错过了一些大场面，但很快就用两次大规模攻击发泄了我们的怒火。欢迎两名新飞行员加入我们的中队——特纳中士和曼切特中士。我们的实力又增强了，可以在未来取得更好的战果。

机场因为昨天夜里受到了骚扰，所以修建了狭窄的战壕。我们都怀疑那些修战壕的地勤人员能否在紧急状况下第一时间占据那些战壕。地勤发动机主管组织人员在树林里打猎，一无所获，但愿可以吓唬一下那些在夜里准备偷鸡摸狗的人。

### 第245中队战报

又是战果辉煌的一天，密集的火箭弹和机炮火力给敌人的行动造成了更多的混乱，并沉重地打击了敌人的士气。格罗索德上尉在早上第一个出动，执行侦察任务，但不幸被"毒箭"击中，不得不跳伞。他的跳伞行动非常成功，落入了印度部队的控制区，愿他好运并且能够迅速归来。下午天气变坏，出现了雷雨云和闪电。乘着天气限制出动的空隙，地勤人员把可用飞机的数量又恢复到了一个很高的水平。

当天我们联队的弹药使用量又打破了记录。第184中队是第一个达到单日发射400枚火箭弹的中队，而第174中队创造了单日打出17000发20毫米炮弹的记录。

1枚火箭弹的全重是45公斤，100发20毫米口径机炮重量是25公斤。这个重量对于年轻小伙子们而言似乎并不是很吃力，但是在经过24小时的持续劳作之后，1枚火箭弹的重量对于地勤人员而言似乎成了90公斤，而一个装有100发炮弹的箱子的重量也看起来似乎能压断骆驼的背。

我们现在使用的机场原本计划于3月31日完工，但第13机场建设团兰金中校和他的手下连日来加班加点，提前10天工期完成任务，让我们在21日就可以进驻机场，并且很快就达到了最高行动能力，有力地支援了战役。

**弹药消耗量（火箭弹和20毫米口径机炮）**

| 中队 | 火箭弹 | 20 毫米炮弹 |
| --- | --- | --- |
| 174 | 337 | 17412 |
| 175 | 328 | 12713 |
| 184 | 405 | 14046 |
| 245 | 284 | 13980 |

这种情况一直持续到4月初。

4月6日，第122联队击落了5架Fw 190和2架Ju 87。这是"暴风"首次击落Ju 87，全部由第486中队的色丹上尉包办。第56中队在当天的空战中表现抢眼，新任中队长麦克凯尚在战斗中各击落、击伤1架Fw 190，他在战斗报告中写道：

我带领"纳尔戈"中队在位于宁堡和明登之间的威悉河前线部队上空巡逻。因为天气状况很差，所以我们在只有60米的高度上向北飞。途中我看见有敌机正在轰炸斯托曾瑙附近的盟军桥头堡阵地。我在无线电里向其他人通报了情况，并降低到30米高度绕到了敌机后面。敌机编队在发现我们之后一哄而散，我向左转准备继续攻击敌机。有2架敌机落在了后面,在接近它们的过程中我认出那是Fw 190,我挑选其中1架作为目标,从它的右后方发起攻击,在90米距离上以10-20度提前量开火,看到炮弹命中了敌机的座舱区域。突然另外1架敌机左转,想从我前面穿过去。这让我有机会在130米距离上以30度提前量对它开火,我看见炮弹命中了敌机的翼根和前机身,敌机冒烟并着火。此时我刚刚攻击的第1架敌机向右转,所以我把飞机拉回来去观察情况,看到它飞出了我的射程。我的2号僚机赶过去对它开火,但未能将其击落,随后我们一起向东飞追击敌机。4分钟后,我们终于追上了敌机,"汉斯"唯一可用的躲避战术就是俯冲-爬升,然后钻进云层里。在它拉起机头的时候,我抓住机会从230米距离上以20-30度提前量开火,看到炮弹再次命中了目标。那架Fw 190开始下坠,座舱里充满了大火,最后坠毁在我下方。此时我遭到了地面防空火炮的攻击,所以我拉起飞机寻找云层掩护,看到敌机的残骸就在德军的高射炮阵地旁边燃烧。

佩顿上尉驾驶"暴风"拿下了击落第5架敌机的战绩,成为了王牌飞行员:

我飞"绿色3"号机,当中队长命令我们发起攻击时,我在他后面打掩护,随后我看见敌机编队右侧的1架Fw 190俯冲到了超低空,我也跟着追了下去。"汉斯"在树梢高度上向东飞,飞进了一团雨云之中。我在它正后方一直跟着,从距离270米到90米打了好几个短点射。我看见炮弹命中了敌机,敌机在643公里/小时的高速下在施泰因胡德湖南边直接撞上了地面。

4月7日,第135联队下属中队全部从赫伦-日泽的B77基地起飞,但是完成任务后全部降落在了荷兰奈梅亨南部的库伊斯B91基地,这里离前线更近。4天后,4月11日,第122

Ju 87"斯图卡"俯冲轰炸机,在二战后期性能已经落后,但德国空军飞机数量严重不足,所以还在继续使用,不过数量不多,"暴风"在战斗中也没遇到过几次。

联队也移防到位于德国的霍普思腾的B112和B118基地。在过去的几个月里，这个机场作为德国空军在莱茵地区的机场之一，一直都是"暴风"经常光顾的对象，现在反而成了"暴风"的基地。6天后，4月17日，第3中队归建，第122联队的规模又恢复到满编。移防虽然造成了一些麻烦，但是"暴风"的空中巡逻并没有停止。在巡逻中，第222中队的飞机攻击了德国空军在法恩伯格的机场，扫射了地面上停放的喷气式战斗机，其中1架正在起飞的Me 262，在遭到扫射后撞毁在跑道上。

总的来说，4月份"暴风"部队收获颇丰。在这段时间里，内斯、佩顿、克洛斯特曼和麦凯都增加了自己的得分，但是得分最高的却是个后起之秀，那就是W.E.斯拉德尔（W.E.Schrader），他之前在马耳他和西西里的第1435中队服役，击落过2架Bf 109，合作击落1架。作为教官完成一个任务周期后，这名新西兰人加入了第486中队，斯拉德尔从4月10日开始刷分，他使用跃升-俯冲战术击落了1架Fw 190，当时那架敌机正在占位，准备攻击一个"台风"编队。斯拉德尔在战斗报告中写道：

我驾驶"粉色5"号机，在代尔门霍斯特-不来梅上空巡逻。在宁堡附近，粉色6号机报告说一些"台风"在我们9点钟方向朝南飞。在"台风"编队后面不远处，我看见1架敌机在2400米高度飞行，正准备对"台风"编队下手，于是我们决定去帮友军一把。我们的高度是1800米，于是我左转并爬升，寻找位置以免那架敌机发现我。天空中有雾霾，视野很差，因此我得以在没有被发现的情况下接近到敌机正后方270米的位置上，然后略微向右偏，认出那是1架Fw 190。此时敌机也发现了我，向左急转弯的同时抛弃了副油箱。随后敌机俯冲逃跑，一边做S形机动一边翻滚，但是我也跟随它俯冲了下去，当距离拉近到270-230米时，我从敌机后上方打了两个短点射。我看见第一次点射命中了敌机的机身，Fw 190改平飞行；第二次点射击中了敌机的发动机和机身，敌机倒扣过来，机腹向上，发动机下方喷出了火焰。最后敌机就保持着倒飞向下坠落，最终坠地爆炸。

随后斯拉德尔在短短12天时间里就击落了5架敌机。在停火前，他驾驶"暴风"声称击落敌机9架，合作击落

二战最后1个月里得分最高的"暴风"王牌飞行员斯拉德尔，击落敌机9架，合作击落1架，与此同时，从中尉一路高升到联队指挥官，在战争最后一小段时间指挥盟军唯一参战的喷气式战斗机中队——第616中队。

1架（总战绩仅次于费尔班克斯），被提升为第80中队的中队长，而且后来又被提升为联队长，指挥皇家空军的第一个"流星"喷气式战斗机中队——第616中队。

第486中队的新西兰人色丹，也在4月进步惊人。他1943年5月开始飞"台风"，然后中间因为受伤休息了两段时间。回到战场后，色丹的得分也在快速增长，4月6日击落2架Ju 87，4月14日击落1架Fw 190，4月16日又跟人合作击落了1架Do 24飞艇。Ju 87对于到战争这个阶段的"暴风"而言是一种相当不常见的目标了，很可能是来自于夜间攻击机大队。在斯拉德尔被提升为第486中

4月11日,第222中队的E.B.里昂中队长的座机,在对法斯贝格的德军机场进行攻击时被德军的高射炮击中,座舱盖被炸飞,他驾驶着没有座舱盖的飞机飞了300多公里回到了基地。

队的中队长后,色丹就接替了他原来分队长的位置,1945年5月2日他也走上了跟斯拉德尔一样的轨迹,当上了第486中队的中队长。

4月12日,第33中队的4名飞行员发现,把注意力过分地集中在地面目标上,就会忽视周边可能存在的风险。第33中队的1个4架"暴风"组成的分队在对地攻击的时候,引起了10多架"Bf 109"的注意,遭到攻击。但根据德方记录,参战的是第26战斗机联队I大队的12架Fw 190D-9。德国战斗机在经验丰富的"专家"飞行员H.多特曼恩(H.Dortenmann)中校(在Fw 190D-9上有18架战绩,是该型号的头号王牌)的率领下,凭借速度优势坚决地对"暴风"发动了进攻,而当时"暴风"分队分成了两个2机小队,2架负责高空掩护,2架正在扫射德军运输车。

多特曼恩在战斗报告中声称:"击落了8架'暴风'里面的7架"、剩下的1架被"打成重伤仓皇逃走",已方只损失了1架Fw 190D-9。但是根据第33中队的记录,已方的损失是2架"暴风"被击落。P.C.华顿(P.C.Watton)军士成功跳伞并逃脱了德军的追捕。他的

德军空战"专家"多特曼恩,4月12日的战斗中双方都在战绩上大量注水,但这场战斗是极少数"暴风"V在低空空战中没有占到便宜的一次。

德国空军第26战斗机联队装备的Fw 190D-9，这个联队跟"台风"和"暴风"中队算是老冤家了，从不列颠之战结束之后的海峡攻防战一直到德国投降，第26战斗机联队始终都活跃在西线。

队友，J.斯坦斯（J.Staines）军士，才刚刚执行第二次任务，不幸阵亡。另外南非飞行员E.D.汤普森（E.D.Thompson）上尉确认击落1架"Bf 109"后受伤逃逸。荷兰飞行员D.J.特尔·比克（D.J.Ter. Beek）声称各击落、击伤1架"Bf 109"；不过目标最后在照相枪照片里被识别为Fw 190。

同日，第486中队A分队的分队长斯塔福德拿到了自己的第五个击杀，比色丹早2天成为空战王牌。他在战斗报告中写道：

我带领中队在路德维希维斯特地区上空执行武装侦察任务，发现一些Bf 109停在地面上，所以我带领中队从1800米高度俯冲下去，扫射敌机。在俯冲的半途中，我看见1架敌机在路德维希维斯特上空向东飞。我继续俯冲，从它旁边穿过时，我认出那是1架Fw 190。我立刻停止俯冲拉起飞机跟在了敌机后面，减小油门，放下散热器风门以免飞到了敌机的前面。我在无线电里报告了Fw 190的敌情，我的2号僚机欧康纳上尉也赶了过来。当时天空中雾霾很重，于是我左右摇摆以S形航线搜索敌机，有一两次我直接从它上方穿过。敌机一开始都没有发现我，但很快就觉察到了，进行俯冲右转机动，此时我的位置恰好在敌机正后方，于是我果断用1环提前量瞄准敌机，在90-130米距离上开火。我看见炮弹命中了敌机的发动机和座舱，碎片四散飞落，随后大火从座舱中喷出。我向一边拉起飞机，看见Fw 190翻滚倒飞，最后坠毁在了路德维希维斯特以东16公里处的一片农田里。

第56中队内斯上尉也在4月12日击落1架Fw 190，这是他击落的第6架敌机，也是他的最后1次空战胜利，他在战斗报告中记录了这场具有纪念意义的战斗：

我带领"纳尔戈"中队的黄色分队在龙堡附近执行武装侦察任务。当时我们向北飞，飞到法斯堡机场以东约8公里处，我看见1架敌机在我下方，高度比我低了150米。我确认那是1架Fw 190后，就向右急转弯并下降高度，飞到了敌机后方，就在约230米距离以15度提前量在左侧对敌机打了一个点射。随后我持续攻击，一直打到距离只有45米。我看到炮弹命中了敌机的座舱和翼根，碎片从敌机身上飞散下来，直接向地面坠去并爆炸。

内斯的最终战绩是击落5架，合作击落1架，而佩顿则是击落6架，他们俩是第56中队战绩最高的王牌飞行员。

4月14日，第486中队遇到了德国空军投入使用的最新型战斗机——Ta 152。第486中队的色丹上尉带领3名飞行员起飞执行天气侦察任务，攻击了1列火车之后，他们发现了1架Fw 190，色丹干净利落地将其击落：

我驾驶"粉色1"号机在佩尔莱贝格-路德维希维斯特地区执行天气侦察任务。在路德维希维斯特西边，我们攻击完1列火车爬升时，我看见银色涂装的敌机在超低空向北飞。当时我们的高度是600米，我俯冲飞到敌机后面，另外3架"暴风"也跟了下来。在距离敌机约630米距离时，我认出那是1架Fw 190，显然它还没发现我们，没有采取任何躲避机动。于是我接近到它正后方90米，打了一个2秒点射。我看见大块的碎片从敌机身上散落下来，我左转躲避并略微拉升，飞到了敌机前面。等我朝后看时，看见Fw 190的右翼掉了，翻滚过来，最后撞地爆炸。

打下这架敌机之后，粉色分队继续执行任务，又攻击了1辆运输车。19时30分，色丹的僚机、"粉色2"号机飞行员肖发现了1架敌机，他将那架敌机识别为"Fw 190"，肖在战斗报告中写道：

我把敌情报告给了"粉色1"号机，他命令我跟着他前去攻击那架敌机。那架Fw 190发现我们后进行了急转弯机动，飞出了我们的射程。我看"粉色1"号机无法对敌机进

Ta 152是德国在战争后期投入的最强活塞战斗机，显著的特征就是长长的机头和窄长的机翼。这种战斗机高空性能出色，但低空性能不如"暴风"V。对比之前的速度包线图，在"暴风"V最强的高度2000米上，Ta 152的速度只有625公里/小时，低于"暴风"V的660公里/小时。

行攻击,就抛弃了副油箱,然后爬升获取高度。等敌机改平向东飞的时候,我俯冲下去,从"粉色1"号机的身边超了过去。此时敌机再次向左急转弯,我也跟着左转,拼命地朝后拉杆,一直到它消失在了我的机头下方。这是满环提前量射击的机会,我判断提前量应该是两个半环那么大,于是果断开火。我打了一个长点射,然后拉起飞机爬升观察战果,Fw 190再次进入我的视野时,我看见它的座舱前面出现了闪光,几秒钟后,火焰从敌机左侧冒了出来,整个飞机都包裹在火焰之中。那架Fw 190几乎垂直俯冲向地面,最后坠毁在一块农田里爆炸。

实际上肖击落的那架敌机并不是Fw 190,而是Ta 152,隶属于德国空军第301战斗机联队联队部。本来有4架Ta 152从诺伊施塔特-格莱韦机场起飞,打算去截击在附近行动的"暴风",但不凑巧德国飞行员J.萨特勒(J.Sattler)上士的座机因为一点小问题稍晚一些才单独起飞,因此落单被肖准尉抓住。

很快另外3架Ta 152就杀到,打算为J.萨特勒上士报仇。粉色分队分成两个2机小队前去迎战。战斗开始后战场上空又出现了4架敌机,粉色分队的另外一名飞行员S.肖特(S.Short)上尉通过转弯格斗,飞到了曾攻击过的敌机后面,然后盯住其中一架猛揍。肖特声称自己打出的炮弹命中了敌机座舱后部,但他不得不脱离攻击航线,因为后面还有1架敌机在追他,而且还有1架新来的敌机也打算对他进行攻击。肖特的僚机O.密切特(O. Mitchell)准尉,在战斗报告中说最后看到他的长机尾部跟着一些Bf 109,在超低空进行转弯格斗。

根据战后调查德国空军飞行员的陈述,在经过长时间的盘旋格斗后,1架"暴风"被德军第301战斗机联队联队部的飞行员W.雷斯克(W. Reschke,25架战绩的"专家"飞行员)中士击落,而跟肖特过招的则是第301战斗机联队的联队长F.奥夫海默(F. Auffhammer)中校,双方一番纠缠之后互交白卷。

在战斗中,第486中队的一个分队也赶来支援粉色分队。中队长麦凯跟第486中队的另外一名飞行员W.F.特纳(W.F.Turner)军士合作击落

肖在1945年4月14日击落Ta 152时驾驶的座机NV753。

1架敌机，但是第二战术空军总部最后认定奥康纳上尉击伤的那架飞机和麦凯攻击的是同一架，这就意味着这个战绩要由三名飞行员共享。回到霍普斯顿B112基地后，第486中队声称在战斗中一共击落8架敌机、击伤1架Fw 190，但大部分战斗报告却找不到目击证人和德国飞行员给出的证据。这种情况在空战中并不罕见，不少参战的飞行员都会有非常主观的战斗报告。

除了第486中队外，第56中队的N.D.考克斯（N.D.Cocks）和J.A.麦凯恩（J.A.McCain）在4月14日也声称击落了1架"Me 262"，那架敌机刚刚从卡尔滕基尔兴机场起飞，就被他们抓住，最后带着火焰坠毁。事后从照相枪照片中判断，那应该是1架Ar 234。

4月15日第486中队在空战中大获全胜。上午8时30分，第486中队的9架"暴风"，在斯拉德尔（两天前第486中队的中队长泰勒-加农在德米茨附近执行扫射运输车任务时，被德军高射炮击落，斯拉德尔代理中队长）率领下升空，前往米利茨地区执行武装侦察任务。在上午约9时15分，他们接到通知说有一个敌机编队正朝他们飞去。转弯进入截击航线后，他们飞到了9架Fw 190组成的编队后面，一直接近到900米才被德国人发现。Fw 190编队立刻散开，而"暴风"飞行员们各自选择了一个目标追了上去。斯拉德尔在战斗报告中详细记录了击落2架Fw 190的过程：

我飞"粉色1"号机，带领中队的8架飞机在米利茨地区执行武装侦察任务。我们接到报告说有一个敌机编队在我们3点钟方位向西飞，高度比我们略高。当时我们的高度是2400米，正在向东飞。随后我们识别出敌机是Fw 190，于是我们向右转180度，并略微爬升，追击敌机编队。在拉近跟敌机编队之间的距离后，我看到敌机编队里有9架Fw 190。我们接近距离敌机编队900米时，敌机才发现我们，并立刻解散了编队，我们中队里的每个成员都选定了各自的目标。我选择敌机编队中最左边的那架敌机作为目标，在它转弯时逮住了它，在约270米距离以20度提前量打了一个长点射。我看见炮弹命中了那架Fw 190的机身前半部分，有碎片飞落下来，随后敌机爆发出了火焰，倒扣并螺旋进入了近乎垂直俯冲，最后撞地爆炸。

我再次跟其他敌机进入了混战之中，我对1架Fw 190打了一个满环提前量点射，但没什么效果。然后我看见1架Fw 190向超低空俯冲，朝东北方向飞去，我立马追了上去，但由于距离有点远，敌机机身的迷彩又混入了地表背景之中，我暂时失去了它的视野。我并没有放弃，在760米高度继续朝东北方向飞，一直到西察克尔地区的易北河上空，我终于发现1架Fw 190在超低空飞行，就在我前面一点点。当我俯冲下去攻击敌机时，它向左急转弯躲避，我乘机把距离拉近到360米，以20-25度提前量对它打了一个长点射。因为提前量过小，我并没有命中目标。敌机随后向右急转弯，然后再次向左转弯，跟我进入了剪刀机动之中。我乘它转弯的时候以25度提前量又对它打了一个点射。这次我看到炮弹命中了敌机的机身以及左翼外侧，一大块碎片飞落下来。敌机很快在左转弯中掉了高度，最后撞上地面爆炸。

在斯拉德尔击落1架，追击另外1架Fw 190之后，第486中队很快就取得了数量上的优势，而德国战斗机在数量上处于下风，纷纷被击落。第486中队参战飞行员有一大半击落了自己选定的目标。康纳上尉在战斗中击落1架Fw 190，

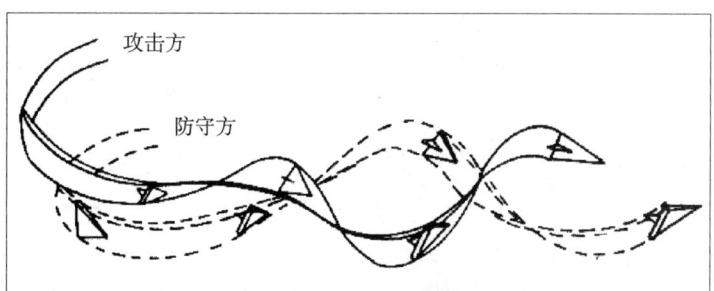

剪刀机动是空战常用战术之一，双方通过反复地滚转转弯改变位置。"暴风"在战斗中也经常遭遇德国飞机使用剪刀机动躲避自己的攻击，但由于"暴风"的滚转性能并不是特别好，所以飞行员们通常不会选择跟敌机一起进入剪刀机动，而是利用敌机转弯拉近距离，结合自身稳定射击平台的优势，对转弯中的敌机进行提前量射击。

击伤1架，他在战斗报告中写道：

我飞的是"粉色3"号机，当我们中队扑向Fw 190时，我看见敌机编队左侧有1架敌机脱离编队俯冲下去。我也跟着俯冲追击，在360米距离上以10度提前量打了一个短点射，但没有看到炮弹命中。那架Fw 190随后改平直线飞行，我从它正后方接近到180米再次打出短点射，看到炮弹命中了敌机的座舱，碎片四散飞落。敌机慢慢向左转弯，随后倒扣从600米向地面坠去，最后爆炸。我在敌机燃烧的残骸上空左转盘旋，看到下方有另外1架Fw 190正在向我爬升。我左转跟它进入了转弯格斗，在转到第二圈时我对它打了两个短点射，但都没有命中。随后我在转弯中爬升到敌机上方，敌机则改平然后做了一个小角度俯冲接着向左急转弯试图摆脱我。我紧紧咬住敌机，不断地拉近距离，然后以90度提前量对敌机打了一个点射，这次我看见炮弹命中了敌机的右翼翼尖，但不足以致命。敌机继续转弯，但我因为燃油不足不得不脱离战斗。

"粉色2"号机的飞行员R.J.阿特金森（R.J.Atkinson）准尉也击落1架Fw 190，他在战斗报告中写道：

我选择了1架从敌机编队右侧脱离的Fw 190作为目标，追上它但没飞到它后方的位置，而是它上方约30米。Fw 190拉起机头剧烈爬升并向左转，很明显它这个动作是错误的，让我有机会在230米距离以1.25环提前量对它开火。我打了一个短点射，看到炮弹命中了敌机发动机和座舱之间的部位。

火焰立刻从敌机上喷发出来，飞行员从座舱中跌落出来，敌机在大火之中坠毁在了一片森林之中。

粉色分队的3架飞机包办了9架Fw 190的一大半，橙色分队也不甘示弱，把剩下的敌机悉数解决。"橙色2"号机飞行员G.马达福特（G.Maddaford）准尉在跟敌机的缠斗中形成了对头的局面，但他毫不畏惧Fw 190强大的火力，将其击落，他在战斗报告中写道：

当我们对Fw 190编队发动进攻时，敌机是以纵队向左转弯的，于是我就选择敌机编队中最后面的那架敌机作为目标。我急转弯保证敌机在我视野之中，而那架Fw 190则向左急转弯，让我无法瞄准它。于是我采取"剪刀"机动，滚转向右转弯，敌机还在继续左转弯，因此等敌机再次出现在我视野之中时，我们形成了对头的态势。我在450米距离开火，一直打到90米，提前量也从0.5环降低到0环。我看见炮弹的弹着点从敌机的发动机一直延伸到座舱。Fw 190猛地抬起机头，好像是站在机尾上一样，随后翻转并起火。我慢慢盘旋下降，看见敌机最后坠毁

Fw 190好几个型号都装备有2门MG 151 30毫米机炮，这种机炮的弹道性能虽然不是特别好，但威力特别大，战斗机大小的目标只要被命中1发，就可能被击毁。因此皇家空军不建议飞行员们跟Fw 190进行迎头对射，风险特别大。

在了一片树林之中。

"橙色3"号机飞行员罗斯上尉回忆道：

我驾驶"橙色3"号机，攻击开始后我选择了敌机编队中右起第2架飞机作为目标。我从它后面接近，在距离720米时，敌机开始向左爬升，我追了上去，敌机又剧烈爬升并进行失速转弯，而我抓住这个机会把距离拉近到360-270米，用90度提前量对它打了一个短点射。我看到炮弹命中了敌机的座舱周围部位。我因为跟着敌机做失速转弯机动，失速进入了尾旋。在我改出时，看见Fw 190已经失控，正在螺旋下降。此时我的高度大约是3000米，而敌机大概是2100米，着火并螺旋下降。除了我的目标之外，我还看到其他3架敌机在火焰中坠向地面。

"橙色5"号机实际上是备份机，飞行员是中队里的新人R.A.梅勒斯（R.A.Melles）军士，但他也抓住机会，击落了1架Fw 190，这名"菜鸟"在战斗报告中写道：

在中队对Fw 190发起攻击后，我爬升到3000米，我看见1架Fw 190的高度比敌机大编队飞行高度略高，应该是担任高空警戒任务的飞机。我将其选为我的目标，飞到它的尾部，敌机在发现我之后就开始跟我进行俯冲-转弯机动的竞赛，持续了3分钟之久。那架Fw 190在机尾前面的机身上有一道黄条，这说明它的飞行员应该是一个高手，实际情况表明我确实很难找到机会对它实施攻击。在3分钟的追逐里，我对它打过两次点射，但都没有命中。最后敌机小角度俯冲并左转，我从它后方以30度提前量在180米距离上打了一个2秒点射，击中了它座舱前面的部位。敌机急转弯然后翻滚进入尾旋，转了2-3圈之后，它改平了，我看见敌机座舱前面出现了火焰和浓烟，落下的碎片从我身边飞过，最后我看见敌机坠毁在地面上。

第486中队在战斗中也损失了1架"暴风"，飞行员是埃文斯上尉，不过他成功跳伞并设法回到了盟军战线。在战斗中，他在观察到自己的目标机翼脱落、确认击落1架敌机后，就再次加入战团，去寻找新的目标，但他很快发现自己的第二个目标是个技艺精湛的对手，他在缠斗中处于下风。埃文斯在战斗报告中写道：

我努力去击败那架Fw 190，但我的副油箱抛弃不掉，所以我试着爬升，然后通过拉高过载机动甩掉它。但此时那架190再次向我射击，而我恰巧因为失速并且进入尾旋退出了转弯，躲过了一劫。当我从尾旋中改出时,我看到3架Fw 190编队向我追了过来。正当我试图做左转爬升机动时,发动机熄火了,3架Fw 190中位置最靠后的那架获得了90度的射击提前量,它开火击中了我飞机的左翼和机身。很快我感觉到操纵杆卡滞,然后飞机慢慢翻转过来。我抛弃了座舱盖,松开安全带,然后向下跳出了座舱。在离开飞机之前,我朝背后看,看到那3架Fw 190拉起并重新加入了战斗。

埃文斯落在了一棵松树上,距离地面有大约15米高。脱离困境后,他逃过了敌军的搜捕,然后在于尔岑被英国空降部队收留。

与此同时,第80中队的一个编队,在麦凯中队长的率领下,比第486中队早一个小时起飞,听到第486中队报告他们在跟德国战斗机战斗后,就赶赴事发地区。等他们赶到的时候战斗还在进行,麦凯选定了一个目标,在经过一系列的机动之后,最终打中了目标的座舱部位。在那架Fw 190从2100米的高度上垂直俯冲向超低空时,麦凯的僚机又从它的尾部对其进行了新一轮的打击,将其打得碎片乱飞,最后坠落在于尔岑西南的森林中。

这场战斗可以说是一场9架"暴风"对9架Fw 190的公平对决,第486中队和第80中队的飞行员们声称击落了8架敌机,仅存的1架敌机也被击伤。第486中队在空战开始时占据了位置优势,几乎全歼对手,说明"暴风"在低空空战中面对Fw 190已经占据了绝对优势。

4月15日,第56中队击落了1架Me 262,是由麦凯恩上尉和考克斯上尉合作击落的。麦凯恩对敌机进行了若干次攻击后脱离了攻击航线,考克斯补充到攻击位置继续对敌机进行攻击,但那架Me 262并没有放弃挣扎,向左转做大半径转弯机动企图逃跑。考克斯接近到敌机尾部180米距离上开火,一直打到距离只剩下50米,提前量从5度增加到了10度。敌机的机身和右侧发动机部位被命中,最终从约300米高度上进入急转弯坠向地面。不过那架Me 262的飞行员技术相当了得,贴着地面改平了飞机,但最终没能把飞机拉起来,撞上了一栋房屋坠毁。麦凯恩上尉的战斗报告讲述了这场战斗的细节:

我是黄色分队的长机,在基尔-奥尔登堡地区执行武装侦察任务。当我们在卡尔滕基尔兴机场附近向北飞时,看见1架Me 262起飞向东北方向飞去。中队长机命令我下去攻击敌机,于是我就带上了我的2号僚机俯冲下去准备打下那架Me 262。敌机发现我们之后做了向左爬升转弯机动,我也左转弯,进入了它尾部的位置,从540米以10度提前量对它打了一个1秒点射。敌机不为所动,继续在约500米高度沿着自己的左转航线飞行。我把距离拉近到270米,然后从敌机正后方打了一个3秒点射,一直打到距离敌机只有90米。我看见炮弹命中了敌机的机身和右翼,随后我向右转弯脱离,而敌机左转弯向机场方向俯冲而去。我向左急转弯再次飞到敌机的身后,在比敌机略高的高度上,距离180米以10度提前量打出一个3秒点射,一直打到距离只有50米。我看见炮弹命中了敌机机身和翼根,随后我向右转脱离,然后我的2号僚机进入攻击航线。在我的僚机攻击完后,敌机的高度已经快贴着地面了,而且拉出了烟,最后撞上了一栋房屋,坠毁在机场东南约6.4公里处。

4月16日第486中队出动两次,第一次击落1架Fw 190,带队出击的色丹上尉回忆当时的战斗道:

我飞"粉色1"号机,带

领中队在普利茨瓦尔克-帕庆地区执行武装巡逻任务。在诺伊斯塔特机场附近，"粉色3"号机欧康纳上尉报告说1架Fw 190正在从机场起飞。"粉色3"号机和"粉色4"号机奉命前去攻击敌机，而我则在1200米高度盘旋，为他们提供掩护。我看见那架Fw 190遭到了"粉色3"号和"粉色4"号机的攻击，但没能将其击落，敌机在超低空朝北逃去。我见状俯冲下去，接近到敌机后方180米处，敌机略微向左转弯，我抓住机会以1环提前量对其打了一个短点射，Fw 190消失在我机头下方，我向右改平飞机避免撞上敌机，然后就看见敌机倒扣过来，在我改平的时候撞地爆炸了，我重组了编队继续执行武装侦察任务。

实际上，虽然"粉色3"号机和"粉色4"号机没能将敌机击落，但已经将其击伤，因此算作肖和色丹合作击落。"粉色4"号机飞行员肖在战斗报告中写道：

我们接到攻击命令之后，抛弃了副油箱，"粉色3"号机失去了敌机的视野，因此由我首先发动攻击。在我的第一次攻击中那架Fw 190向右急转，然后我就飞到了敌机前面，于是我向右急转弯，准备再次寻找攻击位置，而敌机此时向左转。等我再次找到攻击位置的时候，敌机已经飞到了900米开外了，在机场上空树梢高度飞行。我对它打了一个短点射，希望能够打中敌机附近的树木，让敌机脱离机场范围，让我们避开机场的防空火力。我成功了，敌机向左急转弯躲避，而我也转弯避免穿过机场上空，最后跟敌机迎头相向——我在540米距离开火，看见炮弹命中了敌机的左翼和机身。最后我拉起飞机从敌机上方飞过，看到"粉色3"号机也对它进行了攻击，但没有命中。最后"粉色1"号机从高空俯冲下来把那架Fw 190击落，敌机坠毁在一片树林里，燃起了熊熊大火。

第486中队第二次出动遇到2架Fw 190D-9，全部将其击落，斯拉德尔上尉一马当先，打下来1架Fw 190D-9，他在战斗报告中写道：

我飞"粉色1"号机，带队在米利茨胡-佩尔莱贝格地区执行武装侦察任务。在诺伊斯塔特以北，我们在1200米高度接近诺伊斯塔特机场，在距离机场约4.8公里处，我看见2架敌机在机场上空盘旋。于是我命令分队爬升朝太阳方向飞，然后利用阳光掩护接近敌机，途中识别出那是2架Fw 190。我从后上方对距离我最近的那架Fw 190进行了攻击，当我们接近到距离敌机630米时，敌机发现了我，向左水平急转弯。我也跟着它左转，然后在约360米距离以25-30度提前量对它打了两个短点射，但都没有命中。2架Fw 190和我都在非常小的半径转弯，以至于我很难使用正确的提前量对它们

色丹在自己座机SN129座舱中的照片，风挡下涂有5.5个击落标志。

进行射击。最后我终于切入敌机的转弯内圈，然后从180米以20度提前量对敌机打了一个2秒点射，看见炮弹命中了敌机的座舱。那架Fw 190立刻向左翻滚，进入倒飞然后失控了，最后坠毁在了机场北部。当我向左转脱离攻击航线时，看见另外1架Fw 190正在300米高度上爬升，就在我下面。它用60-70度提前量对我打了一个长点射，我看见曳光弹贴着我的机尾后方飞过。幸运的是并没有打中我，随后"粉色3"号机里德上尉对敌机进行了一次对头攻击，吸引了它的注意力。在我返航的时候，我看见机场升起了一道烟柱。

攻击斯拉德尔的那架Fw 190最终被"粉色3"号机飞行员里德上尉击落，他在战斗报告中写道：

我对敌机进行了一次迎头攻击，在230米距离开火，在对头接近的过程中，我看见至少一发炮弹命中了敌机的发动机。随后我向左爬升并做了一个失速转弯，看到那架Fw 190也试图左转摆脱我。但我再次飞到了它的后面，接近到230米以0.5环提前量对敌机打了一个短点射。我看见一发炮弹命中了敌机的左翼翼根，敌机在我前面拉起垂直爬升，我用最大提前量又对它打了一个点射，看到炮弹命中了敌机的座舱周围部位。Fw 190进入了剧烈的螺旋俯冲下降之中，最后消失在我下方。我在躲避机场周围的高射炮火力时，看见机场附近腾起了一道烟柱。

4月16日傍晚5时45分，第122联队长、王牌飞行员布鲁克率领第80中队的一个小队在普利茨瓦尔克-诺伊鲁平地区上空执行武装侦察任务，遭遇了3架Fw 190。6架"暴风"对敌机进行了追击，但在这个过程中，6架"暴风"又遭到了另外4-5架Fw 190的俯冲攻击。M.P.吉尔伯恩（M.P.Kiburn）中尉在混战中飞到了1架德国战斗机后面，接近到45米才开火。由于距离太近，敌机被击中后溅出的润滑油甚至都洒到他的飞机风挡上了。

R.B.普利克特（R.B.Prickett）中尉在跟敌机的格斗中击中了目标的左翼，那架敌机垂直俯冲了下去，撞在森林里爆炸了。虽然"暴风"在空战中击落了2架Fw 190，但也付出了代价，6架"暴风"只有4架返回了B112基地。布鲁克上尉和特纳军士都失踪了。特纳军士留下的最后信息是在无线电中报告自己正在返回基地的路上，但飞机发动机熄火了，从那之后就再也没人知道他的动向了。特纳坠机的位置在战后被找到，但是布鲁克的命运至今都是个谜。这名经历过不列颠

第486中队飞行员合影。照片中最左边的是K.A.史密斯，他战绩为击落1架Fw 190D-9、1架Me 262和1枚V-1；中间的是王牌飞行员色丹中队长，他的战绩为击落敌机4架，合作击落3架，击落V-1 7枚，合作击落1枚。

之战、远东和诺曼底战役的老兵,在战争还有三个星期就要结束时牺牲了,由于其飞机坠毁的地方在战后变成了苏联控制区,他的最终命运和长眠之地都无人知晓。跟其他成千上万名英国空军的同仁一样,布鲁克的名字被永远铭记在皇家空军纪念馆中。

第135联队在4月16日也很忙碌,声称击落了1架Fw 190和2架Do 217。

4月17日,德国空军第26战斗机联队I大队的16架Bf 109D-9在多特曼恩中校的率领下,攻击了第80中队的6架正在吕贝克附近扫射德军的运输车辆的"暴风"。激烈的空战爆发了,从地面到2000米高度都有战斗在进行。虽然多特曼恩说第26战斗机联队击落了4架"暴风",但第80中队实际上只损失了1架飞机。作为回报,第80中队声称击落了2架Fw 190、击伤2架,但实际上第26战斗机联队在战斗中损失了4架Fw 190D-9。

4月19日中午11时,第222中队的8架"暴风"从克鲁伊斯B91基地起飞,前去石勒苏益格地区对德军机场进行扫荡。在12时20分,J.惠灵顿(J. Wellington)上尉在胡苏姆机场上空发现了1架从没见过的敌机在约175米的高度上向北飞。他脱离扫射航线去追击敌机。惠灵顿在低空飞到了579公里/小时的指示空速,但仍无法接近目标。但不久后敌机在他前方约1300米处开始转弯,惠灵顿抓住这个机会把距离拉近到900米。在精心地调整了自己飞机的姿态后,惠灵顿打出了几个短点射,敌机发现自己被攻击之后,拉起躲进了云层之中。惠灵顿追上去的时候,看到自己的目标在自己旁边螺旋下坠,在胡苏姆机场附近坠地爆炸。

惠灵顿到底击落的是什么敌机?他在战斗报告中将敌机描述为:"……有两个垂尾和方向舵,只有一台发动机。机头略微有点下垂,机翼(俯视)看起来像是Bf 109"——实际上这是对He 162的一个很完整的特征描述,该机是德国空军的最新型喷气式战斗机,刚刚进入驻莱克的第1战斗机联队I大队服役。

He 162"国民战斗机",这种飞机虽然速度快但对盟军的威胁并不算太大,糟糕的工艺和简陋的设备造成它事故率很高,因为事故坠毁的飞机比它自身击落的盟军飞机还多。

根据德国方面的记录，当天12时22分有2架He 162升空，其中1架He 162是君特·柯克纳上士驾驶的，遭到了"雷电"的俯冲攻击。柯克纳上士启动了弹射座椅，这也是这种救生设备第一次在实战中使用。但柯克纳跳伞的高度太低了，降落伞未能打开。虽然这个描述跟惠灵顿的报告并不尽相同——正如前面提到的"暴风"和第301战斗机联队的Ta 152的战斗一样，目击报告也很难达成一致性——但时间和地点是对得上的（如果以579公里/小时的指示空速飞行，从胡苏姆到莱克只用3分钟），这说明柯克纳确实是惠灵顿的炮下亡魂。

4月19日第222中队的戴克中尉在攻击明斯特机场时被高射炮击落阵亡。戴克是个混血儿，父亲是英国人，母亲是阿根廷人，家里有兄弟三人，他排行老三，全部都在皇家空军服役。他有个哥哥是"台风"飞行员，已经阵亡多时，戴克三兄弟的经历可以说是二战期间英国普通民众爱国主义的具体体现。

## 最后一击

随着德军控制范围的不断缩小，德国空军战斗机的数量由于德国空军不断的后撤合并反而显得多了起来。这相对盟军而言目标就变得更丰富了。"暴风"的战绩也水涨船高。4月20日，第135联队移防德国本土境内位于夸克恩布吕克的B109机场，第3中队在汉堡附近击落2架Fw 190，全部由克洛斯特曼上尉独揽：

我带领"影星"中队的白色分队在布雷曼和汉堡地区执行黄昏巡逻任务，在汉堡西南部朝西南方向超低空飞行。约20时30分，我看见我们后方有一支友军装甲纵队向我们发射猛烈的防空炮火，然后其他方向更多的防空炮火也向我们飞来。防空炮火像暴雨般猛烈，我们不得不钻入240多米高的低云之中躲避。飞出云层后，我发现6架Fw 190正在扫射盟军地面部队。

于是战斗在防空炮火中展开，不久后另外一个6架Fw 190编队也加入了战团。此时我发现前方230米处有1架Fw 190，我以30度提前量对它打了两个长点射，看到敌机身上爆发出了一道巨大的闪光。那架Fw 190在约30米高度上翻滚过来，然后直接撞上地面，坠毁在我军一支装甲纵队附近。

过了一小会儿，我发现自己在超低空追击1架Fw 190时飞到了布雷曼码头上空，同时也有6架Fw 190在追击我。此时码头地区的德军高射炮也开火了，战斗再次在高射炮火力中进行。在经过约3分钟的混乱缠斗后，我的飞机被击中了，但没有被击落。我追着1架Fw 190飞到了布雷曼码头的北边，它似乎没有发现我。我抓住机会从它正后方360米开火，虽然没有观察到敌机被命中，但敌机很快就机腹迫降了。我随后对敌机扫射了2次，直到它燃起大火，确认被击毁才离开。

4月21日，第486中队的斯拉德尔击落了1架Bf 109，成功拿下第五次击杀，成为王牌飞行员，他在战斗报告中写道：

我带领中队在哈格诺地区执行武装侦察任务。在什未林以西机场约3.2公里处，我看见1架敌机在低空盘旋。我们的飞行高度大概是1000米，我跟2号僚机俯冲下去攻击敌机。在距离敌机约1080米时，我认出那是1架Bf 109，当时它正放下起落架进入进场航线准备降落。在距离900米时，我从敌机后上方开火，想把敌机驱离机场上空。敌机的表现果然正中下怀，向左爬升急转弯。我乘机拉近距离，在180米以20度提前量开火。打完后我脱离攻

斯拉德尔的座机 NV 969，他驾驶这架飞机击落了 4 架 Fw 190，3 架 Bf 109，合作击落 1 架 Bf 109。

击航线，并观察到炮弹命中了敌机的前机身。那架 Bf 109 继续向左转弯，转了大概 270 度时以小角度俯冲姿态擦到了地面，然后又拉起机头翻滚，最后倒扣在地面上，机腹朝上坠毁在了机场南边约 1.6 公里处。我看见敌机的残骸右翼脱落，座舱附近的机身断裂，但没有起火燃烧，于是我和 2 号机对敌机残骸进行了扫射，直到它起火燃烧才离开。

仅仅用了 12 天就击落 5 架敌机，斯拉德尔的效率惊人。在接下来的 8 天斯拉德尔略微耽搁了一下，然后又继续大开杀戒，击落敌机 3 架，合作击落 1 架，使其最高战绩达到了击落 8 架，而这仅仅只用了不到一个月的时间！

埃文斯上尉虽然 4 月 15 日被击落，但并没有影响到他的状态，在 4 月 21 日，他随第 486 中队的橙色分队执行任务时击落了 1 架 Fw 190：

我飞"橙色 3"号机，在维斯马东北部，我看见 1 架 Fw 190 在低空朝西南方向飞往维斯马机场。我们当时在 1200 米高度上朝东北方向飞行。我得到攻击许可后，就向右转弯 180 度去追击敌机。当我接近到距离敌机 450 米时，那架 Fw 190 开始转弯。在距离拉近到 270 米时我以满环提前量开火，但没有命中。我飞到了敌机前面，于是左转剧烈爬升，防止自己被 Fw 190 追尾。Fw 190 继续转弯爬升，角度不断变大。我转到敌机转弯航线的外侧，飞到它的上方想把速度降下来。敌机跟我转了 3 整圈之后，我看见它的左侧副翼掉了下来。Fw 190 略微向左滚转，抛弃了座舱盖，飞行员在约 500 米高度跳伞。最后敌机俯冲撞进了维斯马东北的一片树林里爆炸，飞行员安全着陆，但好像是受伤了，在着陆处没有移动。

布鲁克确定在任务中失踪后，第 122 联队联队长就由麦凯接替，这张照片拍摄于 1945 年 5 月 2 日，他站在 SN228 前，这架飞机是新到的，被麦凯选为座机。

4月22日，第二战术空军解除了"暴风"联队不得扫射地面目标的禁令，第135联队打头阵，对幸存的德军机场发动了持续性的进攻。第3中队在进攻作战中表现亮眼，在攻击基尔附近的德国空军机场时，击毁了地面上的6架德国飞机，还有大量德军飞机被击伤。4月24日，第122联队全体出动，继续对基尔地区进行进攻。在拉策博格湖，第122联队摧毁了系泊在水面上的Ar 196水上飞机。甚至有一部分飞机攻击了位于丹麦斯基德斯塔普的德军机场，摧毁了2架敌机，击伤13架。第274中队攻击了佛伦斯堡机场，击毁了地面上的4架飞机，击伤11架。不过即便是德国空军已经到了崩溃的边缘，他们的高射炮火依然具有毁灭性的效果，3架"暴风"在执行攻击机场任务时被击落。

4月25日，第486中队的史密斯上尉击落了1架Me 262，他在战斗报告中详细地记载了战斗过程：

我驾驶"橙色3"号机，随中队在吕贝克-新明斯特地区执行武装侦察任务，当时我们在汉堡东北1500米高度向西飞。2架Me 262在1800米高度，从我们5点钟方位对我们发动了攻击。

我们立刻向右转躲避敌机的攻击，而敌机见占不到便宜就拉起机头剧烈爬升并略微右转。在解散编队的同时，我爬升并飞到了1架Me 262的正后方，在720米距离上开火，打了一个长点射，但没有命中。敌机继续向右转，我认为它们准备逃跑。为了获得追击速度，我俯冲到低空跟着2架Me 262向东飞。我跟着Me 262的黑色尾迹向前飞，在吕贝克以西约9.6公里处2架"喷火"俯冲到了我前面，显然他们知道我在低空追击"汉斯"。

2架Me 262应该是感觉到自己脱离了危险，而且距离自己基地很近，所以降低了速度，因为我发现我跟它们之间的距离在不断缩小。"喷火"俯冲下来后，2架Me 262大角度俯冲向了低空。1架Me 262飞入了雾霾之中，失去了视野，但我紧紧地跟着另外1架，降低到了大概70米的高度。

在接近吕贝克机场时，我跟踪的那架Me 262也飞入了雾霾之中，我看不见它，于是爬升到300米避开德军的机场，看到八九架"喷火"在围绕机场盘旋。我仔细地搜索着Me 262，发现它正在飞越一条铁路。我俯冲下去对Me 262发动了攻击，发现它已经放下起落架准备降落。敌机发现我之后立刻向左急转弯躲避，我跟着敌机转弯，在720米距离以2环提前量对敌机开火，一直打到飞到敌机跟前才停下来，随后我就飞到了敌机前面。我拉起机头剧烈爬升，然后再次下降在360米距离以0.5环提前量再次对Me 262开火。敌机的飞行高度降低到了只有15米，沿着铁路飞行，我看见敌机的右翼擦到了铁路，右侧发动机也拉出了白烟。然后Me 262向右转弯，而我则向上爬升监视它的行动，最后看见一团浓烟升到了60米高度，是那架Me 262在距离铁路约90米处燃烧产生的。

在这场战斗中，史密斯上尉无论是从技术还是战术上，都体现了自己过人的胆识，最终击落Me 262也是对他最好的奖赏。

4月26日第122联队移防法恩伯格的B152机场。不过第80中队被调回英国本土的沃姆维尔武器训练营，进行对地武器战术训练。在移防造成的麻烦结束之后，当天第122联队恢复行动，拿下首胜的是第486中队，击落了1架Ju 52。

"台风"在4月26日的表现更为耀眼，击落了1架Me 262。

当天第263中队的谢拉德、福勒上尉、摩根少尉和巴里准尉一起在德国/丹麦边境附近扫射了一列火车,摩根的飞机被击伤,在无线电中呼叫说要进行迫降。此时巴里在无线电中发出警告,说2架Me 262已经开始对他们进行攻击。战斗中,1架Me 262速度太快冲到了巴里的前面,巴里对它开火,但没能命中,然后就转弯去掩护摩根了。谢拉德抓住机会对另外1架Me 262开火,看到敌机被击中后起火。随后谢拉德又对刚刚巴里没能打中的那架Me 262打了一个点射,同样未能命中,等他再次转弯时看到他第一次攻击的那架Me 262正在坠落。福勒也对巴里和谢拉德都没能打中的那架262开了火,但敌机脱离了战斗,爬升逃跑了。这场战斗是"台风"最后一次在交战中击落德国战斗机,而且是1架喷气式战斗机。

4月29日,第486中队起飞准备执行武装侦察任务,但被引导去劳恩伯格拦截攻击盟军地面部队的德国飞机。劳恩伯格是德国空军第151攻击机联队的驻地,该中队刚刚换装战斗机成为前线战斗机部队,原计划用于在东线不断逼近的苏联人,但迫于盟军的压力被挪到西线使用。第151攻击机联队在这场战斗中损失惨重,3架Bf 109和3架Fw 190被击落,还有几架被击伤,而第486中队无一损失。中队长斯拉德尔在战斗中大发神威,他在战斗报告中写道:

我带领中队准备去吕贝克-维斯马地区执行武装侦察任务。刚刚起飞,"肯威"就通知我们盟军桥头堡阵地上空有敌机。我们在劳恩伯格附近900米高度飞行,2架Fw 190从云层中冲下来,从我们前方穿过。我带着粉色分队3架飞机对敌机发动了攻击。其中1架敌机返回了云层之中,于是我攻击了剩下的1架。在一系列的机动后,我在270米距离以30

1945年4月28日又发生了1起误击事件,因为天气恶劣造成判断失误,第198中队的"台风"使用火箭弹攻击了加拿大冷溪近卫步兵团的M4坦克,所幸没有造成很大的伤亡。

度提前量对敌机打了1个短点射,看见炮弹命中了敌机发动机左侧和座舱下部区域。那架Fw 190进入了小坡度尾旋,最后坠毁在了察伦斯多夫附近,我的2号僚机霍华德确认了这一点。不久之后我发现1架机腹中线挂架上带着1枚炸弹的Bf 109,在12点钟方位向我们飞过来。敌机发现我们后向左急转弯逃跑,我追了上去,在270米距离提前量60度向它打了一个点射。我观察到炮弹命中了敌机的左翼翼根,然后敌机出现了耀眼闪光,翻滚并直接朝地面坠去。我降低高度去给敌机燃烧的残骸拍照,发现它的炸弹挂架已经空了,那枚炸弹在敌机坠毁10秒钟后殉爆了。

此时斯拉德尔发现由于自己过分专注于空战,他和2号僚机已经跟中队大部队失散,他们索性就继续在桥头堡北部巡逻。10分钟后,斯拉德尔又发现了1架Bf 109在他前方飞行,果断发动了攻击。这是一个相对简单的目标,斯拉德尔和他的僚机轮番向敌机射击,然后将其打得翻滚并拉出了白烟,最后在拉策堡南部坠地爆炸。接着他们又发现了2架Bf 109正飞往汉堡:

我们追击2架敌机到了汉堡机场上空。我攻击了敌机的长机,并命令我的僚机去料理另外1架。在经过短暂的格斗后,我以20度提前量在270米距离上对敌机打了一个2秒长点射,观察到有2发炮弹命中了敌机的发动机左侧。那架Bf 109着火,然后带着火焰朝地面俯冲了下去,坠落在了汉堡机场东南部的一条二级铁路上。

战斗报告表明,斯拉德尔的王牌称号是由他精准的射术造就的。当时"暴风"装备的还是反射式瞄准器,而非"喷火"上已经装备的陀螺稳定式瞄准器,技术装备上的不足,需要个人技术来弥补。

虽然在第一场战斗之后第486中队的其他飞机就跟中队长失去了联络,但他们并未停止行动,橙色分队也在空战中有所斩获,分队长麦克唐纳德上尉在战斗报告中写道:

我们分队的4架飞机和粉色分队分开了,在劳恩伯格桥头堡上空我们接到"肯威"的报告,说有敌机从南边朝桥头堡飞过来。搜索后我们发现8架敌机,从我们高处500米(我们的飞行高度是1200米)的云层中飞出来,在我们12点钟方位向南飞。我带领分队爬升追击敌机,敌机发现我们后俯冲到超低空的低云下,在150米高度往北飞。我们追击并拉近了跟敌机之间的距离。我选择其中1架Fw 190作为目标,接近到它正后方270米打了一个短点射。炮弹命中了敌机的机身,有碎片飞落下来,敌机翻滚俯冲,最终坠毁在地面。我继续追击敌机,在远距离对另外2架Fw 190打了几个短点射,但都没有命中,最后敌机消失在了低空雨云之中。

"橙色2"号机飞行员邓肯准尉选择了距离自己最近的2架Fw 190作为目标,敌机俯冲到了低云之下,在低空飞行。邓肯追击下去,在敌机正后上方270米开火,一直打到180米,他在战斗报告中写道:

敌机向左爬升,让我飞到了敌机的前面,于是我右转爬升准备再次寻找攻击机会,看见那架Fw 190继续向左慢慢转弯,发动机拉出了黑烟。我做了一个失速转弯机动,然后在180米距离用90度提前量对敌机打了一个短点射,但是没有命中。我飞到敌机正右方,在180米距离又打了一个点射,击中了它的机身右翼翼根,敌机碎片飞落,抛弃了座舱盖,飞行员跳伞。

当天晚些时候,第486中队再次出动,对德国空军在法恩伯格的机场周围进行了扫荡,这一次第486中队遭遇了一个由16架Fw 190组成的编队,干脆利落地击落了其中3架。里德上尉首开纪录,他在战斗报告中写道:

我飞"粉色3"号机,在劳恩伯格地区上空执行武装侦察任务,"粉色1"号机报告说有16架Fw 190在我们12点钟方位,高度比我们高700米。当时12架Fw 190正在爬升进云层找掩护,剩下4架在慢慢飞。我们决定攻击那4架敌机,我选择其中1架作为目标。我们在接近目标时被敌机发现了,于是它们开始急转弯躲避。我在130米距离用2环提前量对敌机开火,看到炮弹命中了敌机的机身,我降低提前量,看到碎片从那架Fw 190身上飞了下来,座舱盖也被抛弃。我在敌机差不多正后方的位置又对它打了一个点射,靠近敌机,看见飞行员蜷缩在座舱中,可能是受伤或者已经死了。敌机进入了尾旋,最后坠毁在了下面一个小镇的广场上。

橙色小队3号机的飞行员O.D.伊格尔森(O.D.Eagleson)上尉取得了击落1架、击伤1架敌机的战绩,他在战斗报告中写道:

当时我们的飞行高度是500米,敌机比我们高700米。我飞到敌机尾部,从正后方非常近的距离对敌机打了一个中等时长的点射。我看见炮弹命中了Fw 190座舱区域,敌机慢慢侧倾,飞到云层中。从云层中出来之后,敌机就螺旋俯冲坠向地面了。我没有跟着飞下去观察战果,因为我看到另外1架Fw 190出现在我10点钟方位,不过布雷斯上尉("橙色2"号机)确认了我刚攻击的那架Fw 190坠毁在了地面。在我10点钟方位的那架Fw 190正在慢慢向左转,我机动到它的尾部,在180米距离打了一个短点射,我看见曳光弹飞进了那架Fw 190的翼根里。敌机向左急转弯然后俯冲进入了云层,我因为弹药打光了就没有追过去,未能确认敌机是否被击落。

C.肯尼迪(C.Kennedy)上尉跟着伊格尔森一起对敌机发动了攻击,看见1架Fw 190向左转并大角度俯冲,于是他也跟着俯冲下去,敌机在进入"暴风"的有效射程时,突然向左转,肯尼迪上尉对敌机打了一个短点射,但没有命中,而敌机随后改平飞行,进入了小角度俯冲,肯尼迪上尉在战斗报告中写道:

我跟着敌机,在它正后方从450米到270米打了好几个点

伊格尔森上尉和地勤人员在自己座机前的合影,他在第486中队服役18个月,击落20枚V-1,合作击落1架敌机,但不幸的是,5月2日在战争马上就要结束的时候他被德军的高射炮击落。

射，敌机上碎片纷纷剥落，最后直接撞向了地面。我看见一朵混合着尘土和烟雾的云团升起，然后就去跟中队其他飞机会合了。

第486中队为了扩大战果，又对法恩伯格机场发动了第三次攻击中，击落了1架Fw 190。4月29日第486中队表现抢眼，自己仅有1架"暴风"被德国空军击落，飞行员成功逃脱，返回了盟军控制区。第80中队4月29日在法恩伯格上空抓住了几架正在盘旋的敌机，麦凯跟队友合作击落了2架"Bf 109"，但从照相枪照片上来看，那些飞机实际上是Ar 96教练机，不过麦凯凭借这两个战绩成为了"暴风"王牌。

4月30日，盟军第21集团军在第二战术空军提供的空中保护伞下渡过易北河，麦凯正式接替布鲁克成为第122联队的联队长。第3和56中队在当天空战中各有斩获，第3中队澳大利亚空军飞行员J.I.亚当斯（J.I.Adams）上尉在战斗报告中写道：

我驾驶"红色3"号机。随中队被引导去劳恩伯格地区拦截敌机。10分钟后，我们看见5架敌机在约1000米高度飞行，其中3架爬升到1200米，飞进了云层。"红色1"号机是科勒中队长，他和我决定攻击剩下的两架Fw 190。我们绕到了敌机身后，并各自选定了目标。我在450米距离以20度提前量对其中1架敌机开火，打了一个2秒点射，观察到炮弹命中了敌机。敌机俯冲进云层，我也跟着追了下去，然后在约300米高度飞出了云层。那架Fw 190仍然在我前面，我在它正后方270米再次开火，但没命中。敌机随后爬升飞进云层，但好像并不能保持高度。我再次飞到敌机正后方，从270米打了一个长点射，炮弹击中了敌机，敌机开始拉烟。我继续接近到180米再次开火，那架Fw 190朝一侧翻滚倒扣过来，最后坠毁在地面。

算上亚当斯击落的这架Fw 190，2个"暴风"联队在4月的总战绩达到了击落敌机61架。

从5月1日开始，"暴风"在天上执行任务时遇到了各种各样的飞机——Ju 52/3m、Ju 88、Ju 352、He 111、Do 217、Fi 156、Fw 44、Bv-138等，还有一些飞机根本不知道是什么型号。德国空军飞行员在面对盟军在两条战线同时推进时，都在寻找新的机场，或者干脆是逃往中立国，慌乱之中这就给了盟军战斗机大量的猎杀机会，与此同时盟军也在对德国空军尚在使用的机场进行最后的致命打击。

"暴风"参加的最后一场空战发生在5月3日，第3中队的修斯于20时15分击落1架Fw 44，这是一个非常合适的结局，因为第3中队是第一个装备"暴风"的中队，也是最后一个在空战中取得战果的中队。1945年5月4日战争结束，"暴风"的空战表演谢幕，不过"暴风"扫射德国机场的行动一直持续到5月4日傍晚。胡苏姆、莱克、艾格贝克、格洛散波雷德等地的德国空军机场都遭到了第122和135联队无情的扫射，最后还攻击石勒苏益格机场/海上飞机基地。5月1日到5月4日短短4天，"暴风"一共击落了22架各型德国飞机。

相比"暴风"在空战中的风光无限，"台风"很遗憾地以一起误击事件结束了战争。不过这起误击事件的主要责任方是英国情报部门，他们不但忽视了已经收到的情报，而且在事情即将发生的时候没有认识到自己的错误。

1945年5月3日，隶属于第二战术空军第83大队的"台风"中队，接到命令摧毁德国

J. 林泽尔（J.Linzel）上尉和他座机 SN164 的合影，他是第 33 中队的 4 名荷兰飞行员之一，这张照片拍摄于 1945 年 4 月底，在夸克恩布吕克 B109 基地。

北部任何试图逃离德国的运输活动。当时在吕贝克北港，有一艘曾被称之为"北海皇后"的豪华远洋游轮"卡普·阿科纳"号，加上货船"雅典"号和"蒂尔贝克"号，装载了来自奥许维兹党卫军集中营的幸存者。这些幸存者经过"死亡行军"才抵达港口，途中有超过10000人死亡，剩下的8000人在党卫军守卫的胁迫下登上了这三艘船。

5月3日下午，3架"台风"发现这三艘船正在离开港口，于是对它们发动了俯冲攻击。三架"台风"分别使用火箭弹和机炮对三艘船进行攻击，"雅典"号很快沉没，"卡普·阿科纳"号倾覆，"蒂尔贝克"号则在45分钟后沉没。战后的调查报告显示，在遭到"台风"的袭击后，还有一些幸存者，但党卫军剥夺了他们逃生的机会，在岸上用机枪对水中挣扎的幸存者进行了扫射，还有很多人因为不会游泳而淹死。英国政府得知那3艘船装的是集中营幸存者，而且没有德国军事人员的看守，为了掩盖丑闻，把整个事件被定义为国防部机密，并且从作战记录中删除。

1945年5月4日傍晚，德国西北部、丹麦和荷兰的德军投降。5月7日，第二次世界大战在欧洲正式结束。在德国投降阶段，盟军前线机场不断地有各种型号的德国飞机降落下来，从"鹳"式教练机到Me 262都有，都是想向盟军投降的德国空军飞行员飞过来的。1945年5月5日早晨，两架Ju 188降落在了夸克恩布吕克，其中一名机组成员从轰炸机里出来的时候面带微笑，询问皇家空军的卫兵是否可以到附近的村子里拿一些衣物。那些衣服是他们几个星期前在这个基地行动时留下的，撤退的时候由于太匆忙而没来得及带走。

5月5日下午，1架Bf 109降落在盟军机场，飞机上涂着德国空军的标志，但飞行员居然是第274中队的英格利斯军士。英格利斯4月23日驾驶"暴风"出动执行"气象侦察和机炮测试"任务，在扫射埃格贝克机场时被德军高射炮击落。跳伞后他逃脱了德军的追捕，想回到盟军控制线，但最终还是被德军抓住。英格利斯回归后写了一份报告，声称他在最后一次行动中击落了1架Ju 188和2架Fw 190，然后在对埃格贝克机场进行第三次扫射时被高射炮击落。他击毁了停在地面上的1架Ju 88，击伤了1架Ju 52，最后飞机失控跳伞。英格利斯因这段传奇般的经历而获得了优异飞行十字勋章。

包括英格利斯在4月23日取得的战果，根据第二战术空军的官方日志，"暴风"联队最终的战绩为在空战中击落了240架敌机（算上了1944年6月7日击落的3架，但当时"暴风"还在大不列颠防空部队的编制中）。每个中队的空战战绩如下表：

| 部队 | 总战绩 |
|---|---|
| 第3中队 | 27架 |
| 第33中队 | 8架 |
| 第56中队 | 59架 |
| 第80中队 | 37架 |
| 第222中队 | 15架 |
| 第274中队 | 31架 |
| 第486中队 | 59架 |
| 联队长 | 4架 |

除空战外,"暴风"在对地攻击上也取得了不俗的成绩,根据第122联队的两份统计数据显示:在1945年2月打击铁路运输行动中,第122联队在行动中至少摧毁了484个火车头;在4月打击公路运输的行动中,第122联队摧毁了636辆敌军运输车,击伤1476辆。

从己方损失统计数字来看,自从"暴风"进入第二战术空军以来,有155架在行动中被落,损失飞行员93名,其中55名阵亡,33名被俘。"暴风"的损失因为多种不确定性因素所以很难进行分类,但是在损失的155架"暴风"中,有将近一半是被高射炮击落的。剩下的部分中,有50架由于各种各样的事故(主要是发动机熄火),只有26架是被敌方战斗机击落的,这意味着"暴风"在空战中的击杀/损失比超过了8:1。如果只计算敌方的单座战斗机("暴风"飞行员声称击落了191架Bf 109和Fw 190),这个比例也将近7:1。

盟军在战后举行了盛大的胜利阅兵,照片中参加阅兵的"暴风"编队以中队为单位飞过一片废墟的德国城镇。

# 第十三章　头号王牌

## "台风"头号王牌飞行员

约翰·罗伯特·巴尔德温（John Robert Baldwin）1918年4月出生于巴思，二战爆发后加入了皇家空军自愿后备队。法国战役期间他是一名地勤，负责维护炸弹。后来巴尔德温被空军选中进行飞行训练，而且是"阿诺德计划"（皇家空军的飞行员在美国陆航的训练学校进行训练）中首批毕业的飞行员之一。

回到英国之后，巴尔德温在第59行动训练部队进行了作战训练，1942年11月18日被分配到了当时驻曼斯顿的第609中队。他从训练部队直接被分配到前线行动中队，这一点很能说明他的能力，无论是谁做出了这个决定，巴尔德温都证明了他没看错人。

巴尔德温1942年11月22日第一次驾驶"台风"升空，投入了紧锣密鼓的训练之中。12月中，他驾机从曼斯顿升空，去英吉利海峡沿岸的古德温沙滩进行空中射击训练。在训练中，巴尔德温在无线电中听到第609中队的"红色"分队正在试图拦截入侵的德军飞机。于是他中止了训练，在古德温上空盘旋，以期能够发现敌机。很快巴尔德温发现了1架Fw 190向比利时海岸俯冲飞去，他立刻对敌机展开了追击。尽管他把油门开到了最大，但还是不能把他和Fw 190之间的距离拉近到900米以内。巴尔德温尝试对敌机打一个远距离点射，以期德国飞行员会被吓到，左右蹬舵躲避，让他能够趁机拉近一点距离。这一招很管用，Fw 190的飞行员在看到炮弹从自己飞机旁边飞过之后，果然采取了左右转弯躲避机动。巴尔德温趁机拉近了跟敌机之间的距离，在接近到机炮的有效射程后，他又对敌机打了一个短点射，并且看到炮弹命中了目标。敌机的发动机发出了闪光并冒出了烟，速度也降了下来，但还在继续飞行。巴尔德温继续接近到距离目标270米，打算把这个战绩收入囊中，但却发现自己弹药耗尽了，更倒霉的是1架Bf 109出现在了他的后方。巴尔德温做了一个急转弯机动返航，2架德国空军的飞机则继续朝法国海岸飞去。巴尔德温的空中射击训练变成了实战，而作为新手参战的他以击伤1架Fw 190的战绩为自己博得了一个头彩。

接下来的5个星期里，巴尔德温的主要任务就是在北弗兰德和邓杰内斯之间执行毫无建树的"反大黄"巡逻。1943年1月20日，巴尔德温在曼斯顿待命，接到紧急起飞的命令。德国空军对伦敦发动了掠袭，第一波34架Fw 190仅被击落1架，其他都逃掉了。第二波是Fw 190和Bf 109G组成的混编机群，就没有第一波那么幸运了。巴尔德温跟科瑞特上

巴尔德温与自己的座机R7713的合影，这架飞机他从1942年11月使用到1943年2月。

尉根据地面雷达站的引导爬升到了曼斯顿以东高空，发现了8架Bf 109（第26战斗机联队第6中队）在6100米高度飞行。"台风"在这个高度上没有性能优势，但是巴尔德温毫不犹豫地发动了进攻。他在战斗报告中写道：

敌机编队散开了，我不断地接近其中1架敌机，距离近到我甚至都能看到敌机机身上涂的黑十字徽章时我才开火，但没能击中。随后我看见3架敌机脱离了与我们的混战，打算逃跑。我追了上去，发现敌机向南朝多弗尔飞去。我接近其中1架敌机的左侧，一直拉近到不足90米才开火，敌机立刻冒出了黑色的浓烟。我马上转弯飞向另外1架敌机，在它正后方约90米的距离上开火，这架敌机被我打得凌空爆炸，碎片布满了整个天空。在它爆炸的时候，右边我刚攻击过的那架飞机也在向下跌落，进行浅俯冲转弯机动，最终进入尾旋向大海坠去。

此时第3架Bf 109咬住了我的尾巴，我立马急转弯绕到了敌机后面。敌机试图通过爬升转弯机动摆脱劣势，在机动中甚至关了油门。在我即将对敌机开火的时候，敌机飞行员蹬满了方向舵从我面前穿了过去，然后做了一个半滚俯冲机动向低空飞去。我追了上去，利用"台风"俯冲性能的优势很快就追上了敌机，并在90米距离对敌机开火。我看见炮弹命中了敌机的机腹，本来还想再打一个长点射，但因为我的俯冲速度过快，飞到了敌机前面。我向一侧转弯并拉起飞机，看见敌机还在继续俯冲。随后敌机发现天空中有一片云，就转向多弗尔并钻进了云层之中。我失去了敌机的视野，对云层上下都进行了搜索，但没找到它。但不久我看到2400多米高度上有一个降落伞，我围绕降落伞盘旋，使用公共频道发出了一个长时间的求救呼叫，将这个状况通知地面雷达站。敌机飞行员掉进了水里，漂了几分钟，慢慢沉了下去。我已经尽力，只好返航。着陆后发现我的飞机的其中一个轮胎和主机身油箱都被子弹打穿了。

10天后，巴尔德温跟被他击落的飞行员见了面，其中一

1943年8月28日,巴尔德温驾驶JP483在巴黎西南部执行"游骑兵"任务,击落了1架Fw 190,图为那次任务中巴尔德温的照相枪影像。

名在救生艇里漂了2天。傲慢的德国飞行员们很惊讶于自己是被巴尔德温这样籍籍无名的"小人物"击落的,他们还以为自己是遭到了苏联近卫飞行团飞行员或者是"野马"的攻击!巴尔德温的上级更是惊讶于他的勇气和技术,为他突出的作战行动授予其优异飞行十字勋章。

3月25日,巴尔德温品尝了被击落的滋味。他在接到命令紧急起飞之后,遭到了第26战斗机联队5中队的2架Fw 190的俯冲-跃升攻击,在拉姆斯盖特外海被击落。巴尔德温在300多米的高度,奋力从已经起火燃烧且进入尾旋中的飞机中跳伞。因为双手被烧伤,他没法打开救生艇,不过幸运的是35分钟后他被1架水上救援飞机捞起来了。

在医院待了3个星期后,巴尔德温回到了部队,急于想要找德国飞机报仇雪恨,但是一直都没机会遇到德国空军的飞机。因为攻防态势的转变,德军飞机在英吉利海峡已经很罕见了。8月份巴尔德温被提升为分队长。既然德国飞机不来,第609中队的中队长桑顿-布朗决定主动出击去寻找敌人。8月28日,在费尽周折搞到2对远程副油箱后,桑顿-布朗和巴尔德温对巴黎南部发动了一次远距离"大黄"行动,两人各自击落了1架Fw 190。这次胜利让巴尔德温成为王牌飞行员,也是第一个"台风"单型号王牌飞行员。在确定了远距离"大黄"行动的可能性之后,第609中队在接下来的几个月里进一步执行并完善了这种任务,并将这种任务命名为"游骑兵"。

与此同时,第609中队的巡逻和反"大黄"任务还在继续,并增加了护航任务,有时候是给"台风"战斗轰炸机护航,有时候则是给执行反舰任务的"英俊战士"或者是中型轰炸机护航。在10月4日的一次"游骑兵"行动中,巴尔德温和比利时人昂里翁军士搭档,在法国海岸扫射了若干地面目标之后,发现了2架Bf 109G。两架"台风"马上急转弯并对敌机发动了尾追攻击,巴尔德温对两架敌机都打出了点射,第一架被他打得冒出了白烟,第二架敌机的发动机则被打得停转了。昂里翁随后攻击了那架发动机已经停转、必死无疑的Bf 109。严格地来说,这个战绩顶多算是合作击落,但在统计战绩的时候昂里翁的战绩却是击落敌机1架。

昂里翁的这个战绩看起来更像是巴尔德温分队长慷慨的让人头,巴尔德温在自己的日记中也写道:"我把战绩给了僚机。"这可能可以解释为何在1944年3月,他的"台风"战斗机上涂有13.5个战绩,而官方承认战绩只有12.5的怪现象了。这个0.5存在了一段时间,一直到1944年10月16日,巴尔德温跟桑顿-布朗在巴黎附近的布雷蒂尼上空执行"游骑兵"

巴尔德温在座机座舱下方涂有击落13.5架敌机的标志,但因为让给僚机1架战绩,官方记载为12.5架战绩。

任务时合作击落了1架Ju 88,才把这0.5战绩变成了1。

1943年11月底,第198中队的中队长(跟第609中队同驻曼斯顿同样装备"台风"的姊妹中队)因为任务周期完成出现了职位空缺,于是巴尔德温被选中去当中队长。他从"菜鸟"到当上了中队长,仅用了1年的时间!11月30日,他第一次指挥中队行动,却因为发动机问题不得不返航,这让他十分沮丧。更大的打击是那次任务第198中队在空战中大获全胜,在荷兰上空击落了5架敌机。

12月1日,他指挥中队在荷兰的德国空军基地上空执行前线支援扫荡行动,在马思坎普上空该中队对3架正在盘旋的Fw 190发动了突然袭击,巴尔德温击落其中1架。12月4日,在一次"游骑兵"行动中,第198中队在埃因霍恩对德国空军第2轰炸机联队的Do 217进行了"大屠杀",巴尔德温确认击落1架,使战绩达到了击落8架,合作击落1架。12月第198中队进行的三次扫荡行动都没有遇到德国空军的飞机,绝大部分时间是在给老旧不堪的"飓风"IV护航。

1944年新年,第198中队的行动节奏再次加速,元旦当天对德军"明斯特"号补给舰进行了攻击。该舰当时停泊在比利时一个有大量高射炮严密防守的海港里。巴尔德温带领中队率先对其发动攻击,炸毁了船上的高射炮,接着另外一个中队的8架"台风"使用炸弹和火箭炮发起猛攻,造成

安特卫普B70基地,地勤人员正在维护PD521,这架飞机是巴尔德温的座机之一。在接手第146联队后,他有两架座机,分别涂上了JB I和JB II的标志,1架装备炸弹,1架装备火箭弹。PD521已经是第3架JB II了。

"明斯特"号发生大爆炸。在攻击过程中,第198中队9架"台风"中有5架被海滩和船周围凶猛的高射炮火力击中,但都安全返回了曼斯顿,但有2架是迫降的。第二天,第198中队又发动了一次收获颇丰的"游骑兵"行动,巴尔德温跟踪并击落了1架准备降落的Fw 190。此外他们还遇到了一群Bu 131教练机,并跟它们进行了空中缠斗。这种小巧灵活的教练机是一种很难对付的目标,"台风"飞行员们跟它们纠缠了很久也只取得了击落1架,击伤1架的战果。

1月13日,巴尔德温率领5架"台风"对巴黎北部和东北部德国空军基地进行扫荡。参加这次行动的6名飞行员中,有4人已经或者是将会成为王牌飞行员——巴尔德温、布莱恩(当时在休整,但以编外飞行员的身份在第198中队参加行动)、尼布里特和伊戈尔。这次行动中他们击落了4架敌机,2架"格兰德"运输机和2架Bf 109。巴尔德温在这次战斗中跟别人合作击落1架运输机。

尝到甜头的第198中队当天下午再次出动,击落了4架敌机(3架Ju 88和1架Ar 96),巴尔德温具有侵略性的领导风格再次证明了第198中队的高效性,不过随后第198中队都在执行一些比较乏味的任务,比如给"英俊战士"、"蚊"式或者"飓风"护航。1月30日,第198中队和第609中队全体出动,为美国陆航的200架"掠夺者"轰炸机护航,扫荡巴黎地区的德国空军基地。德国空军似乎对"台风"在几个星期以来对他们产生的威胁有了强烈反应,"掠夺者"轰炸机编队遭到了Fw 190的拦截。第一批Fw 190有6架,以并列编队超低空飞行,第二波12架跟在后面。负责护航的"台风"中队在发现敌情后立刻转弯前去拦截。双方编队都在对头交会时开火互射,1架Fw 190立刻被击落,然后双方就进入了低空急转弯格斗之中。巴尔德温在战斗中用急转弯机动飞到了1架敌机后方,但是放弃了攻击,转而去援救队友,因为"蓝色1"号机(戴尔中尉)被1架Fw 190咬住了,巴尔德温赶过来将那架Fw 190击落。击落Fw 190后,巴尔德温爬升到云层中去躲避3架敌机的围攻。在途中他鸟瞰了整个战场,发现敌机的数量正在逐步增加,达到了40多架。眼看两个"台风"中队失去了数量优势,他发出了"进入云层并撤退"的命令。

在这场空战中,"台风"飞行员无一损失,只有"蓝色2"号机在撤退的时候被德军的轻型高射炮击中受伤。回到基地后统计战绩,第198中队声称击落了9架敌机,可能击落1架,击伤2架。而他们当天的对手德军第2战斗机联队,只承认损失了6架Fw 190。

2月份,巴尔德温在米尔菲尔德学习了新成立的战斗机领导学校的第一期课程,3月份回到了中队。巴尔德温因为在第198中队优异的工作,为自己的优异飞行十字勋章增加了一个勋列条,此外还获得了杰出服役勋章,随后以中队长的职务进入休整期。

1944年6月17日,第146联队联队长贝克阵亡后,巴尔德温中断了休整期,回到部队,并被提升为第146联队的新联队长。6月19日巴尔德温正式就职,第二天就指挥了作战行动,带领第257中队执行轰炸任务,封住一个铁路隧道的入口。这次行动使巴尔德温达成了4个月出动了110个架次的记录,而且这个数字只是作战日志上的记录数字,并不代表他的实际出动次数。第146联队的官方战史上显示这次行动是巴尔德温的第170次出动,而第257中队的一名行动引导员则说巴尔德温至少出动了150多次。巴尔德温实际上已经创

巴尔德温当上第123联队联队长后跟自己的座机合影,此时飞机上的击落标志已经是他的最终战绩——15架。

造了"台风"飞行员的出动记录,他之所以把自己的出动次数写得少一些,为的就是能在前线待得更久。

6月29日,巴尔德温率领第193中队的8架"台风",在法国孔什附近冲进了一个由Bf 109组成的散乱编队之中。战斗结束后第193中队声称击落敌机5架,其中有2架是巴尔德温击落的,另外击伤5架,自身无一损失。2个星期之后,巴尔德温带领第197中队的3名飞行员执行巡逻任务,遭遇了至少15架Bf 109G。虽然寡不敌众,但巴尔德温还是率队勇敢地进行了战斗。巴尔德温在战斗中击落1架敌机,但代价是己方也有1架"台风"被击落(实际上是跟Bf 109在空中相撞,飞行员跳伞被俘),还有1架"台风"重伤。这场战斗是巴尔德温最后一次在空中取得战绩,此后他再也没有在空战中击落德国飞机。巴尔德温的最终战绩是击落敌机15架,合作击落1架,击伤4架。

1944年11月,巴尔德温以第84大队联队长参谋的职务再次进入休整期,1945年2月他通过各种关系回到了前线,并被授予上校军衔,杰出服役勋章上也增加了一条励列,调到第123联队担任联队长。第123联队下辖4个中队,其中有两个中队是他的老部队,第198和第609中队。

作为高级军官,第二战术空军高层并不希望巴尔德温亲自参加作战行动,但是他还是设法通过各种方式在战争结束前参加了16次作战行动。战后,巴尔德温继续在皇家空军服役,1946年被调去指挥驻博斯坎普镇的战斗机试飞中队。1948年被派到埃及,然后又被派到伊拉克指挥第249中队(战后英国空军大规模缩减,取消了战时临时提升的职位,所以巴尔德温从联队长变成了中队长)。1952年初,巴尔德温再次成为联队长,指挥美国空军第51战斗机截击联队下属

巴尔德温联队长的两架座机合影,机头上都涂有名字缩写JB。

第16战斗机截击中队，在朝鲜飞F-86"佩刀"。

1952年3月15日，巴尔德温第9次驾驶"佩刀"出动，在朝鲜沙里院上空执行天气侦察任务时失踪。根据目击者声称，巴尔德温的"佩刀"在群山中穿过断云后就再也没出现过，因此推测他可能撞山了；还有一种未经证实的说法是巴尔德温是被他的僚机意外击落的，但没有任何证据可以证明这种说法。从朝鲜方面的战俘营记录来看，他还有生还的希望，但战后经过大量的询问，并查找了美国和俄罗斯的资料来源后，最终确认巴尔德温并不在战俘营里。这名最成功的"台风"战斗机飞行员，精英"台风"联队年轻的领导者巴尔德温，最终任务记录为："在任务中失踪。"

## "暴风"头号王牌飞行员

大卫·查尔斯·费尔班克斯（David Charles Fairbanks）出生于1922年，比巴尔德温小4岁，父亲是大学教授。由于家庭条件优渥，费尔班克斯从小就接触了飞行，读高中时正值第一次世界大战，他热切关注欧洲上空爆发的空战。大学毕业后，费尔班克斯从家里跑了出去，打算去加拿大参加皇家加拿大空军，但该计划因为资金问题而失败。1941年2月他再次尝试，在汉密尔顿如愿入伍，加入加拿大空军。

完成了飞行训练之后，费尔班克斯被分配到第13综合飞行训练中队当教官。他的抱负是在未来能够参加空战，因此在这个岗位上坚持了1年，磨练自己的飞行技术。1942年费尔班克斯终于等来机会，被调往英国，接受了作战行动训练之后，在霍金加入了皇家空军第501中队，飞"喷火"Ⅴ。费尔班克斯在第501中队拿到了自己的第一次空战胜利，击落1架Bf 109；1944年6月6日又在勒阿弗尔附近击伤了1架Bf 109。

后来第501中队准备换装"暴风"，费尔班克斯被调到第274中队，这对他而言是一个很幸运的调动，因为第501中队换装"暴风"之后就专门用于执行反"潜鸟"行动，

费尔班克斯在第501中队飞"喷火"时取得自己的第一架战绩时跟战友们的合影，他坐在前排最左。

留在了英国本土；而第274中队在换装了"暴风"之后就被调到欧洲大陆加入了第122联队，有参加空战的机会。第274中队也短暂地执行过反"潜鸟"任务，费尔班克斯击落过2枚V-1导弹。

在第274中队移防到沃克尔的第一个星期，没有遇到什么敌机，攻击了很多地面目标。1944年11月19日，费尔班克斯在执行对地攻击任务时，座机左翼机翼前缘被击中，导致机翼油箱起火。火焰从机翼开始蔓延，点着了尾翼和方向舵的帆布蒙皮。虽然飞机受了重伤，但费尔班克斯还是设法把飞机带回沃克尔并安全降落。成功地保住飞机，加上他之前优异的表现，让费尔班克斯获得了一枚优异飞行十字勋章。

12月17日，费尔班克斯带领第274中队的蓝色分队在莱茵上空执行扫荡任务，终于取得了等待已久的空战胜利，他在战斗报告中写道：

> 我飞的是"蓝色1"号机，在莱茵上空执行扫荡任务，在600米高度上转向270度方位（我在中队长的正前方，然后左右蹬舵降低了一下速度），后来在博格斯腾福特附近我发现下方约330米处有1架敌机，正在朝东飞。敌机从我们编队下方穿了过去，我立刻进行滚转俯冲机动追了下去。我改出俯冲时认出那架飞机是Bf 109，并开始接近它。在我接近到敌机后方约450米距离上时，敌机开始朝上垂直爬升，然后在爬升的最高点进入尾旋。飞行员跳伞了，那架Bf 109翻了一个筋斗之后直接向地面坠去，最后我看到飞行员落在了一片小树林旁。

在击落这架敌机后，费尔班克斯又遇到了2架敌机：

> 一架敌机正在被另外一架"暴风"追击，于是我转向第二架敌机。这架敌机在云底继续直线平飞（高度1200米）。我选择了从下方隐蔽接近目标的战术，在135米距离上开火，但只有左翼的机炮射击了。打了几个点射之后，我看到炮弹命中了敌机的右翼，敌机向右做了一个小坡度转弯然后继续朝前直线平飞。我做了一个进攻滚筒机动飞向敌机然后继续开火，直到弹药打光，但还是未能将敌机击落。我追上敌机并在他机翼下方待了几秒钟，敌机飞行员四处搜索但没发现我。最终他还是看到了我，我拉起飞机飞到了敌机的上方，对飞行员做了个手势然后返航了。

这架被费尔班克斯击伤的Bf 109后来被盟军的防空火力击中，飞行员跳伞，费尔班克斯跟炮手们分享了这个战果。他在报告中并没有提到这个战

1944年11月19日，费尔班克斯在驾驶EJ627进行对地攻击时，被德军的高射炮击中，照片中可以看到机翼前缘和机炮整流罩和尾舵都损坏了，但费尔班克斯设法控制飞机飞了回去，并且安全降落，他因此获得了优异飞行十字勋章。

果,但第二战术空军的战斗记录中记录了这个战果。

12月底,费尔班克斯被调到了第122联队第3中队。1945年费尔班克斯成功的脚步并未停止,1月4日他击落1架Fw 190,1月14日击落1架Bf 109和1架Fw 190,23日跟人合作击落1架Ju 52。费尔班克斯因为在空战中出色的表现,获得了"莱茵恐惧"的绰号。

1945年2月9日,费尔班克斯又被调回第274中队,接替贝尔德中队长的位置,贝尔德在2月8日的任务中失踪(后来确认是被第27战斗机联队的Bf 109击落阵亡)。"费尔班克斯,'莱茵恐惧'回来了!"这一消息极大地振奋了第274中队的士气。费尔班克斯获得了可以充分发挥自己才能的职位,三个星期内击落了6架敌机。

2月11日费尔班克斯带领第274中队在阿克梅尔附近执行武装侦察任务,他带着一个分队去低空攻击一列火车,攻击结束重整中队编队时,他发现一架敌机在约300米上空高速飞行,并"认出"那是1架Me 262,于是就追了上去。那架喷气机在一条云堤上面停留了一会儿,然后俯冲飞出了费尔班克斯的视野。他看到一个云堤中一个小缺口并抓住机会追了下去,在约600米高度上冲出云底。此时费尔班克斯发现那架Me 262还在自己的左前方,距离约1350米,他在战斗报告中详细地记录了当时的情况:

敌机在向右做小坡度转弯时,看到了我,开始采取应对措施,向左转弯盘旋。我在敌机后方1350米,高度比他低300米。我继续直线飞行并穿过了一些小块的云朵,时不时地失去敌机的视野。追了24-32公里后,敌机大概觉得已经把我们甩掉了,放松了警惕。

我穿过一小块云层之后,看见敌机在我正前方720米处,在约400米的高度上接近莱茵机场。敌机放下了前轮然后开始右转,而我在观察机场周围的情况,并抛弃了副油箱,接近到距敌机270-225米,然后瞄准了它的左侧发动机,打了一个0.5秒点射,测试了一下我的提前量,但我看到敌机机身喷出了浓烟,然后爆出了一大团火焰。那架Me 262立刻直接坠落,然后在莱茵机场跑道的中央爆炸。

Ar 234因为采用了跟Me 262类似的翼下吊挂发动机的布局,所以经常被错认为是Me 262,实际上两者特征差别很大,盟军击落的第1架Ar 234就是费尔班克斯打下来的。

德国空军的记录显示，那架"Me 262"实际上是第123远程侦察大队1中队的1架Ar 234B喷气式侦察轰炸机，这是盟军空军首次在空中击落这种型号。希特勒认为盟军将会通过更多的两栖登陆作战夺取当时仍被德军占领的低地国家，于是派出了当时德国空军最新投入行动的部队之一——装备Ar 234的第123侦察大队第1中队，对盟军最有可能实施登陆准备工作的约克郡东海岸的赫尔进行侦察，指挥官豪普特曼·汉斯·菲尔德亲自上阵执行任务，但被费尔班克斯击落。

3天后，费尔班克斯声称击落1架Me 262，但是实际上只是击伤。在他攻击那架Me 262时，又出现了另外2架Me 262，对他构成了威胁，再加上费尔班克斯的弹药已用光，普兰特伦机场上空的高射炮火力也很猛烈，他不得不脱离攻击。2月16日，费尔班克斯在普兰特伦机场上空执行扫荡任务时，发现4架Bf 109，1架在高空，3架在低空，他命令僚机扔掉副油箱在高空待命，他俯冲到低空飞到3架敌机后面：

我跟着敌机下降高度，然后用了1.5-2分钟接近敌机编队中位置最靠后的那架敌机。敌机的飞行高度约150米，我的高度比他们高300米，无意中从目标上面超了过去，但我没有开火。敌机看起来好像是发现了什么蛛丝马迹，拉起机头做了个筋斗机动，迎头对我开火。我保持在一个良好的位置上，然后呼叫红色分队的其他飞机下来支援我。敌机在攻击未果之后脱离攻击航线，俯冲去补充速度，而我则追上去，使用俯冲-跃升战术，在约180米的距离上以20度提前量对目标打了一个点射，炮弹命中了敌机的发动机整流罩的机身。随后我脱离了攻击航线，因为另外2架敌机飞到了我后面，我必须躲避。等我再次看到被我击中的那架敌机时，它正在试图迫降，于是我迅速飞到它正后方又给了它一梭子，然后就爬升脱离了。等我再看到敌机时，它已经肚皮朝天散落在地面上。

另外2架敌机此时还继续在低空盘旋，我爬升到高空后，向位置靠后那架敌机俯下去，为避免飞过头，我收了油门，从180米开火一直打到135米，炮弹命中了敌机的发动机整流罩，敌机冒出了浓烟。最后我还是因为飞过头而脱离了攻击航线，调头时看到敌机正直线坠向地面，最后在伊尔德赛姆机场附近坠地爆炸。我飞到了第3架敌机后面，爬升了一会儿后看到敌机就在我正前方，但我不得不脱离追击航线，因为机场的高射炮在向我开炮，密集的炮火将我包围。

2月22日，费尔班克斯又回到他最喜欢的狩猎场。他带领蓝色分队从普兰特伦向南飞，然后越过莱茵河机场转向东，途中遭遇了8-10架Fw 190D-9。费尔班克斯选择其中一架敌机作为目标，用他独特且富有侵略性的战术展开了追击，最终逼迫敌机飞行员在躲避机动中因为紧张而失误，导致飞机坠毁。费尔班克斯在战斗报告中写道：

我带领蓝色分队，从普兰特伦机场向南飞往莱茵，高度900米，我发现2架Fw 190在我们右侧迎头飞过来，高度1200米。但敌机跟我们错身而过，并没有对我们进行攻击。我们解散编队并对敌机进行了追击，但敌机在1200米高度逃进了10/10云层之中。失去目标后我们只好继续向东飞，在飞越莱茵河的时候"蓝色2"号机呼叫发现了3架Fw 190在我们左侧，在对我们开火，我们立刻急转弯转向敌机迎战。此时我看见另外6-7架敌机正在向我们飞来，于是我们又分出一部分飞机转向它们，双方展开了自由空战。我选择其中1架敌机作为目标拉近距离，在这个过程中我认出目标是1架长鼻子Fw 190，它的躲避动作做得非常不错，我估计地面高射炮都很难打中它。敌机先是飞向超低空，然后向左爬升并急转弯，在这个过程中我拉近了跟它之间的距离，在提前量很大的情况下开火，机头甚至都遮住了敌机，我都看不到它了。但这次攻击没能命中目标，当我再次看到敌机时，它正在约300米高度上飞行。我接近到它后方约130米，敌机发现后打算用半滚俯冲机动逃跑，我跟着它做机动，但我很快就停止了机动，因为我发现高度不够。但敌机没有停止机动，我看见它朝超低空俯冲下去，飞行员试图拉起机头拯救飞机，但由于动作幅度太大，飞机开始震动最后进入尾旋，然后直接掉在了地上爆炸。

随后费尔班克斯遭到了另外4架敌机的攻击，他爬升到云层之中躲避。等他飞出云层时，发现自己就在德军机场上空，而且周围有更多的Fw 190，他在战斗报告中写道：

另外4架敌机转到我后面并对我开火，有1架敌机发射的曳光弹甚至就从我前面穿过，所以我开始急转弯，反绕到它的后面，然后追着它爬升进入云层。我略微盘旋冷却一下我的发动机，然后朝270度方位冲出了云层，出来时差不多飞到了莱茵机场正上方。此时我看见一架敌机准备降落，但保持着警惕，然后又看到另外一架敌机在比我略低的高度上朝我飞过来。我转向敌机时，它向云层垂直爬升而去。我也垂直爬升然后在距敌机约180米以60度提前量射击，我开火的时候敌机几乎都失速了，敌机翼根和座舱处爆出了一团火焰，慢慢地滚落然后垂直下坠。我看见敌机飞行员在约150米高度上跳伞，敌机垂直坠地并爆炸。

两天后，2月24日，费尔班克斯又在普兰特伦机场以北逮住并击落了1架落单的Fw 190，将其击落。这是费尔班克斯的最后一架确认战绩——第13架（包括合作击落1架），这里面只有1架不是驾驶"暴风"取得的。被他击落的这架Fw 190的飞行员是第54战斗机联队Ⅲ大队的埃里希·兰格军士长，死在自己的"多拉9"座机之中（机身编号Wk-Nr 211095），他被击落的过程在费尔班克斯的报告中描述道：

我带领"塔尔波特"中队（即第274中队）在亨格罗-诺德霍恩地区巡逻，"肯威"曾报告说那里有"汉斯"。我们在亨格罗-诺德霍恩地区北部边缘沿着运河飞行，高度1800米。我发现1架飞机在我们3点钟方位下方，距离大约1.6公里。我立刻追了上去，在普兰特伦机场北边追上了敌机。敌机当时处于直线平飞状态，所以我挂着副油箱也很容易地追上它。我认出那是1架Fw 109，接近到230米距离上并抛弃了副油箱。敌机此时还没发现我，还在继续直线平飞。我继续接近，一直接近到敌机正后方180米才开火，看见炮弹命中了敌机的右翼和翼根处。随后我在180米距离上又打了一个短点射，敌机座舱周围都燃起了大火。我拉起机头飞到敌机上方去观察它的状况，看到敌机虽然短时间内还处于可控状态，但很快就慢慢失控翻滚，在约600米高度倒扣、爆炸，在一团大火之中坠毁。

2月28日早晨，费尔班克斯带领5架"暴风"去哈恩、明斯特和奥斯纳布吕克进行武装侦察。他们先打掉了一台火车头，8点钟左右在奥斯纳布

费尔班克斯的座机之一EJ777，这张照片拍摄于1945年2月的沃克尔。

吕克以北发现了40多架Fw 190和Bf 109。正常来说，面对悬殊的数量差距，费尔班克斯应该率领他的分队撤退，但他选择向德机发起了攻击，然后一场苦战就开始了。费尔班克斯和他的分队其实没多少机会，因为他们的数量还不如对手的零头。战斗结束后，4架"暴风"返航，声称击伤5架Fw 190，但是有2架"暴风"失踪，其中一架就是费尔班克斯的座机。战后对比双方记录，发现跟费尔班克斯他们交战的是第26战斗机联队III大队的Fw 190D-9。费尔班克斯和另外一名飞行员思彭斯上尉，都幸存被俘，费尔班克斯战后描述了那一场不顾一切的战斗道：

我呼叫分队全部抛弃副油箱，对敌机进行迎头攻击。时间太短了，我们来不及选择合适的目标和计算提前量就跟敌机缠斗在了一起，我都不记得有多少敌机对我们进行了反击。我认为敌机被我们吓了一跳，而且也没有足够的时间好好瞄准打点射。双方在一片混乱之中交错而过，我掠过敌机编队中的位置最靠后那架敌机后，我呼叫分队向左180度转弯调头，再次飞向敌机编队。我们调过头后却没看到几架敌机，它们肯定是四散开了。我开始追击其中1架敌机，但它飞进了云层之中，我失去了它的视野。随后我推低机头钻进了云层之中，然后从下方钻出来时我看到了另外1架190，此时我跟僚机失去了联系。

我拉近了跟那架敌机的距离，就在我准备开火的时候，我注意到一些炮弹轨迹出现在我的航线上，我当时离地面很近，我以为那是高射炮的炮弹轨迹。在我准备朝敌机开火的时候一些弹道轨迹都在我旁边飞过了。我朝那架Fw 190射击，它炸成一团火焰，但随后我也被击中。

其实我刚刚看到的弹道轨迹并不是地面高射炮的，我观察了一下，看到后面有飞机朝我射击，并击中了我。我还记得当时我飞机左侧机翼翼梁上的蒙皮因为被敌机炮弹命中而被气流扯掉，我很难保持飞机的稳定性。接着飞机发动机熄火了，乙二醇气鼓也漏气了，毫无疑问我的发动机整流罩被打穿了。我尽力向右偏操纵杆，并蹬右舵保持飞机平飞。我知道在这个位置和这种控制状态下是不可能回到基地的，于是我决定跳伞。我右手保持对飞机的控制，用左手去拉座舱盖，但座舱盖却纹丝不动，我试了好几次都不行，单手力量根本不足以拉开座舱盖。我放弃了对飞机的控制，然后用双手去拉抛弃座舱盖的手柄，终于将其拉动抛弃了座舱盖。我只记得抛弃座舱盖后气流把我的头吹向了左边，剩下还记得的事情就是我在地面上了。

费尔班克斯落地后马上被俘，不过他很走运，逃过了当时常见的德军对盟军飞行员的草率处决。一个星期后，他抵达战俘营。他的最后一个击杀从未得到皇家空军官方的确认，但是得到了德国空军伤亡记录的确认。记录显示被费尔班克斯击落的是第26战斗机联队9中队的弗兰茨·施密特中士,他当时驾驶的是"白色17"号Fw 190D-9,8时10分阵亡于朗格里希附近。

费尔班克斯还在战俘营时,其优异飞行十字勋章被皇家空军加了一条勋列,战后在他返回加拿大时又加了一条勋列。不过他的飞行生涯并未结束,费尔班克斯先是回去读书,在康奈尔大学拿到了工程学学位,然后进入斯派尔陀螺仪公司工作,在加拿大空军辅助部队飞"吸血鬼"和T-33。后来他又回英国待了2年,在皇家辅助空军第504中队飞"流星"。1955年他被加拿大哈维兰公司聘请当试飞员,飞"海狸"、"水獭"和"北美驯鹿"等飞机,并且成为了短距离起降项目的专家。1974年,"莱茵恐惧"的命运迎来了出乎意料的转折,年仅52岁病逝。

"台风"/"暴风"王牌飞行员排行榜

| 飞行员名字 | 单位 | 击落 单独 | 击落 合作 | 可能击落 单独 | 可能击落 合作 | 击伤 单独 | 击伤 合作 | 飞机型号 | 其他飞机战绩 单独 | 其他飞机战绩 合作 |
|---|---|---|---|---|---|---|---|---|---|---|
| J.R.巴尔德温 | 第609/198中队/146联队 | 15 | 1 | 1 | | 4 | | 台风 | | |
| D.C.费尔班克斯 | 第274/3中队 | 11 | 1 | 2 | | | | 暴风 | 1 | |
| W.E.斯拉德尔 | 第486中队 | 9 | 2 | | | | | 暴风 | 2 | |
| F.J.德尔塔 | 第609中队 | 6 | 1 | | | | | 台风 | | |
| R.范·利尔德 | 第609/164/3中队 | 6 | | | | | | 台风/暴风 | | |
| J.J.佩顿 | 第56中队 | 6 | | 1 | | | | 暴风 | | |
| E.D.麦凯 | 第274/80中队/第122联队 | 5 | 1 | | | 1 | | 暴风 | 15 | 2 |
| L.W.F.斯塔克 | 第609/263中队 | 5 | | | | | | 台风 | | |
| D.E.内斯 | 第56中队 | 5 | 1 | | | | | 暴风 | | |
| R.A.拉勒曼特 | 第609/198中队 | 5 | 1 | | | 1 | | 台风 | | |
| I.J.色丹 | 第486中队 | 4 | 3 | | | | | 暴风 | | |
| A.E.坎巴斯 | 第486中队 | 4 | 1 | 1 | 1 | 2 | 1 | 台风/暴风 | | |
| K.G.泰勒-卡农 | 第486中队 | 4 | 1 | 1 | | | | 台风/暴风 | | |
| J.尼布利特 | 第198中队 | 4 | 1 | | | | | 台风 | | |
| F.墨菲 | 第486中队 | 4 | | | | | | 台风 | | |
| A.R.埃文斯 | 第486中队 | 4 | | | | | | 暴风 | | |
| P.H.克洛斯特曼 | 第274/56/3中队 | 4 | | | | 2 | | 暴风 | 7 | |
| I.J.戴维斯 | 第609中队 | 4 | | | | | | 台风 | | |
| J.加兰德 | 第80中队 | 4 | | | | | | 暴风 | | |

续表

| 飞行员名字 | 单位 | 击落 | | 可能击落 | | 击伤 | | 飞机型号 | 其他飞机战绩 | |
|---|---|---|---|---|---|---|---|---|---|---|
| | | 单独 | 合作 | 单独 | 合作 | 单独 | 合作 | | 单独 | 合作 |
| V.L.特纳 | 第56中队 | 4 | | | | | | 暴风 | | |
| J.C.威尔斯 | 第609中队/第146联队 | 3 | 2 | | | 1 | | 台风 | | |
| A.R.摩尔 | 第3/56中队 | 3 | 1 | | 1 | | | 暴风 | | |
| J.M.布莱恩 | 第198中队/第136联队 | 2 | 3 | | | 2 | | 台风 | | 1 |
| J.H.迪奥 | 第266中队/第146联队 | 2 | 3 | | | | | 台风 | | |
| H.肖 | 第56中队 | 2 | 3 | | | | | 暴风 | | |
| J.H.斯塔福德 | 第486中队 | 2 | 3 | | | | | 暴风 | | |
| P.G.桑顿-布朗 | 第56/609中队 | 2 | 3 | | | | | 台风 | | |
| D.J.斯考特 | 第486中队/第123联队 | 2 | 2 | | 1 | 1 | 1 | 台风 | | |
| N.J.卢卡斯 | 第266中队 | 1 | 4 | | | | | 台风 | | |

# 第十四章 "双风"谢幕

## "台风"告别天空

欧洲战场停战之后,英国空军统计在册的"台风"有1149架,还有80架正在从格罗斯特飞机公司交付到部队。然而,由于皇家空军战斗轰炸机中队现在已经有了速度更快而且更安全的飞机,再加上战事结束,部队没有损耗需要补充,于是在1945年9月彻底退役了"台风"。换装淘汰下来的"台风"被运到各个维护部队去处理,比如位于肯布尔的第5地勤维护部队,位于阿斯顿镇的第20地勤维护部队。这些"台风"在经过筛选之后,淘汰了剩余寿命不多的飞机,仅剩下748架进行了封存,而具备飞行能力的只剩下74架。

从1945年底开始,随着越来越多的"暴风"和后期型"喷火"交付给皇家空军,保留"台风"库存的理由也随之消失,于是封存的"台风"也开始被挪作他用,大量的机身和机翼被运到了训练学校当做教具使用,其中使用量最大的就是维修训练单位,他们有大量的新手会对"台风"的机翼和机身进行反复的拆装,导致它们很快就报废了。截至1955年,全英国就只剩下1架具备飞行能力的"台风"了,而且这架飞机还是从DN502、MN282和MN601上拆下来的零件拼凑而成的。仅存的这架飞机也退役被送到了位于鲁福斯的第60地勤维护部队,最终被拆解。

幸运的是,还是有1架完整的"台风"幸免于难,编号为MN235。这架"台风"1944年3月被交付给美国陆航,一直在爱荷华州的怀特机场使用。美国陆航对"台风"战斗轰炸机的能力进行了评估,并且对航程、活动半径进行了试飞。在美国,这架台风的编号是FE-401(FE是Foreign Experimental的缩写,意为外国实验设备),在被封存之前,只飞了9个小时。最后这架飞机卖给了斯密森尼学会,不过他们并没有把这架飞机放在博物馆里展出的打算。亨顿的皇家空军博物馆在筹备阶段时,斯密森尼学会跟英国人联系,说"台风"还是留在英国本土的好,但作为交换,英国方面要给他们一架完整的"飓风"。这个交易最终达成,MN235被皇家空军接回了英国,翻新之后在皇家空军博物馆展出。除了这1架整机之外,其他所有的博物馆展出的都只是"台风"的一部分,绝大部分是座舱。

## 冷战余晖

二战后,皇家空军只保留了7个"暴风"V中队,全部都驻德国。第83大队下属的第122联队,下辖第3、56、80和486中队,驻法恩伯格B152基地。第84大队下属的第135

联队,下辖第33、222和274中队,驻夸克恩布吕克B109基地。跟其他第二战术空军绝大部分中队一样,他们先是享受了几天庆祝日的狂欢,然后就驻扎下来进行例行的训练、巡逻、战备飞行,偶尔还会进行大规模的空中分列式检阅飞行。

对于第二战术空军而言,部队重组是优先级别最高的事情,很多中队被解散,或者是被调回英国,但是"暴风"部队却丝毫未动。第486中队在胜利日之后,才过1天,就解除了它跟第122联队之间长期而且紧密的隶属关系,被调到了第125联队,驻丹麦卡斯特鲁普B160基地。这对第二战术空军而言是好事,因为在饱受战火蹂躏的德国本土,德国人还在为争夺有限的食物资源而争斗,不可避免地会把仇恨转移到击败他们的盟军头上。丹麦相对于德国简直可以称得上是"奶与蜜"的国度,当地人非常欢迎盟军,而且非常热情,最重要的是年轻的飞行员们可以不受限制地进行狂欢!

为了庆祝二战结束,西线盟军和苏联准备在1945年6月10日举行纪念日阅兵。驻德国皇家空军用了将近1个月的时间磨练大规模编队飞行技术。第3中队的两架"暴风"在阅兵彩排训练中发生了相撞事故,不过飞行员都生还了。这次阅兵式声势浩大,第二战术空军、战斗机和轰炸机司令部、美国陆航第八和第九航空队一共超过3000架盟军飞机参加了这次阅兵,苏联也派出了大批飞机参加。

6月中旬,第135联队离开B109基地移防德德尔斯托夫B155基地,遭受了令人痛心的损失。第33中队的A飞行队队长,新西兰人R.J.戴尔(R.J.Dall)上尉,接到通知要去缅甸服役。因为第二天就要出发,所以他驾机飞往希尔德斯海姆R16基地去看望自己的老朋友。但起飞之后,他的座机就开始慢慢滚转,机头下沉,飞机发生抖动。他努力改平飞机,但再次发生抖动,最后坠毁在机场上,戴尔当场死亡。他曾飞过一个"台风"任务周期,是第二战术空军的一名老兵。

第125联队下辖1个"暴风"V中队(第486中队),一个"台风"中队和2个"喷火"中队,驻卡斯特鲁普,是盟军在战后的国际形势骤变的情况下用于保护丹麦的部队之一。卡斯特鲁普计划在7月1日举行一次盛大的纪念游行,来庆祝战争的结束。当地

第174中队在战后被解散,然后又重建又解散,1945年9月在沃姆威尔再次重建,但编号改成了第274中队。

1946年6月，F. 杰恩森（F. Jensen）中队长正在爬进"暴风"Ⅱ MW800的座舱，准备升空带领第54中队参加胜利日阅兵。

幸运的是，飞机并不是向编队的方向滚转过去，否则后果不堪设想。伊格尔森的座机已经完全失控，在强大的过载下，他用脚蹬在仪表盘上，费了很大的劲儿才从座舱中逃出来。虽然经历了一些意外，飞行表演还是于7月1日呈现在欢天喜地的丹麦人面前，包括丹麦女王在内的皇室成员也观赏了表演。

飞行表演后不久，第125联队就被解散了，122联队接替它进驻卡斯特鲁普，第486中队被调到了驻吕贝克B158基地的第124联队。第122联队仍保持着自己战时的"暴风"Ⅴ中队编制，外加两个从第124

人民出于对英国空军的感激和热情，请求他们进行一场航空表演。这种事是有一定的风险的，第486中队的伊格尔森（Eaglenson）上尉是分队长，在进行编队分列式彩排训练时发生事故，死里逃生。事后调查显示他的机翼蒙皮安装失误，飞行时翘起来了，导致飞机发生抖振，然后进入滚转，

1946年2月，第33中队装备的"暴风"，即使是在机库里，地勤人员也要给发动机披上毛毯来抵御严寒。照片中最近的是EJ886，中队长座机，在风挡下方涂有两根白条。

联队调过来的"台风"中队。

1945年7月15日,第二战术空军更名为英国占领空军,开始新一轮的调动。此时赴缅甸作战成了飞行员中诸多传言的主题,一些事情也证实了这一点,比如2个"台风"中队撤回英国本土换装"暴风"Ⅱ,它们的最终目的地可能就是远东。传言第486中队将是下一个要调往缅甸的"暴风"中队,但是随着两颗原子弹落下,日本投降,远征缅甸计划取消,"暴风"中队的大规模调动停止了。

9月3日,第222中队离开德德尔斯托夫,经曼斯顿,飞往索莫赛特的韦斯顿佐伊兰德。9月10日该中队又被调往奇尔波顿,在那跟另外两个正在换装"暴风"Ⅱ的中队会合。这三个中队一起,参加了9月15日在伦敦上空举行的不列颠之战纪念飞行。这是"暴风"Ⅱ、Ⅴ和"台风"唯一一次大规模共同行动。回到韦斯顿佐伊兰德后,第222中队去剑桥郡的摩尔斯沃思待了几个星期进行学习,为换装"流星"喷气式战斗机做准备。

与此同时,第486中队完成"暴风"Ⅱ换装回到德国,将手中的"暴风"Ⅴ转交给了之前装备"喷火"的第41中队。第41中队的飞行员非常不情愿地交出自己手上全新的"喷火"ⅩⅣ,接受12架饱经战火的"暴风"Ⅴ。

9月7日,尚在英国本土多赛特沃恩维尔武器训练营的第274中队,接到了一个坏消息:他们将改编为第174中队。虽然皇家空军番号变动是常见的事情,不过解散和重新得到番号一般都有逻辑关系,但这一次没有遵循这一惯例。第274中队在二战中战功卓著,历史可以追溯到1940年8月在埃及成立,最初装备的是老旧的"角斗士"战斗机。而第174中队,1942年3月才组

1946年5月,第26中队的中队长安布罗斯和地勤人员正在机库中检修自己的座机SN228,在检修完成后,第26中队就接收了"暴风"Ⅱ,而SN228则移交给了第33中队。

第41中队1945年9月从其他部队接收了二手"暴风"V,换掉了自己全新的"喷火"。7月以后,该中队的番号变成第26中队,但在战斗机司令部保留了41的编号。照片中地勤人员正在为SN341挂载训练火箭弹,火箭弹挂架已经换成了轻量化的Mk Ⅲ。

建（装备"飓风"），1945年4月在第二战术空军开始收缩的时候解散。用一个比较晚成立的中队的番号,代替一个比较老且战绩要显赫多的中队番号,多少让人有些想不通。

到1945年9月底,第84大队是"暴风"V装备数量最多的部队,第135联队（依然驻德德尔斯托夫）下辖第3、33、56和174中队。在第83大队只有2个"暴风"中队,第41和第80中队,隶属于驻吕贝克的第124联队。随着所有的"台风"中队都被解散离开德国,"暴风"的定位从制空战斗机转变成了战斗轰炸机,加装了火箭弹发射架。虽然"暴风"V到1944年年底就具备发射火箭弹的能力,但并没有在实战中使用过。因为战后英国经济困难,为了节省经费,英

1946年6月1日,第80中队的"暴风"V在中队长J.C.巴顿（J.C.Button）的带领下正在跟陆军进行协同演习。

国占领空军"暴风"V中队配备的Mk Ⅲa型轻量化发射器,都是从退役的"台风"上拆下来的二手货。

1945年10月,英国占领空军在接受苏联方面访问时,派出1架"暴风"进行飞行表演。1946年1月,第3中队被调到了第123联队麾下,驻文斯托夫;1946年4月,第174中队被解散;第41中队番号变更为第26中队。

1946年中,英国占领空军开始接收"暴风"Ⅱ。1946年6月19日第26中队在盖特威接收了首批"暴风"Ⅱ,7月份换装完毕,中队移防到了法恩伯格,随后第135联队的另外两个中队也换装了"暴风"Ⅱ。第123联队下属的第3和第80中队,一直使用"暴风"V到1948年,最后分别换装了"吸血鬼"和"喷火"F24战斗机。

1946年9月,在英国本土的"暴风"中队参加了皇家空军官方电影《联合行动》的拍摄。在雪薇诺附近的布朗顿海滩上空,拍摄了一些"暴风"向地面目标发射火箭弹的镜头。

"暴风"Ⅱ很受皇家空军的欢迎。P.安布罗斯(P. Ambrose)1946年1月开始担任第41中队的中队长,当时中队装备的还是"暴风"V,后来番号从第41中队换成了第26中队,换装了"暴风"Ⅱ。安布罗斯回忆道:

"暴风"V是在"台风"的基础上改进而来的,虽然一开始很难感觉出其共同点体现在哪些地方,但是用"台风"的驾驶感受来套"暴风"V有点奇怪。后来我开始慢慢感受到"暴风"V改进了控制和稳定性,当然速度也更快。"暴风"V是一个优良的机炮平台,也非常稳定,适合作为火箭弹发射平台。通过使用陀螺稳定瞄准器,在训练时发射4枚火箭弹几乎可以保证对坦克大小的目标取得两次命中。我们在1946年换装了"暴风"Ⅱ,十分受欢迎,是一个更好的火箭弹发射平台。"暴风"Ⅱ着陆有些困难,但我们可以做到12架飞机组成的编队同时在跑道上降落。德国

1947年5月,第26中队的中队长安布罗斯(左起第4)在离开中队前跟他部下的合影。安布罗斯的座机MW416是"铝原色"涂装。

占领空军司令部的访问团团长在参观了我们的降落表演后表示这种行为有点恐怖,然后宣称他将教会我们如何安全地使用三点式降落"暴风"Ⅱ。几天后他回到我们中队,但在着陆时却发生了前翻事故,所以我们也没能看到他真正的"暴风"Ⅱ降落技术。

第122和第135联队和平时期的主要任务就是进行飞行训练、武器训练以及跟陆军一起在武器训练营进行联合训练,为下一场战争做准备。除了两个自己的主基地外,两个联队还会轮流到靠近苏联占领区的盖特威和柏林机场驻扎。不过这也带来了一些问题,由于德国被盟军和苏联分割占领,双方的领空被严格划定,如果盟军飞机进入苏联控制领空,无论如何都会引起争议。

1947年3月16日,A.麦凯(Angus Mackay)准尉的暴风Ⅱ(PR667)在飞往盖特威机场时发动机出了问题,随着发动机的一声巨响,润滑油溅满了麦凯座机风挡。虽然"暴风"Ⅱ的滑翔性能不错,但是可用高度距离意味着他不可能靠滑翔回到机场。当时麦凯正在苏联控制区上空,别无选择的他只好向基地报告了自己的位置,然后在一块长有针叶林的区域找了一块刚犁过的农田迫降。

落地后不久,麦凯看到一辆皇家空军的小货车,非常高兴。但货车丝毫没有要对他进行救援的意思,下来一名摄影师,让麦凯跟受损的飞机站在一起合影来做记录。不久后又来了一辆装甲车,上面的人员拆掉了飞机上的瞄准器,装在一个专用箱子里,然后两辆车都走了,留下迷惑不解的麦凯准尉。又过了一段时间,中队长开车过来才把麦凯救了回去,没让他成为苏联人的座上宾。苏联人并没有立刻交还飞机,两个月后才把那架"暴风"送回给英国人。调查发现事故原因是"半人马座"的一个套筒滑阀卡住了,评估后认为飞机可以修复,但害怕苏联人在上面动了什么手脚,两个月后将其除役。

第122和第135联队每隔几个月就会调动一次,英国占领空军司令部会根据实际需求来决定两个联队驻扎在哪个基地。为了检测战争预案并让部队获得一定经验,1947年5月8日,第135联队被调往阿拉霍恩的一个前德国空军机场。3个中队驻扎在类似实战状态下的帆布帐篷里,然后进行了为期11天的紧张训练,科目包括战术侦察和"出租车临时停放处"等,飞行时间超过500小时。完成既定的预案和训练任务后,第135中队又返回了法恩伯格,皇家空军将这种训练称之为"移动战备"。

1947年7月,"移动战备"训练证明了其价值。第135联队下属第16和26中队被派往位于泽尔泰格的奥地利空军基地,在奥地利-南斯拉夫边境监视苏联人的动向,行动代

1947年9月,第33中队的地勤人员正在维护飞机。

1948年2月底，R.N.G.阿兰中队长带领第33中队的4架"暴风"Ⅱ抵达西苏克赛斯的桑尼岛，在那里驻扎一个星期为陆地/空中武器学校进行展示。

号"图表"。第135联队的主要任务，就是要在策尔特韦格地区展示其行动能力，以震慑苏联。不过当时冷战氛围还不是特别浓厚，所以第135联队的震慑任务也没持续多久，8月份就回到了德国，但移防到了居特斯洛。第122联队并没调动，依旧驻文斯托夫。

"暴风"除了自身的训练外，还经常跟北约其他国家的飞机过过招，比如美国空军的P-47"雷电"和P-51"野马"战斗机。P-47的飞行员对"暴风"Ⅱ赞誉有加，因为它可以轻松击败美国"大奶瓶"（P-47的绰号）。而P-51的飞行员也认为"暴风"Ⅱ在低空是一个非常难缠的对手。

1948年新年开始，"暴风"作为战斗轰炸机在德国的服役历史迎来尾声。1948年1月，第80中队将"暴风"Ⅴ换装了"喷火"F24型，第3中队继续使用"暴风"Ⅴ直到4月份，换装了"吸血鬼"F1战斗机。12月份，第16中队的"暴风"F2（新命名规则，即原来的"暴风"Ⅱ）换成了"吸血鬼"FB5战斗轰炸机。第26中队的"暴风"Ⅱ一直用到1949年5月，然后也换装了"吸血鬼"FB5。

到1951年，"暴风"彻底结束了其前线中队服役生涯，但并未退役，还在执行一些二线辅助任务。使用"军刀"发动机的部分"暴风"Ⅴ被改装成了目标拖曳机，编号TT.5。这些飞机都是从被解散的中队中挑选出状态比较好的进行改装，1950年2月在兰利开始进行，最后1架飞机于1952年5月下线，一共改装了80架。这些TT.5主要交付给英国本土和驻德国的部队使用，主要是位于阿克林顿的武器训练营的中央炮术学校，驻斯特拉迪肖尔的第226换装中队，驻雪薇诺的第229换装中队以及驻潘姆贝利的第233换装中队使用。除了官方改装的"暴风"TT.5外，"暴风"Ⅴ还有非官方改装版本，作为补充。TT.5的识别特征为显眼的银色涂装，机腹带有黄黑相间的识别条纹。

每个目标拖曳中队下辖两支目标拖曳飞行队，飞行时段取决于天气：在冬天一般只能进行1次轮班，夏天则可以从早晨一直飞到傍晚。每个飞行员在一个轮班中要飞3个架次，十分乏味，因为每个架次都是直线平飞，除了紧急状况和服役前试飞外，没有任何剧烈机动。虽然"暴风"TT.5是在和平时期使用，但飞行员还是饱受座舱内润滑油泄漏这个老毛病的困扰，不得不穿着防水靴和阻燃橡胶连体工作服驾驶飞机，难闻气味儿也一直无法解决。

在TT.5升空之前，地勤人员会先把标靶横幅和两根缆绳在跑道上放好，缆绳对着起飞方向。地勤人员指挥飞行员把飞机滑到缆绳前端停好，然后把缆绳挂在机身下面的一个钩环上，飞行员就可以起飞了。升空之后，飞机会在地面空勤管制的引导下飞到训练空域，保持指定的高度和航向。为了能够最大化的利用目标横幅，TT.5一般都沿着训练空域中心线飞行，然后再换成对向航线。这种"哑铃"形航线可以让进行炮术训练的飞行员1小时完成4次攻击训练。训练完成之后，TT.5会被引导到指定空域，然后把用过的横幅扔掉。地勤人员回收横幅并计算命中数量，用电话通知负责训练的军官结果。

除了TT.5外，位于诺福克西雷纳姆的皇家空军中央炮术学校在1947—1949年间还使用"暴风"进行中队训练和飞行指挥。由于"暴风"Ⅱ是高性能飞机，可以进行高难度科目的训练，除皇家空军以外，位于巴恩波勒夫的帝国试飞学校也是"暴风"Ⅱ的用户。

1954年12月，"暴风"TT.5被移交给了驻阿斯顿的第20地勤部队封存。驻潘姆贝利第233训练换装部队的TT.5直到1955年7月才彻底退役，举办了盛大的退役纪念仪式，很多当时军衔已经很高的前"暴风"飞行员都赶过来参加了告别飞行。

## 南亚"暴风"

在欧洲战事即将结束时，英国判断对日本作战将会继续。因此英国组织了一支远征军，代号"虎特遣队"，准备参加在东南亚地区的对日本的反攻。"暴风"Ⅱ被选中作为"虎特遣队"的主力机型，替换皇家空军老旧的"飓风"和从美国租借来的P-47"雷电"。1945年4月，6架"暴风"Ⅱ（编号从MW801到NW806）飞往苏丹的喀土穆进行热带飞行试验。在热带试飞正在进行的同时，原装备"台风"的第183中队和第274中队，从第二战术空军撤退回本土，换装"暴风"Ⅱ，准备部署到缅甸去。

"虎特遣队"的战斗机部队于1945年8月在奇尔波顿正式成立，指挥官是从战俘营回到英国的比蒙特。第183中队先是使用一小段时间的"喷火"Ⅸ作为过渡，然后接收新飞机，成为首个装备"暴风"Ⅱ的中队。第247中队按照计划于1945年8月20日从德国的吕贝克B158机场返回本土，将手头上老的"暴风"Ⅴ换成了"暴风"Ⅱ，9月中旬换装完毕。

"虎特遣队"的组建因为美国在长崎和广岛投下原子弹戛然而止，尽管已经装备了两个中队，而且它们很快就能具备行动能力，但英国已经没有装备更多的"暴风"Ⅱ中队的需求了。因此"暴风"Ⅱ的装备数量大幅度削减，布里斯托尔公司的订单被削减至50架（其中20架实际上是霍克公司使用布里斯托尔公司生产的部件组装的），霍克公司的订单也削减了，最终"暴风"Ⅱ只生产了452架。

两个已经装备"暴风"Ⅱ的中队留在本土，第183中队在1945年9月番号被改为第54中队。"暴风"Ⅱ在战后跟喷气式战斗机的竞争中败下阵

1946年8月27日，"暴风"Ⅱ MW83在降落的时候遭遇侧风，起落架折断，飞机受伤。这架飞机后来虽然被修复，但再没有投入服役。

来，第274中队很快就换装了"吸血鬼"F1喷气式战斗机，1946年4月具备作战能力。第54中队作为当时英国空军中唯一一个装备"暴风"Ⅱ的中队，最大的作用就是为德国占领空军和即将去中东服役的"暴风"Ⅱ飞行员提供换装训练。

1945年12月，为了稳固英国在印度的统治地位，皇家空军东南空军司令部重启"暴风"Ⅱ装备计划。在一年半的时间里，至少有180架"暴风"Ⅱ被装船送往印度。这些飞机由驻卡拉奇附近德瑞希路的第320地勤部队重新组装并做好服役准备，第一批飞机装备了4个中队（第5、20、30、152中队）。

墨菲中队长在第486中队完成一个成功的任务周期后，被调到霍克公司担任试飞员，并参与了"暴风"Ⅱ在印度的试飞行动，他回忆道：

我去德瑞希路给地勤部队的试飞员们做有关"暴风"Ⅱ的简报，每个中队我都单独花了点时间讲授，进行示范和讲解。它们都是经验非常丰富的中队，但在驾驶和维护"暴风"上遇到了一些麻烦，因为这种飞机的起飞和降落相对比较困难，尤其是在有点侧风的情况下。"暴风"Ⅱ因为采用星型发动机，机头比"暴风"Ⅴ宽得多，在着陆时放下机尾后，或者是进行三点式着陆时，后机身的气流特征跟"暴风"Ⅴ完全不一样。经过垂尾的气流不足以保持飞机直线运动，飞行员需要使用全偏舵，甚至有时候需要使用刹车才能保证飞机的方向稳定性。高速侧风会让情况变得更糟糕，飞机在地面发生侧翻都是有可能的。

印度的机场环境相对而言也并不是很宽容，因为季风的原因，跑道两侧都有排水沟。在印度"暴风"Ⅱ事故率很高，很多都是因为排水沟别断了起落架。解决方案就是进行"三轮车"降落，在机尾放下去之前把能做的事情都做好。如果机场跑道足够长，着陆的时候不要把襟翼全放下来，这样就可以让机尾气动控制面获得更多的气流，让方向舵更有效。

1946年3月5日，第5中队装备的第一批"暴风"Ⅱ抵达博帕尔，替换了"雷电"。根据墨菲撰写的第5中队官方记录简报记载,新装备的抵达引起了驻印军相当的关注,第一批抵达的3架"暴风"Ⅱ进行了一次增强飞行员信心的飞行演示。墨菲在日志中写道:

仅仅飞了10分钟,但足以让人们对这种飞机的性能留下深刻的印象。"暴风"Ⅱ以724公里/小时的速度进行爬升、翻筋斗、滚转还有持续转弯等机动,震惊了所有人,消除了他们内心所有的疑问。

第5中队的H.皮尔斯(H.Pears)中尉以前曾飞过"台风",回忆当时的情况道:

我认识的任何一名飞行员在接触"暴风"Ⅱ之后,就立刻认识到了它在对地攻击任务中的作用。在移防到普钠之后,也就是真正的"棕色工作"(指反游击作战)地区,中队使用陆军的射击场进行训练,很快就达到了很高的实弹射击水平。我们给当地驻军和印度南部其他地方的部队进行了很多场现场演示。由于西北边境的部族叛乱,我们中队被部署到了里莎普和白沙瓦,在当地的射击场也保持了相当高水准的表现。我们执行了很多伴动任务,在多山的地形上空飞行"恐吓"那些部族,有时候还会携带水泥战斗部的火箭弹。

我们中队的A飞行队被派往米拉姆沙赫要塞,为巡逻支援哨所供应车队护航,并检查哨所,中途穿插着武器训练。飞机每天白天都全副武装待命,到了晚上会被移进要塞的机库里。

第320地勤部队里也有两名前"台风"飞行员,D.考克斯黑德(D.Coxhead)上尉和B.伯恩(B.Byrne)上尉,他们主要任务是试飞新组装的"暴风"Ⅱ,然后把它们送到各个中队基地去。考克斯黑德战争中最后两个星期在第222中队飞过"暴风"Ⅴ,他每次把飞机送到中队驻地后,就会在那待一段时间,以帮助当地的飞

D.考克斯黑德上尉在第320地勤部队时跟同僚们在PR604前的合影,他站在后排最左边。他的任务是对运到印度然后组装好的飞机进行试飞。后来他被调到第152中队当分队长和行动指挥官,站在他旁边的两位是布里斯托尔公司的工程师。考克斯黑德后来因为他卓越的表现获得了空军十字勋章。

行员了解自己的新飞机：

我们在印度各地都损失了一些飞行员，但是只有少量"暴风"Ⅱ坠毁。印度是一个荒芜的国家。一名试飞员在距离基地19公里处迫降，可能是觉得距离不是特别远，就想步行回基地。我们很快就找到了他的飞机，但是却找不到他人。后来负责地面搜索的人发现了一只鞋，是我们找到的唯一遗物。从那以后，我们就规定任何迫降飞行员都不得远离自己的飞机，以方便搜救。后来有一名叫贾奇的飞行员因为发动机熄火而迫降，检查发现一切正常，但就是无法启动，于是就坐在飞机里等待救援，最终被我们成功救回。

后来我被调到第152中队去当分队长，我带领手下在奎塔为当地大学生们做飞行表演。在表演过程中，飞机上一个整流罩弯曲了，导致我不得不放下起落架以305公里/小时的速度飞完表演全程。在返回基地的途中我的燃油不够了，只好在汤克的一条老沙质跑道上迫降。好在那里有一个废

1946年12月31日，B.伯恩中尉正在第320地勤部队进行PR835的试飞工作。

1946年11月13日，第152中队在里沙普派出了6架"暴风"Ⅱ，为镇压奎塔参谋学院的暴动行动提供火力支援。这6架"暴风"按照皇家空军传统编队方式，分为红色小队和蓝色小队，并把颜色涂在了螺旋桨毂上。

弃的"驿站",可以抽出一些燃油。当地部落的人对"暴风"Ⅱ的到来兴奋不已,他们似乎认为我是在给一头野兽喂奶。走的时候他们似乎对我还有些依依不舍,我再发动"暴风"准备起飞时,很多人面带微笑对我挥手,我也向围绕在飞机四周的人群挥手致意,甚至在起飞时都忘记系安全带!

印度皇家空军也在1946年9月份开始装备"暴风"Ⅱ,首先是第3中队,11月份又装备了第11中队。随后,皇家空军解散了2个"暴风"Ⅱ中队,1946年12月解散了第30中队,1947年1月解散了第152中队,飞机则转交给皇家印度空军。

1947年1月13日,皇家空军远东空军司令部总部下命令停止"暴风"Ⅱ的交付,已经组装好但未交付的飞机则送到第307地勤部队进行封存。到1947年5月,第20中队成了皇家空军在印度唯一装备"暴风"Ⅱ且具备行动能力的中队。第5中队变成了换装训练部队,为皇家印度空军第1和第9中队提供换装训练。

随着印巴分治方案的逐渐成型,第20中队在1947年7月31日正式解散,8月1日第5中队也宣布解散。第20中队的"暴风"Ⅱ被送到恰凯里封存,准备交付给皇家印度空军第4中队;第5中队则把手中的飞机交给了它正在训练的两个印度中队。1947年8月15日印巴分治方案正式生效,包括库存在内的所有的"暴风"Ⅱ,按照比例分配给了皇家印度空军和巴基斯坦空军,前者分到了124架,后者得到了35架。

在米拉姆沙赫要塞执行平叛任务的第5中队,这里有机库,是给原来同样执行平叛任务的韦斯特兰"麋鹿"战斗机使用的,但有点矮,照片中最前面的是PR723。

接收了英国空军的飞机后，皇家印度空军的"暴风"Ⅱ总数达到了124架。后来印度又额外从英国购买了89架，从第20地勤部队的库存里挑选，翻新之后于1949年交付印度；1951年印度又从英国购买了20架库存的"暴风"Ⅱ。

5个"暴风"Ⅱ中队在随后几年里成了皇家印度空军的主力，在围剿克什米尔地区游击队的行动中大显身手。克什米尔游击队中很多成员都是当地部落的，熟悉地形，神出鬼没，印度空军只能通过快速空运部队结合空中打击才能有效地围剿他们。皇家印度空军一开始使用"喷火"执行空中支援任务，但它的滞空时间太短，经常贻误战机，于是换成了第7中队装备的"暴风"。"暴风"既能携带炸弹，又能挂载火箭弹，可以有效地镇压游击队的行动，并在谢拉塔歌战役中发挥了决定性作用。"暴风"Ⅱ在克什米尔地区执行了15个月的任务，1949年1月1日印巴停火协议生效后撤出。

1950年，印度改为共和政体，因此空军的"皇家"头衔被抛弃，变成了印度空军。印度空军当时装备"暴风"Ⅱ的部队有第3、4、7、8、10中队，第7中队在1949年换装了"吸血鬼"战斗轰炸机，

第3和第8中队也换装了"吸血鬼"战斗机。1953年5月，第10中队换装了双座型"吸血鬼"NF10夜战战斗机。第4中队最后换装了达索的"暴风"战斗机，印度人为避免混淆，将其称之为"旋风"。

印巴分治的时候，巴基斯坦接收了皇家印度空军第5和第9中队的35架"暴风"Ⅱ。跟印度空军一样，巴基斯坦空军也把"暴风"Ⅱ投入到作战行动中，用于对付西北边境不服从中央政府的部落武装。除此之外，巴基斯坦还从英国采购了24架翻新的"暴风"Ⅱ，并组建了一个新中队——第14中队。1951-1952年间，巴基斯坦又从英国订购了21架翻新的"暴风"Ⅱ。虽然在巴基斯坦空军装备的"暴风"也有一定规模，而且也是前线主力战斗机，但在1953年退居二线，替换它们的也是霍克公司的产品："狂怒"FB60。"暴风"Ⅱ继续在巴基斯坦空军用于飞行员训练、武器训练和武器拖曳等二线工作，直至1958年彻底退役。

## 中东"暴风"

第二次世界大战结束后，英国空军在中东地区装备的战斗机和战斗轰炸机都还是老旧的战时型号，比如"喷火"、"野马"、"蚊"式，甚至还有"飓风"。这些飞机在二战结束不久后就被"暴风"Ⅵ和"喷火"的后期型号所取代，不过因为试飞和订单削减等原因，"暴风"Ⅵ要等到1946年年底才交付。

此外"暴风"Ⅵ飞行员的数量也是个问题，拥有战斗经验的"台风"和"暴风"Ⅴ飞行员还都在皇家空军里服役，腾不出人手，也没有现成的"暴风"Ⅵ换装训练部队。因此，1946年9月，驻英国本土的唯一"暴风"Ⅱ中队——第54中队，被调到摩尔斯沃思为19名即将调到中东去服役的"暴风"Ⅵ飞行员进行训练。由于缺少飞机，训练使用的是"暴风"Ⅱ而非"暴风"Ⅵ。年底，"暴风"Ⅵ才陆续交付，开始从英国本土飞往埃及的法伊德。"暴风"Ⅵ通常采用4机编队，由摆渡部队的"蚊"式提供导航协助。1947年2月25日在转场飞行中损失了1架"暴风"Ⅵ，飞机发动机熄火，飞行员D.W.斯特金（D.W.Sturgeon）被迫在班加西以北海上跳伞，后幸运获救。

第一个装备"暴风"Ⅵ的是驻伊拉克哈巴尼亚的第249中队，1946年6月开始在该地区执行威慑任务，防止发生政

治骚乱。第一架"暴风"在1946年12月23日抵达驻地,受到了热烈的欢迎。第249中队当时装备的"蚊"式FB26型实际上并不适合在中东地区使用,而且4个月前退役了,该中队一直处于无机可用的状态。

第249中队当时的中队长是J.I.基尔马丁(J.I.Kilmartin),法国战役期间的"飓风"王牌飞行员,然后又在第二战术空军指挥过"台风"联队。

除他之外,分队长P.F.斯泰布(P.F.Steib)上尉,也在第257中队飞过"台风",后来被调到第122中队飞"野马"。二战结束后,他曾担任过装备"野马"的第93中队的中队

相比其他型号的"暴风","暴风"Ⅵ为了在沙漠地区坠机后保证飞行员的生命安全,飞行员头部装甲后面放了2瓶水。1947年9月19日,飞行员D.V.库珀(D.V.Cooper)的发动机熄火,不得不在沙漠中迫降,好在距离法伊德的驻军只有1英里,很快获救。

D.C.科勒布鲁克(D.C.Colebrook)中队长1947年1月到1948年3月指挥第213中队,这张照片清楚地显示了"暴风"Ⅵ机翼上辅助散热器进气口和机翼下的"零长"火箭弹挂架。

长。当时皇家空军正在缩减编制，原来的联队长、中队长都官降一级，变成了中队长和分队长。此外，皇家空军的中队规模也在缩减，第249中队的12架老飞机全部退完之后，补充过来的"暴风"只有8架，飞行员10名，其他人员50名，足足缩减了三分之一。

1947年元旦，第6中队的第一批"暴风"Ⅵ抵达塞浦路斯尼科西亚。中队中C.K.格雷（C.K.Gray）亲自驾机升空试飞，他曾在第124中队飞"喷火"Ⅸ，战后第124中队换装"流星"Ⅲ，他被调到第6中队担任中队长，也是一名经验十分丰富的老兵。第6中队是皇家空军中最后一个装备"飓风"的中队，在换装"暴风"Ⅵ之前混装"喷火"Ⅸ和早已过时的"飓风"Ⅳ。

第三个接收"暴风"Ⅵ的是第213中队，驻尼科西亚。第一批三架飞机于1947年1月21日抵达，中队长D.C.科勒布鲁克是前第二战术空军"台风"飞行员。"暴风"Ⅵ的表现震惊了第213中队，它的巡航速度比中队之前装备的"野马"Ⅳ还要快128公里/小时。但"暴风"Ⅵ跟"暴风"Ⅴ一样也有机油泄漏问题，其维护性能不如"野马"。

驻亚丁的第8中队1947年3月开始接收"暴风"Ⅵ，并且很快就投入实战行动，对附近发生了枪击政府官员案件的阿里侯赛因村进行了惩罚性空袭。第8中队和其他"暴风"Ⅵ中队的"警务"行动遵循战前殖民地模式：在对持不同政见的部落进行打击时，会先散发传单进行警告（通常是提前48小时），因此"暴风"Ⅵ通常打击的都是空无一人的村庄。

4个月后，第8中队对巴尔哈里斯要塞执行了两次火箭弹打击任务。在第一波攻击中损失了1架"暴风"，飞行员F.坦纳（F.Tanner）上尉阵亡。战斗报告显示他在发射火箭弹时，飞机突然抖振然后滚转三

1948年1月，第6中队的"暴风"Ⅵ在喀土穆驻地机库外准备出动。

圈撞在了地面上,原因不明,推测是在拉起飞机的时候进入了高速尾旋。经历了事故调查后,11月8日第8中队恢复使用火箭弹,而且开始使用454公斤炸弹打击在库特比的反叛部落。该部落之前私设路卡,勒索过往行人,并且发展到抢劫其他村庄的地步。第8中队对反叛部落的总部赞米尔(位于亚丁以北96公里处)进行了为期两天半的空中打击,解决了麻烦制造者。1940年皇家空军就对那里进行过空袭,但三个月的轰炸都没能达到目的,这次被"暴风"VI一次性解决。

1947年7月,驻尼科西亚的第6和第213中队,被调到了新组建的第324联队麾下,尼科西亚继续作为"暴风"VI的武器训练营使用。8月份第324联队移防埃及的沙鲁法,然后又调到喀土穆,最终被调到德沃索,哪里有动乱第324连队就出现在哪里。

从1948年3月末到5月初,第213中队派出了一支由3架"暴风"组成的特遣队,在厄立特里亚的阿斯马拉执行反游击作战任务,支援厄立特里亚陆军围剿"西弗塔"。这个名称是对游荡在厄立特里亚阿斯马拉西南部,进行抢劫和恐吓行动的部落不法分子的统称。"暴风"VI特遣队并不进行火力支援,只执行侦察、通讯、巡逻等辅助型任务,甚至帮助牧民寻找和驱赶牛群。第213中队由于在8月将会被调往意属索马里的摩加迪沙,喀土穆的兵力空缺将由一个新的"暴风"VI中队来填补。1848年7月,第39中队带着8架"暴风"VI从曼斯顿抵达喀土穆,同样派出3架"暴风"VI去阿斯马拉执行对付"西弗塔"的任务。第39中队存在的时间并不长,1949年2月底就解散了。

1948年8月第213中队抵达摩加迪沙后,开始执行掩护英国从奥加登(埃塞俄比亚东南部)撤退的行动。此时410升可抛弃副油箱(飞行员们将其取名为"浴缸")开始投入使用,让"暴风"VI的航程达到了1770公里,巡逻时间可以长达4个半小时。因此,第213中队在1948年10月离开德沃索,由第8中队从亚丁派出飞机,为索马里的撤退行动提供空中掩护。第8中队在10月份为期13天的作战任务中,7名飞行员飞行了107个小时,在瓦迪米亚打击当地的反叛武装"曼苏里",攻击了16座要塞,摧

1948年3月,W.D.M.塔克驾驶"暴风"VI飞行在中东上空。他之前在第56中队飞"暴风"V,1945年初被高射炮击中,在敌占区跳伞被俘。欧洲战事结束后,他又回到皇家空军在中东服役。

毁了其中的15座。战斗中一共发射了468枚火箭弹，平均命中误差只有5.5米左右。这个准确性令人惊讶，相比之下二战期间"台风"的火箭弹平均命中误差在27米左右。毫无疑问，技术进步和长期的战备训练让"暴风"Ⅵ具备了惊人的火箭弹打击精度。

在打击叛乱武装期间，"暴风"Ⅵ中队也付出了一定的代价。1948年8月20日，第8中队的鲍耶二级准尉在执行火箭弹攻击任务时坠毁阵亡，情况跟1年前阵亡的坦纳中尉类似。4天后，第249中队的C.皮特（C. Peter）二级准尉也在对地攻击训练中进入尾旋，机毁人亡。

事故发生后，"暴风"Ⅵ中队出现了一些对飞机适航性能的批评。为了调查清楚真相，地中海/中东司令部派出了高级安全官巴尔德温访问了第8中队。巴尔德温可以说是最有资格担任调查员的人，他除了有"台风"的飞行经验外，在战后还担任过飞机·武器研究中心的战斗机试飞中队指挥官，并因此获得了空军十字勋章。此外，巴尔德温在第249中队担任过一个月的临时中队长，其间也试飞过"暴风"Ⅵ。巴尔德温抵达第8中队后，把清单上所有状态良好的"暴风"Ⅵ都试飞了一遍，认为绝大部分飞机都没有问题，除了NX130。这架飞机被飞行员称之为"流氓"，总是出问题，最后送到第107地勤部队去封存。而前任中队长F.W.M.延森（F.W.M.Jensen）曾长期使用的那架NX131，则被巴尔德温评价为"非凡的飞机"，性能卓越。

1948年底，以色列开始跟叙利亚、埃及、约旦、黎巴嫩和伊拉克打起了独立战争。由第6和213中队组成的第324联队移防埃及的德夫赛尔，作为联合国维和部队的代表，监视交战双方的动向。第324联队抵达德夫赛尔后，遭到了埃及空军的"喷火"战斗机的空袭，一些停放在地面上的飞机被击伤，拉玛特戴维空军基地的特遣队损失尤为严重。英国空军立马对埃及展开了报复行动，击落了埃及空军的一些"喷火"。

除此之外，英国空军在停火日1949年1月7日之前，都没有直接参与到双方冲突之中。具体停火时间是1月7日下午4时，在这个日期之前，双方可能还会有一些冲突，于是皇家空军派出了飞机执行侦察任务，监视双方在边境地带的活动。第208中队执行巡逻任务的4架"喷火"F18，被埃及空军"喷火"扫射以色列地面部队造成的浓烟所吸引，前去查看，但英国空军的飞机被以色列人误认为是埃及的飞机，遭到了以色列人地面防空火力的攻击。2架皇家空军的"喷火"被击中，其中1名飞行员跳伞，剩下的3架"喷火"在附近盘旋，保护跳伞的飞行员。此时以色列的2架"喷火"在前贝尔公司试飞员查尔默斯·古德丁（Clalmers Goodlin）和加拿大王牌飞行员约翰·麦克尔罗伊（John McElroy）的驾驶下对英国的"喷火"发动了俯冲突袭，战术优势加上发起攻击的飞行员丰富的战斗经验，3架英国"喷火"被迅速击落，1名飞行员阵亡，2名被以色列俘虏，还有1名被埃及方面送还。

第208中队派出的4架巡逻飞机迟迟未能返航，于是又派出4架"喷火"前去接应、搜索，第324联队的"暴风"Ⅵ紧急升空，出动了16架飞机，为"喷火"护航。第213中队的8架飞机在联队长A.F.安德森（A.F.Anderson）上校率领下，在1828米的高度上提供掩护；第6中队的8架飞机，在中队长D.克罗利-米林的率领下，在3048米的高度上提供掩护。

在埃及-以色列边境北部

1949年1月第6中队在尼科西亚武器训练营拍摄的全家福。

末端的拉法附近,安德森发现5架(实际上是4架)"喷火"正在朝他带领的分队俯冲下来,他在无线电里呼叫分队向右急转弯躲避。以色列人把带着副油箱的"暴风"VI误认为是挂着炸弹的"喷火",因此发动了攻击。D.泰特斯菲尔德(D.Tattersfield)上尉在以色列第一波攻击中被击落。

空战爆发后,克罗利-米林率领其分队俯冲去拦截以色列的"喷火",但发现副油箱扔不掉,严重影响了"暴风"VI的机动性。随着战斗的进行,第324连队所有的"暴风"VI都卷入混战之中,此时第208中队"喷火"螺旋桨整流罩的红色涂装又进一步增加了识别上的困难,因为以色列采用了同样的识别涂装。这导致"暴风"VI就算进入了射击位置,飞行员也因为无法准

D.里克瑞希,绰号"西提卡",在座机NX134/J V-T"娘娘腔"座舱里拍摄的照片,他在1949年1月7日跟以色列"喷火"的冲突中被击伤。

确地进行敌我识别而放弃射击机会。第6中队的B.斯普拉格（B.Spragg）中尉对1架以色列的"喷火"打了几个点射，但只让它受了轻伤。那架"喷火"的飞行员埃泽尔·威兹曼（Ezer Weizman），后来成为了以色列的第七任总统。作为回击，威兹曼击伤了D.里克瑞希（D.Liquorish）准尉的"暴风"VI；此外还有另外2架"暴风"VI被以色列的"喷火"击伤。

在这场遭遇战中，性能本来超过老式"喷火"的"暴风"VI表现非常差，让皇家空军颜面大失。调查显示，第324联队在接到紧急起飞命令电话的时候已经休息了，第213中队的地勤甚至都把"暴风"VI上自动机构的皮带卸下来进行维修了！而且不止1名飞行员由于疏忽拿掉了"机炮锁定"警告卡，导致机炮在空中无法击发。副油箱由于地勤人员偷懒，大部分时间挂在飞机上，每次飞行后只是简单地进行收紧处理，释放销上的压力越来越大，导致副油箱无法扔掉。至于第208中队的"红鼻子喷火"，事后马上换成了白色。

1949年3月初，第249中队加入驻德沃索的第324联队，但只有5架"暴风"VI飞往德沃索，3架因为在维修而留下。不久之后，另外10架"暴风"VI抵达德沃索，分配给各个中队，有4架是来自刚刚解散的第39中队。

绝大部分"暴风"VI交付的时候都是"银色"涂装，1949年8月，皇家空军决定给所有"暴风"VI都换成沙漠涂装。不过此时"暴风"VI服役生涯也即将到头，1949年9月17日，第6中队开始换装"吸血鬼"FB5，"暴风"VI在1949年11月12日停止执行作战任务，

在跟以色列的"喷火"冲突中，发生了识别问题，因此事后英国驻中东的"暴风"VI部队就采用了新型沙漠迷彩涂装。照片上的飞机是第213中队的NX136，换了新涂装后在沙漠上空巡逻。

"吸血鬼"FB5抵达中东后，在演习中队"暴风"VI形成了压倒性优势，于是"暴风"开始退出中东历史舞台。照片是1950年1月，第213中队新接收的"吸血鬼"FB5 V Z190和"暴风"VI NX151一起停放在停机坪上。

只执行试飞等辅助任务。

第249中队的"暴风"VI一直使用到1950年。在2月1日,第249中队参加了皇家海军的舰队防空演习,跟自己的同胞兄弟"海怒"和"萤火虫"进行了对抗。第249中队宣称"暴风"VI全方位压倒了对手,击败了"海怒"并彻底压倒"萤火虫"。不过这是"暴风"VI最后的表演了,2月份,第213中队完成了"吸血鬼"的换装。3月份,第8和第249中队分别换装了"强盗"攻击机和"吸血鬼"战斗机,"暴风"VI则启程飞往英国本土进行退役处理。暴风VI抵达英国本土后,在第6地勤维护部队(驻布里兹诺顿)和第20地勤维护部队封存,1951年5月被移交给霍克公司作为零备件储备,1953年6月又被移交给供应部。

## "火焰猎犬"行动和告别天空

1949年,马来西亚游击队已经成为英国殖民当局的心腹大患,为了解决这个问题,英国空军启动了"火焰猎犬"行动,为殖民地陆军提供空中支援打击游击队。游击队的基地隐藏在马来西亚北部的丛林中,经常攻击英军孤立的据点,然后迅速消失在无穷无尽的荒野丛林之中。

皇家空军把第33中队从德国调到马来西亚,替代了原来装备"喷火"的第28中队。第33中队1949年7月2日从居特斯洛出发,经曼斯顿飞往伦弗鲁,然后把飞机拆解装载到"海洋"号航空母舰上,运往新加坡。"暴风"II在"海

1949年7月拆开装在"海洋"号航空母舰运往马来西亚的第33中队装备的"暴风"II。除了"暴风"外,还装有准备运往香港的第80中队的"喷火"F24。

洋"号的甲板上呆了一个月之久，8月中旬抵达新加坡樟宜机场，进行了组装和试飞。1949年9月10日第33中队飞往位于马来西亚巴特沃斯的空军基地，并在年底具备了完全的行动能力，每天出动4架"暴风"进行为时4小时的巡逻，搜索打击游击队。

第33中队的主要任务是使用火箭弹和机炮支援地面部队作战，偶尔也会在地面部队的指示下对游击队的营地或者是村庄进行火箭弹打击，协助马来西亚殖民当局把游击队赶进原始森林。中队长A.K.福斯（A.K.Furse）把中队从德国带到马来西亚，又领导中队执行了1年多的任务，1951年被授予优异飞行十字勋章。

第33中队在战斗中没什么损失，但损耗不小，主要是发动机故障和着陆事故。1949年9月30日，PR853在进行俯冲轰炸训练时遭遇活塞和连杆故障，导致螺旋桨脱落，飞行员D.T.帕菲特（D.T.Parfitt）上尉迫降在一块稻田里，死里逃生。评估认为这架飞机不可修复，于是进行了原地破坏。1950年7月24日，H.E.A.何恩（H.E.A.Hearn）一级准尉因为发动机故障被迫跳伞，但因高度太低降落伞未能打开而死亡。1950年11月16日，G.J.斯温德尔斯（G.J.Swindells，曾在第56中队飞过"暴风"V）上尉的飞机冲出跑道尽头，撞在了软沙上，飞机整个翻了过来。为了补充损失，"海洋"号后来又送过来一批"暴风"Ⅱ。

第33中队面临的另外一个大问题是缺乏零备件，再加上比较差的可维护性，导致殖民当局对"暴风"Ⅱ越来越不满，要求用其他飞机来替换。1951年3月，皇家空军准备给第33中队开始装备"蚊"式T3，但实际上1951年4月第33中队B飞行队接收的却是"大黄蜂"轻型轰炸机。"暴风"Ⅱ1951年6月6日执行了最后一次任务，最后10架"暴风"Ⅱ飞往新加坡实里达，翻新之后被卖给了巴基斯坦空军。

相比"台风"，"暴风"因为有几个海外用户，留存于世的情况要好很多。"暴风"Ⅱ退役后，很多都被当成海外服役的飞机的零部件储备卖掉了，因此没有多少飞机留存下来。"暴风"TT5最后从皇家空军退役，1955年被封存。这批飞机也没能保留多久，霍克公司和供应部以各种各样的名义把它们挪作其他用途或者卖到了国外。最后在英国本土，还留下2架完整的"暴风"，1架是"暴风"Ⅱ的第2架原型机LA607，它在克兰菲尔德被当做教学器材使用，然后在1966年被送到了斯泰弗顿的天誉博物馆。另外1

第33中队的RP771携带火箭弹在马来西亚上空巡逻，执行打击游击队的任务。

1954年10月20日拍摄的照片，这是驻德国第20地勤部队装备的最后一批"暴风"TT5，这批飞机最后的宿命都是被当成零备件卖掉，或者是当成试飞平台，用到不能再飞为止。

架是"暴风"V，机身编号SN219，但它实际上是由来自苏里波利斯的校正和实验中心的几架飞机拼凑而成。这个实验中心的任务主要是评估不同武器对目标的毁伤性能，因此很多"暴风"V退役后都被送到这里作为"目标"使用，而SN219就是这些被使用过的"目标"完好的部分拼起来的。这架飞机是为第33中队恢复的，用来庆祝1958年该中队恢复编制。在利明参加完庆祝活动，享受了短暂的荣耀后，这架飞机被移交给驻米德尔顿圣乔治的皇家空军作为"机场守护神"（在跑道上停放一架老飞机，来作为机场的守护神，这是皇家空军的一个传统迷信）。最终皇家空军破除了迷信，这架"暴风"V在机场上经历了几年的风风雨雨之后，被送到了皇家空军博物馆。SN219是在卡丁顿的博物馆修复工厂进行了翻新，在这个过程中发现这架飞机的真实机身编号是NV778。由于这个编号比SN219要合理得多，于是在展出的时候就把编号换成了NV778。2001年11月，NV778被送到了科斯福德航空博物馆，存放在纬通，在米歇尔·比瑟姆保护中心展出。

皇家空军博物馆还有一个"暴风"V EJ693的机体，按照该机在第486中队服役的时候SA-1的原始编号展出。这架飞机1944年10月在荷兰迫降，然后被送到了代夫特的技术训练学校作为教学器材。这架飞机的机身原本打算跟前皇家印度空军的"暴风"II机翼等零部件放在一起，拼成1架完整的飞机，但最终因为零部件不足而放弃。后来这架飞机被卖给了美国飞机收藏家科米特·威克斯，现在以N7072E的编号在白金汉郡布鲁克的威科姆航空公园展出。

天誉博物馆1978年关门，它里面绝大部分的展品都被转移到了位于达克斯福德的帝国战争博物馆。但那架"暴风"Ⅱ的原型机LA607没有转移，而是被卖给了美国飞机收藏家威克斯，然后被送到了位于美国奇诺的飞机荣誉博物馆展出。这样一来，全英国就只剩下皇家空军博物馆1架完整的"暴风"了，而且让这架飞机重返蓝天的可能性也是微乎其微了。

在卖往海外的"暴风"中，只有印度还有完整的飞机，编号HA457，目前在位于亨顿的皇家空军博物馆展出，不过它的编号变成了原来在第5中队服役的PR536/OQ-H。

## 主要参考书目

(1) Kev Darling, Hawker Typhoon, Tempest and Sea Fury, The Crowood Press Ltd., 2003.

(2) Richard Townshend Bickers, Hawker Typhoon:The Combat History, Airlife Pub. Ltd., 2002.

(3) Jerry Scutts, Typhoon/Tempest in Action, Squadron/Signal Publication, 1990.

(4) Chris Thomas, Hawker Typhoon, Hall Park Books Ltd., 2012.

(5) Chris Thomas, Tempest Squadrons of the RAF, Osprey Publishing, 2016.

(6) Chris Thomas, Typhoon and Tempest Aces of World War 2, Osprey Publishing, 1999.

(7) Chris Thomas, Typhoon Wings of 2nd TAF 1943-45, Osprey Publishing, 2010.

(8) Westland Wessex/Westland Lysandex, Hawker Tempest, Mark I Ltd., 2000.

(9) Desmond Scott, Typhoon Pilot, Northumberland Press Ltd., 1982.